全国中等职业技术学校电子类专业教材

无线电基础

（第五版）

人力资源社会保障部教材办公室组织编写

中国劳动社会保障出版社

简介

本书主要内容包括无线电通信系统和信号传输、调谐放大器、调制电路和解调电路应用、收音机的安装和调试等。

本书由林尔付主编，赵杰、沈园任副主编，李苏扬、杨敏、张娜、赵文军、徐巍、刘玮、倪骏程、刘昕雅、周欣潮、李光磊参加编写。

图书在版编目（CIP）数据

无线电基础／人力资源社会保障部教材办公室组织编写. -- 5版. -- 北京：中国劳动社会保障出版社，2018

全国中等职业技术学校电子类专业教材

ISBN 978-7-5167-3646-3

Ⅰ.①无… Ⅱ.①人… Ⅲ.①无线电技术-中等专业学校-教材 Ⅳ.①TN014

中国版本图书馆CIP数据核字（2018）第290989号

中国劳动社会保障出版社出版发行

（北京市惠新东街1号 邮政编码：100029）

*

河北品睿印刷有限公司印刷装订 新华书店经销

787毫米×1092毫米 16开本 18印张 362千字

2018年12月第5版 2025年9月第8次印刷

定价：34.00元

营销中心电话：400-606-6496

出版社网址：http://www.class.com.cn

http://jg.class.com.cn

前 言

为了更好地适应全国中等职业技术学校电子类专业的教学要求，全面提升教学质量，人力资源社会保障部教材办公室组织有关学校的骨干教师和行业、企业专家，对全国中等职业技术学校电子类专业教材进行了修订和补充开发。此项工作以人力资源社会保障部颁布的《技工院校电子类通用专业课教学大纲（2016）》《技工院校电子技术应用专业教学计划和教学大纲（2016）》《技工院校音像电子设备应用与维修专业教学计划和教学大纲（2016）》《技工院校通信终端设备制造与维修专业教学计划和教学大纲（2016）》为依据，充分调研了企业生产和学校教学情况，广泛听取了教师对现行教材使用情况的反馈意见，吸收和借鉴了各地职业技术院校教学改革的成功经验。

教材体系

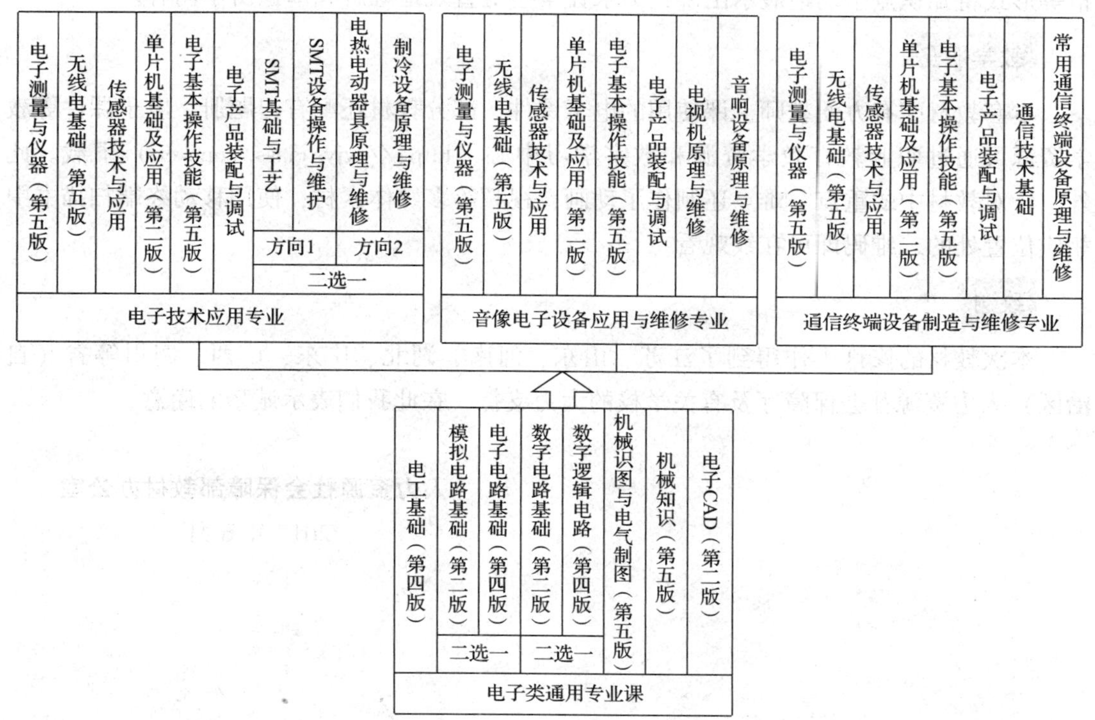

使用对象

电子技术应用专业、音像电子设备应用与维修专业、通信终端设备制造与维修专业中级、高级两个层次和以下 3 种学制：

- 初中毕业生 3 年学制培养中级工
- 高中毕业生 3 年学制培养高级工（中级阶段）
- 初中毕业生 5 年学制培养高级工（中级阶段）

编写特色

◆ **紧贴国家职业标准** 紧密贴合《中华人民共和国职业分类大典（2015 年版）》中对广电和通信设备电子装接工、广电和通信设备调试工、家用电器产品维修工、家用电子产品维修工等职业的职业能力要求，同时参照相关国家职业标准。

◆ **体现行业技术发展** 根据电子行业的最新发展，在教材中充实了电子产品表面贴装、数字电视维修、智能手机维修等方面的新技术，体现教材的先进性。

◆ **注重职业能力培养** 根据就业岗位对技能型人才所需能力的要求，进一步加强实践性教学内容。同时，在教材中突出对学生获取信息、与人交流、分析解决问题以及自学等职业能力的培养。

◆ **符合学生阅读习惯** 在教材内容的呈现形式上，尽可能使用图片、实物照片和表格等形式将知识点生动地展示出来，力求让学生更直观地理解和掌握所学内容。

教学服务

本套教材配有方便教师上课使用的电子课件，部分教材还配有习题册，电子课件等教学资源可通过职业教育教学资源和数字学习中心（http://zyjy. class. com. cn）下载。此外，针对教材中的重点、难点还制作了动画、视频等多媒体素材，使用移动终端扫描书中相应位置处的二维码即可在线观看。

致谢

本次教材的修订工作得到了江苏、山东、河南、湖北、广东、广西、四川等省（自治区）人力资源社会保障厅及有关学校的大力支持，在此我们表示诚挚的谢意。

人力资源社会保障部教材办公室

2017 年 6 月

目　录

课题一　无线电通信系统和信号传输

信息传输是人类社会生活的重要内容。在没有电的时代，人们利用烽火、击鼓、鸣钟、信鸽、旗语、驿站等方法传输信息；在有电的时代，人们利用电能来传输信息，称为电通信。电通信一般可分为两大类：一类称为有线电通信，一类称为无线电通信。利用导线传输信息的通信方式称为有线电通信，如有线电话、有线广播等。利用无线电波传输信息的通信方式称为无线电通信，如移动电话（俗称手机）、收音机、电视等。无线电通信是最方便的一种信息传输技术。现在人们可用手机方便自由地通话，可用收音机收听各个地区的无线电广播，可用电视机收看全国各地的电视节目，古代神话中的“顺风耳”“千里眼”真正变成了美好的现实。

任务1　认识无线电通信系统和无线电波

学习目标

1. 熟悉无线电通信系统的组成。
2. 了解无线电波的特点、波段划分及其传播方式。
3. 掌握无线电信号的产生、发射和接收基本原理。
4. 掌握信号的特性，并能使用仿真软件和电子仪器测试信号的特性。

任务描述

无线电通信系统是利用无线电波传输信息的系统。图1—1—1所示两人在用手机通话，他们就是利用无线电波传输信息的，这些设备就构成了一个典型的无线电通信系统。

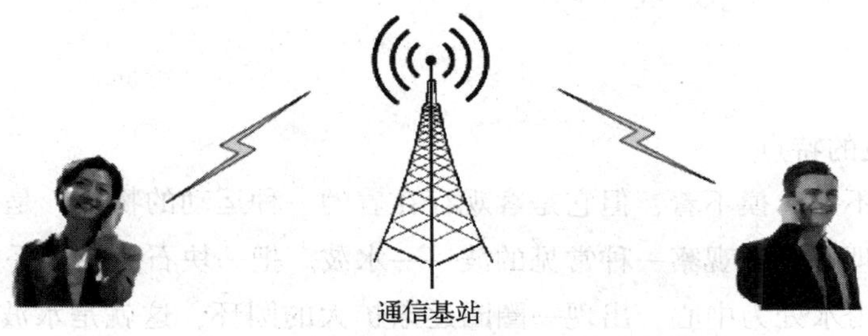

图1—1—1　手机通话构成的无线电通信系统示意

信号是信息的载体，无线电波中包含了各种各样的电信号。无线电通信系统利用无线电波就能将电信号由发送端传送到接收端，以达到传送信息的目的。

本任务的内容是认识无线电通信系统和无线电波，使用电子仪器测试信号的特性。

相关知识

一、无线电通信系统的组成

简单地说，无线电通信系统由发送设备、接收设备和传输媒质组成，如图 1—1—2 所示。

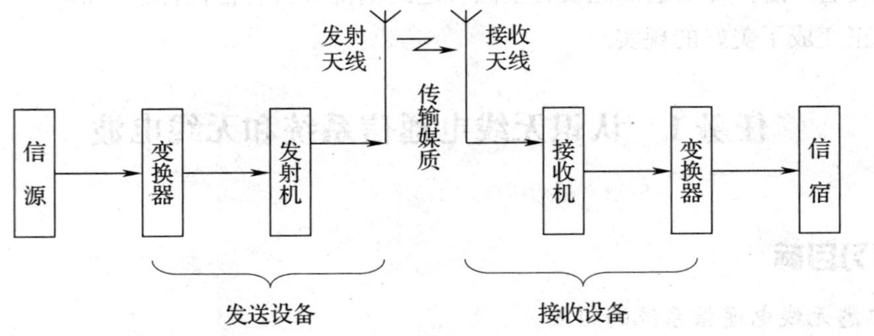

图 1—1—2 无线电通信系统的组成

信源（即发信者）发出需要传送的信息（如声音、图像等），由变换器（如传声器、摄像机等）把这些原始信息变换成相应的电信号，然后由发射机把这些电信号变换成高频振荡信号，再由发射天线将高频振荡信号变换成无线电波，向自由空间（包括空气和真空）发射。无线电波的传输媒质是自由空间。接收天线将接收到的无线电波变换成高频振荡信号，接收机将高频振荡信号变换成低频电信号，再由变换器（如扬声器、显像管等）还原成原来传递的信息（声音、图像等），最后信宿（即收信者）接收。

二、无线电波

1．无线电波的特点

无线电波看不见、摸不着，但它是客观存在着的一种运动的物质，是一种能量传输的形式。为了便于理解，先观察一种常见的波——水波。把一块石头投进平静的水体中，水面上就会以石头击水处为中心，出现一圈圈逐渐扩大的圆环，这就是水波，如图 1—1—3 所示。仔细观察就会发现：水波中的每一个质点首先升起（高于平静位置的水面），然后下降（低于平静位置的水面）。随着波环向外扩散，水波会把石头冲击水面的能量向四周传播。

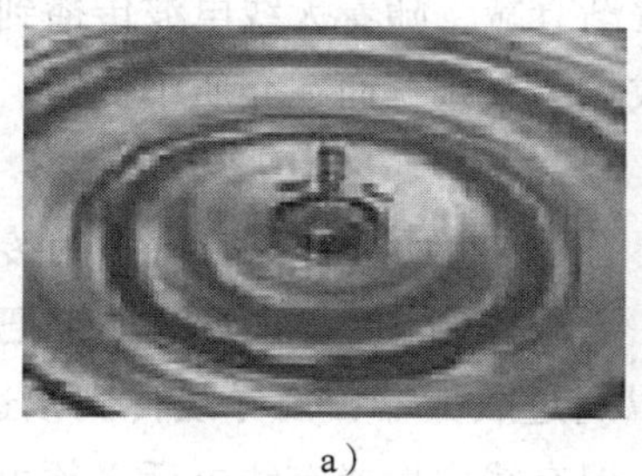
a）

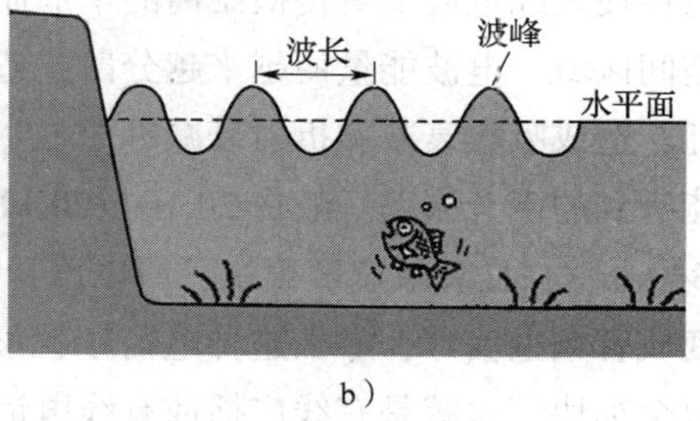

b）

图 1—1—3　水波的传播

每个波环的顶峰称为波峰，相邻两个波峰之间的距离称为波长（用 λ 表示），每秒钟产生波环的个数（或某质点每秒钟振动的次数）称为频率（用 f 表示）。波长与频率的乘积就是水波传播的速度，称为波速（用 v 表示），即：

$$v = \lambda f \qquad (1—1—1)$$

式中，波速 v 的单位为米/秒（m/s），波长 λ 的单位为米（m），频率 f 的单位为赫兹（Hz）。实践证明，水波、声波等波长、频率和波速的关系均可用式（1—1—1）表示。

当一根导线中通过高频电流时，也会发生与石头投入水中类似的现象，在导线周围的空间产生一种波，这种波也会向四周扩散，同时把导线中的高频能量向外传播。这种由高频电流产生的波是由电场和磁场交替变化形成的，所以称为电磁波。无线电波就是电磁波的一种。实践证明，无线电波的波长、频率和波速的关系符合公式 $v = \lambda f$。

无线电波是由交变的电场 E 和磁场 H 构成的，其电场和磁场相互垂直，所构成的无线电波的传播方向 S 也与电场 E 和磁场 H 的方向相互垂直，如图 1—1—4 所示。因此无线电波是一种横电磁波（简称 TEM 波），这是无线电波的一个基本特点。

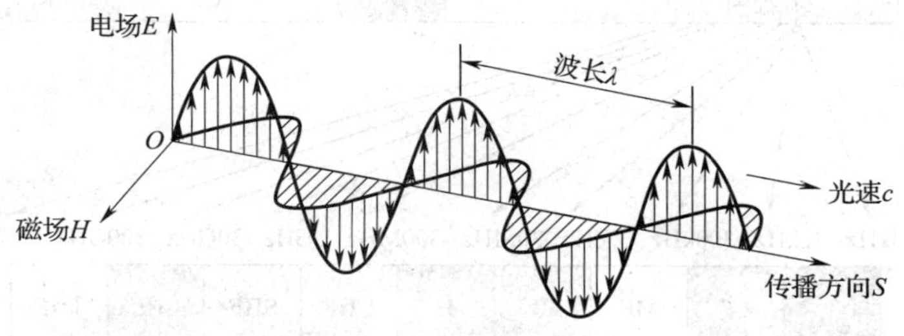

图 1—1—4　电场 E、磁场 H 和传播方向 S 的空间关系

无线电波在真空中的传播速度与光速 c 相等，约为 30 万千米/秒（即 3×10^8 m/s），这是无线电波的另一个基本特点。无线电波在介质中的传播速度会变小，且在不同介质中

的传播速度不同。

无线电波在自由空间或介质中传播具有直射、折射、反射、散射、绕射以及吸收等特性。这些特性使无线电波随着传播距离的增加而逐渐衰减，随着无线电波传播到越来越远的距离和空间区域，电波能量便越来越分散，造成扩散衰减；而在介质中传播，电波能量被介质消耗，造成吸收衰减和折射衰减等。

人耳能听到的声音频率一般在 20 Hz ~ 20 kHz 范围内，而声音在空气中的传播速度很慢，约为 340 m/s，且衰减速度很快，所以声音在空气中不能传得很远。如果把声音通过传声器转变成音频电信号，那么这种电信号就可以通过放大器，由导线传到很远的地方，而且速度也会加快，这就是有线广播或有线电话。但有线广播或有线电话必须由导线传输电信号，如果不用导线如何将音频电信号传到遥远的地方去呢？这就必须利用无线电波。如果设法把音频电信号搭载到无线电波上（此项无线电技术称为调制），利用无线电波的运载，就可以在瞬间（传播速度约为 3×10^{8} m/s）把需传送的音频电信号传得很远。接收机接收到无线电波以后，再将音频电信号从无线电波中取出来（此项无线电技术称为解调），通过扬声器还原成声音，这就是无线广播或无线电话。这与火车运载货物相似，音频电信号相当于货物，无线电波相当于火车，货物利用火车的运载可以运送到很远的地方，到达目的地后，再把货物从火车上卸下来。

2. 无线电波的波段划分

无线电波是指频率为 3 000 GHz 以下，在自由空间传播的电磁波。图 1—1—5 所示为电磁波谱中常用频率范围（3 kHz ~ 3 000 GHz）内的无线电波谱。无线电波的波长与频率成反比，即频率越高，波长越短；反之，频率越低，波长越长。所以图中的电磁波谱从左到右，频率是由低到高，而波长是由长到短。

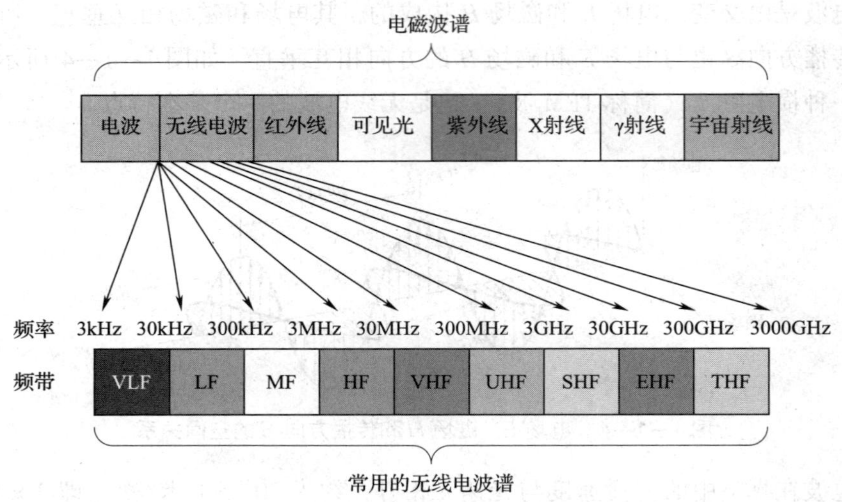

图 1—1—5　电磁波谱中常用的无线电波谱

无线电波的频率范围很宽，它们都具有电磁波的共性。由于波长不同，它们还具有各自的特殊性。根据它们的特点和用途，常用的无线电波的波段（或频带）划分见表1—1—1。

表1—1—1　　常用无线电波的波段划分

波段名称		波长范围	频率范围	频带名称	传播方式	主要用途
甚长波（VLW）		100～10 km	3～30 kHz	甚低频（VLF）	地波	海岸潜艇通信、远距离通信、超远距离导航等
长波（LW）		10～1 km	30～300 kHz	低频（LF）	地波	越洋船舶通信、中远距离通信、地下岩层通信、远距离导航等
中波（MW）		1 000～100 m	300～3 000 kHz	中频（MF）	地波	中波广播、中距离导航、航海通信、航空通信、业余无线电通信等
短波（SW）		100～10 m	3～30 MHz	高频（HF）	天波	短波广播、军事通信、航海通信、航空通信、业余无线电通信等
超短波（米波）		10～1 m	30～300 MHz	甚高频（VHF）	直射波	调频广播、电视、雷达、航空通信、航空导航、空间通信等
微波	分米波	10～1 dm	300～3 000 MHz	特高频（UHF）	直射波	电视、移动通信、无线网络、蓝牙技术、雷达、中继通信、卫星和空间通信等
	厘米波	10～1 cm	3～30 GHz	超高频（SHF）	直射波	无线网络、雷达、中继通信、卫星和空间通信等
	毫米波	10～1 mm	30～300 GHz	极高频（EHF）	直射波	雷达、中继通信、卫星和空间通信、射电天文学等
	丝米波或亚毫米波	1～0.1 mm	300～3 000 GHz	至高频（THF）	直射波	中继通信、射电天文学、光学等

注：1. 频率范围均含上限，不含下限。

2. 词头k为千（10^3），M为兆（10^6），G为吉（10^9）。

无线电音频广播一般使用中波、短波和超短波波段，而电视广播一般使用超短波或微波波段。

3. 无线电波的传播方式

无线电波的传播方式主要有地波传播、天波传播和直射波传播 3 种，如图 1—1—6 所示。

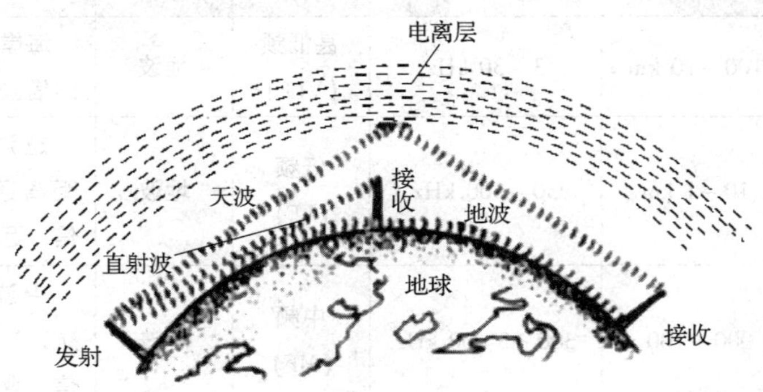

图 1—1—6 无线电波的传播方式

（1）地波传播

地波又称表面波，是指沿着地球表面传播的无线电波。由于地面不是理想的导体，无线电波沿着地球表面传播时，将不断被地面吸收而迅速衰减。这种衰减与电磁波的波长有关。波长越长，衰减越小；波长越短，衰减越大。因此只有长波和中波适合地波传播。因为地球表面对地波有吸收作用，所以地波不会传得很远，一般为几十到几百千米。由于地面的电性能在较短的时间内变化不大，所以信号由地波传播比较稳定。

（2）天波传播

天波是指经过空中电离层的反射后返回地面的无线电波。地球表面有着一层具有一定厚度的大气层，由于受到太阳的照射，大气层上部的气体将发生电离而产生自由电子和离子，这一部分大气层称为电离层。电离层能反射电波，也能吸收电波，而且对频率很高的电波吸收得很少。短波是利用电离层反射传播的最佳波段，一方面是因为短波的波长较短，沿地球表面传播时绕射能力差，且地面吸收损耗较大，传播的有效距离短，不宜采用地波传播；另一方面是短波以天波形式传播时，在电离层中所受到的吸收作用小，有利于借助电离层这面“镜子”进行反射传播。短波被电离层反射到地面后，地面又把它反射到电离层，然后再被电离层反射到地面，这样经过多次反射，可以传播 10 000 km 以上。一年四季和昼夜的不同时间，电离层都有变化，影响短波的反射，因此天波传播具有不稳定的特点。

（3）直射波传播

直射波又称为空间波，是由发射点从空间直线传播到接收点的无线电波。超短波和微波主要以直射波方式来传播，因为它们既不能绕射，也不能被电离层反射（超短波、微波由于频率过高，一般能穿透电离层而不被反射），只能直线传播。由于地球表面是曲面，直射波不会拐弯，所以直射波的传播距离会受限制。电视台天线发射的电视信号主要是通过直射波传播的，所以发射天线架得越高，传播距离越远。

三、无线电信号的产生、发射和接收

1. 无线电信号的产生和发射

在无线电通信系统的发射部分，原始信息（声音、图像、文字等）由传声器或摄像机等变换器变换成相应的电信号，这些电信号称为基带信号。基带信号的频率对应于原始信息的频率，其频率较低。例如，声音的频率范围为 20 Hz ~ 20 kHz，由声电变换器转换成的音频电信号频率范围也为 20 Hz ~ 20 kHz，属于比较低的频率。较低频率信号的能量较低，辐射能力弱，不宜发射，而且因其频率低，波长很长，根据天线理论，信号波长越大，所需发射天线的尺寸也越大，这就要求天线尺寸巨大，所以实际上无法实现。另外，如果真的能直接发射音频信号，那么多家电台发射的音频信号频率范围将是相同的，接收机将无法区分各个电台的信号，这就会造成相互的干扰。由此可知，无论在技术上还是在实际应用上，都不能直接发射音频信号。由变换器变换得到的图像和文字的基带信号频率也较低，同样也不能直接发送。解决这一问题的有效方法就是采用调制技术。

所谓调制，就是在传送信号的一方（发送端）将所要传送的基带信号搭载到高频振荡信号上的过程。高频振荡信号好比“运载工具”，所以被称为载波。经调制而携带有基带信号的高频振荡信号称为已调波。把已受基带信号调制的高频振荡信号经放大后送给发射天线，转换成相应的无线电波，辐射到空间，这就是无线电信号的产生和发射。

图 1—1—7 所示为无线电发射机的基本组成框图，它简要描述了无线电信号产生和发射的过程。无线电发射机的基本组成包括基带信号处理电路、载波发生器、调制器、高频功率放大器和发射天线 5 部分。首先，基带信号处理电路对音频或视频等基带信号进行前端处理，如放大、滤波、压缩、预加重等，接着，调制器将处理过的基带信号调制到载波发生器产生的高频载波上，然后，高频功率放大器将高频已调波进行功率放大，使发射机的输出功率满足要求，最后，发射天线将足够功率的高频已调波变换成无线电波，向自由空间发射。

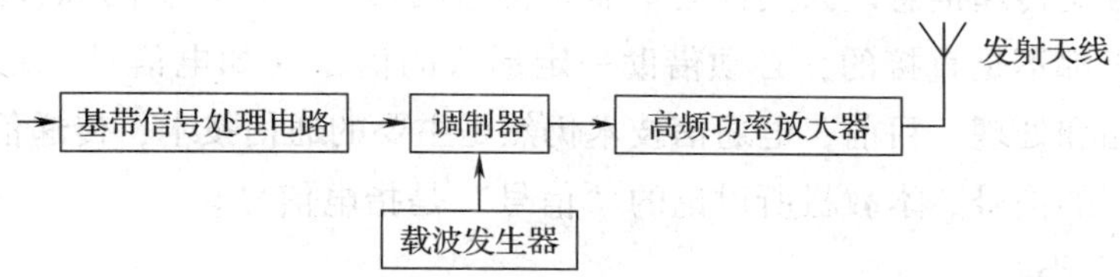

图 1—1—7　无线电发射机的基本组成框图

2．无线电信号的接收

无线电信号的接收过程和发送过程相反。在接收信号的一方（接收端），先用接收天线将接收到的电磁波转变为已调波信号，然后从已调波信号中取出原始的基带信号，最后再通过变换器将基带信号变换为声音、图像、文字等原始信息。与发射机中的调制相反，接收机是把原始的基带信号从已调波信号里提取出来，这一过程称为解调。

以最常用的超外差式无线电广播接收机为例，其基本组成框图如图 1—1—8 所示。它简要描述了无线电信号的接收过程。超外差式无线电广播接收机的基本组成包括接收天线、输入电路、变频器、中频放大器、解调器、低频功率放大器和扬声器等部分。首先，接收天线将接收到的无线电波变换成高频已调波电流，并由输入电路进行选频，接着，变频器把所选择的高频已调波变为中频已调波，并由中频放大器进行中频放大，然后，解调器从中频已调波中解调出低频电信号，并由低频功率放大器进行功率放大，最后，由扬声器还原成所需传递的声音信息。

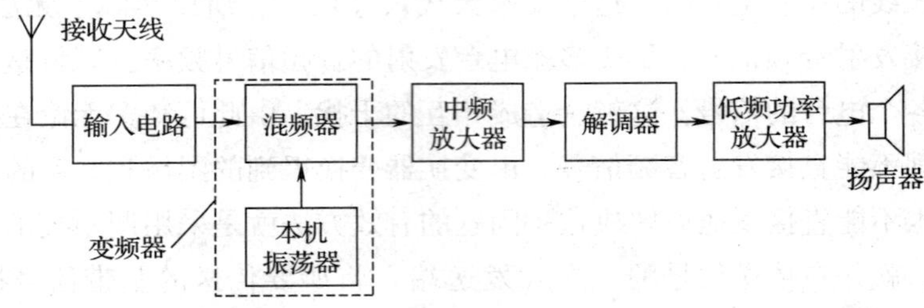

图 1—1—8　超外差式无线电广播接收机的基本组成框图

超外差式无线电广播接收机的特点是把本机振荡器产生的本振信号与天线接收到的高频已调波同时送入混频器进行混频，取出差频（两个信号的频率之差）信号，即中频信号，并对中频信号进行放大。收音机、电视机、移动电话等广泛采用超外差式接收方式。其中，移动电话是将收、发系统安装在同一个机器内，工作于微波波段，信号做直线传播，覆盖的区域不大，需要多个基站，组成蜂窝状的传播覆盖网络，因而称为蜂窝式移动电话。

四、信号的分类和特性

通信的任务是传递信息。人类社会中需要传递的信息有声音、图像、文字和数据等。信息的传递一般都不是直接的，必须借助一定形式的信号（如电信号、光信号等）才能远距离快速传输和处理。目前，电通信技术仍然是主要的通信技术，传递信息的电信号也仍然是应用最广的信号。本教材所讨论的“信号”是指电信号。

1．信号的分类

信号是随时间变化的，在数学上可以用一个时间 t 的函数来表示。信号随时间变量 t

变化的函数曲线称为信号的波形。习惯上常常混用“信号”与“函数”这两个名词，不予区分。信号的种类很多，可以从不同的角度进行分类。根据信号幅度和时间的离散性，可将信号分为模拟信号和数字信号；根据信号的周期性，可将信号分为周期信号和非周期信号；根据信号的随机性，可将信号分为确定信号和随机信号等。

（1）模拟信号与数字信号

在时间和数值上都连续变化的电信号称为模拟信号。模拟信号的参数（幅度、频率或相位）是随时间的变化而连续变化的。例如，声音和图像的强度都是连续变化的。最简单的模拟信号是如图 1—1—9 所示的正弦信号。

在时间和数值上都是不连续变化的，即不仅在自变量时间上是离散的，而且其函数值也是离散的（“量化”了的）电信号，称为数字信号。所谓“量化”，就是分级取整的意思。例如，用“四舍五入”的方法，使各离散时间点上的函数值归为某一最接近的整数，从而将连续变化的函数值用有限的若干整数值来表示。数字信号是数字通信系统传输信息所用的载体，计算机中输入与输出的信号就是数字信号，如图 1—1—10 所示。

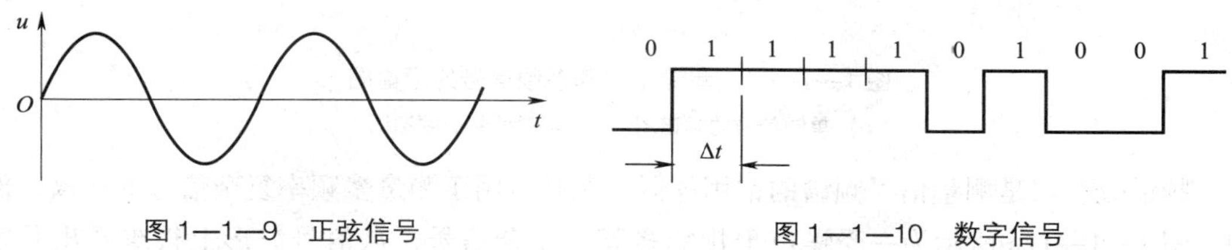

图 1—1—9　正弦信号　　图 1—1—10　数字信号

（2）周期信号与非周期信号

瞬时幅值随时间重复变化的信号称为周期信号。正弦波（见图 1—1—9）、余弦波、矩形波以及三角波都是常见的周期信号。瞬时幅值随时间不重复变化的信号称为非周期信号。

（3）确定信号和随机信号

确定信号是指能够表示为确定的时间函数的信号。当给定某一时间值时，信号有确定的数值。正弦信号和各种波形的周期信号就是确定信号的例子。随机信号则不是时间 t 的函数，例如雷达发射机发射一系列脉冲到达目标又反射回来，接收机收到的回波信号就有很大的随机性。本教材涉及的仅是确定信号。

2．信号的特性

信号的特性可以从两个方面来描述，即时间特性和频率特性。

（1）时间特性

信号是随时间变化的电压或电流，表现出一定的时间特性，如出现时间的先后、持续时间的长短、重复周期的大小以及随时间变化的快慢等。数学表达式和波形图是描述信号时间特性的两种常用方法。例如，一个正弦信号 u，其数学表达式为 $u = U_m \sin\omega t$，其波形图如图 1—1—9 所示，即描述了正弦信号的时间特性。

示波器是测量信号波形的常用仪器，它能把肉眼看不见的电信号变换成看得见的图像。具体地说，利用示波器能观察各种不同信号的幅度随时间变化的波形曲线，进而读出信号的频率、幅度、相位差等。

（2）频率特性

任意一个非正弦信号总可以分解为许多不同振幅、不同频率的正弦分量，即具有一定的频率成分，因而表现出一定的频率特性，如各频率分量的数值、主要频率分量对应的幅度等，如图 1—1—11 所示。按照不同的频率来排列各正弦波分量的幅度的图形称为频谱，也就是说频谱是频率的分布曲线，图 1—1—11 所示分别为单频信号和多频信号的频谱图。

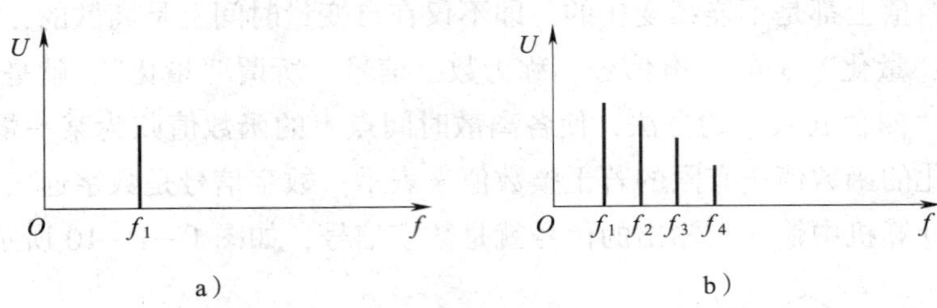

图 1—1—11　单频信号和多频信号的频谱图

a）单频信号的频谱图　b）多频信号的频谱图

频谱分析仪是测量信号频谱的常用仪器，尤其适用于测量多频率复杂信号的频谱。例如，图 1—1—12a 所示为一受噪声干扰的多频率复杂信号，从信号波形上很难看出其特征；但从图 1—1—12b 所示频谱上却可以清楚地判断并识别出信号中的 4 个周期分量及它们的幅度。

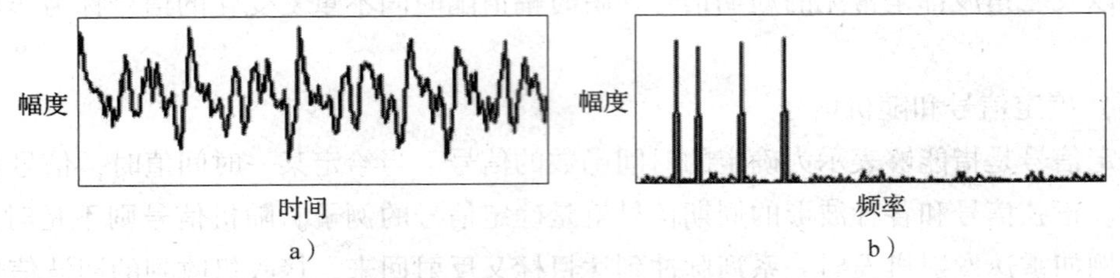

图 1—1—12　多频率复杂信号的波形和频谱

a）波形　b）频谱

示波器测量信号属于时域的测量方法，即示波器显示信号波形的横坐标为时间，纵坐标为电压幅度，曲线表示的是信号电压幅度随时间变化的波形。频谱分析仪测量信号属于频域的测量方法，即频谱分析仪显示信号频谱的横坐标为频率，纵坐标为幅度（或功率、相位等），曲线表示的是信号在不同频率下的幅度谱（或功率谱、相位谱等）线。

信号的形式之所以不同，就在于它们各自具有不同的时间特性和频率特性。信号的时间特性和频率特性之间有着密切的关系，不同的时间特性将导致不同的频率特性。

【例1】　有一信号的数学表达式为 $u=10\sin\omega_0 t$（V），试画出它的频谱图。

解：此信号为单一频率的正弦信号，振幅为10 V，其频谱图如图1—1—13所示。

【例2】　某信号的频谱图如图1—1—14所示，试写出它的数学表达式。

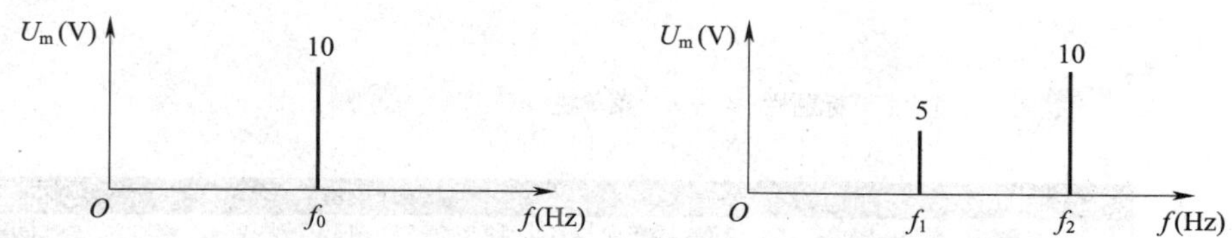

图1—1—13　单频信号的频谱图　　　　图1—1—14　某信号的频谱图

解：由图可知，信号的频谱含有两条单独的谱线，说明该信号含有两个不同频率的正弦分量。所以，信号的数学表达式为：

$$u=5\sin 2\pi f_1 t+10\sin 2\pi f_2 t$$

当然，也可以写成：

$$u=5\cos 2\pi f_1 t+10\cos 2\pi f_2 t$$

今后，如果没有特别的说明，不再区分正弦信号和余弦信号。因为无论是正弦信号还是余弦信号，只要它们的频率相等、振幅一致，它们的频谱就是相同的。

任务实施

一、实训器材

实施本任务所使用的实训设备可参考表1—1—2。

表1—1—2　　实训设备清单

序号	名称	型号及规格	数量	单位
1	计算机	装有Multisim 12仿真软件	1	台
2	函数发生器	普源RIGOL DG1022（配BNC转鳄鱼夹线1条）	1	台
3	双踪示波器	普源RIGOL DS1102U（配无源探头1条）	1	台
4	频谱分析仪	普源RIGOL DSA705（配N型阳头射频电缆1条）	1	台

二、Multisim软件简介

Multisim软件是美国国家仪器（NI）公司推出的在Windows下运行的仿真软件，它用软件方法虚拟电子元器件及仪器仪表，将元器件和仪器仪表集合为一体，适用于原理图设计和电路测试的虚拟仿真工作。以下简要介绍 Multisim 12 软件的使用方法。

1．Multisim 主窗口界面

启动 Multisim 后，将出现如图 1—1—15 所示的主窗口界面。Multisim 的主窗口界面包含多个区域：标题栏、菜单栏、工具栏、电路工作区窗口、电子表格视图、状态栏等。

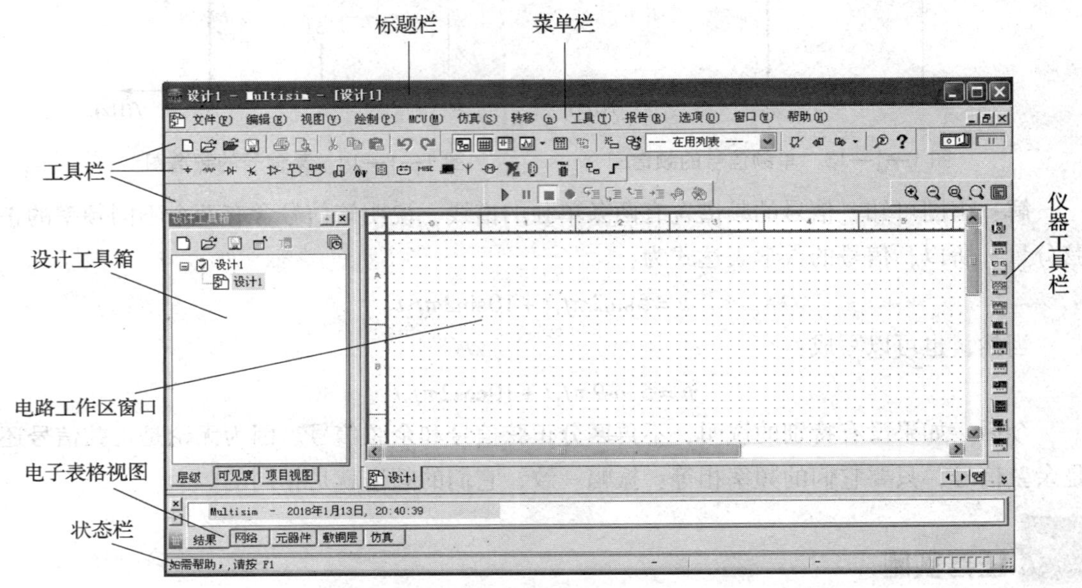

图 1—1—15　Multisim 主窗口界面

（1）标题栏

标题栏左侧显示文件名等信息，右侧有最小化、最大化和关闭三个控制按钮，通过它们实现对窗口的操作。

（2）菜单栏

菜单栏分类集中了软件的所有功能及命令，共有文件、编辑、视图、绘制、MCU、仿真、转移、工具、报告、选项、窗口、帮助 12 个菜单。单击其中任意一个菜单，就会弹出对应菜单下所提供的子菜单命令窗口，通过这些菜单可以使用 Multisim 的所有功能。

1）文件（File）菜单　文件菜单中包含了对文件和项目的基本操作以及打印等命令。

2）编辑（Edit）菜单　编辑菜单类似于图形编辑软件的基本编辑功能。在电路绘制过程中，编辑菜单提供对电路和元件进行剪切、粘贴、翻转、对齐等操作。

3）视图（View）菜单　视图菜单选择使用软件时操作界面上所显示的内容，对一些工具栏和窗口进行控制。

4）绘制（Place）菜单　绘制菜单提供在电路工作区中放置元件、连接点、总线和文字等命令，从而输入电路。

5）MCU（微控制器）菜单　MCU菜单提供在电路工作区内MCU的调试操作命令。

6）仿真（Simulate）菜单　仿真菜单提供电路的仿真设置与分析操作命令。

7）转移（Transfer）菜单　转移菜单提供将Multisim格式转换成其他EDA软件所需文件格式操作命令。

8）工具（Tools）菜单　工具菜单主要提供对元器件进行编辑与管理的命令。

9）报告（Reports）菜单　报告菜单提供材料清单、元器件和网表等报告命令。

10）选项（Options）菜单　选项菜单提供对电路界面和某些功能的设置命令。

11）窗口（Window）菜单　窗口菜单提供对窗口的关闭、层叠、平铺等操作命令。

12）帮助（Help）菜单　帮助菜单提供对Multisim的在线帮助和使用指导说明等操作命令。

（3）工具栏

Multisim提供了多种工具栏，并以层次化的模式加以管理，用户可以通过视图（View）菜单中的选项方便地将顶层的工具栏打开或关闭，再通过顶层工具栏中的按钮来管理和控制下层的工具栏。通过工具栏，用户可以方便直接地使用软件的各项功能。常用的工具栏有：标准（Standard）工具栏、主（Main）工具栏、视图（View）工具栏、仿真开关（Simulation switch）工具栏、元器件（Components）工具栏、仪器（Instruments）工具栏等。

1）标准工具栏　标准工具栏包含了常见的文件操作和编辑操作，如图1—1—16所示。按钮从左到右的功能分别为：新建文件、打开文件、打开设计实例、文件保存、打印、打印预览、剪切、复制、粘贴、撤销和恢复。

图1—1—16　标准（Standard）工具栏

2）主工具栏　主工具栏控制文件、数据、元件等的显示操作，如图1—1—17所示。按钮从从左到右的功能分别为显示或隐藏设计工具栏、显示或隐藏电子表格视图、SPICE网表查看器、图示仪、后处理器、母电路图、元器件向导、数据库管理器、在用列表、电器法则查验、从文件反向注解、正向注解到Ultiboard、查找范例、Multisim帮助等。

--- 在用列表 ---

图1—1—17　主（Main）工具栏

3）视图工具栏　视图工具栏如图1—1—18所示，用户通过此栏可以方便地调整所编辑电路的视图大小。按钮从左到右的功能分别为放大、缩小、缩放区域、缩放页面、全屏等。

4）仿真开关工具栏　仿真开关工具栏可以控制电路仿真的开始、结束和暂停，如图1—1—19所示。按钮从左到右的功能分别为仿真开关、暂停正在运行的交互仿真等。

图1—1—18　视图（View）工具栏 　　图1—1—19　仿真开关（Simulation switch）工具栏

5）元器件工具栏　EDA软件所能提供的元器件的多少以及元器件模型的准确性都直接决定了该EDA软件的质量和易用性。Multisim为用户提供了丰富的元器件，并以开放的形式管理元器件，使得用户创建电路时能够自己添加所需要的元器件。Multisim以数据库的形式管理元器件，为用户提供了20个元器件库，各元器件库下还包含子库。具体选用时可在元器件工具栏（见图1—1—20）进行选择。

图1—1—20　元器件（Components）工具栏

元器件工具栏按钮从左到右的功能分别为放置信号源库、放置基本元器件库、放置二极管库、放置三极管库、放置模拟元器件库、放置TTL元器件库、放置CMOS器件库、放置杂合类数字元器件库、放置混合器件库、放置指示器库、放置功率元器件库、放置杂合类元器件库、放置高级外围元器件库、放置RF元器件库、放置机电类元器件库、放置NI元器件库、放置连接器库、放置MCU库、放置层次化模块和总线模块等。其中，层次化模块是将已有的电路作为一个子模块加到当前电路中。

6）仪器工具栏　对电路进行仿真运行，通过对运行结果的分析，判断设计是否正确合理，是EDA软件的一项主要功能。为此，Multisim为用户提供了类型丰富的虚拟仪器，多达20种，仪器工具栏如图1—1—15最右侧所示。仪器工具栏按钮从上到下依次分别为数字万用表（Multimeter）、函数发生器（Function Generator）、瓦特表（Wattmeter）、双通道示波器（Oscilloscope）、4通道示波器（4 Channel Oscilloscope）、波特测试仪（Bode Plotter）、频率计数器（Frequency Counter）、字信号发生器（Word Generator）、逻辑变换器（Logic Converter）、逻辑分析仪（Logic Analyzer）、伏安特性分析仪（IV Analyzer）、失真分析仪（Distortion Analyzer）、频谱分析仪（Spectrum Analyzer）、网络分析仪（Network Analyzer）、安捷伦函数发生器（Aglient Function Generator）、安捷伦万用表（Aglient Multimeter）、安捷伦示波器（Aglient Oscilloscope）、泰克示波器（Tektronix Oscilloscope）、测量探针（Measurement Probe）、LabVIEW 仪器（LabVIEW Instruments）和电流探针（Current Probe）等。这些虚拟仪器仪表的参数设置、使用方法和外观设计与实验室中的真实仪器仪表基本一致。在选用后，各种虚拟仪器仪表都以面板的方式显示在电路中。

（4）设计工具箱

设计工具箱位于 Multisim 12 工作界面的左侧，电路以分层的形式展示，主要用于层次电路的显示。设计工具箱有层级（Hierachy）、可见度（Visibility）和项目视图（Project View）3 个选项卡。

（5）电路工作区窗口

在电路工作区窗口中可进行电路的绘制、仿真分析及波形数据显示等操作。如果有需要，还可以在电路工作区窗口内添加说明文字及标题框等。

（6）电子表格视图

在电子表格视图可方便查看和修改设计参数，例如元件的详细参数、设计约束和总体属性等。电子表格视图包括结果（Results）、网络（Nets）、元器件（Components）、敷铜层（PCB Layers）及仿真（Simulation）5 个选项卡。

（7）状态栏

状态栏用于显示有关当前操作及鼠标所指条目的相关信息。

2．Multisim 仿真的基本步骤

Multisim 仿真的基本步骤是：①建立电路文件；②放置元器件和仪器；③元器件编辑；④连线和进一步调整；⑤电路仿真；⑥输出分析结果。

三、Multisim 仿真测试信号的特性

1．仿真测试信号的时间特性

用函数发生器输出一个频率为 100 kHz、有效值为 500 mV 的正弦波，并用示波器测试其时间特性，如图 1—1—21 所示。

（1）建立电路文件

选择“开始菜单/所有程序/National Instruments/Circuit Design Suite 12.0/Multisim 12.0”，打开 Multisim 12。打开 Multisim 12 时会自动打开空白电路文件“设计 1”（Design 1），也可以选择菜单“文件（File）/新建（New）/设计（Design）”，或者选择工具栏新建（New）按钮，或者按快捷键 Ctrl + N。

（2）放置元器件和仪器

利用元器件工具栏和仪器工具栏放置元器件和仪器，这是放置元器件和仪器的一般方法。也可以选择菜单栏“绘制（Place）/元器件（Component）”和“仿真（Simulate）/仪器（Instruments）”。

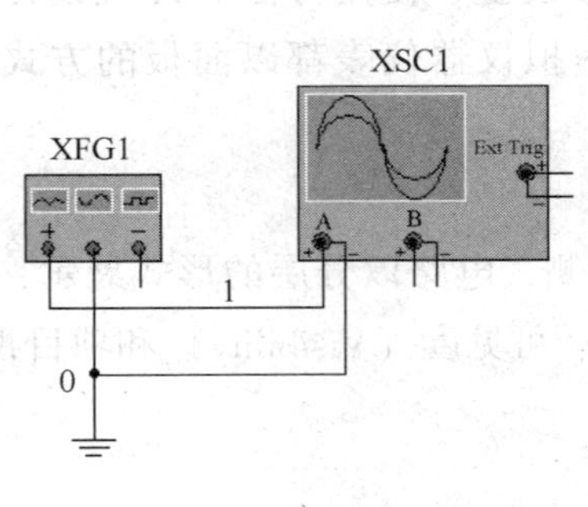

a）

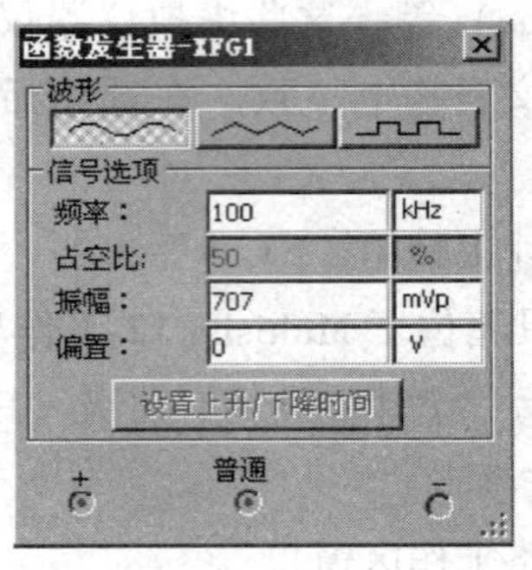

b）

c）

图 1—1—21　仿真测试信号的时间特性

a）虚拟仪器连接图　b）函数发生器参数设置图　c）示波器测试结果图

1）放置元器件　本任务只使用了一个元器件“模拟地”，可以直接利用元器件工具栏放置。

①鼠标指向元器件工具栏的放置源按钮 ≑ 并单击该按钮，弹出“选择一个元器件”对话框，如图 1—1—22 所示。

②按照如图 1—1—22 所示选择相关内容，并点击“确认（O）”或者按键盘上的回车（Enter）键，鼠标图形变化表示已为放置元器件做好准备。

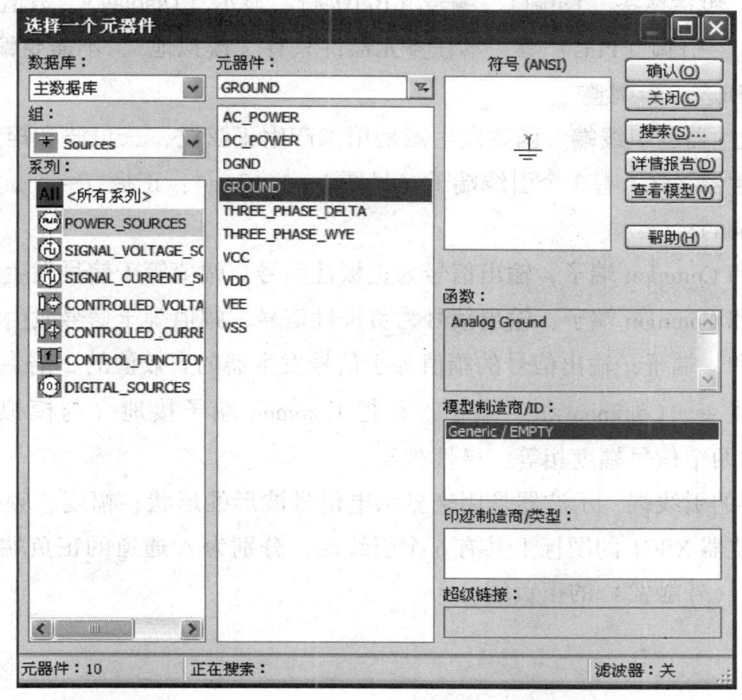

图 1—1—22 “选择一个元器件”对话框中选择相关内容

③将鼠标移到电路工作区需要放置元器件的位置，然后单击鼠标，“模拟地”就出现在电路工作区中。

如果需要删除元器件，只要鼠标单击该元器件图标，按键盘上的 Delete 键或单击鼠标右键选择“删除（Delete）”即可。

2）放置仪器 本任务使用了两个仪器（函数发生器和示波器），可以直接利用仪器工具栏放置。

①鼠标指向仪器工具栏函数发生器按钮并单击该按钮，鼠标图形变化，表明已经准备好放置该仪器。

②将鼠标移到电路工作区需要放置该仪器的位置，然后单击，函数发生器 XFG1 就出现在电路工作区中。

③利用相同的方法，选择仪器工具栏示波器按钮，再放置一个示波器 XSC1 在电路工作区中，如图 1—1—21a 所示。

如果需要删除仪器，只要鼠标单击该仪器图标，按键盘上的“Delete”键或单击鼠标右键选择“删除（Delete）”即可。

（3）元器件编辑

元器件编辑主要是设置元器件参数。双击元器件图标，弹出相关对话框，即可进行元器件参数设置，包括标签（Label）、编号（RefDes）、显示（Display）、数值（Value）、故障设置（Fault）、引脚（Pins）等。本任务元器件只有“模拟地”，不需要编辑。

（4）连线和进一步调整

1）函数发生器的引线端　函数发生器是用来产生正弦波、三角波和矩形波等信号的仪器。函数发生器 XFG1 有 3 个引线端子（见图 1—1—21a）：正极（+）、负极（-）和公共端（Common）。

①连接 + 和 Common 端子，输出信号为正极性信号，幅值等于信号发生器的有效值。

②连接 - 和 Common 端子，输出信号为负极性信号，幅值等于信号发生器的有效值。

③连接 + 和 - 端子，输出信号的幅值等于信号发生器的有效值的 2 倍。

④同时连接 +、Common 和 - 端子，且把 Common 端子接地（与模拟地 ⏚ 符号相连），则输出的两个信号幅度相等，极性相反。

2）示波器的引线端　示波器是用来显示电信号波形的形状、幅度、频率等参数的仪器。两通道示波器 XSC1 的图标上共有 6 个引线端，分别为 A 通道的正负端、B 通道的正负端和 Ext Trig（外触发）的正负端。

操作提示

A、B 两个通道的正端分别只需要一根导线与待测点相连接，测量的是该点与地之间的波形。若需测量元器件两端的信号波形，只需将 A 或 B 通道的正负端与元器件两端相连即可。

3）连线

①函数发生器和示波器的连线：鼠标指向函数发生器 XFG1 的“+”端点使其出现一个小圆点，点击鼠标左键后移动鼠标使其拖曳出一根导线，将导线指向示波器 XSC1 的 A 通道 + 端点使其出现一个小圆点，点击鼠标左键确定终点，则导线连接完成。按照同样的方法完成函数发生器 XFG1 的公共端点和示波器的 A 通道“-”端点之间的连线。

②“模拟地”的连线：鼠标指向“模拟地”端点使其出现一个小圆点，点击鼠标左键后移动鼠标使其拖曳出一根导线，将导线指向图 1—1—21a 所示 0 点使其出现一个小圆点，点击鼠标左键确定终点，则导线连接完成。

操作提示

上述连线方法属于自动连线方法。它能选择引脚间最好的路径自动完成连线，避免连线通过元器件和连线重叠。也可以采用手工连线方法完成连线。手工连线要求用户控制连线路径，方法是首先鼠标指向一个元器件的端点使其出现一个小圆点，按下鼠标左键后移动鼠标使其拖曳出一根导线，在需要拐弯处单击，可以固定连线的拐弯点，从而设定连线路径。实际连线中可以将自动连线与手工连线结合使用。

Multisim 默认丁字交叉为导通，十字交叉为不导通。对于十字交叉而希望导通的情况，可以分段连线，即先连接起点到交叉点，然后连接交叉点到终点；也可以在已有连线上增加一个节点，从该节点引出新的连线。添加节点可以使用菜单“绘制（Place）/结（Junction）”，或者使用快捷键 Ctrl + J。

4）进一步调整　进一步调整内容包括调整元器件和仪器位置、改变元器件和仪器标号、显示节点编号、导线和节点删除等。

①调整位置：单击选定元器件或仪器，拖动元器件或仪器移动至合适位置。

②改变标号：双击选定元器件或仪器，进入属性对话框更改。

③显示节点编号：显示节点编号是为了方便输出分析结果。选择菜单中的“选项（Options）/电路图属性（Sheet Properties）/电路图可见性（Sheet visibility）/网络名称（Net Names）/全部显示（Show All）”。

④导线和节点删除：鼠标指针放在导线上，单击右键选择 Delete，或者左键点击选中，按键盘上的 Delete 键。

（5）电路仿真

1）运行　单击仿真开关按钮，或者选择菜单“仿真（Simulate）/运行（Run）”，或者按快捷键 F5，电路开始仿真运行，Multisim 界面的状态栏右端出现仿真状态指示。

2）函数发生器设置　本任务函数发生器设置如图 1—1—21b 所示。双击函数发生器 XFG1 图标，弹出函数发生器设置面板，波形（Wave forms）选择，信号选项（Signal Options）里信号频率（Frequency）选择 100 kHz，振幅（Amplitude）选择 707 mV_p，偏置（Offset）选择 0 V。

提示

mV_p 是指电压振幅或峰值。对于正弦波来说，振幅为有效值的$\sqrt{2}$（约 1.414）倍。当正弦交流信号电压的有效值为 500 mV 时，则其振幅约为 707 mV。

3）示波器设置　本任务示波器设置如图 1—1—21c 所示。双击示波器 XSC1 图标，弹出示波器设置面板，按功能不同分为波形显示区、测试数据显示区、时基（Timebase）区、通道 A（Channel A）区、通道 B（Channel B）区、触发（Trigger）区 6 个区。时基区时基标度（Scale）设置为 10 μs/Div，单击选择 Y/T。A 通道刻度（Scale）设置为 500 mV/Div，单击选择交流（AC）。触发区单击选择自动（Auto）触发方式。

操作提示

波形显示区显示信号波形的颜色就是连接导线的颜色。改变颜色的方法是双击连接导线，在弹出的对话框中设置导线颜色即可。单击反向（Reverse）按钮，可改变波形显示区背景的颜色（白和黑之间转换）。

测试数据显示区用来显示读数游标测量的数据。单击 T1 ◀▶ 中的 T1 左右箭头，可改变垂直光标 1 的位置。单击 T2 ◀▶ 中的 T2 左右箭头，可改变垂直光标 2 的位置。时间（Time）项的数值从上到下分别为：垂直光标 1 当前位置、垂直光标 2 当前位置、两光标之间的位置差。通道 A（Channel A）的数值从上到下分别为：垂直光标 1 处 A 通道的输出电压值、垂直光标 2 处 A 通道的输出电压值、两光标处电压差。通道 B（Channel B）的数值从上到下分别为：垂直光标 1 处 B 通道的输出电压值、垂直光标 2 处 B 通道的输出电压值、两光标处电压差。

时基区用来设置 *X* 轴方向时间基线位置和时间刻度值。标度（Scale）用来设置 *X* 轴方向每个刻度代表的时间。单击该栏后，出现上下翻转的列表，可根据实际需要选择适当的时间刻度值。为了得到稳定的读数，时基标度设置应与频率成反比，频率越高，时基标度设置越低。

本任务仿真测试信号的波形如图 1—1—21c 所示。

4）停止仿真　单击仿真开关按钮 ，或者选择菜单“仿真（Simulate）/停止（Stop）”，电路停止仿真。

（6）输出分析结果

Multisim 提供了两种电路分析方法：一种是通过虚拟仪器测量；另一种是 Multisim 提供的 19 种基本分析方法，包括直流工作点分析（DC Operating Point Analysis）、交流分析（AC Analysis）、单频交流分析（Single Frequency AC Analysis）、瞬态分析（Transient Analysis）、傅里叶分析（Fourier Analysis）等，在菜单栏“仿真（Simulate）/分析（Analysis）”的下拉子菜单中可以选择。利用这些基本分析方法可以了解电路的基本状况，测量和分析电路的各种响应，且比用实际仪器测量的分析精度高、测量范围宽。

2. 仿真测试信号的频率特性

用函数发生器输出一个频率为 1 MHz、有效值为 500 mV 的正弦波，并用频谱分析仪（软件中称为“光谱分析仪”）测试其频率特性，如图 1—1—23 所示。

函数发生器、频谱分析仪和模拟地的连线如图 1—1—23a 所示。频谱分析仪用来分析信号的频率特性，Multisim 提供的频谱分析仪频率上限为 4 GHz。频谱分析仪 XSA1 有两个端子，即 IN 端（输入端）和 T 端（触发端）。

函数发生器 XFG1 和频谱分析仪 XSA1 的设置分别如图 1—1—23b、c 所示。移动红色游标指针使之对应在中心频率 1.000 MHz 处，幅值显示为 706.771 mV。

频谱分析仪 XSA1 设置面板组成如图 1—1—23c 所示。

（1）档距控制（Span Control）区

单击“设定档距”（Set Span）按钮时，其频率范围由频率（Frequency）区域设定；单击“零档距”（Zero Span）按钮时，频率范围仅由频率（Frequency）区域的中心（Center）栏设定的中心频率确定；单击“全档距”（Full Span）按钮时，频率范围设定为 0 ~4 GHz。

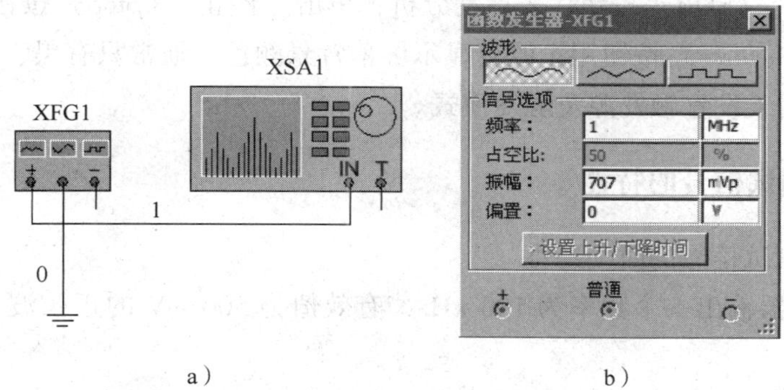

a)　　　　　　　　　　b)

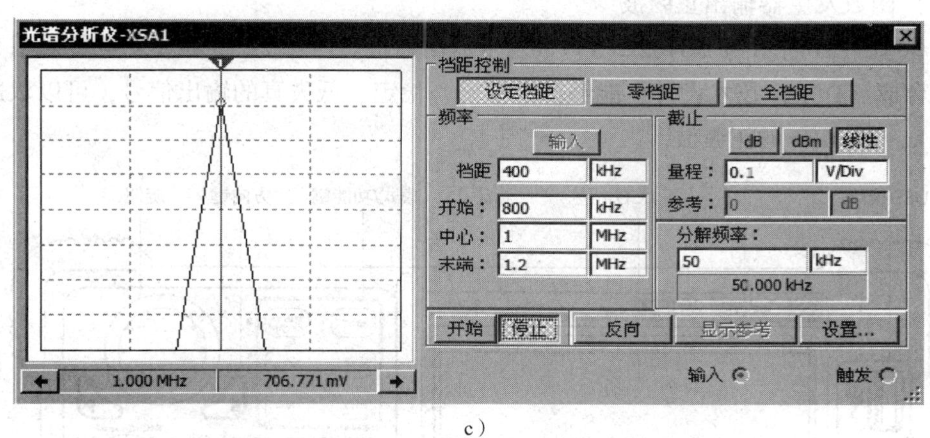

c)

图 1—1—23　仿真测试信号的频率特性

a）虚拟仪器连接图　b）函数发生器参数设置图　c）频谱分析仪测试结果图

（2）频率（Frequency）区

用于设置频率范围。档距（Span）设定频率范围；开始（Start）设定起始频率；中心（Center）设定中心频率；末端（End）设定结束频率。

（3）截止（Amplitude）区

设置坐标刻度单位。“dB”代表纵坐标刻度单位为 dB；“dBm”代表纵坐标刻度单位为 dBm；“线性”代表纵坐标刻度单位为线性。

在无线电技术中，一些物理量常采用对数形式进行计量。dB（分贝）是计量功率比值（称为增益）的单位，该数值用于标称增益（即放大倍数）的大小。dBm（分贝毫瓦）是功率值和一个固定的参考功率之比对数值的单位，该数值用于标称功率的大小。

（4）分解频率（Resolution freq）区

设置频率分辨率，即能够分辨的最小谱线间隔。

扫描二维码，进一步了解 dB（分贝）、dBm（分贝毫瓦）等单位的具体含义。

（5）其他按钮的说明

单击“开始”（Start）按钮代表启动分析；单击“停止”（Stop）按钮代表停止分析；单击“反向”（Reverse）按钮用于改变显示屏幕背景颜色，通常只有黑、白两种颜色；设置（Set）按钮用于设置触发源及触发模式。

四、实际仪器测试信号的特性

1．示波器测试信号的时间特性

用函数发生器输出一个频率为 100 kHz、有效值为 500 mV 的正弦波，并用示波器测试其时间特性。

（1）函数发生器输出正弦波

图 1—1—24 所示为 DG1022 型函数发生器前面板。DG1022 型函数发生器采用直接数字频率合成（DDS）技术设计，能够产生精确、稳定、低失真的输出信号，可以双通道输出 1 μHz ~ 20 MHz 的正弦波。

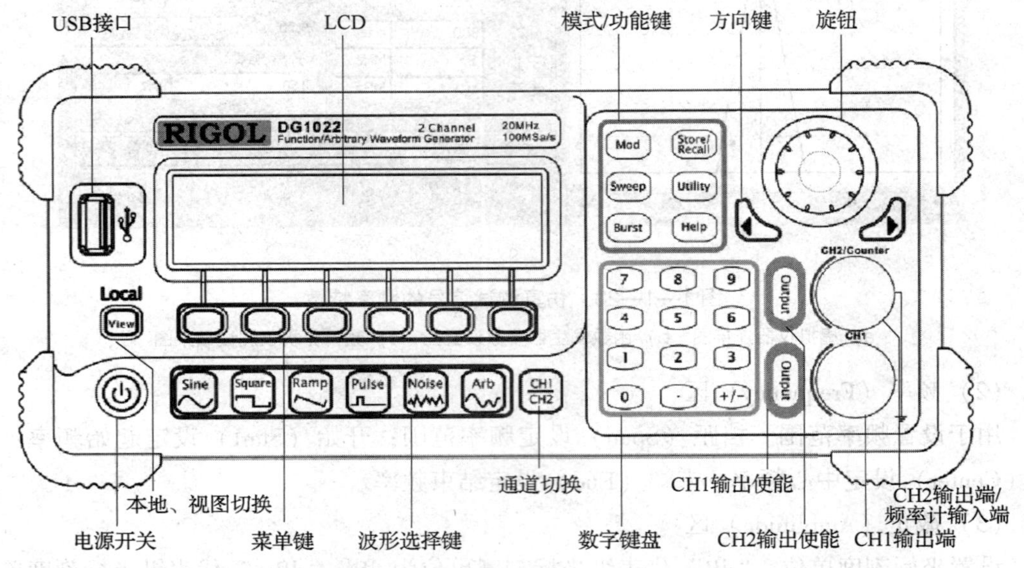

图 1—1—24　DG1022 型函数发生器前面板

1）开机　按下电源开关，函数发生器开机。

2）设置频率值

①通过 CH1/CH2 通道切换按钮选择通道 CH1。

②按 Sine 键，然后按“频率/周期”软键切换，软键菜单“频率”反色显示。

③使用数字键盘输入“100”，选择单位“kHz”，设置频率为 100 kHz，如图 1—1—25 所示。

3）设置幅度值

①按“幅值/高电平”软键切换，软键菜单“幅值”反色显示。

②使用数字键盘输入“1414”，选择单位“mV_{p-p}”，设置峰峰值为 1 414 mV_{p-p}，如图 1—1—26 所示。

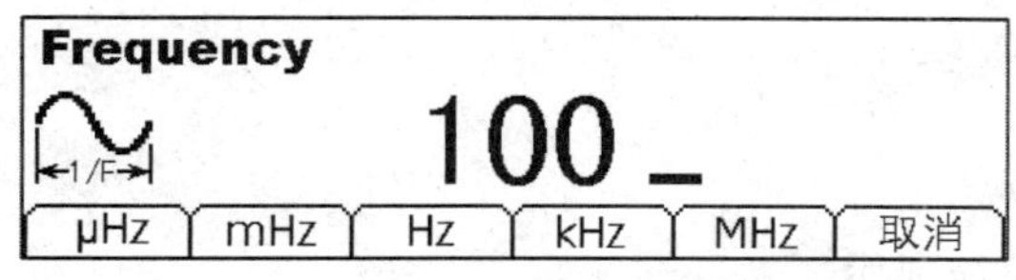

图 1—1—25　设置频率的参数值

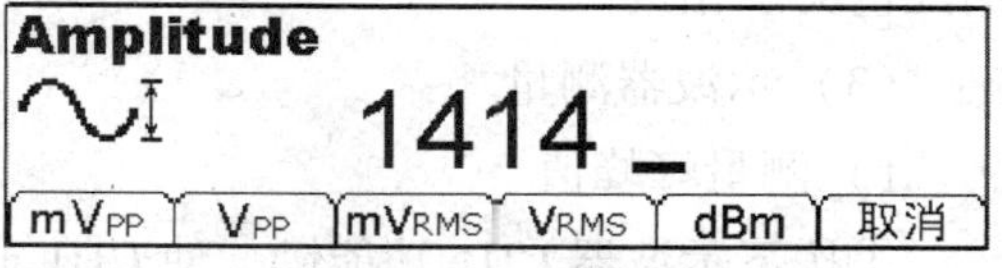

图 1—1—26　设置幅值的参数值

提示

mV_{p-p}、V_{p-p}是指电压峰峰值，mV_{RMS}、V_{RMS}是指电压有效值或均方根值。

③按下 CH1 输出使能 Output 软键，此时键灯被点亮，且函数发生器屏幕显示通道 1 输出“ON”。

④按 View 键切换为图形显示模式，函数发生器输出 100 kHz、1 414 mV_{p-p}的正弦波。

（2）示波器接入信号

图 1—1—27 所示为 DS1102U 型示波器前面板。DS1102U 型示波器（2 个模拟通道 100 MHz 带宽）是一款高性能指标、经济型的数字示波器，其前面板设计清晰直观，完全符合传统仪器的使用习惯，方便用户操作。为加速调整，便于测量，还可以直接使用自动测量键 AUTO ，将立即获得适合的波形显示和挡位设置。

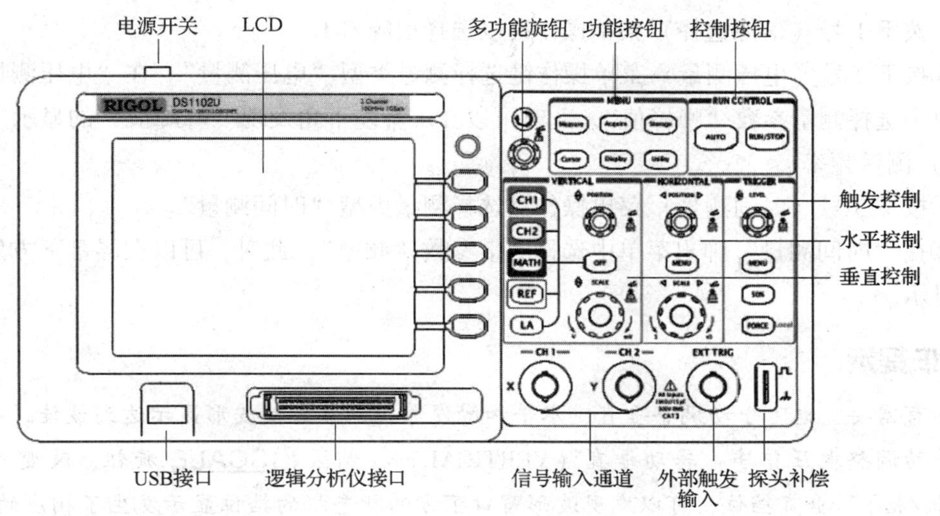

图 1—1—27　DS1102U 型示波器前面板

1）示波器开机　按下电源开关，示波器自检通过后出现开机画面。

2）示波器和函数发生器连线　将示波器 CH1 的无源探头与函数发生器 CH1 输出端 BNC 转鳄鱼夹线相连，连接时注意仪器间的抗干扰共地，即将示波器探头的地线（黑色）夹子与函数发生器输出线的黑色夹子相接，示波器探头信号线测试钩与函数发生器输出线的红色夹子相接。

（3）示波器测量

1）测量峰峰值

①按下示波器 CH1 功能键，使 CH1 通道被显示。

②按下 AUTO （自动设置）按键，进行自动测量，示波器将自动设置垂直、水平和触发等控制参数，使波形显示达到最佳状态。

③按下 Measure 按键，显示自动测量菜单，如图 1—1—28 所示。

Measure
信源选择
CH1
电压测量
时间测量
清除测量
全部测量
关闭

功能菜单	显示	说明
信源选择	CH1 CH2	设置被测信号的输入通道
电压测量		选择测量电压参数
时间测量		选择测量时间参数
清除测量		清除测量结果
全部测量	关闭 打开	关闭全部测量显示 打开全部测量显示

图 1—1—28　示波器自动测量菜单及功能说明

④按下 1 号（信源选择）菜单操作键以选择信源 CH1。

⑤按下 2 号（电压测量）菜单操作键选择测量类型“电压测量”。在“电压测量”弹出菜单中选择测量参数“峰峰值”。此时可以在屏幕左下角发现“峰峰值”的显示。

2）测量频率

①按下 3 号（时间测量）菜单操作键选择测量类型“时间测量”。

②在“时间测量”弹出菜单中选择测量参数“频率”。此时，可以在屏幕下方发现频率的显示。

操作提示

如有需要，也可手动调整垂直、水平和触发等控制参数使波形显示达到最佳。

手动调整电压倍率：转动垂直（VERTICAL）控制区 SCALE 旋钮，改变“Volt/div（伏/格）”垂直挡位，可以发现波形窗口下方的状态栏的挡位显示发生了相应的变化。

手动调整时基：转动水平（HORIZONTAL）控制区 SCALE 旋钮，改变“s/div

(秒/格)”水平挡位，观察状态栏的挡位显示发生了相应的变化。

测量完毕，拆除函数发生器和示波器连线并关机。

2. 频谱分析仪测试信号的频率特性

用函数发生器输出一个频率为 1 MHz、幅度为 0 dBm 的正弦波，并用频谱分析仪测试其频率特性。

在实际无线电工程中，常用功率 dBm 来代表射频信号的幅度。功率 0 dBm 相当于 1 mW，即表示射频信号电压的有效值为 223. 61 mV（50 Ω 系统）。

扫描右侧二维码，进一步了解dBm（分贝毫瓦）与电压的转换关系。

（1）函数发生器输出正弦波

1）开机　按下电源开关，函数发生器开机。

2）设置频率值

①通过 CH1/CH2 通道切换按钮选择通道 CH1。

②按 Sine 键→按“频率/周期”软键切换，软键菜单“频率”反色显示。

③使用数字键盘输入“1”，选择单位“MHz”，设置频率为 1 MHz。

3）设置幅度值

①按“幅值/高电平”软键切换，软键菜单“幅值”反色显示。

②使用数字键盘输入“0”，选择单位“dBm”，设置幅值为 0 dBm。

③按下 CH1 输出使能 Output 软键，此时键灯被点亮，且函数发生器屏幕显示通道 1 输出“ON”。

④按 View 键切换为图形显示模式，函数发生器输出 1 MHz、0 dBm 的正弦波。

（2）频谱分析仪接入信号

图 1—1—29 所示为 DSA705 型频谱分析仪前面板。DSA705 型频谱分析仪（500 MHz 带宽）采用全数字中频技术，相比模拟频谱仪具有更高的性价比。

1）开机　按下电源开关，频谱分析仪开机，开机画面显示开机初始化过程信息。结束后，屏幕出现扫频曲线。

2）恢复出厂设置　依次按 System →复位→预置类型→出厂设置，然后按 Preset 键。此时仪器将所有参数恢复到出厂设置。

3）频谱分析仪和函数发生器连线　将频谱分析仪前面板的射频输入端（RF INPUT 50 Ω），通过一个带有 N 形阳头连接器的电缆连接到函数发生器的 CH1 输出端。

（3）频谱分析仪测量

1）设置中心频率

①按 FREQ 键，屏幕右侧出现“频率”菜单，“中心频率”项处于高亮显示状态，在屏幕网格的左上角出现中心频率参数，表示中心频率功能被激活。

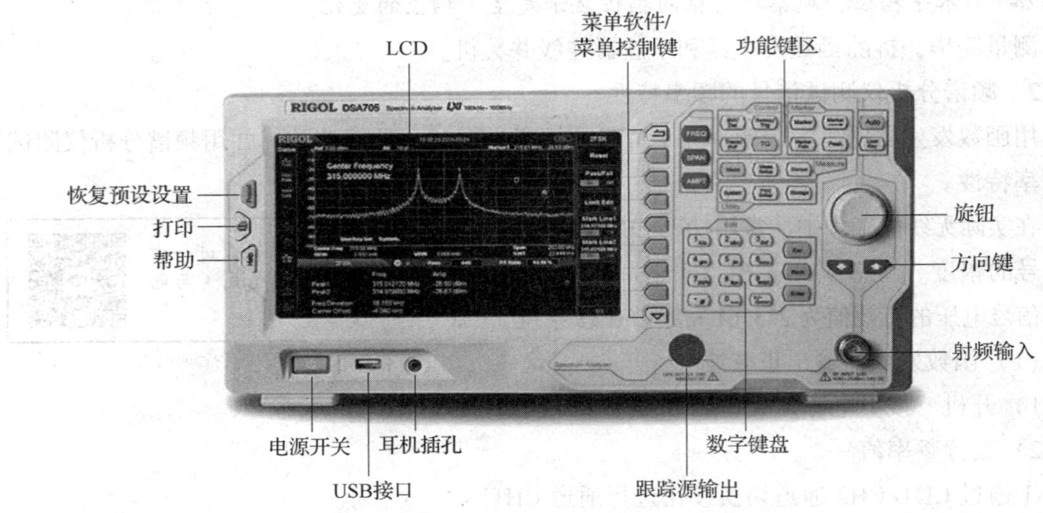

图 1—1—29　DSA705 型频谱分析仪前面板

②通过数字键盘，输入 1，选择“MHz”，则频谱分析仪的中心频率设定为 1 MHz。使用数字键盘、旋钮或方向键，均可以改变中心频率值。

2）设置扫宽

①按 **SPAN** 键，屏幕右侧出现“扫宽”菜单，“扫宽”项处于高亮显示状态，在屏幕网格的左上角出现扫宽参数，表示扫宽功能被激活。

②通过数字键盘，输入 400，选择“kHz”，则频谱仪的扫宽设定为 400 kHz。使用数字键盘、旋钮或方向键，均可以改变扫宽值。

3）设置幅度

①按 **AMPT** 键，“参考电平”项处于高亮显示状态，在屏幕网格的左上角出现参考电平参数，表示参考电平功能被激活。

②根据信号显示情况，若有必要可通过旋钮改变参考电平，使信号峰值接近网格顶部。使用数字键盘、旋钮或方向键，均可以改变参考电平值。

上述步骤完成后，在频谱分析仪上可以观测到 1 MHz 的频谱曲线。

4）读取测量值　通过光标测量可读取谱线上点的频率、幅度值。依次按 **Marker** →选择光标→1，激活 Marker 1，然后设置 Marker 频率为 1 MHz，则在网格右上角显示光标处的频率和幅度值。

测量完毕，拆除频谱分析仪和函数发生器连线并关机。

任务评价

本任务的评价标准参见表 1—1—3。

表 1—1—3　　　　　　　　评价标准

<table>
<tr><th>序号</th><th>项目</th><th>配分</th><th colspan="3">评分标准</th><th>得分</th></tr>
<tr><td>1</td><td>仿真测试信号的时间特性</td><td>20</td><td colspan="3">（1）不会使用仿真软件，扣 20 分
（2）电路绘制不正确，每处扣 2 分
（3）仪器设置不正确，每处扣 2 分</td><td></td></tr>
<tr><td>2</td><td>仿真测试信号的频率特性</td><td>20</td><td colspan="3">（1）不会使用仿真软件，扣 20 分
（2）电路绘制不正确，每处扣 2 分
（3）仪器设置不正确，每处扣 2 分</td><td></td></tr>
<tr><td>3</td><td>实际仪器测试信号的时间特性</td><td>25</td><td colspan="3">（1）不会使用函数发生器输出正弦波，扣 10 分
（2）示波器和函数发生器连线不正确，扣 5 分
（3）示波器测量结果不正确，扣 10 分</td><td></td></tr>
<tr><td>4</td><td>实际仪器测试信号的频率特性</td><td>25</td><td colspan="3">（1）不会使用函数发生器输出正弦波，扣 10 分
（2）频谱分析仪和函数发生器连线不正确，扣 5 分
（3）频谱分析仪测量结果不正确，扣 10 分</td><td></td></tr>
<tr><td>5</td><td>安全与文明生产</td><td>10</td><td colspan="3">违反安全与文明生产规程，酌情扣 1 ~ 10 分</td><td></td></tr>
<tr><td colspan="2">开始时间</td><td></td><td>结束时间</td><td></td><td>成绩</td><td></td></tr>
<tr><td colspan="2">学生姓名</td><td></td><td>教师签名</td><td></td><td colspan="2">年　月　日</td></tr>
</table>

任务 2　认识天线和传输线

学习目标

1. 掌握天线的分类、主要参数及工作原理。
2. 熟悉常用传输线的种类、主要特性参数及阻抗匹配的概念。
3. 掌握天线和传输线的安装工艺。
4. 掌握无线电波的测试指标，并能用测试仪器测试无线电波。

任务描述

无线电通信是通过无线电波来传递信息的，天线是辐射和接收无线电波的装置，因此天线是任何无线电通信系统都不可缺少的重要组成部分，没有天线就没有无线电通信。传输线是用来引导传输电磁波能量和信号的装置，连接天线和发射机或接收机的电缆就是传输线。图 1—2—1 所示是几种常见的天线实物图。

本任务的内容是认识天线和传输线，并测试无线电信号的场强。

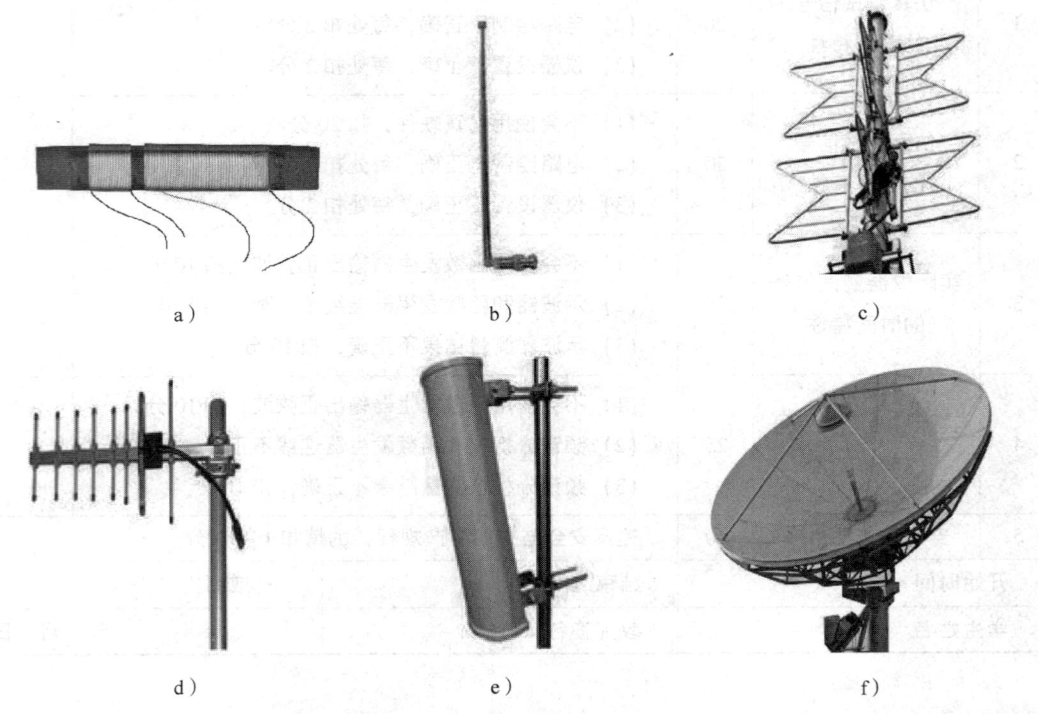

图 1—2—1　常见的天线实物图

a）磁性天线　b）拉杆天线　c）蝙蝠翼天线　d）引向天线　e）板状天线　f）抛物面天线

相关知识

一、天线

天线是辐射和接收无线电波的装置。在发射端，发射机末级输出的已调高频电流经传输线（常简称馈线）传输到发射天线，由发射天线以无线电波的形式将它辐射出去；在接收端，接收天线把接收到的无线电波转换成高频电流后，再通过馈线送给接收机输入端。因此，天线实质上是一个能量转换器，发射天线是把高频电流形式的能量转换为无线电波形式的能量，并将无线电波辐射到空间的装置；反过来，接收天线是把无线电波形式的能量转换为高频电流形式能量的装置。

1．天线的分类

天线品种繁多，分类方法多样，常见的分类方法如下。

（1）按照用途不同分类

天线可分为广播天线、电视天线、通信天线、雷达天线、导航天线和测向天线等。

（2）按照工作波长分类

天线可分为超长波天线、长波天线、中波天线、短波天线、超短波天线和微波天线。

（3）按照有无放大器分类

天线可分为有源天线和无源天线两种。有源天线是指带放大器电路，能够放大信号的天线。有源天线能提高灵敏度，降低信噪比。无源天线是指不带放大器的天线。

（4）按照结构形式分类

天线可分为线天线和面天线两种。线天线是由线径远比波长小，长度可与波长相匹配的金属导线构成的线状天线，主要应用于长、中、短波及超短波波段。面天线是由尺寸大于波长的金属或介质面构成，具有初级馈源并由反射面形成次级辐射场的天线，主要应用于厘米波和毫米波波段。分米波波段则线、面天线二者兼用。

（5）按照方向性分类

天线可分为全向天线和定向天线。天线对空间不同的方向具有不同的辐射或接收电磁波能力，这就是天线的方向性。全向天线是指可以向任意方向发射和接收电磁波的天线。定向天线则是指仅在某特定方向上发射及接收电磁波的天线。

2．天线的参数

天线的参数用来描述天线的性能指标，是设计和选择天线的依据。天线的参数主要包括输入阻抗、效率、方向图、增益和带宽等。

（1）输入阻抗

天线输入端信号电压与信号电流之比，称为天线的输入阻抗。天线的输入阻抗包括输入电阻和输入电抗，前者对应于天线的辐射功率和天线的损耗功率，后者对应于天线周围感应场的无功功率。

（2）效率

天线在工作时并不能将输入天线的能量全部辐射出去。对发射天线来说，天线效率是用来衡量天线将高频电流转换为无线电波能量的有效程度。天线效率定义为天线辐射功率与天线输入功率（天线输入功率为天线辐射功率与天线内所消耗的功率之和）之比。

（3）方向图

天线具有方向特性，天线方向图用来描述天线辐射或接收的电磁波强度随空间方向的对应关系。典型的天线方向图如图 1—2—2 所示。

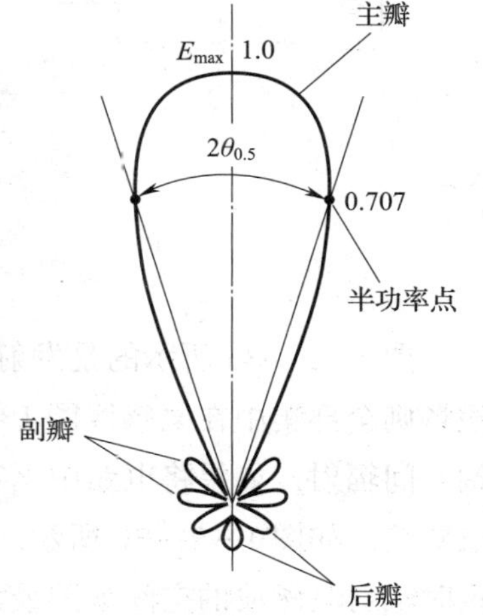

图 1—2—2　典型的天线方向图

天线方向图一般呈花瓣状，所以天线方向图也称为波瓣图。包含最大辐射方向的波瓣称为主瓣，其余的波瓣称为副瓣或旁瓣，主瓣正后方的波瓣称为后瓣。当辐射场强降至最大场强值的 $1/\sqrt{2}$（即 0.707，对应于半功率点，因为功率与场强的平方成正比）时的两个方向之间的夹角，称为主瓣宽度（或波瓣宽度），用 $2\theta_{0.5}$ 表示。主瓣集中了天线辐射能量的主要部分，主瓣宽度越窄，说明天线辐射的能量越集中，定向性越好，在接收无线电信号时则表示灵敏度高，抗干扰能力强。

（4）增益

增益用来比较不同天线在其最大辐射方向上所产生的场强大小。天线增益的定义是：在输入功率相等的条件下，实际天线与理想的无方向性天线在空间同一点处所产生的场强之比。增益系数与天线方向图有密切的关系，方向图主瓣宽度越窄，副瓣越小，增益系数就越高。

（5）带宽

天线的带宽是指它有效工作的频率范围，通常以其谐振频率为中心。天线的带宽与天线振子的直径有关，直径越大带宽越宽，反之则带宽越窄。天线增益系数越高，带宽则越窄。

3. 天线的工作原理

天线本身就是一个振荡器，但又与普通的 LC 振荡回路不同，它是普通振荡回路的变形，图 1—2—3 展示了它的演变过程。

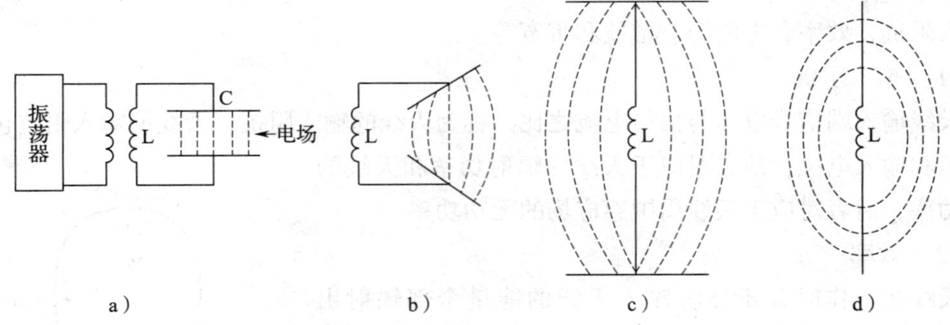

图 1—2—3　天线的演变过程

图 1—2—3a 所示的是发射机的振荡回路。电场集中于电容器 C 的两个极板之间，而磁场则全部集中在电感线圈 L 内，电磁波被束缚在一个很有限的空间里，显然不能向广阔空间辐射。如果将电路中电容器的两个极板逐步展开，就会越来越向更大空间范围辐射电磁波，如图 1—2—3b 所示。如果将电容器的两个极板完全展开，如图 1—2—3c 所示，这时辐射电磁波的空间范围最大，是辐射的最佳形式。在此基础上直接取消两个极板，就演变成如图 1—2—3d 所示的天线了。

(1) 天线辐射原理

当高频电流在天线中流动时，根据安培定则，天线的周围空间产生如图 1—2—4 虚线所示的电场，同时产生如实线所示的磁场。如果天线中电流改变方向，空间的电场和磁场随之改变方向。但是，由于高频电流方向变化极快，在外层的电场和磁场刚刚建立起来，还来不及随着电流的终止而消失的时候，相反方向的电流又产生新的电场和磁场，把前面产生的推向远方。就这样，随着天线中高频电流的不断变化，电场和磁场向远处传播，形成电磁波的辐射，如图 1—2—5 所示。

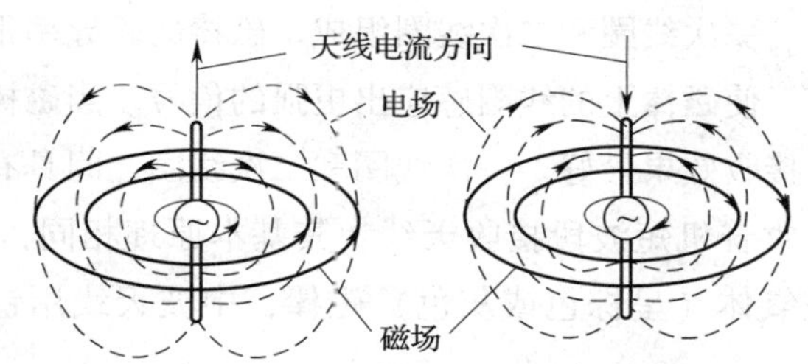

图 1—2—4 天线周围空间产生的电场和磁场

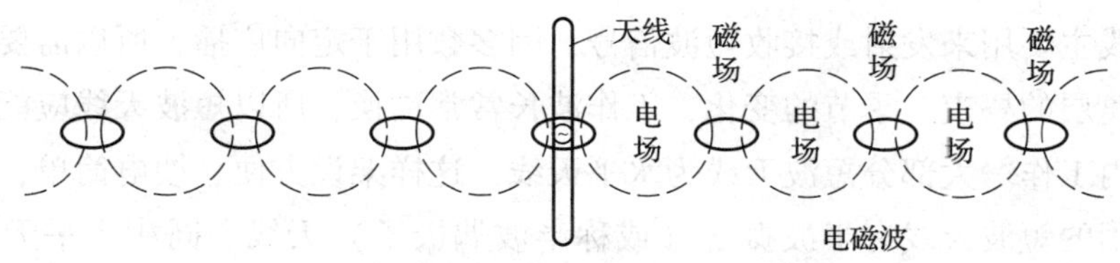

图 1—2—5 电磁波的辐射与传播

必须指出，当天线的长度 l 远小于波长 λ 时，辐射很微弱；当天线的长度 l 增大到可与波长 λ 相比拟时，天线上的电流将大大增加，才能形成较强的辐射。这也是中波广播（535 ~ 1 605 kHz）发射天线的高度约有百米量级，而手机（射频信号工作在 900 MHz 频率上）天线的长度仅为几十毫米的原因。

(2) 天线接收原理

电磁波的能量从发射天线辐射出去以后，将沿地表面所有方向向前传播。若在交变电磁场中放置一导线，磁感线切割导线，在导线两端产生一定的交变电压——电动势，其频率与发射频率相同。若将该导线通过馈线与接收机相连，在接收机中就可以获得高频已调波信号的电流。因此，这个导线就起了接收电磁波能量并转变为高频信号电流能量的作用，所以称此导线为接收天线。

无论是发射天线还是接收天线，它们都属于能量转换器。一般来说，天线都具有可逆性，即同一副天线既可用作发射天线，也可用作接收天线，

> 根据结构的不同，天线可分为对称天线和不对称天线两类。扫描右侧二维码，进一步了解两类天线的特点和用途。
>
> 

并且同一副天线用作发信天线时的参数，与用作收信天线时的基本特性参数一致，这就是天线的互易定理。

4．常用天线简介

（1）中波天线

中波天线主要用来发射或接收中波信号。中波发射天线多采用垂直接地天线，常采用拉线式或自立式铁塔天线作为辐射体，是一种单极天线。

收音机中波段最常用的接收天线是磁性天线（见图1—2—1a）。磁性天线实际上就是高频变压器，它由磁棒、一次线圈和二次线圈组成。磁棒的磁导率很高，它能将磁棒周围的电磁波聚集在磁棒内，使磁棒上的线圈感应出更强的信号。当磁棒的轴线与要接收的电磁波传播方向垂直时，接收效果最好。一次线圈和二次线圈之间具有耦合信号的作用。另外，磁性天线也可用于收音机短波段接收天线，其基本原理相同，但采用的磁棒材料不同。短波天线用镍锌铁氧体（呈棕色或灰色）磁棒，中波天线用锰锌铁氧体（呈黑色）磁棒。

（2）短波天线

短波天线主要用来发射或接收短波信号，因多数用于定向广播，所以需要具有强方向性。由于电离层的昼夜、季节的变化，工作波长常常更换，所以短波天线应能工作在一个较宽的频段内工作。大部分短波天线为水平天线，这样架设方便、馈电简单，而且抗干扰能力强。常用的短波天线有半波振子（或称半波偶极子）天线、同相水平天线和菱形天线等，这里仅简要介绍半波振子天线。

半波振子天线是最基本的短波天线。如图1—2—6所示，半波振子是全长为1/2波长（即每臂长度为1/4波长）的对称振子。当振子长度与电流的半波长相同时，辐射能力最强，所以半波振子最为常用。半波振子的输入阻抗约为73 Ω（标称75 Ω）。半波振子具有一定的方向性，与半波振子垂直的方向发送功率最强，接收灵敏度最高；而沿半波振子的轴线方向发送功率最弱，接收灵敏度最低。半波振子的波瓣宽度较宽，约78°。

（3）超短波天线

超短波天线主要用来发射或接收超短波信号。超短波天线类型最多，性质各异，本文主要介绍半波折合振子天线、蝙蝠翼天线和引向天线。

1）半波折合振子天线　半波折合振子天线相当于把半波振子天线的两个金属管分别延长后折合过来，构成一个窄长（长边的长度为$\lambda/2$）的矩形框，如图1—2—7所示。半波折合振子天线的输入阻抗比半波振子天线高，为半波振子天线的4倍，即$4\times73=292\ \Omega$（标称300 Ω），通频带比半波振子天线稍宽，灵敏度（接收能力）比半波振子天线要高。半波折合振子天线常用作调频（FM）广播的接收天线。

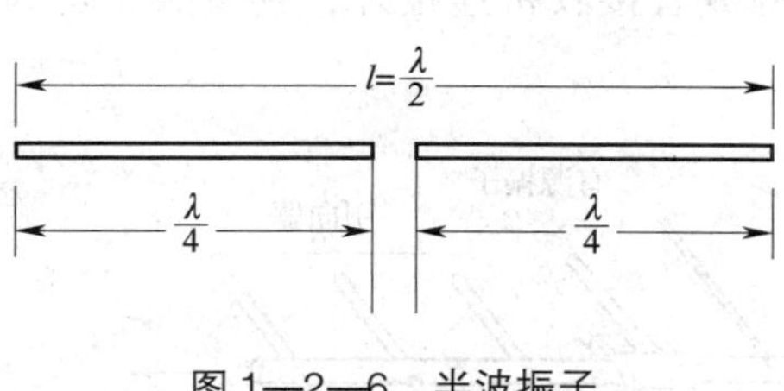

图 1—2—6　半波振子

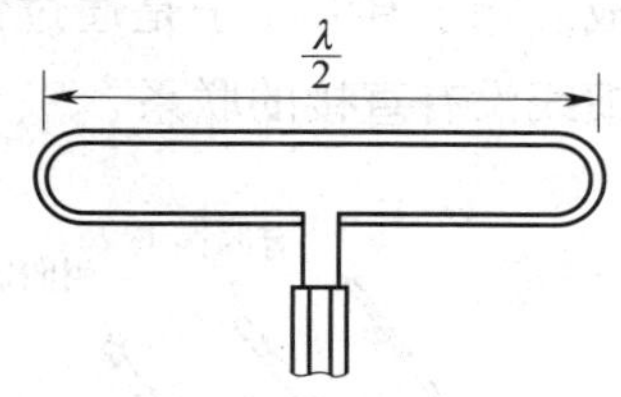

图 1—2—7　半波折合振子天线

2）蝙蝠翼天线　蝙蝠翼天线是一种广泛用于 VHF（甚高频）频段的调频广播和电视广播发射天线，它是由两组在空间垂直放置，相位差90°，等幅馈电的蝙蝠翼面振子构成，如图 1—2—8 所示。

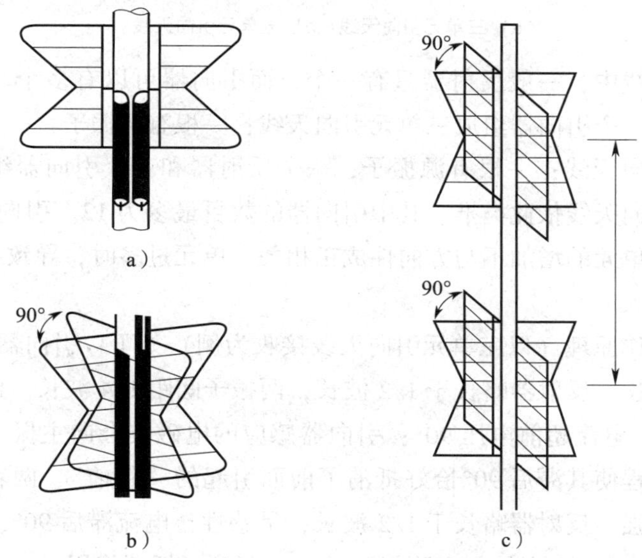

图 1—2—8　蝙蝠翼天线

实际应用中，为了在水平平面内获得近似全向性，需将两副蝙蝠翼面振子正交放置，进行等幅、相位差为 90°的馈电（见图 1—2—8b）。若要增强发射天线在垂直面内的方向性，可增加天线的层数，通常有 2、3、4、6、8 层，层间距一般为（0.75 ~ 1）λ。为了进一步提高增益，可将正交放置的蝙蝠翼天线垂直排列成天线阵（见图 1—2—8c）。蝙蝠翼天线的优点是：频带很宽，在驻波系数小于等于 1.1 时，相对带宽可达（20 ~ 25）%；不用绝缘子，可很牢固地固定在支柱上；功率容量大；轴向辐射小。

3）引向天线　引向天线又称八木天线，广泛应用于米波和分米波的通信、雷达、电视以及其他无线电系统中。引向天线的结构如图 1—2—9 所示，它由 3 个部分组成，即由一个有源振子（通常为半波振子或者半波折合振子）、一个反射器（通常为略长于半波振子的无源振子）和若干个引向器（分别为略短于半波振子的无源振子）按一定规律平行排列构成。除了有源振子是通过馈线与信号源或者接收机连接外，其余振子均为无源振子，与馈线没有直接的联系。

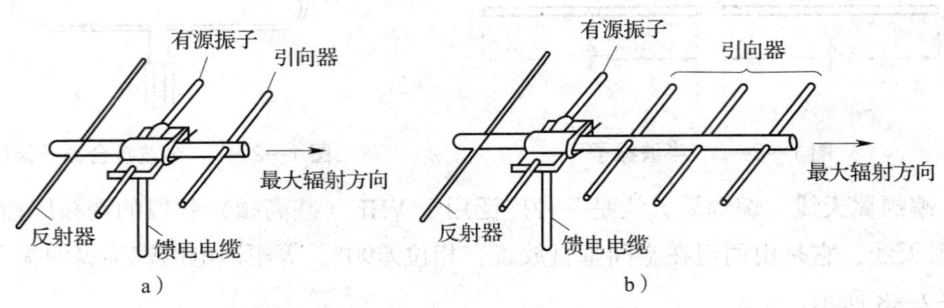

图 1—2—9　引向天线

a）三单元引向天线　b）五单元引向天线

在一副引向天线中，一般反射器只有一个，而引向器可以有多个。例如一根有源振子，一个反射器和一个引向器组成三单元引向天线；一根有源振子，一个反射器和两个引向器组成四单元引向天线；一根有源振子，一个反射器和三个引向器组成五单元引向天线；其他多单元引向天线依此类推。其中引向器的数目最多为 12。引向天线的单元越多，方向性越强；但是单元的增加不与方向性成正相关。单元过多时，导致工作频带变窄，整个天线尺寸也将变大。

引向天线的工作原理（以三单元引向天线接收为例）如下：引向器略短于 1/2 波长，主振子等于 1/2 波长，反射器略长于 1/2 波长，两振子间距 1/4 波长。此时，引向器对感应信号呈“容性”，电流超前电压 90°；引向器感应的电磁波会向主振子辐射，辐射信号经过 1/4 波长的路程使其滞后 90°恰好抵消了前面引起的“超前”，两者相位相同，于是信号叠加，得到加强。反射器略长于 1/2 波长，呈感性，电流滞后 90°，再加上辐射到主振子过程中又滞后 90°，两者加起来刚好差 180°，起到了抵消作用。一个方向加强，一个方向削弱，便有了强方向性。发射状态作用过程亦然。三单元引向天线相对于基本半波振子天线有 6 ~ 8 dB 增益，波瓣宽度在 65° ~ 70°之间。五单元引向天线的增益有 8 ~ 10 dB，波瓣宽度在 50° ~ 55°之间。引向天线的最大辐射方向在垂直于各振子方向上，且由有源振子指向引向器，所以它是一种定向天线。引向天线的优点是方向性较强、增益高、结构简单牢固，用它来测向、远距离通信效果特别好。引向天线的主要缺点是工作频带窄。

二、传输线

传输线是引导传输电磁波能量和信号的装置。连接天线和发射机或接收机的电缆就是传输线（也称馈线）。传输线的主要任务是有效地传输电磁波能量和信号，因此它应能将发射机发出的电磁波能量和信号以最小的损耗传送到发射天线的输入端，或将天线接收到的电磁波能量和信号以最小的损耗传送到接收机输入端，同时它本身不应拾取或产生杂散干扰信号，这样就要求传输线必须屏蔽。对传输线的基本要求是损耗小、传输功率大、工作频带宽、尺寸小。

1．传输线的种类

常用的传输线有平行双线传输线和同轴电缆传输线。

（1）平行双线

平行双线是一种对称式或平衡式的传输线，它由两根线径相等的平行导线组成，如图1—2—10 所示。导线的直径在 1 毫米至数毫米之间，两导线间距不超过被传输电磁波波长的 1/10。平行双线的辐射损耗较大，一般工作频率在 200 MHz 以下，不能用于 UHF（特高频）频段。

（2）同轴电缆

如图 1—2—11 所示，同轴电缆由同轴排列的内外两个导体组成，内导体是实心导线，外导体是金属编织网（起屏蔽作用，使用时需要接地），内外导体间充以高频绝缘介质，表面附有塑料保护层。同轴电缆的内外两个导体对地不对称，因此同轴电缆是一种不对称式或不平衡式传输线。同轴电缆上的电阻损耗取决于内导体直径，电阻损耗小于同直径的平行双线传输线。由于外导体的屏蔽作用，同轴线的辐射损耗很低，其工作频率可达 3 000 MHz。同轴电缆工作频率范围宽、损耗小，对静电耦合有一定的屏蔽作用，但对磁场的干扰却无能为力，使用时切忌与有强电流的线路并行走向，也不能靠近低频信号线路。

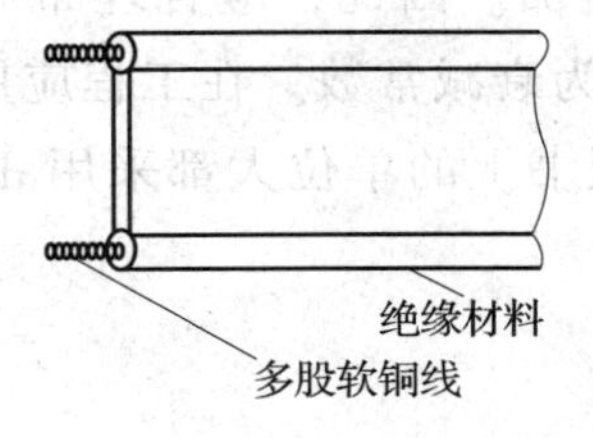

图 1—2—10　平行双线

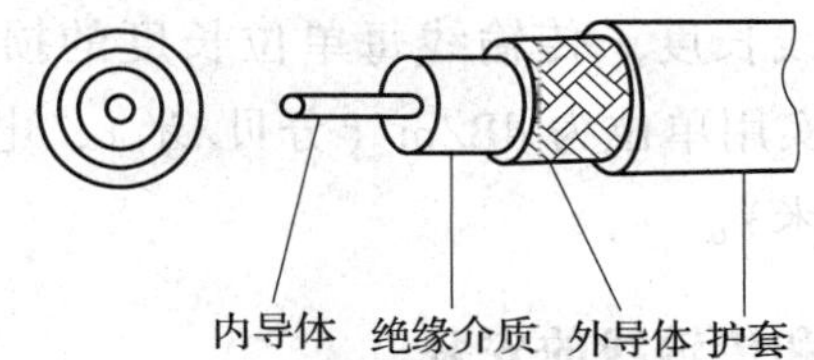

图 1—2—11　同轴电缆

2．传输线的基本特性

（1）传输线上存在入射波和反射波

传输线是用来引导传输电磁波能量和信号的，信号源向传输线输送的电磁波称为入射波，入射波通过传输线到达传输线的终端。如果传输线终端所接负载的输入阻抗与传输线的特性阻抗相等，即阻抗匹配时，入射波将被负载完全吸收。如果传输线终端所接负载的输入阻抗与传输线的特性阻抗不相等，即阻抗不匹配时，入射波被负载部分吸收，多余能量将反射回去，反射回去的电磁波称为反射波。

当传输线阻抗匹配时，传输线上只有入射波，而无反射波。在这种情况下，传输线上的电磁波称为行波。当传输线阻抗不匹配时，传输线上将同时存在着入射波和反射波，两者叠加使传输线上各点电压和电流有起伏变化，入射波与反射波相位相同处振幅最大，形成波腹。在两者相位相反处振幅最小，形成波节。

（2）在失配时存在驻波

当传输线的阻抗不匹配时，传输线上将同时存在入射波和反射波，从而使传输线上各点电压和电流形成波腹和波节，这种由于反射而使电压和电流幅值发生周期性大小变化的情形称为驻波。

3. 传输线的特性参数

传输线的特性参数主要有输入阻抗、特性阻抗、衰减常数、反射系数、行波系数、驻波比等，用来描述传输线的工作特点和性能。本文主要介绍输入阻抗、特性阻抗和衰减常数。

（1）输入阻抗

传输线上任意一点电压和电流的比值称为该点向负载方向看去的输入阻抗。传输线的输入阻抗与负载阻抗、特性阻抗以及距终端的位置有关，是一种分布参数阻抗。

（2）特性阻抗

传输线的特性阻抗定义为传输线上行波电压与行波电流之比。工程上常用平行双线的特性阻抗有 600 Ω、400 Ω 和 250 Ω，常用同轴电缆的特性阻抗有 75 Ω 和 50 Ω。

（3）衰减常数

信号在传输线里传输，除有导体的电阻性损耗外，还有绝缘材料的介质损耗。这两种损耗随传输线长度的增加和工作频率的提高而增加。因此，应合理布局，尽量缩短传输线长度。传输线每单位长度的损耗大小，称为衰减常数。在工程应用中，衰减常数的实用单位为 dB/m（分贝/米），电缆技术说明书上的单位大都采用 dB/100 m（分贝/百米）。

三、天线和传输线的安装

1. 天线的选择

天线的选择颇有讲究，天线选择不当，会直接影响通信效果。恰当地选择天线，能在不提高发射功率的情况下，改善通信效果，增加信号覆盖率。选择天线时应根据天线的用途、天线的波长（工作频率）、天线的方向性类型等进行选择，同时还必须注意天线的带宽、增益、阻抗、接头、附带的馈线等因素。

2. 天线和传输线的阻抗匹配

要使天线效率高，就必须使天线与传输线有良好的阻抗匹配，即要使天线的输入阻抗等于传输线的特性阻抗，这样才能使天线获得最大功率。

如图 1—2—12 所示，当天线输入阻抗为 50 Ω 时，与特性阻抗为 50 Ω 的同轴电缆是匹配的。当天线输入阻抗为 80 Ω 时，与特性阻抗为 50 Ω 的同轴电缆是不匹配的。

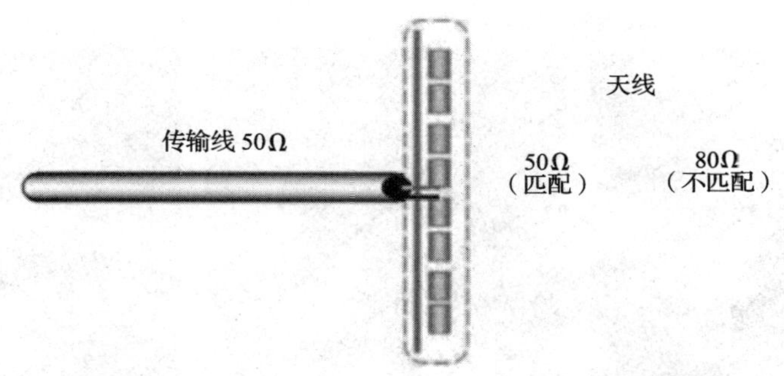

图 1—2—12　传输线与天线阻抗匹配示意图

当天线和传输线不匹配时，即天线输入阻抗不等于传输线特性阻抗时，天线就只能吸收传输线上传输来的部分高频能量，未被吸收的那部分能量将反射回去而形成反射波。例如在图 1—2—13 中，由于天线与传输线的阻抗不匹配，一个为 75 Ω，一个为 50 Ω，其结果必然引起反射损耗。

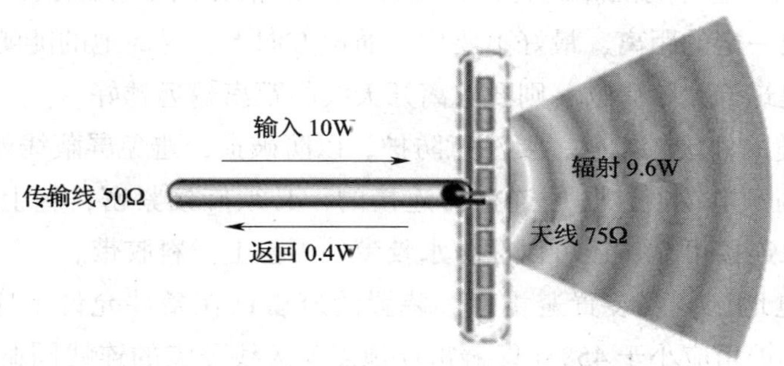

图 1—2—13　天线的反射损耗示意图

如果天线振子直径较大，天线输入阻抗随频率的变化较小，容易和传输线保持匹配，这时天线的工作频率范围就较宽；反之，则较窄。在实际工作中，天线的输入阻抗还会受到周围物体的影响。为了使传输线与天线有良好的阻抗匹配，在架设天线时还需要通过测量，适当地调整天线的局部结构，必要时还可以在传输线的输出端与天线之间接入阻抗变换器，将天线的输入阻抗变换成传输线的特性阻抗。阻抗变换器的作用实质上是人为地产生一种反射波，使之与天线的反射波相抵消。在实际问题中，还需要考虑传输线输入端与信号源之间的阻抗匹配。

3．天线的架设

天线的实际架设如图 1—2—14 所示。

在实际架设天线中，要注意以下几点要求：

（1）天线应尽可能架设在高处，以使无线电波传播距离增加。这对在城市中使用的超短波通信设备尤其重要。

a）

b）

c）

图 1—2—14　天线的实际架设图

（2）架设天线要避开周围障碍物，力求做到在通信方向上无阻挡。输电线铁塔等小障碍物要离开天线一定的距离，最好不要位于通信方向上；对高地的陡峭斜坡，金属、石头和钢筋混凝土建筑等大障碍物，则要求离开天线的距离越远越好。

（3）高频电缆的外层较柔软，要注意防护，以防破损，避免屏蔽线外露。

（4）天线与高频电缆通常是用连接器连接的，必须旋接紧密，缠上防水胶带，防止水渗入。为了确保连接可靠，还可以在防水胶带外再包上塑料胶带。

（5）在多雷电地区，要装置避雷针。装置的避雷针在条件允许下应尽量离天线远，并高于天线，且保护角应小于 45°（即避雷针顶点与天线顶点的连线同避雷针的夹角小于 45°），以免影响天线方向性。避雷针一定要连接大地（接地电阻越小越好），通信设备电源的地线也应接地。

任务实施

一、实训设备及器材

实施本任务所使用的实训设备可参考表 1—2—1。

表 1—2—1　　实训设备清单

序号	名称	型号及规格	数量	单位
1	场强仪	MC160B 型（配 75 Ω 同轴电缆 1 根）或自定	1	台
2	标准测试天线	900 MHz	1	副

二、场强仪测试无线电信号的场强

1．场强测量原理

无线电波在空间某处的电磁场强度包括电场分量和磁场分量的强度，但常用电场分量的强度来表示。场强是电场强度的简称，它表示单位长度导体在空间某点处感应电信号的大小。场强反映了天线在空中某点接收到的无线电信号的强弱，场强大说明无线电信号强，场强小则说明无线电信号弱。

场强测量通常采用标准天线法，一副形状简单的标准天线放置在电场强度为 E 的电磁场内，感应到天线上的电压 U_a 与场强 E 有如下关系：

$$U_a = l_e E \quad (1—2—1)$$

式中，l_e 为天线的有效长度（或有效高度）。

如果能测量出 U_a，则场强 E 就可按下式计算：

$$E = \frac{U_a}{l_e} \quad (1—2—2)$$

场强 E 的单位是伏/米（V/m）、微伏/米（μV/m）等。为方便起见，常用 dBμV/m（0 dBμV/m 对应于 1 μV/m）。场强 E 的数值实际上就是所测量的标准天线上感应的电压数值。

2．场强仪使用简介

无线电信号有频率和幅度（强弱）这两个非常重要的参数。测试无线电信号的仪器有很多，例如场强仪、频谱分析仪和综合测试仪等。本文主要介绍实验室中常用的场强仪。

场强仪实际上是一个高灵敏度的高频选频电压电平表，可以用它直接测量输入信号某一选定频率的电压电平（dBμV）。如与有效长度或增益已知的标准测量天线相配合，可间接测量空间无线电波的频率和场强。

（1）场强仪的组成及分类

场强仪由电平表和天线组成。天线用来接收无线电信号，电平表用来显示接收到的信号。

场强仪按其用途可分为通信场强仪、电视场强仪、干扰场强仪和信号场强仪等。有的场强仪还附有简单的频谱测量功能，称为频谱型场强仪。典型的通信场强仪如德力 DS1813 型（频率测量范围为 0.5 ~ 1 300 MHz，电平测量范围 1 ~ 50 dBμV）。常用的频谱型电视场强仪如德力 DS1875 型（频率测量范围为 46 ~ 860 MHz，电平测量范围为 20 ~ 120 dBμV，便携式）、DS1150 型（DS1875 的袖珍式改进型）、DS1150B 型（DS1150 的频率扩展型，频率测量范围为 5 ~ 860 MHz）。它们的工作原理和使用方法基本相同。图 1—2—15 所示为 MC160B 型电视—调频场强仪的外观图。

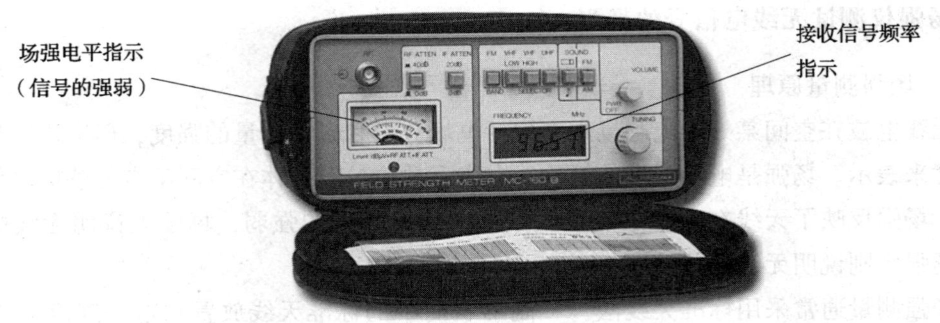

图 1—2—15 场强仪的外观图

（2）场强仪的频率调节

调整场强仪的接收频率，使之接近所测信号的频率，同时观察场强电平的指示。电平指示大，说明该频率的信号很强；反之，则说明该频率的信号很弱。

（3）MC160B 型场强仪的操作面板

场强仪的操作面板如图 1—2—16 所示，其各部分的功能说明如下。

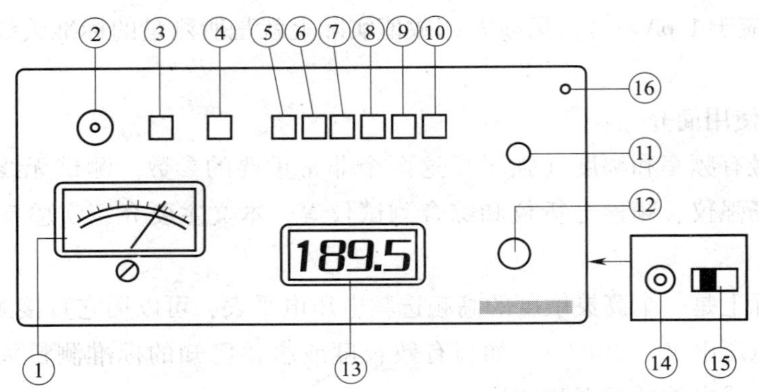

图 1—2—16 MC160B 型场强仪的操作面板

①场强电平指示：指示场强电平值。

②75 Ω 高频输入：匹配电阻 75 Ω 的高频输入端。

③40 dB 高频衰减器：衰减值为 40 dB 的高频衰减器。

④20 dB 中频衰减器：衰减值为 20 dB 的中频衰减器。

⑤FM 频段：用于选择 FM 频段。

⑥VHF“低”频段：用于选择 VHF“低”频段。

⑦VHF“高”频段：用于选择 VHF“高”频段。

⑧UHF 频段：用于选择 UHF 频段。

⑨音频/场强音响选择：选择音频或场强音响。

⑩8AM/FM 解调器选择：选择 AM 或 FM 的解调器。

⑪电源开关/音量调节：兼容电源开关和音量调节功能。

⑫接收频率调谐钮：用于调节选择接收频率。

⑬频率显示：显示当前信号的频率。

⑭外接直流电插座：由此处接入外接直流电源。

⑮电源选择开关：选择外接直流电或内部电源。

⑯充电指示灯：灯亮时表示正在充电。

（4）MC160B 型场强仪技术数据

1）接收频段：LOW VHF 频段为 48～160 MHz，HIGH VHF 频段为 160～450 MHz，FM 调频广播为 87～108 MHz，UHF 频段为 450～860 MHz。

2）频率显示：4 位数字显示。

3）分辨率：100 kHz。

4）输入抗阻：75 Ω（BNC）。

5）场强测量范围：20～110 dBμV。

6）场强电平指示：50 dB。

7）线性偏差：±1 dB。

8）场强精度：VHF ±3 dB，UHF ±4 dB。

9）音频解调器：AM/FM。

10）音频输出功率：0.25 W。

（5）场强仪测试无线电信号的步骤

1）按图 1—2—17 所示，把天线引入线用 P80 匹配器接到 75 Ω 高频输入端②。

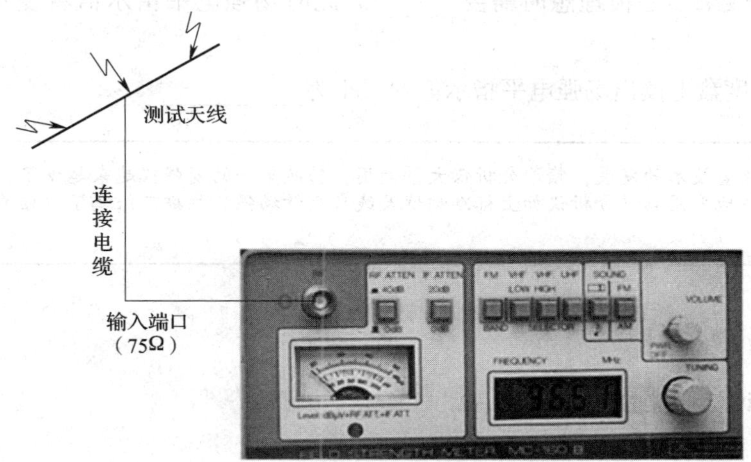

图 1—2—17　场强仪的测试接线图

2）根据接收信号的特点，选择⑤、⑥、⑦、⑧键设置频段。如果是测试收音机的信号，则按下⑤号键——FM 频段；如果是测试手机信号，则按下⑧号键——UHF 频段；如果对即将测试的信号一无所知，则需要逐个频段地测试。

3）开启⑪号电源开关。

4）根据天线高频输入电平，选择适合高/中频衰减器③、④号键，③号键可使输入信号幅值衰减了 10 倍，④号键可使输入信号幅值减小 100 倍。

5）选择正确的 AM/FM 解调器（⑩号键），并选择音频输出与节目声音/场强音响提示（⑨号键）。

6）用接收频率调谐钮（⑫号键），调校所选频段中的任何频率，如果接收频道不详，则可在整个频段内搜索，但要注意场强电平指示①。如果接收频道已知，可把频率显示⑬预调到正确频率。

7）测试载波电平可由场强电平指示①读出，总电平要加上衰减器值再加或减修正图表值。并确认是否按下③号或者④号键。

3. 场强仪测试收音机 FM 信号强度步骤

按照以下步骤操作，并根据实际情况补充完整。

（1）按照场强仪的测试接线图连接好电缆。

（2）本实训需要选择____________键。（选项⑤、⑥、⑦、⑧）

（3）打开电源开关。

（4）如果要让输入的无线电信号减小 10 倍，需要按下__________键。（选项③、④）

（5）选择________解调器 AM/FM，若需要将接收的无线音频信号播出，则需要按下_____________键。

（6）接收效果不是很理想时需要______。此时场强电平指示值将变______（大或小）。

（7）在刻度盘上读出场强电平指示值的大小为______________。

随着电子测量技术的发展，频谱分析仪大量使用，功能单一的场强仪越来越少了，人们越来越多地采用频谱分析仪加上标准测试天线来测量场强。扫描二维码了解相关知识。

任务评价

本任务的评价标准参见表 1—2—2。

表 1—2—2　　　　　　　　　　　　评价标准

序号	项目	配分	评分标准	得分
1	天线和测试仪器的连接	20	（1）测试仪器通电情况下进行天线和测试仪器的连接，未完成连接扣 10 分 （2）不按照测试接线图正确连接电缆，扣 10 分	
2	测试仪器操作步骤和方法	70	（1）仪器操作步骤不正确，每错一步扣 5 分 （2）仪器操作方法不正确，每错一处扣 5 分	
3	安全与文明生产	10	违反安全与文明生产规程，酌情扣分	

开始时间		结束时间		成绩	
学生姓名		教师签名		年　月　日	

课题二　调谐放大器

在无线电设备中，为了放大高频信号，广泛地应用了高频放大器。高频放大器的负载一般都采用谐振电路或调谐回路，通常就把高频放大器称为谐振放大器或调谐放大器。这种放大器对某一特定频率 f_0 及其附近频率的信号具有较强的放大作用，而对远离 f_0 的频率信号放大作用很差。因此，调谐放大器不仅有放大作用，而且还可以起选频（或滤波）作用。

与低频放大器一样，调谐放大器也分为小信号调谐放大器和大信号调谐放大器两类。小信号调谐放大器多应用在接收机中，用作高频和中频电压放大，通常工作在甲类状态，对它的要求是增益足够高、通频带足够宽、选择性好和工作性能稳定等。例如收音机中，从天线接收的高频已调波信号很微弱，需要放大器进行放大，以提高整机的信噪比，这里的放大器就属于小信号调谐放大器。大信号调谐放大器多应用于发射机中，用作高频功率放大，通常工作在丙类或丁类状态，对它的要求是能输出较大的功率和有较高的效率。例如在发射机中，为了通过天线将无线电波辐射到空间，保证在一定区域内的接收机接收到满意的信号电平，需要高频功率放大器将高频已调波信号进行功率放大，以满足发射功率的要求，这里的高频功率放大器就属于大信号调谐放大器。

任务1　谐振电路的安装和调试

学习目标

1. 掌握谐振电路的组成、特点及应用。
2. 掌握谐振电路选择性、品质因数、通频带的关系。
3. 能仿真测试谐振电路，能完成谐振电路的安装和调试。

任务描述

在进行无线电通信时，无线电波由电台发射出去后，就在空中传播；待到接收地点，无线电接收机首先用接收天线把由空中传播过来的无线电波转变为已调的高频电流，但是接收天线同时收集了许多不同电台所发出的不同频段的无线电信号，所以要用一个选择性电路把所要接收的某一电台发出的某一频段的无线电信号选出来。这个选择性电路就是本任务所要学习的谐振电路。在无线电通信及广播的发送与接收设备中，谐振电路是诸如小信号调谐放大器、正弦波振荡器、变频器及高频功率放大器等高频电子电路的重要组成部分。因此，掌握谐振电路的基本原理和基本特性，将为学习无线电技术打下扎实的基础。

本任务的内容是认识谐振电路的组成、原理、特点和应用知识，并完成谐振电路的安装和调试。

相关知识

一、振荡和谐振

每隔同样的时间重复或近似重复多次的过程称为振荡。振荡现象在自然界中随处可见，例如钟摆的往复运动，称为单摆运动，就是一种典型的机械振荡。图2—1—1所示是一个悬挂的小球的单摆运动，把小球由静止的位置移到*A*，然后放开，小球就会沿圆弧做单摆运动。这种在没有外力推动下产生的自由运动称为自由振荡。振荡时从起始位置*O*向左或向右摆动的最大幅度称为振幅，完成一次振荡（小球从$O \to A \to B \to O$）所经历的时间称为周期（T），每秒钟完成振荡的次数称为频率（f）。

如果用外力周期性地推动小球，使小球随外力的推动而来回摆动，则称为强迫振荡。强迫振荡的频率取决于外力作用的频率，与自由振荡的频率无关。在外力不变的情况下，如果外力的频率和摆的自由振荡频率（也称摆的固有振荡频率，它由摆长决定）相等时，摆的振幅将会达到最大值，这种现象称为谐振。

如同单摆的机械振荡一样，由储能元件电感线圈L和电容器C组成的回路中，也能产生和单摆相似的振荡和谐振现象。在电子电路中，把电感线圈L和电容器C所组成的回路称为振荡回路或谐振回路。

下面先来分析LC回路中产生的自由振荡。如图2—1—2所示，首先把开关S扳到“1”的位置，这时电源*E*将向电容器充电，使电容器的两个极板上分别积累正、负电荷，电容器两端的电压将上升到电源电压*E*。这时，电容器中储存了电场能量，这就如同上面所述的单摆运动那样，先把小球推向*A*的位置，使小球获得位能（势能）。然后，把开关S扳向“2”的位置，由于电容器中储存了电场能量，它将通过电感线圈L放电，如图2—1—3a所示。

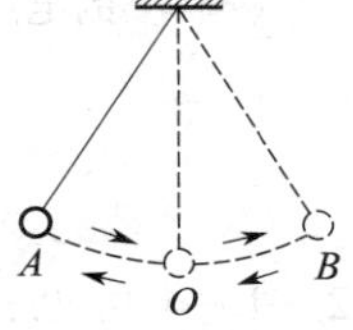

图2—1—1　单摆运动

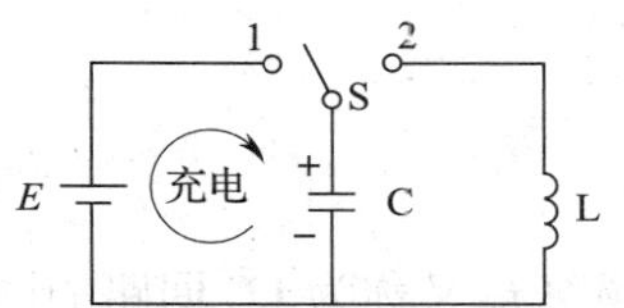

图2—1—2　LC振荡回路

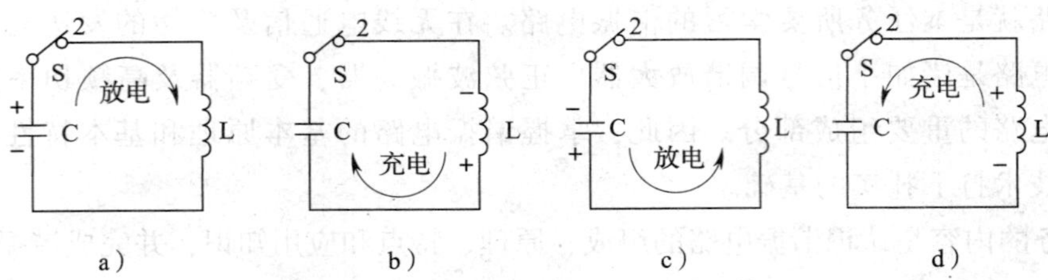

图 2—1—3　LC 回路中的电磁振荡

开始放电时，回路中流过放电电流，但是由于自感作用，通过电感线圈的电流不能突变，所以回路中的放电电流是由零逐渐增大的，这时电感线圈的磁场逐渐增强，电容器里的电场因极板上电荷逐渐减少而逐渐减弱。这样，电路里的电场能逐渐转化为磁场能。到电容器放电完毕，电荷为零时，回路电流达到最大值，电容器储存的电场能量全部转换为磁场能量储存在电感线圈中，这相当于把图 2—1—1 中小球的位能转换成动能。电容器放电结束后，电感线圈中的磁场能量开始释放，同样由于自感作用，回路中的电流仍然保持原来的方向继续流通，但逐渐减弱，这样就使电容器被反方向充电，如图 2—1—3b 所示，这时电容器极板上又开始积累电荷，建立起电压，但电荷极性与原来相反，于是磁场能量又逐渐转化为电场能量。反向充电完毕，电流减小到零，电感线圈中的磁场能量全部转化为电容器里的电场能量。然后，电容器又以反方向向电感线圈放电，注意此时回路电流方向变化了，如图 2—1—3c 所示，电流从零逐渐增大到最大值，电场能量又转化为磁场能量。电容器放电结束后，电感线圈的磁场能量又开始释放，使电流在回路中继续同方向流通，电容器又被正向充电，如图 2—1—3d 所示，电流从最大值又逐渐减小到零，磁场能量又转化成电场能量。此后，如图 2—1—3a ~ 图 2—1—3d 所示的全部过程将重复循环下去，在回路中就出现了振荡电流，这种电场和磁场的周期性变化称为电磁振荡。

综上所述，依靠开始时电源向电容器提供的能量，回路中进行着电容器的电场能量与电感线圈的磁场能量周期性地交替转换，形成了 LC 回路中的自由振荡，把最初供给它的直流电能变换成交流电能，回路两端就产生了阻尼正弦波形的振荡电压，如图 2—1—4 所示。

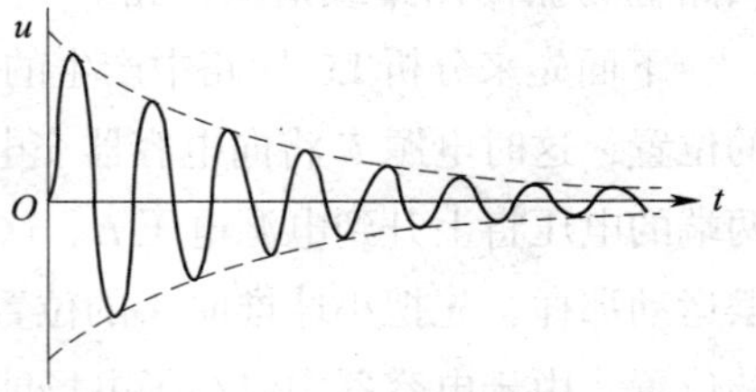

图 2—1—4　LC 回路自由振荡的电压波形

LC 回路中电磁振荡的频率 f_0 只与 LC 回路的两个参数电感 L 和电容 C 有关。可由下式计算出自由振荡频率 f_0 为：

$$f_0 = \frac{1}{2\pi\sqrt{LC}} \tag{2—1—1}$$

自由振荡频率 f_0 又称为 LC 回路的固有振荡频率。由图 2—1—4 可见，自由振荡的振幅是随时间不断衰减的，因为电感线圈总是存在一定的电阻，振荡过程中必然会有一定的能量消耗在电阻上，使 LC 回路中的能量逐渐减少，最后振荡就会停止。这种在振荡过程中，振幅随时间不断衰减的振荡称为阻尼振荡或减幅振荡。如果在振荡过程中，振幅维持不变，则称为等幅振荡；振幅随时间不断增大，则称为增幅振荡。

必须再一次强调指出，无论 LC 回路的电压或电流振幅有多大，衰减还是不衰减，它的固有振荡频率 f_0 始终保持不变。f_0 仅由 LC 回路中电感线圈的电感 L 和电容器的电容 C 决定，与其他因素无关。

【例】　某一 LC 振荡回路的电感 $L=0.5$ mH，电容 $C=0.022$ μF，求回路的固有振荡频率。

解：

$$f_0=\frac{1}{2\pi\sqrt{LC}}=\frac{1}{2\times3.14\times\sqrt{0.5\times10^{-3}\times0.022\times10^{-6}}}=150\times10^{3}\ (\text{Hz})=150\ (\text{kHz})$$

与机械振荡一样，也可以使 LC 回路产生强迫振荡，其方法是在 LC 回路中接入信号源，强制回路随外接信号源的频率 f 而振荡。如果外接信号源的频率 f 等于回路的固有振荡频率 f_0，则回路振荡的振幅最大，此时回路与外接信号源产生谐振，所以振荡回路也称为谐振回路或谐振电路。

LC 谐振电路的基本组成元件是电感线圈和电容器。按照电感线圈、电容器和信号源连接方式的不同，谐振电路可分为串联谐振电路和并联谐振电路两种基本类型。

二、串联谐振电路

如图 2—1—5a 所示，将电感 L、电容 C、电阻 R 及频率为 f（角频率为 ω，$\omega=2\pi f$）的正弦波交流信号源 u_S 串联，就组成了串联谐振电路。其中，电阻 R 通常是指电感线圈的损耗电阻，电容器的损耗电阻比电感线圈小很多，可以忽略。

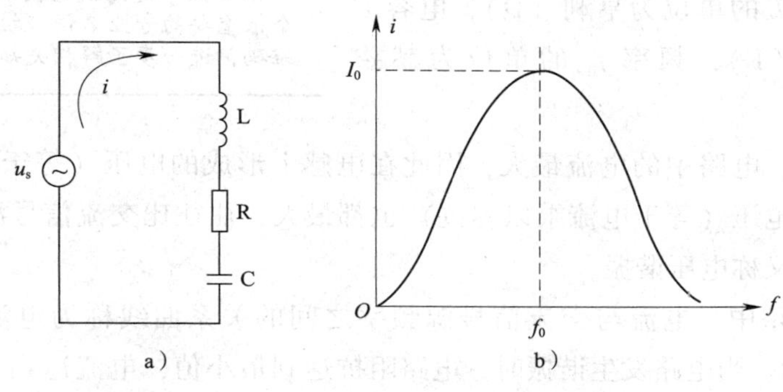

图 2—1—5　串联谐振电路及电流谐振曲线

a）串联谐振电路　b）电流谐振曲线

1．串联谐振及谐振条件

图 2—1—5a 所示串联谐振电路中，流过电感、电容和电阻的是同一个电流 i。由电工基础知识可知，电感两端的电压相位超前电流 90°，电容两端的电压相位滞后电流 90°。因此，电感上的电压与电容上的电压相位刚好相反（即相位相差 180°），也就是说感抗和容抗的作用相互抵消，感抗和容抗的性质是相反的，感抗和容抗合成的电抗是相减的，即：

$$X = X_L - X_C \qquad (2—1—2)$$

式中，X 表示电抗；X_L 表示感抗，$X_L = \omega L = 2\pi fL$；X_C 表示容抗，$X_C = \frac{1}{\omega C} = \frac{1}{2\pi fC}$。

图 2—1—5a 所示串联谐振电路的总阻抗 Z 为：

$$Z = \sqrt{R^2 + X^2} = \sqrt{R^2 + (X_L - X_C)^2} \qquad (2—1—3)$$

在交流信号源 u_S 电压不变的情况下，当交流信号源的频率 f 逐渐增加时，感抗（$X_L = 2\pi fL$）越来越大，而容抗$\left(X_C = \frac{1}{2\pi fC}\right)$越来越小；当交流信号源的频率 f 逐渐减小时，感抗越来越小，而容抗越来越大。当交流信号源的频率 f 变化到某一数值时，会使感抗等于容抗（即 $X_L = X_C$），感抗和容抗的作用完全抵消，这时电路总阻抗 Z 达到最小值（即 $Z = R$），电流达到最大值，并且电流和电压是同相位的，称此时电路发生了串联谐振现象，简称串联谐振。

因此，串联谐振电路的谐振条件是电路中的电抗等于零，即：

$$X = X_L - X_C = \omega_0 L - \frac{1}{\omega_0 C} = 2\pi f_0 L - \frac{1}{2\pi f_0 C} = 0 \qquad (2—1—4)$$

发生谐振时的频率称为谐振频率，用 f_0 表示。由式（2—1—4）很容易解得串联谐振电路的谐振频率 f_0 为：

$$f_0 = \frac{1}{2\pi\sqrt{LC}} \qquad (2—1—5)$$

谐振频率是无线电技术中一个很重要的专业名词。扫描二维码，进一步了解相关知识。

式中，电感 L 的单位为亨利（H），电容 C 的单位为法拉（F），频率 f_0 的单位为赫兹（Hz）。

串联谐振时，电路中的电流最大，因此在电感上形成的电压（等于电流乘以感抗）和电容上形成的电压（等于电流乘以容抗）也都最大，往往比交流信号源的电压大很多倍，故串联谐振又称电压谐振。

串联谐振电路中，电流与交流信号源频率之间的关系曲线称为电流谐振曲线，如图 2—1—5b 所示。当电路发生谐振时，电路阻抗达到最小值，电流达到最大值；当电路失谐时，无论交流信号源的频率高于或低于电路的固有频率，都将使电路阻抗增大，电流也将随失谐的增大而减小。

2. 串联谐振的特点

串联谐振电路处于谐振状态时具有如下特点：

（1）感抗和容抗的作用完全抵消，电路的总阻抗最小且为一纯电阻（即为电感线圈的损耗电阻 R）。

（2）电路的电流最大，并且与信号源电压同相。

（3）电感和电容上的电压达到最大值（比交流信号源的电压大很多倍），但相位相反。

3. 串联谐振电路的应用

串联谐振电路常用于接收机的输入选频电路以及滤波电路。

例如，收音机的输入选频电路就是一个串联谐振电路。具有固定电感的天线线圈与可变电容器相串联，调节可变电容器的电容，使输入选频电路的固有频率等于某一广播电台所发送信号的频率，从而使电路发生谐振，达到调谐选频目的。如图 2—1—6a 所示，收音机的输入选频电路由一次侧调谐线圈 L1、二次侧耦合线圈 L2 和可变电容器 C 构成，L1 和 C 构成串联谐振电路。线圈 L1 和 L2 绕在铁氧体磁棒上，常称为磁性天线。磁棒有很高的磁导率，起着汇聚电磁波的作用。空中各种频率的电磁波穿过磁棒时，在调谐线圈 L1 上感应出不同频率的电动势。调节可变电容器 C 使 L1C 回路与某一频率 f_1 的信号 e_1 发生串联谐振。根据串联谐振的特性，回路对信号 e_1 的阻抗最小，由 e_1 所产生的电流达到最大，因而在调谐线圈 L1 两端得到一个频率为 f_1 的较大信号电压。此电压通过绕在同一磁棒上的二次侧线圈 L2 的耦合，传送到下面的电路。而其他频率的信号，因未发生谐振，回路对它们的阻抗很大，相应的电流就很小，所以只有频率为 f_1 的信号被选出来，其他频率的信号都被抑制。当需改变接收信号频率时，可重新调节可变电容器 C，使 L1C 回路与另一频率的信号发生谐振，从而选出新的信号频率，这就是通常所说的选台或调台。

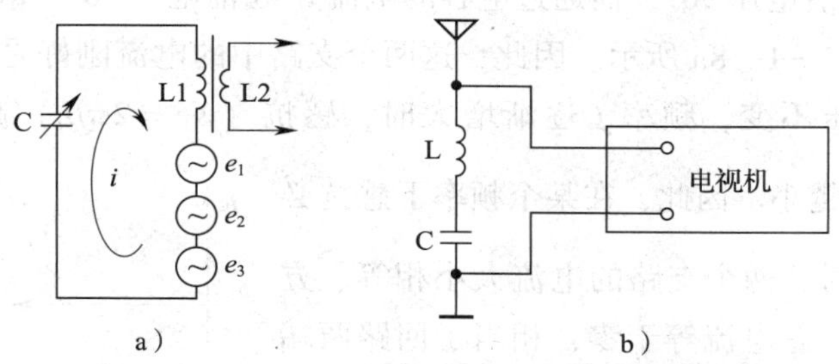

图 2—1—6　串联谐振电路的应用

a）收音机的输入选频电路　b）电视机输入电路中的中频吸收电路

为了提高电视机中的高频头对中频干扰的抑制能力，往往在输入电路中接入中频吸收电路，将中频干扰信号予以滤除，如图 2—1—6b 所示。该串联谐振电路是与电视机的输入端并联的，若将该串联电路调谐于中频 37 MHz，发生谐振，则它对于中频干扰信号呈现出一个很小的阻抗（等于串联电路的电阻），即该串联谐振电路将中频干扰信号吸收滤除，而不让它进入电视机。同时，该串联谐振电路对于远离谐振点的电视信号呈现的阻抗很大，而不影响其正常工作。

三、并联谐振电路

如图 2—1—7a 所示，将电感 L 和电容 C 并联，再接上频率为 f 的正弦波交流信号源 u_S，就组成了并联谐振电路。其中，电阻 R 为电感线圈的损耗电阻，且 $R \ll \omega L$。

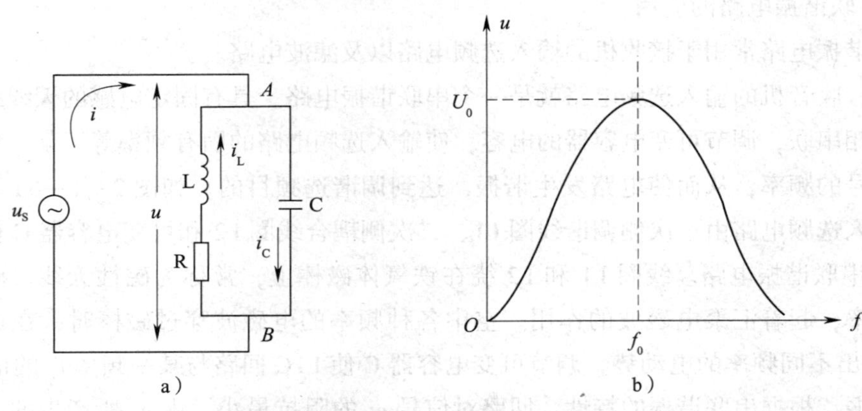

图 2—1—7　并联谐振电路及电压谐振曲线

a）并联谐振电路　b）电压谐振曲线

1．并联谐振及谐振条件

图 2—1—7a 中，由于电容和电感是并联的，故电感支路和电容支路两端的电压相等，并且是同相位的。假设电感线圈 L 是纯电感（即损耗电阻 R 忽略不计），那么，通过电感的电流 i_L 滞后电压 90°，而通过电容的电流 i_C 超前电压 90°，故两个支路的电流相位相差 180°，如图 2—1—8a 所示。因此，这两个支路中的电流刚好是相互削弱的。当交流信号源 u_S 的电压不变，频率 f 逐渐增大时，感抗（$X_L = 2\pi fL$）越来越大，而容抗$\left(X_C = \dfrac{1}{2\pi fC}\right)$却越来越小。因此，在某个频率下感抗必然会等于容抗。此时，两个支路的电流大小相等、方向相反而全部抵消，总电流等于零，相当于回路两端的总阻抗为无穷大。

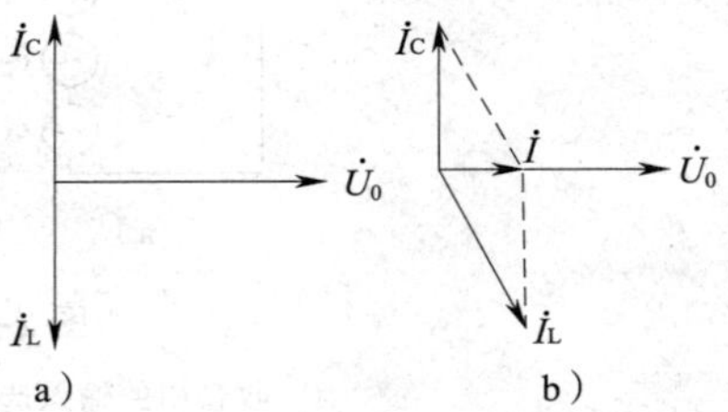

图 2—1—8　并联谐振时支路电流的相量图

a）忽略损耗电阻　b）考虑损耗电阻

但是，在实际电路中，电感线圈总会有一定的电阻 R，故两个支路的阻抗不会完全相等，两个支路的电流也不会全部抵消，所以总电流 i 为一个很小的数值，如图 2—1—8b 所示。交流信号源电压 u_S 不变，

但电路的总电流 i 很小，故整个谐振电路相当于一个很大的纯电阻，交流信号源电压 u_S 与总电流 i 同相位，这就是并联谐振现象，简称并联谐振。

在满足 $\omega_0 L >> R$ 的条件下，并联谐振电路谐振频率的计算公式与串联谐振电路相同，即：

$$f_0 = \frac{1}{2\pi\sqrt{LC}}$$

由于并联谐振时 A、B 两端的总阻抗很大，总电流很小，在交流信号源 u_S 内阻上的电压降很小，故在 A、B 两端就获得了一个很大的分压，这样在谐振时通过每个支路的电流就会很大（相位相反），往往比总电流大很多倍，因此常把并联谐振称为电流谐振。

并联谐振电路两端的电压与交流信号源频率之间的关系曲线称为电压谐振曲线，如图 2—1—7b 所示。当电路发生谐振时，回路两端的总阻抗达最大值，回路端电压 u 相应也达最大值；当电路失谐时，无论交流信号源的频率高于或低于电路的固有频率，都将使回路两端的总阻抗减小，回路端电压也将随失谐的增大而减小。

2．并联谐振的特点

并联谐振电路处于谐振状态时具有如下特点：

（1）回路两端的等效总阻抗达到最大值且为纯电阻。

（2）总电流最小，并且与交流信号源电压同相。

（3）通过电容支路或电感支路的电流比电路总电流大很多倍。

无论是串联谐振还是并联谐振（满足 $\omega_0 L >> R$ 的条件），在谐振时都具有以下 3 个共同点：

（1）感抗等于容抗时，电路发生谐振。

（2）谐振时，谐振频率 $f_0 = \dfrac{1}{2\pi\sqrt{LC}}$。

（3）电路的阻抗为一纯电阻，交流信号源电压与总电流同相位。

3．并联谐振电路的应用

并联谐振电路在无线电技术中的应用非常广泛。由于高频已调波信号的特点是频率高，相对频带宽度（频带宽度与中心频率之比）较窄。为有效地选择有用信号，小信号调谐放大器、高频功率放大器和变频器的负载多采用并联谐振电路，正弦波振荡器也常用并联谐振电路选频，角度调制与解调电路也是利用并联谐振电路工作于失谐状态，即工作于幅频特性曲线或相频特性曲线的一侧，实现幅频变换、频幅变换以及频相变换、相频变换。现以收音机中频放大器的中频变压器一次侧 LC 回路为例，介绍并联谐振电路的应用，如图 2—1—9 所示。

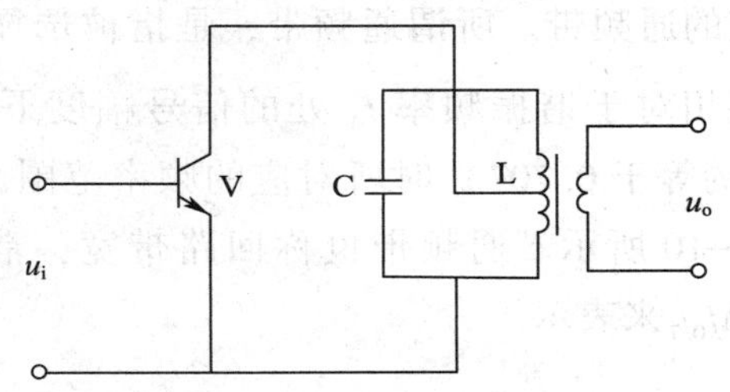

图 2—1—9　并联谐振电路的应用

收音机的中频放大器是一个小信号调谐放大器，其负载为中频变压器的一次侧电感线圈 L 和电容器 C 组成的并联谐振电路。LC 回路谐振于中频 465 kHz，所以 LC 回路对中频 465 kHz 呈现很大的阻抗，使放大器对中频有很大的放大倍数。偏离中频的干扰频率不能使 LC 回路谐振，回路阻抗很小，放大器对于偏离中频的干扰频率几乎无放大作用。这样就使中频 465 kHz 信号得到放大，同时抑制了其他干扰频率。由于 LC 回路具有一定频带宽度，中频信号所包含的有用信号也可以通过并得到放大。

四、谐振电路的选择性、品质因数及通频带

无论是串联谐振电路还是并联谐振电路，只有在外加交流信号源的频率 f 等于谐振电路的固有频率 f_0 时，才会发生谐振现象，这说明谐振电路本身对外加交流信号源的频率具有一定的选择性。收音机的输入选频电路就是利用谐振原理来选择电台的。

谐振电路具有选择有用信号而抑制其他干扰信号的能力，称为谐振电路的选择性。品质因数 Q 就是用来衡量谐振电路选择性好坏的一个很重要的指标。Q 值越大，选择性越好，对干扰信号频率的抑制能力也越强；Q 值越小，选择性越差，对干扰信号频率的抑制能力也越弱。

Q 值的大小与谐振电路的电感、电容和电阻有关，计算公式为：

$$Q = \frac{1}{R}\sqrt{\frac{L}{C}} \qquad (2—1—6)$$

式（2—1—6）表明：谐振电路的电感越大、电容越小，电感线圈中的损耗电阻越小，Q 值就越大，选择性就越好。因此，要提高选择性（即提高 Q 值），就要增大电感线圈中的电感，并同时减小电感线圈中的损耗电阻。例如，在电感线圈中加磁芯就是为了在相同的线圈匝数下，增加线圈的电感。用多股线绕制线圈是为了减小电阻，从而提高谐振电路的选择性。

选择性是否越高越好呢？不是的。一般来说，需要选择的信号不是一个单一频率的信号，而往往是一定频率范围内的信号。例如，音频信号频率范围在 20 ~ 20 000 Hz，图像信号（视频信号）在 0 ~ 6 MHz 范围。因此，要求谐振电路不仅要有良好的选择性，而且还要有一定的通频带。所谓通频带，是指被选择的信号幅度相对于谐振频率 f_0 处的信号幅度下降至 $1/\sqrt{2}$（约等于 0.707）时所对应的频率范围，如图 2—1—10 所示。通频带也称回路带宽，常用 BW 或 $2\Delta f_{0.7}$ 来表示。

$$BW = 2\Delta f_{0.7} = \frac{f_0}{Q} \qquad (2—1—7)$$

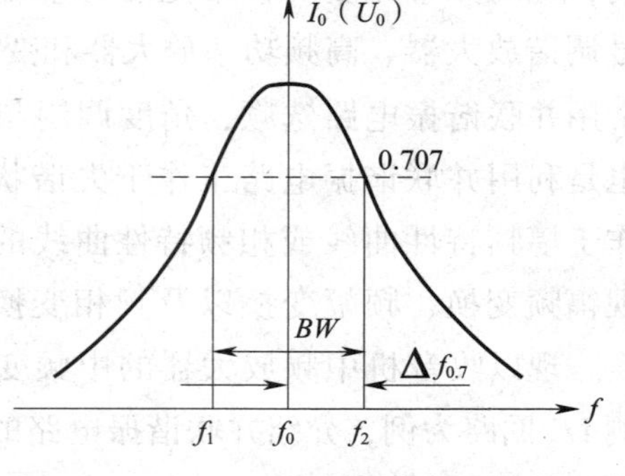

图 2—1—10　谐振电路的通频带

由图 2—1—10 可见，谐振电路具有这样的特点：当频率为 f_0 的信号通过谐振电路时，输出的信号幅度最大。当信号频率向上或向下偏离 f_0 时，输出幅度减小，频率偏离越远，输出幅度越小。

从图 2—1—10 中可知，对选择性和通频带的要求是有矛盾的，如果要求选择性好（Q 值大），谐振曲线必须尖锐，则通频带必然变窄，一部分有用信号就要受到衰减，从而使音质变差。因此，为了使有用信号在通频带内获得均匀的放大，同时尽量滤除通频带外的干扰信号（即提高选择性），理想的谐振曲线应为矩形。实际的谐振曲线虽然达不到这种理想状态，但可以用矩形作标准，将实际曲线与之比较，以此来衡量回路特性的好坏。谐振曲线越接近矩形，回路的选择性就越好，频带也较宽，音质较好。为了使谐振曲线近似矩形，在要求较高的收音机中采用了 LC 双调谐回路，不但能满足选择性指标，而且还能使通频带内的信号得到均匀的放大，从而改善了收音机的音质。

在实际电路中，如果由于回路的 Q 值大，致使回路的通频带小于有用信号的频带宽度时，往往在 LC 谐振回路中加入一个适当的电阻，以减小回路的 Q 值，从而使回路的通频带展宽，改善音质，因此把这一电阻称为“展宽频带、改善音质”电阻。

任务实施

一、实训器材

实施本任务所使用的实训设备及材料可参考表 2—1—1。

表 2—1—1　　实训设备及材料参考表

类别	序号	名称	型号与规格	数量	单位
设备	1	计算机	装有 Multisim 12 仿真软件	1	台
	2	无线电基础一体化实训箱	HD－WXD－Ⅰ型（见图 2—1—11）	1	只
	3	万用表	MF47 型	1	块
	4	高频信号发生器	普源 RIGOL DG1022	1	台
	5	数字频率计	固纬 GFC8131H 型	1	台
	6	双踪示波器	普源 RIGOL DS1102U	1	台
材料	7	串联谐振电路套件	WXD2－1 型	1	套
	8	并联谐振电路套件	WXD2－1 型	1	套
	9	焊锡	—	1	卷
	10	松香	—	1	盒

本教材中的实训内容，可选用HD-WXD-Ⅰ型无线电基础一体化实训箱（图2—1—11）完成。扫描二维码，了解实训箱的使用方法。

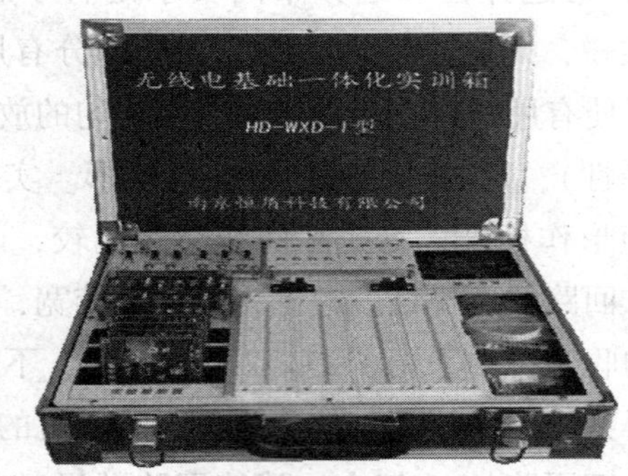

图 2—1—11　无线电基础一体化实训箱外观

二、谐振电路仿真测试

1．串联谐振电路仿真测试

（1）绘制电路

打开 Multisim 12 仿真软件，新建电路文件，在电路工作区绘制如图 2—1—12 所示串联谐振电路。其中 XBP1 为波特测试仪，可用来测量和显示电路或系统的幅频特性与相频特性，类似于实验室的频率特性测试仪（俗称扫频仪）。该仪器共有 4 个端子，2 个输入（IN）端子和 2 个输出（OUT）端子。IN（+）和 IN（-）分别与电路输入端的正负端子相连接，OUT（+）和 OUT（-）分别与电路输出端的正负端子相连接。

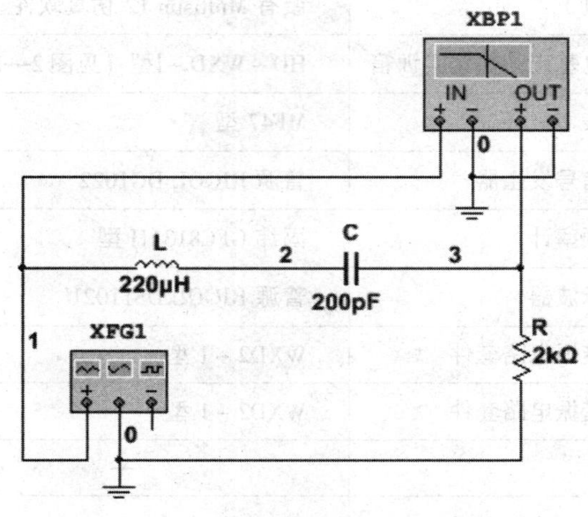

图 2—1—12　串联谐振电路仿真测试电路

（2）幅频特性分析

单击仿真开关按钮 ，双击波特测试仪 XBP1 图标，打开波特测试仪设置面板，面板上各项参数设置及电阻两端电压的幅频特性曲线如图 2—1—13 所示。

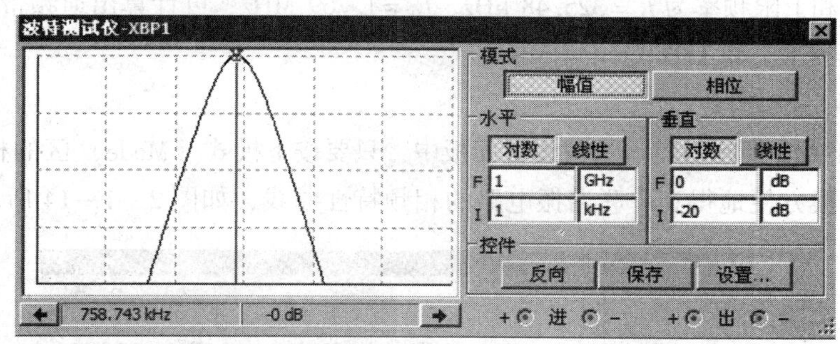

图 2—1—13　串联谐振电路的幅频特性曲线

波特测试仪 XBP1 面板各部分功能如下。

1）模式（Mode）区　设置显示屏幕中显示内容的类型。

①幅值（Magnitude）：设置选择显示幅频特性曲线。

②相位（Phase）：设置选择显示相频特性曲线。

2）水平（Horizontal）区　设置波特测试仪显示的 *X* 轴显示类型和频率范围。

①对数（Log）：表示坐标标尺为对数的。

②线性（Lin）：表示坐标标尺是线性的。

当测量信号的频率范围较宽时，用对数（Log）标尺比较好，I 和 F 分别为初始值（Initial）和最终值（Final）的首字母。如果想更清楚地了解某一频率范围内的频率特性，可将 *X* 轴频率范围设定得小一些。

3）垂直（Vertical）区　设置 *Y* 轴的标尺刻度类型。

①对数（Log）：表示坐标标尺为对数的。测量幅频特性时，单击此按钮后，标尺刻度为 $20\lg(U_{OUT}/U_{IN})$ dB，Y 轴的单位为 dB。

②线性（Lin）：表示坐标标尺是线性的。单击该按钮后，*Y* 轴的刻度为线性刻度。在测量相频特性曲线，*Y* 轴坐标表示相位，单位为度，刻度是线性的。

4）控件（Controls）区　控制反向、保存、设置等。

①反向（Reverse）：设置背景颜色，在黑色或者白色之间切换。

②保存（Save）：将测量结果以 BOD 格式存储。

③设置（Set）：设置扫描分辨率。

5）红色游标指针 　用来调整显示屏幕的显示位置，单击按钮可做左右调整。

波特测试仪本身没有信号源，所以在使用该仪器时应在电路的输入端口接入一个交流信号源或者函数发生器，且不必对其参数进行设置。

移动红色游标指针使之对应在幅值最高点 -0 dB 处，此时在面板上显示出谐振频率 $f_0=758.743$ kHz，再移动红色游标指针使之分别对应幅值最高点左右两侧的 -3 dB 处，读出下限频率和上限频率为 $f_L=325.48$ kHz、$f_H=1.769$ MHz，可计算出通频带宽 $BW=f_H-f_L=1.769\ \text{MHz}-325.48\ \text{kHz}=1.444\ \text{MHz}$。

（3）相频特性分析

在图 2—1—13 所示波特测试仪设置面板中，只要按下模式（Mode）区的相位（Phase）按钮，就可以很方便地得到串联谐振电路的相频特性曲线，如图 2—1—14 所示。

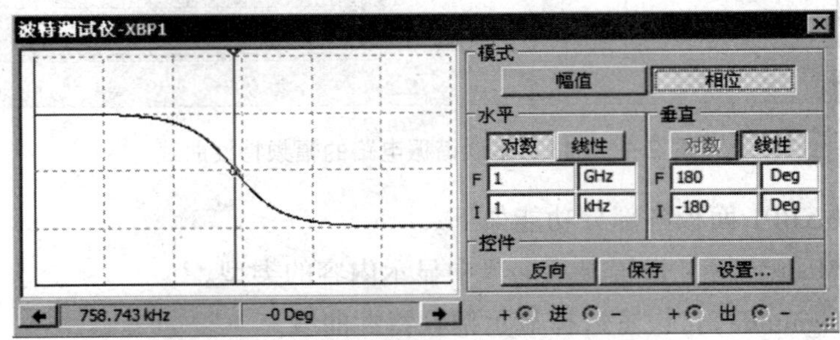

图 2—1—14　串联谐振电路的相频特性曲线

2. 并联谐振电路仿真测试

（1）绘制电路

打开 Multisim 12 仿真软件，新建电路文件，在电路工作区绘制如图 2—1—15 所示并联谐振电路。

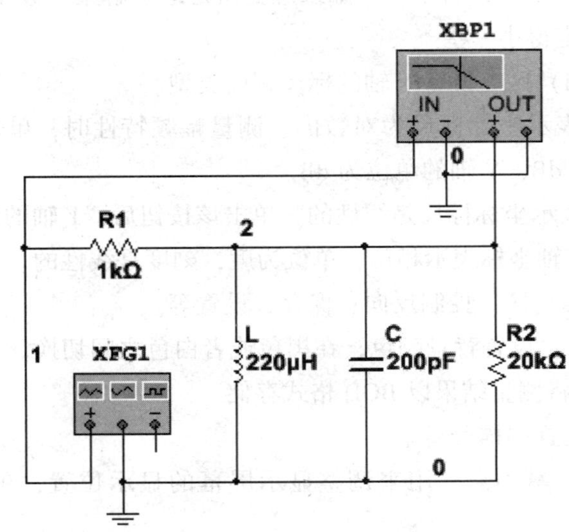

图 2—1—15　并联谐振仿真测试电路

（2）幅频特性分析

单击仿真开关按钮 ，双击波特测试仪图标，打开波特测试仪设置面板，面板上各项参数设置及电阻两端电压的幅频特性曲线如图 2—1—16 所示。

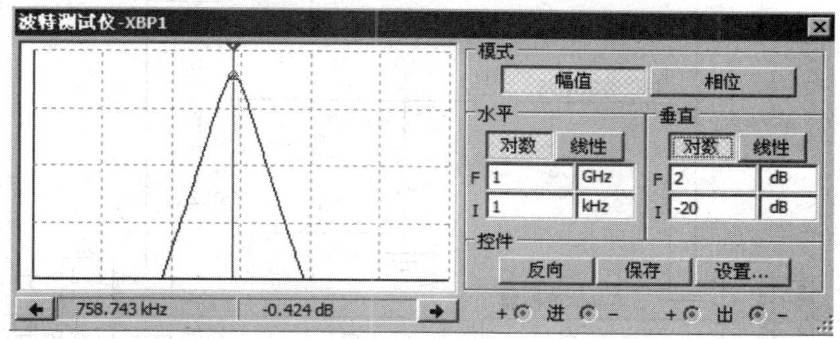

图 2—1—16　并联谐振电路的幅频特性曲线

移动红色游标指针使之对应在幅值最高点 -0 dB 处（实际只能移至 -0.424 dB 处），此时显示谐振频率 f_0 = 758.743 kHz。再移动红色游标指针使之分别对应幅值最高点左右两侧的 -3 dB 处，读出下限频率和上限频率为 f_L = 470.869 kHz、f_H = 1.223 MHz，可计算出通频带宽 $BW = f_H - f_L$ = 1.223 MHz - 470.869 kHz = 752.131 kHz。

（3）相频特性分析

在图 2—1—17 所示波特测试仪设置面板中，只要按下模式（Mode）区的相位（Phase）按钮，就可以很方便地得到并联谐振电路的相频特性曲线，如图 2—1—17 所示。

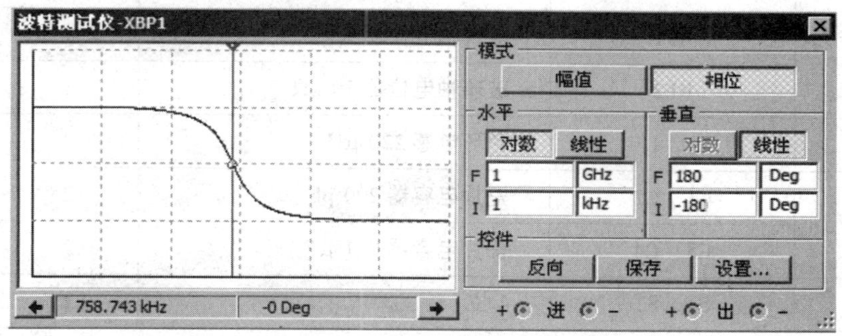

图 2—1—17　并联谐振电路的相频特性曲线

三、谐振电路安装和调试

谐振电路原理图如图 2—1—18 所示中的串联谐振电路和并联谐振电路部分。

谐振电路元器件清单见表 2—1—2。

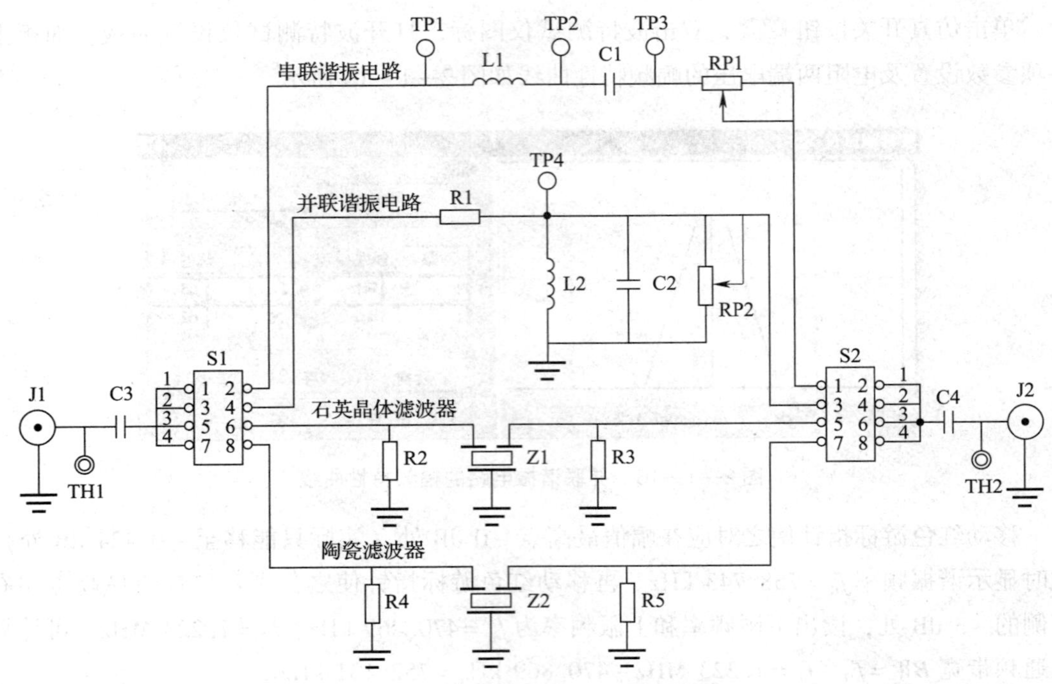

图 2—1—18　谐振电路和滤波器电路原理图

表 2—1—2　　谐振电路的元器件清单

名称	代号	规格	数量	单位
电阻器	R1	碳膜电阻器 2 kΩ	1	只
电位器	RP1	玻璃釉电位器 2 kΩ	1	只
	RP2	玻璃釉电位器 10 kΩ	1	只
电感器	L1、L2	色环电感 220 μH	2	只
电容器	C1、C2	瓷片电容器 200 pF	2	只
	C3、C4	瓷片电容器 0.1 μF	2	只
拨动开关	S1、S2	4 位	2	只

1. 串联谐振电路安装和调试

（1）元器件识别与检测

按照元器件清单（见表 2—1—2），核对元器件的数量和规格，然后进行元器件的识别和检测，确认元器件质量完好。对于性能差或已

扫描二维码，复习电位器、色环电感和电容器的识别检测方法等相关知识。

损坏的元器件要予以更换。

（2）元器件安装

1）清洁元器件引脚　将所有元器件引脚上的漆膜、氧化膜清除干净，并进行搪锡。

2）元器件引线成型处理　根据图 2—1—19 所示，将色环电感弯脚成型。其他元器件一般不需要做引线成型处理。

3）元器件插装焊接　按照电子元器件插装和焊接工艺要求，根据图 2—1—20 所示印制电路板装配图，在印制电路板上进行串联谐振电路的元器件插装和焊接。要求焊点圆滑光亮，无虚焊和漏焊。焊接结束，要仔细检查电路有无错焊、漏焊、虚焊、半边焊，以及焊接时造成的短路等问题，若有上述情况应予及时排除。检查时可用镊子将每个元器件拉一拉，看看有无松动，如果发现有松动现象，要重新焊接。

图 2—1—19　色环电感弯脚成型示例

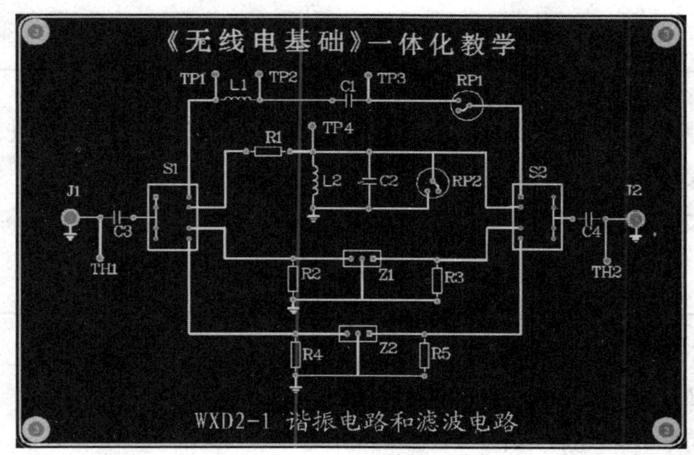

图 2—1—20　谐振电路和滤波电路印制电路板装配图

在无线电装配工作中，焊接技术很重要。无线电电子电路的安装，主要利用锡焊，它不但能固定零件，而且能保证可靠的电流通路。焊接质量的好坏，将直接影响电子电路的质量。

扫描二维码，复习焊接操作的相关知识。

（3）电路测试

1）静态检查　按照电路原理图或印制电路板装配图检查元器件有无接错或漏接等现象，并检查输入、输出端有无短路，检查无误方可输入信号进行调试。

2）动态测试

①将 S1 接通 1、2，S2 接通 1、2，组成 LC 串联谐振回路，输入频率为 758 kHz 的高频正弦波信号，观察电路起振情况。用双踪示波器观测输入、输出电压波形，并记录输入、输出电压值，填写在表 2—1—3 中。

表 2—1—3　　　　　　LC 串联谐振回路谐振点数据记录表

信号参数	输入信号	输出信号
波形		
电压（mV）（电位器调节至适当值）		

②用点频法测量 LC 串联谐振电路的通频带，以“100 k”挡位步进，从 100 kHz 到 1.4 MHz（在过渡带适当减小步进间隔），用示波器观测输出信号波形，并记录相应的电压值，填写在表 2—1—4 中。

表 2—1—4　　　　用点频法测量 LC 串联谐振电路的通频带记录表

频率（kHz）										
输出电压值（mV）（电位器调节至适当值时）										

③调节 RP1，重复步骤②，观测输出电压值和通频带的变化。

2. 并联谐振电路安装和调试

（1）元器件识别与检测

按照元器件清单（见表 2—1—2），核对元器件的数量和规格，然后进行元器件的识别和检测，确认元器件质量完好。其中电阻器 R1 是色环碳膜电阻，电阻值识别方法与色环电感相同。可用万用表电阻挡测量色环电阻两引脚之间的电阻。测量时手指不要触碰被测电阻器的两根引出线，避免人体电阻对测量精度造成影响。

（2）元器件安装

1）清洁元器件引脚　将所有元器件引脚上的漆膜、氧化膜清除干净，然后进行搪锡。

2）元器件引线成型处理　参见串联谐振电路部分。

3）元器件插装焊接　按照电子元器件插装和焊接工艺要求，根据图 2—1—20 所示印制电路板装配图，在印制电路板上进行并联谐振电路的元器件插装和焊接。

（3）电路测试

1）静态检查　按照电路原理图或印制电路板装配图检查元器件有无接错或漏接等现象，并检查输入、输出端有无短路，检查无误方可输入信号进行调试。

2）动态测试

①将 S1 接通 3、4，S2 接通 3、4，组成 LC 并联谐振回路，输入频率为 758 kHz 的高频正弦波信号，观察电路起振情况。用双踪示波器观测输入、输出电压波形，并记录输入、输出电压值，填写在表 2—1—5 中。

表 2—1—5　　LC 并联谐振回路谐振点数据记录表

信号参数	输入信号	输出信号
波形		
电压（mV）（电位器调节至适当值）		

②用点频法测量 LC 并联谐振电路的通频带，以“100 k”挡位步进，从 100 kHz 到 1.4 MHz（在过渡带适当减小步进间隔），用示波器观测输出信号，并记录相应的电压值，填写在表 2—1—6 中。

表 2—1—6　　用点频法测量 LC 并联谐振电路的通频带记录表

频率（kHz）											
输出电压值（mV） （电位器调节至适当值时）											

③调节 RP2，重复步骤②，观测输出电压值和通频带的变化。

任务评价

本任务的评价标准参考表 2—1—7。

表 2—1—7　　评价标准

序号	项目	配分	评分标准	得分
1	识别与检测元器件	10	（1）不能正确识别元器件，每只扣 1 分 （2）不能正确检测元器件，每只扣 1 分 （3）仪表使用错误，每次扣 1 分	
2	插装元器件	10	（1）色环电阻、色环电感没有采用卧式插装，每只扣 1 分 （2）电位器、瓷片电容器等没有采用立式插装，每只扣 1 分 （3）元器件引脚成型不符合工艺要求，每只扣 1 分 （4）元器件位置、极性错误，元器件漏装，每处扣 1 分	
3	焊接元器件	10	（1）焊点不光滑、不清洁、有毛刺、焊料过多或过少，每处扣 1 分 （2）有裂焊、漏焊、虚焊、搭焊、溅锡等现象，每处扣 1 分 （3）损坏焊盘、铜箔及元器件，每处扣 2 分 （4）焊接后元器件引线裸露长度不符合标准，每处扣 1 分 （5）印制电路板不清洁，装配不美观，扣 2 分 （6）使用电烙铁错误，每次扣 1 分	
4	串联谐振电路测试	30	（1）没有做静态检查工作，扣 5 分 （2）不会或不正确测试谐振点数据，扣 10 分 （3）不会或不正确测量通频带，扣 10 分 （4）测试步骤不正确，仪器仪表使用不规范，扣 5 分	
5	并联谐振电路测试	30	（1）没有做静态检查工作，扣 5 分 （2）不会或不正确测试谐振点数据，扣 10 分 （3）不会或不正确测量通频带，扣 10 分 （4）测试步骤不正确，仪器仪表使用不规范，扣 5 分	
6	安全文明生产	10	违反安全文明生产规程，酌情扣分	

开始时间		结束时间		成绩	
学生姓名		教师签名			年　月　日

任务2　小信号调谐放大器的安装和调试

学习目标

1. 了解小信号调谐放大器的主要特点和种类。
2. 了解晶体管的高频参数。
3. 掌握小信号调谐放大器的电路组成和工作原理。
4. 能分析小信号调谐放大器的典型应用电路。
5. 能仿真测试小信号调谐放大器，能安装和调试小信号调谐放大器。

任务描述

调谐放大器是指以调谐回路作交流负载的高频放大器，具有放大和选频功能。小信号调谐放大器是指能对微伏至毫伏数量级的小信号进行放大的一类调谐放大器。由于待放大的信号小，从而可以认为放大器工作在晶体管特性曲线的线性范围内。在超外差式收音机中，变频器前一级的高频小信号放大器和后一级的中频放大器都属于小信号调谐放大器。例如，变频器输出的中频已调波较弱，为了便于解调器从中频已调波中解调出音频信号，中频放大器的增益必须较高，一般要求功率增益为 50 ~ 60 dB。因此，超外差式收音机的中频放大器都为两级或两级以上。图 2—2—1 所示为超外差式收音机中频放大电路的组成框图，通常由两级中频放大器和三个中频变压器组成。

图 2—2—1　超外差式收音机中频放大电路的组成

本任务的内容是学习小信号调谐放大器的电路组成和工作原理，并完成小信号调谐放大器的安装和调试。

相关知识

一、小信号调谐放大器的主要特点和种类

1. 小信号调谐放大器的主要特点

（1）放大器的集电极负载是 LC 并联谐振回路，具有良好的选择性和带通滤波作用。

（2）放大器通常采用变压器耦合方式，具有良好的阻抗匹配和较高的增益。

（3）采取一定措施可使放大器具有较高的稳定性。

2. 小信号调谐放大器的种类

小信号调谐放大器的种类很多，分类方法也很多。

（1）按所用器件来分，有晶体管放大器、场效应管放大器和集成电路放大器。

（2）按晶体管连接形式来分，有共发射极放大器、共基极放大器和共集电极放大器。

（3）按调谐回路来分，有单调谐放大器、双调谐放大器和参差调谐放大器。

二、晶体管的高频参数

随着工作频率的升高，晶体管的放大能力会下降，但不同类型的晶体管放大能力开始下降的频率是不同的。一般的低频晶体管在 15 kHz 左右放大能力就开始下降，高频晶体管的放大能力则是在几十兆赫兹、几百兆赫兹甚至上千兆赫兹才开始下降，这就是所谓的晶体管的频率特性。

在晶体管手册中除了标出直流参数和极限参数以外，往往还有频率参数，它表示晶体管频率特性的好坏。晶体管的高频参数有 f_β、f_α、f_T 等。

1. 共射极截止频率 f_β（β 截止频率）

晶体管在低频工作时，常将其电流放大系数 β 看成与信号频率无关的常数。但晶体管在高频工作时，其电流放大系数 β 与信号频率则有明显的关系。频率越高，电流放大系数 β 值越小。共射极截止频率 f_β 是指当 β 值下降至低频电流放大系数 β_0 的 $1/\sqrt{2}$（约等于 0.707）时所对应的频率，也称为 β 截止频率，如图 2—2—2 所示。

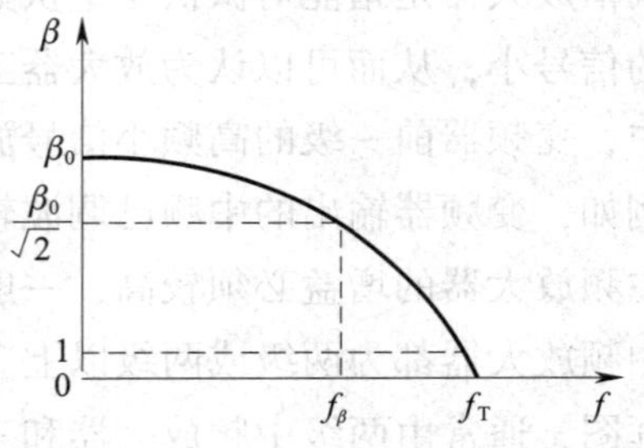

图 2—2—2 电流放大系数 β 与频率 f 的关系

2. 共基极截止频率 f_α（α 截止频率）

共基极电路的电流放大系数 α 与频率也有关系，频率升高时 α 值下降。共基极截止频率 f_α 是指 α 值下降至低频电流放大系数 α_0 的 $1/\sqrt{2}$ 时所对应的频率，也称为 α 截止频率。

3. 特征频率 f_T

特征频率 f_T 是指当频率升高，使 β 值下降到 1 时所对应的频率。特征频率 f_T 与 β 截止频率有以下的近似关系：

$$f_T \approx \beta_0 f_\beta \qquad (2—2—1)$$

另外，当工作频率 $f >> f_\beta$ 时，特征频率 f_T 和电流放大系数 β 还有以下近似的简单关系：

$$\beta \approx f_T / f \qquad (2—2—2)$$

式（2—2—2）表明，当 $f >> f_\beta$ 时，特征频率 f_T 约等于频率 f 和在该频率时晶体管电流放大系数 β 的乘积。这一关系很重要，从晶体管手册查到某晶体管的特征频率 f_T，然后由式

(2—2—2) 就可以粗略估算出该晶体管在某一频率 f 工作时的电流放大系数 β。例如，晶体管 3DG130D 的特征频率 f_T = 300 MHz，则该管在频率 f = 100 MHz 工作时的电流放大系数 $\beta \approx f_T/f = 3$。反过来，如果用仪器测出在频率 f 时的晶体管电流放大系数 β 值，然后由式 (2—2—2) 就可以计算出该晶体管的特征频率 f_T，通常晶体管的特征频率 f_T 就是采用这种方法来测量的。所以手册中一般都标明某晶体管的特征频率 f_T 是在哪个频率测量的。

共基极截止频率 f_α、共射极截止频率 f_β 和特征频率 f_T 三者之间的大小关系为：

$$f_\alpha > f_T > f_\beta \tag{2—2—3}$$

其中，f_α 略大于 f_T，f_T 远大于 f_β，即共基极截止频率 f_α 远大于共射极截止频率 f_β，所以频率很高时采用共基极电路会得到较高电压增益。

提示

f_α、f_β 和 f_T 是晶体管 3 个重要的高频参数，前两者分别代表 α 和 β 下降至 α_0 和 β_0 的 $1/\sqrt{2}$ 倍时所对应的频率，而 f_T 则是 β 下降至 1 时所对应的频率。三者的含义不同，不可混淆。

三、小信号单调谐放大器

1. 小信号单调谐放大器的电路组成

图 2—2—3 所示是小信号单调谐放大电路，主要由晶体管 V 和 LC 并联谐振回路组成。

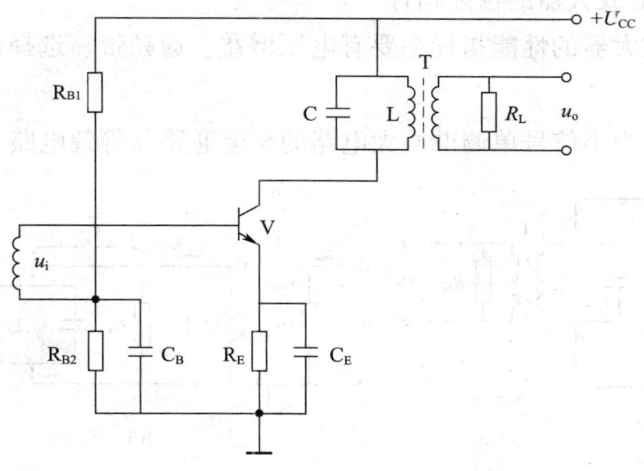

图 2—2—3　小信号单调谐放大器电路图

晶体管 V 是使小信号单调谐放大器具有放大作用的关键器件，应选用参数合适的高频管。为了稳定静态工作点，该共发射极放大器采用了分压式射极偏置电路。R_{B1} 和 R_{B2} 为基极偏置电阻，组成串联分压器，为基极提供稳定的静态工作电压 U_{BQ}。注意，R_{B1} 和 R_{B2} 的公共接点不接在电感线圈靠近基极的一端，否则高频信号会被 R_{B1} 和 R_{B2} 分流而损失。R_E 为发射极偏置电阻，利用其电流负反馈作用，自动使静态工作电流 I_{EQ} 稳定不变。

C_B 和 C_E 为高频旁路电容。

LC 并联谐振回路作为晶体管 V 的集电极负载，具有选频作用，其谐振频率调谐在输入信号的中心频率上。放大器的负载 R_L 通过变压器耦合连接形式与回路相耦合，可减少负载（或下级放大器）对回路的影响，还可使前后级直流电路分开。因为小信号调谐放大器的负载 R_L 常常是下一级放大器晶体管的输入电阻，一般很低（对于共发射极放大电路，一般为几百欧或几千欧），而 LC 并联谐振回路的谐振电阻很高（例如中频变压器谐振阻抗的典型值约为 80～200 kΩ），如果让它们直接并联，回路的品质因数会下降，放大器的选择性会变差，而且放大器的电压增益也会降低。另外，下级负载电容也会影响回路的谐振频率。假设变压器 T 的一次绕组（即回路电感线圈 L）匝数为 N_1，二次绕组匝数为 N_2，$N_1>N_2$，而且变压器的一次、二次线圈耦合很紧，损耗很小。定义接入系数 $p=N_2/N_1$，则 $0<p<1$，根据阻抗变换原理，负载 R_L 折合到 LC 并联谐振回路两端的等效电阻 R'_L 为：

$$R'_L=\frac{1}{p^2}R_L \tag{2—2—4}$$

由式（2—2—4）可知，$R'_L>R_L$。接入系数 p 越小，R'_L 越大，即 R_L 等效到变压器一次侧的阻值越大，对回路的影响越小。变压器耦合连接能实现阻抗变换，还可以避免一次、二次回路间的直流影响，常用于上、下级放大器间的耦合连接。

2. 小信号单调谐放大器的性能指标

小信号单调谐放大器的性能指标主要有电压增益、通频带、选择性等。

(1) 电压增益

图 2—2—4 所示为小信号单调谐放大电路的交流通路及等效电路。

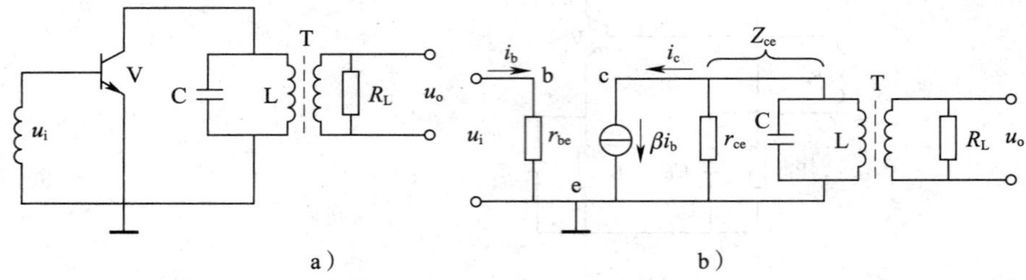

图 2—2—4 小信号单调谐放大电路的交流通路及等效电路

a）交流通路 b）交流等效电路

设输入电压为 u_i，负载 R_L 上的输出电压为 u_o，晶体管集电极电压为 u_{ce}。当不考虑晶体管的极间电容及相位关系时，则小信号单调谐放大器的电压增益 A_u 为：

$$A_u=\frac{u_o}{u_i}=\frac{u_o}{u_{ce}}\frac{u_{ce}}{u_i}=\frac{N_2}{N_1}\frac{\beta i_b Z_{ce}}{i_b r_{be}}=\beta\frac{Z_{ce}}{r_{be}}\frac{N_2}{N_1} \tag{2—2—5}$$

式（2—2—5）中，Z_{ce} 为晶体管 ce 极间的阻抗；r_{be} 为晶体管的输入电阻，即晶体管

be 极间的电阻。

显然，当β、r_{be}、N_1 和 N_2 一定时，电压增益 A_u 与阻抗 Z_{ce}成正比。因为 Z_{ce}是一个随频率变化的量，所以电压增益 A_u 也随频率变化而变化。对于谐振频率f_0 的信号，此时 Z_{ce}达到最大值，所以电压增益 A_u 也达到最大值，记为 A_{u0}。可见电压增益 A_u 的频率特性和 LC 并联谐振回路的特性相同。图 2—2—5 所示为小信号单调谐放大器的相对电压增益 A_u/A_{u0}与频率f的关系曲线，从图中可看出小信号单调谐放大器具有良好的频率选择特性，只有频率与电路谐振频率f_0 相同或相近的信号（在通频带范围内），才能得到放大器的有效放大，其余频率的信号通过放大器后将被大大衰减。

（2）通频带

由于小信号调谐放大器所放大的一般是已调制的信号，已调制的信号都包含一定的频谱宽度，所以小信号调谐放大器必须有一定的通频带，以便让信号中必要的频谱分量通过调谐放大器。

小信号单调谐放大器的谐振特性和谐振回路的谐振特性是一致的。小信号单调谐放大器的电压增益下降到最大值的 $1/\sqrt{2}$（约等于 0.707）时所对应的频率范围（见图 2—2—5），称为小信号单调谐放大器的通频带，用 BW 或 $2\Delta f_{0.7}$表示，$BW=2\Delta f_{0.7}=f_H-f_L$。

与谐振回路相同，小信号单调谐放大器的通频带也是一个与品质因数有关的量，可以推导出小信号单调谐放大器的通频带与品质因数的关系是：

$$BW=\frac{f_0}{Q_L} \qquad (2—2—6)$$

式（2—2—6）中，Q_L 为有载品质因数，即考虑放大器负载 R_L 时的单调谐回路品质因数。显然，有载品质因数 Q_L 小于空载品质因数。

式（2—2—6）说明，在一定谐振频率f_0 下，有载品质因数 Q_L 越大，通频带 BW 越窄。而在一定的 Q_L 下，f_0 越大，通频带 BW 越宽。

（3）选择性

小信号调谐放大器从含有各种不同频率的信号总和（有用的和有害的）中选出有用信号，排除有害（干扰）信号的能力，称为小信号调谐放大器的选择性。

如图 2—2—6 所示，小信号单调谐放大器的选择性取决于谐振曲线的尖锐程度，而品质因数 Q_L 值的大小决定了谐振曲线的尖锐程度，因此品质因数 Q_L 是衡量选择性好坏的一个很重要的指标。Q_L 越大，谐振曲线越尖锐，选择性越好，但是通频带 BW 越窄（谐振频率f_0 一定时）。在实际工作中，常常希望选择性要好而通频带又足够宽，可见选择性与通频带是互相矛盾的。所以在具体选定 Q_L 值时，应兼顾选择性与通频带两方面的要求，若不能兼顾，就需要另外采取措施。

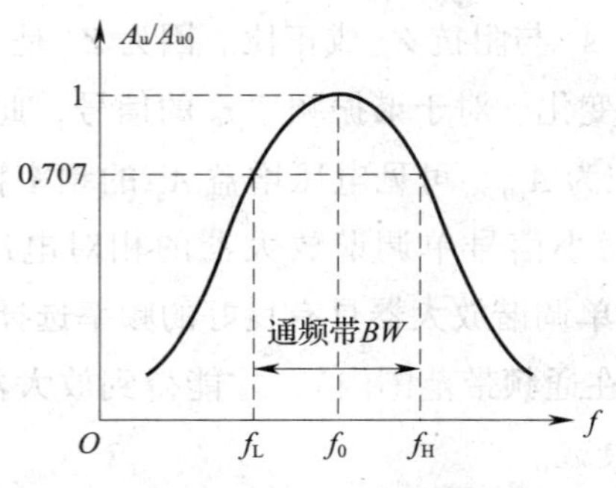

图 2—2—5　小信号单调谐放大电路 $A_u/A_{u0}-f$ 曲线

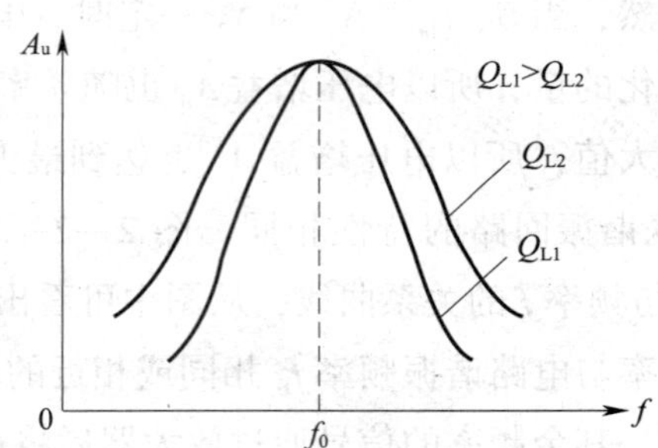

图 2—2—6　小信号单调谐放大器的谐振曲线

3. 实用的小信号单调谐放大电路

图 2—2—3 所示小信号单调谐放大器中，晶体管的输出端（c－e）是直接并接到 LC 并联谐振回路两端的。LC 并联谐振回路的谐振电阻很高，而晶体管的输出电阻较低（r_{ce} 的典型值为 30～50 kΩ），它们直接连接会降低回路的 Q_L 值，选择性会变差，而且由于阻抗不匹配，放大器的输出功率会下降。另外，晶体管的输出电容也会影响回路的谐振频率。为了减少晶体管输出参数对谐振回路的影响，提高电路的选择性和输出功率，实际中常采用图 2—2—7a 所示的小信号单调谐放大电路。它是将晶体管的输出端（c－e）与 LC 谐振回路的一部分（例如电感线圈 L 的 2～3 端之间）相接的放大电路，常称为部分接入式小信号单调谐放大器。

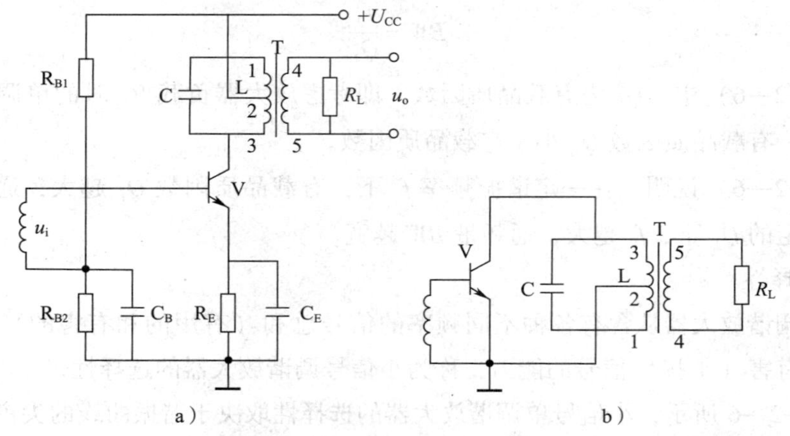

图 2—2—7　实用的小信号单调谐放大电路及其交流通路

a）电路原理图　b）交流通路

从图 2—2—7b 所示交流通路中可清楚地看出，晶体管 V 的输出端（c－e）不是直接接到 LC 并联谐振回路两端，只是与回路的“一部分”相连接。晶体管 V 输出端（c－e）的接入点“2”端是可以滑动调节的。当“2”端滑到“1”端时，晶体管输出端（c－e）

全部接到了 LC 谐振回路的两端，对回路影响最明显；当“2”端滑到“3”端时，晶体管输出端（c－e）就与 LC 谐振回路脱离联系，这时它对回路毫无影响。定义接入系数 $p_1 = N_{23}/N_{13}$，表示在全部 N_{13} 总匝数中 N_{23} 所占的比例，所以 $0 \leqslant p_1 \leqslant 1$。晶体管的输出电阻折合到回路两端的等效电阻变大（为折合前的 $1/p_1^2$ 倍），输出电容折合到回路两端的等效电容变小（为折合前的 p_1^2 倍），即均为阻抗经过折合后变大。这样，采用部分接入式（即自耦合变压器耦合连接形式）就可以改变谐振阻抗，做到阻抗匹配，以满足最大功率的传输条件，同时提高选择性。部分接入式小信号单调谐放大器的谐振电阻比图 2—2—3 所示小信号单调谐放大电路要大，Q_L 值相对提高，选择性变好。

图 2—2—7 中，设接入系数 $p_2 = N_{45}/N_{13}$，$N_{45} < N_{13}$，则 p_2 在 0 ~ 1 之间。接入系数 p_2 越小，负载电阻 R_L 等效到变压器一次侧的阻值越大，对回路的影响越小。

由理论计算可知，在晶体管已选定和电路接入系数 p_1、p_2 不变的情况下，放大器谐振时的电压增益 A_{u0} 只决定于谐振回路总电容 C_Σ 和通频带 BW 的乘积，并和 $C_\Sigma \cdot BW$ 成反比。这里，谐振回路总电容 C_Σ 包含晶体管的输出电容以及放大器负载电容（往往是下一级晶体管的输入电容）等效到回路两端的等效值。通频带越宽，总电容越大，谐振电压增益越低；反之，通频带越窄，总电容越小，则电压增益越高。对于一定的总电容 C_Σ，放大器谐振电压增益和通频带的乘积是一个常数。通频带越宽，谐振电压增益越低；反之，通频带越窄，则谐振电压增益就越高。

4．多级小信号单调谐放大器

在广播、电视等接收设备中，往往需要将天线上收到的微弱信号进行放大，再送到解调器进行解调，这就要求放大器要有很高的增益。接收机对微弱信号的放大主要依靠中频放大器，因此一般要求中频放大器有 $10^4 \sim 10^6$ 的放大倍数。显然，单级放大器无法达到如此高的增益。为了满足接收机整机灵敏度的要求，常采用多级小信号单调谐中频放大器，如调幅收音机的中频放大器一般都为 2 级或 2 级以上，电视接收机的中频放大器也有 3 ~ 4 级。

多级小信号单调谐放大器连接时，其总的电压增益为各级电压增益的乘积。

m 级相同的小信号单调谐放大器连接时，总通频带 BW 为：

$$BW = \sqrt{2^{\frac{1}{m}} - 1}\,\frac{f_0}{Q_L} \tag{2—2—7}$$

式（2—2—7）表明，m 级小信号单调谐放大器的总通频带为单级通频带的 $\sqrt{2^{\frac{1}{m}} - 1}$ 倍。因为 $\sqrt{2^{\frac{1}{m}} - 1}$ 是小于 1 的正数，所以多级小信号单调谐放大器的总通频带比单级要小，级数越多，总通频带越窄。因此对于多级小信号单调谐放大器来说，选择性变好但通频带变窄。为了克服这一缺点，除了采用双调谐放大器外，还常采用参差调谐放大器。

四、小信号单调谐放大器的典型应用电路

图 2—2—8 所示为某超外差式调幅收音机 465 kHz 中频放大电路，是小信号单调谐放大器的典型应用电路。晶体管 VT2、VT3 组成两级共发射极中频放大电路，T3、T4、T5 是级间耦合变压器，称为中频变压器（简称中周）。3 个中周和 C5、C9、C11 构成了 3 个单调谐回路。

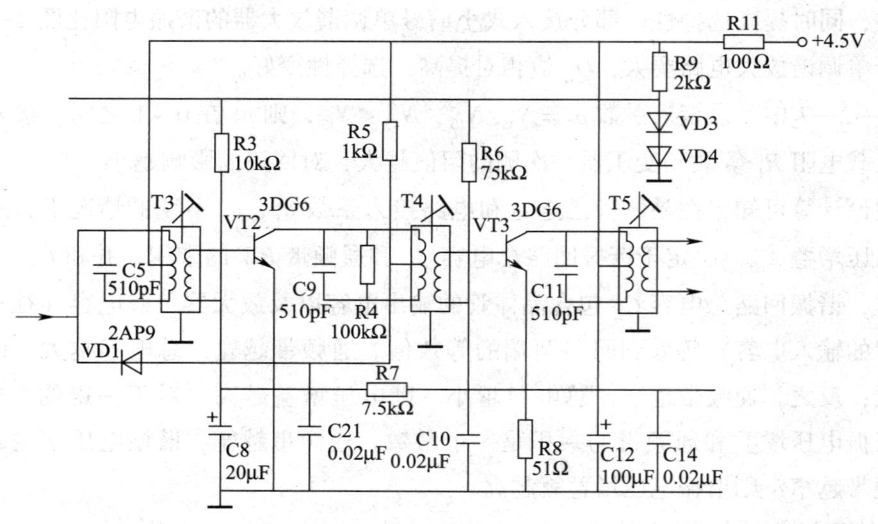

图 2—2—8　超外差式调幅收音机 465 kHz 中频放大电路

电容器 C5 与中频变压器 T3 的一次绕组两端并联，组成 LC 并联谐振回路。改变一次绕组的电感量（调节磁芯的位置），使回路对 465 kHz 中频信号发生谐振。因此，465 kHz 的中频信号在一次绕组上产生的压降很大，通过一次、二次绕组之间的耦合作用，加到晶体管 VT2 的基极；偏离谐振频率的信号，在一次绕组上产生的压降较微弱，很难耦合到下一级去。经 VT2 放大了的中频信号，由 T4 再一次选频。这样，中频放大电路就大大提高了整机的选择性。此外，中频变压器还起着阻抗的变换作用，由于共发射极电路的输入阻抗低、输出阻抗高，因此适当选择中频变压器的一次侧抽头和二次绕组的匝数，可以实现阻抗匹配，提高中频放大电路的增益。

第二级中频放大器与第一级原理相同，只是它的工作电流比第一级高，这里不再重述。电路中的 C8、C10 是中频旁路电容，使交流接地，这样中频信号将加在晶体管的 b、e 之间。R3、R7 和 R6 分别为 VT2、VT3 的偏置电阻，R8 是 VT3 的射极电阻，起电流负反馈作用，可以稳定工作点。

在一些收音机中，为提高稳定性，采用了带有中和电容的小信号调谐放大电路。扫描二维码，了解相关知识。

任务实施

一、实训器材

实施本任务所使用的实训设备及材料可参考表 2—2—1。

表 2—2—1　　实训设备及材料参考表

类别	序号	名称	型号与规格	数量	单位
设备	1	计算机	装有 Multisim 12 仿真软件	1	台
	2	无线电基础一体化实训箱	HD－WXD－Ⅰ型	1	只
	3	万用表	MF47 型	1	块
	4	高频信号发生器	普源 RIGOL DG1022 型	1	台
	5	数字频率计	固纬 GFC8131H 型	1	台
	6	双踪示波器	普源 RIGOL DS1102U 型	1	台
材料	7	小信号单调谐放大电路套件	WXD2－2 型	1	套
	8	焊锡	—	1	卷
	9	松香	—	1	盒

二、小信号单调谐放大器仿真

1. 绘制电路

打开 Multisim 12 仿真软件，新建电路文件，在电路工作区绘制小信号单调谐放大器仿真电路，如图 2—2—9 所示。其中耦合电感（Coupled inductance）T 的参数设定如下：耦合系数（Coefficient of Coupling）0.99，一次线圈电感值（Primary Coil Inductance）20 μH，二次线圈电感值（Secondary Coil Inductance）0.138 μH。函数发生器 XFG1 用来产生高频信号，其参数设定如下：波形（Waveforms）选择为正弦波，频率（Frequency）设置为 3.459 1 MHz，振幅（Amplitude）设置为 10 mV_P。双踪示波器 XSC1 用来显示输入、输出信号的波形。波特测试仪（类似于实验室的扫频仪）XBP1 用来测试电路的幅频特性与相频特性。

2. 直流工作点分析

晶体管是非线性器件，由晶体管构成的放大器是非线性电路。要对小信号进行不失真地放大，必须设置适当的工作点，使晶体管工作在近似线性区域。因此，分析直流工作点是分析放大器的前提和基础。

Multisim12 提供了 19 种基本分析方法，第一种分析方法是直流工作点分析（DC Operating Point Analysis），专门用于计算电子电路的静态工作点。在进行直流工作点设置时，电路中的交流源将被置零，电容开路、电感短路和数字元件被作为电阻器接地。

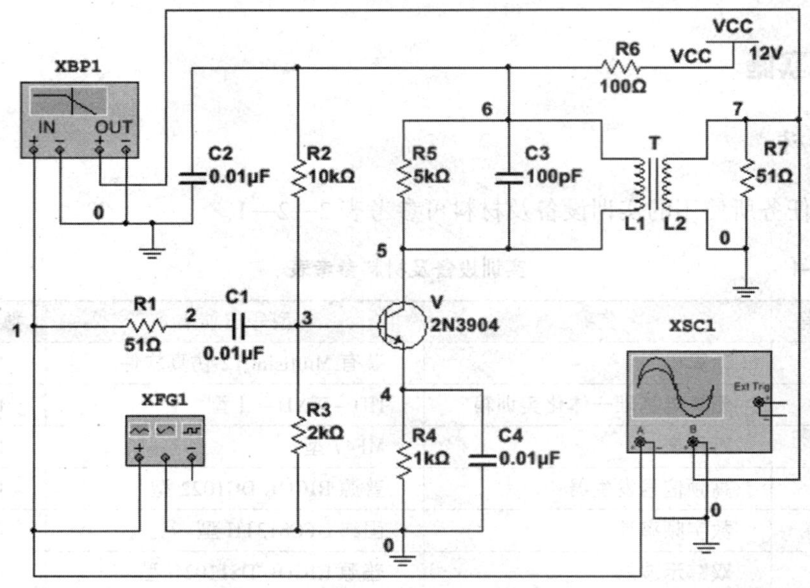

图 2—2—9 小信号单调谐放大器仿真电路

选择菜单“仿真（Simulate）—分析（Analysis）—直流工作点分析（DC Operating point analysis）”命令，在弹出的对话框中输出（Output）选项设置如图 2—2—10 所示。

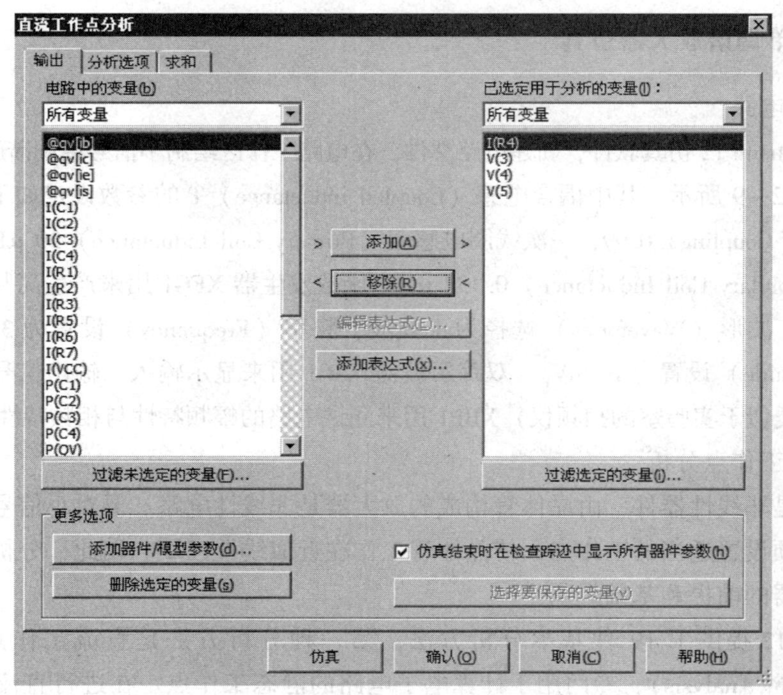

图 2—2—10 直流工作点分析对话框中输出选项设置

单击图 2—2—10 所示直流工作点分析对话框中的“仿真（Simulate）”按钮，出现如图 2—2—11 所示直流工作点分析的图示仪视图（Grapher View）窗口。

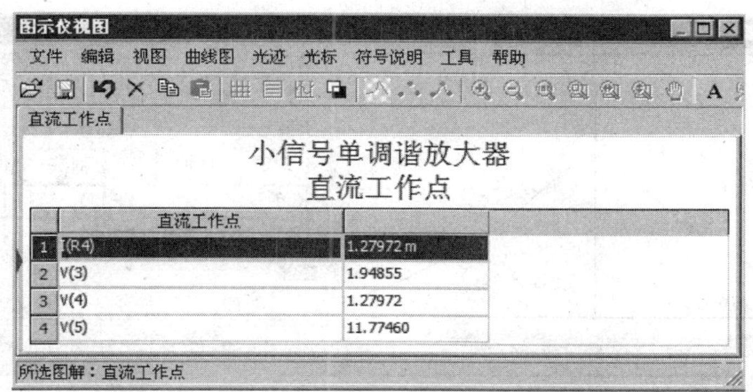

图 2—2—11　直流工作点分析图示仪视图窗口

3. 输入输出电压波形测试

单击仿真开关按钮 ，双击示波器 XSC1 图标，弹出示波器设置面板，按照图 2—2—12 所示设置示波器参数，并得到小信号单调谐放大器输入、输出电压波形。

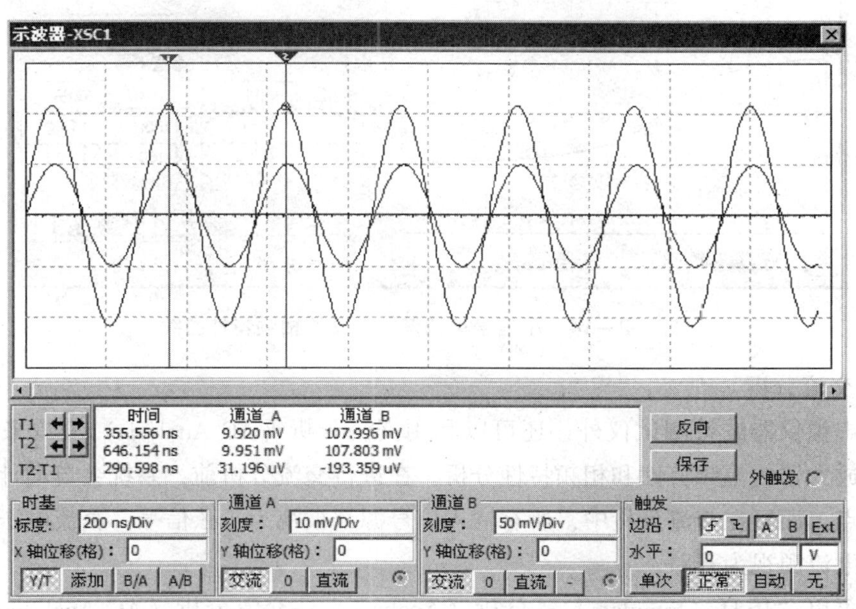

图 2—2—12　小信号单调谐放大器输入、输出电压波形

4. 幅频特性和相频特性分析

（1）波特测试仪测试

单击仿真开关按钮 ，双击波特测试仪 XBP1 图标，打开波特测试仪设置面板，按

照图 2—2—13 所示设置各项参数，并得到小信号单调谐放大器的幅频特性曲线。从图中可看出小信号单调谐放大器增益最大值（20.847 dB）对应的频率值为 3.451 MHz。

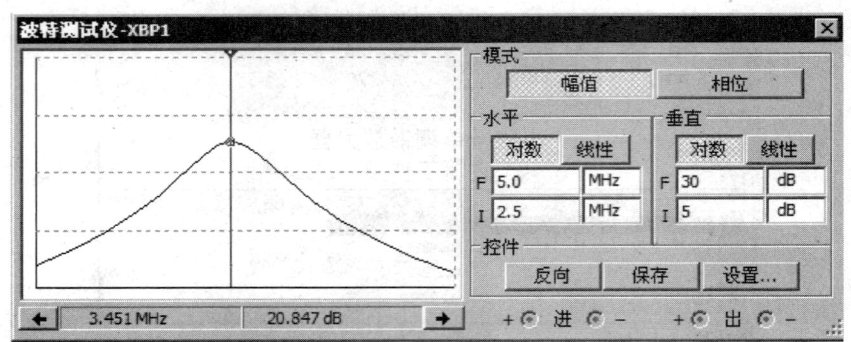

图 2—2—13　小信号单调谐放大器的幅频特性曲线

在如图 2—2—13 所示波特测试仪设置面板中，按下模式（Mode）区的“相位（Phase）”按钮，得到小信号单调谐放大器的相频特性曲线，如图 2—2—14 所示。

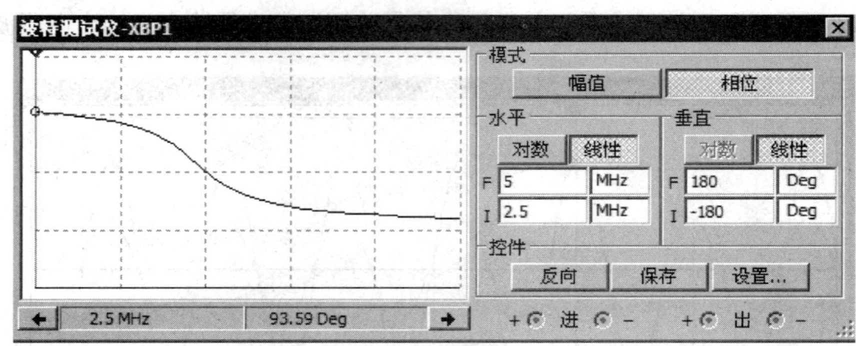

图 2—2—14　小信号单调谐放大器的相频特性曲线

（2）交流分析

除了虚拟仪器波特测试仪外，还可以利用交流分析（AC Analysis）工具来进行小信号单调谐放大器的幅频特性和相频特性分析。在进行交流分析前，系统会自动计算电路的直流工作点，而且在交流分析中，所有输入信号源都被视为正弦信号，直流电压源视为短路，直流电流源视为开路。

选择菜单“仿真（Simulate）—分析（Analysis）—交流分析（AC Analysis）”命令，在弹出的对话框中的频率参数（Frequency Parameters）选项设置如下：起始频率（Start Frequency）为 2.2 MHz，停止频率（Stop Frequency）为 5.0 MHz，扫描类型（Sweep type）为线性，点数（Number of Point）为 150，垂直刻度（Vertical Scale）为线性。输出（Output）选项设置如图 2—2—15 所示。

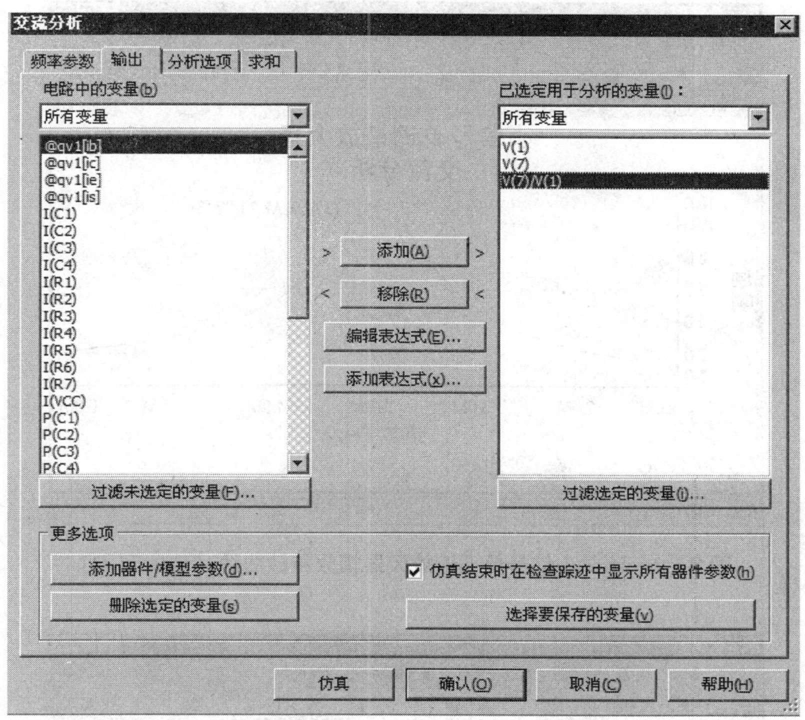

图 2—2—15　交流分析对话框中输出选项设置

单击如图 2—2—15 所示交流分析（AC Analysis）对话框中的“仿真”（Simulate）按钮，出现小信号单调谐放大器交流分析图示仪视图（Grapher View）窗口。其中，如图 2—2—16 所示为谐振曲线（$U_o/U_i \sim f$ 幅频特性曲线）仿真测试结果。拖移光标并利用“在光标处添加数据标签”功能，可在曲线顶点显示坐标（3.459 1 MHz，11.024 3）。也可以在光标窗口中直接显示电压放大倍数的最大值及其对应的频率值。这里，电压放大倍数 $U_o/U_i = 11.024\ 3$，换算成增益（分贝数）为 $20\lg(U_o/U_i) = 20\lg 11.024\ 3 = 20 \times 1.042\ 35 = 20.847$ dB，与图 2—2—13 所示小信号单调谐放大器增益最大值一致。

根据通频带的定义，在幅度 $11.024\ 3 \times 0.707 = 7.794\ 2$ 点对应的两个频率点分别为 3.212 8 MHz 和 3.716 7 MHz，所以 $BW = 3.716\ 7\ \text{MHz} - 3.212\ 8\ \text{MHz} = 503.9\ \text{kHz}$。

小信号单调谐放大器 $U_o/U_i \sim f$ 相频特性曲线仿真测试结果如图 2—2—17 所示。

5. 观测负载变化对谐振曲线的影响

将图 2—2—9 中负载电阻 R7 的值增大到 1 kΩ，其他设置不变。仿真运行后得到的谐振曲线如图 2—2—18 所示。

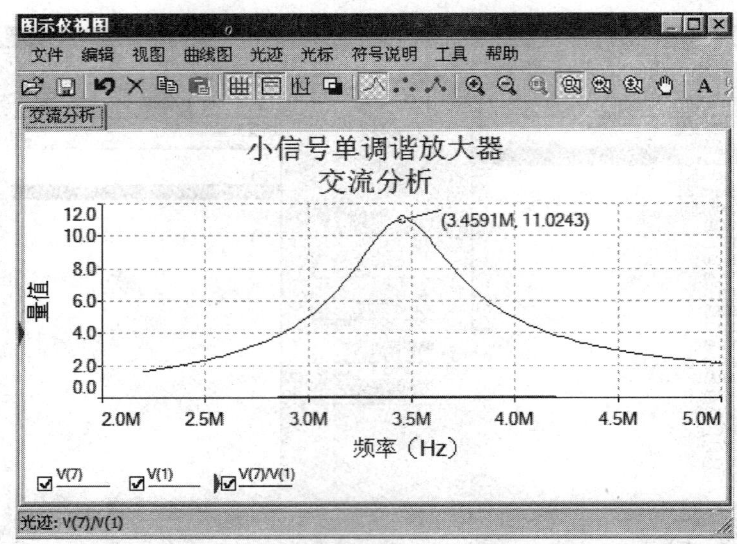

图 2—2—16　小信号单调谐放大器幅频特性曲线（R_7 =51 Ω）

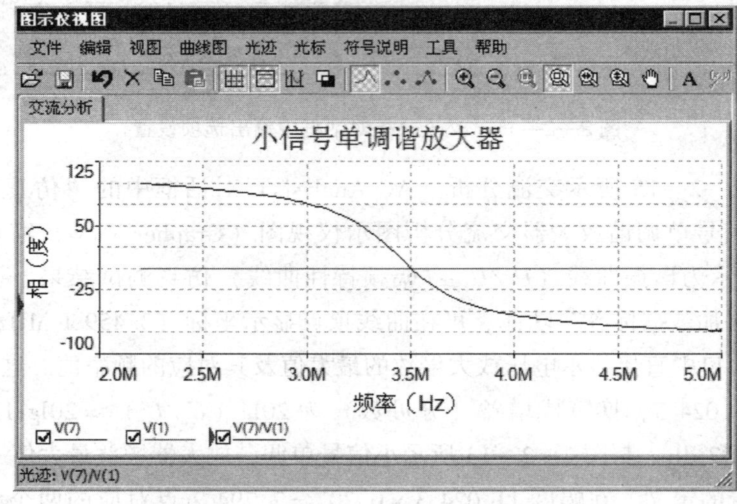

图 2—2—17　小信号单调谐放大器相频特性曲线

图中曲线顶点的坐标为（3.459 1 MHz，17.624 7）。与 R7 的值为 51 Ω 时得到的图 2—2—16 所示谐振曲线相比，图 2—2—18 的曲线变尖锐了，通频带变窄（读者可以自行计算和比较），电压放大倍数增大。还可以使负载电阻 R7 的值减小，重复同样的仿真过程。总之，由仿真得到的谐振曲线随负载的变化可以看出，谐振特性受放大器负载变化的影响，从而影响到谐振回路的谐振电阻，使其发生变化，而放大器的电压放大倍数与谐振电阻也有直接关系。

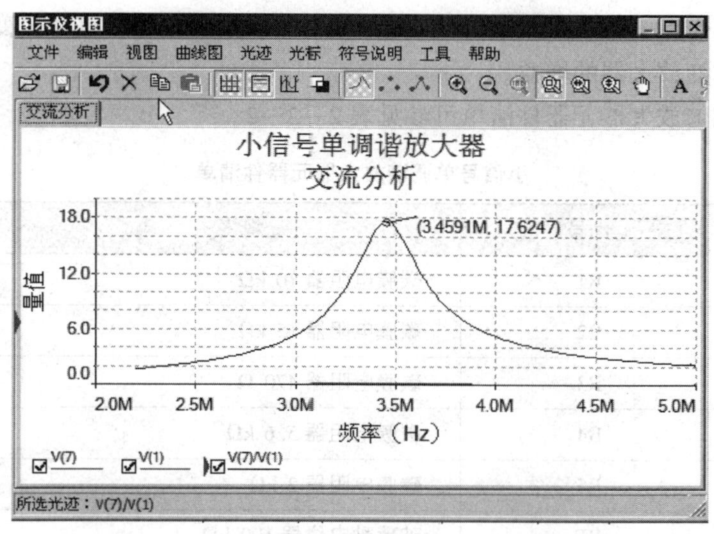

图 2—2—18　小信号单调谐放大器谐振曲线（R_7 =1 kΩ）

三、小信号单调谐放大器安装和调试

小信号单调谐放大器电路原理图如图 2—2—19 所示。

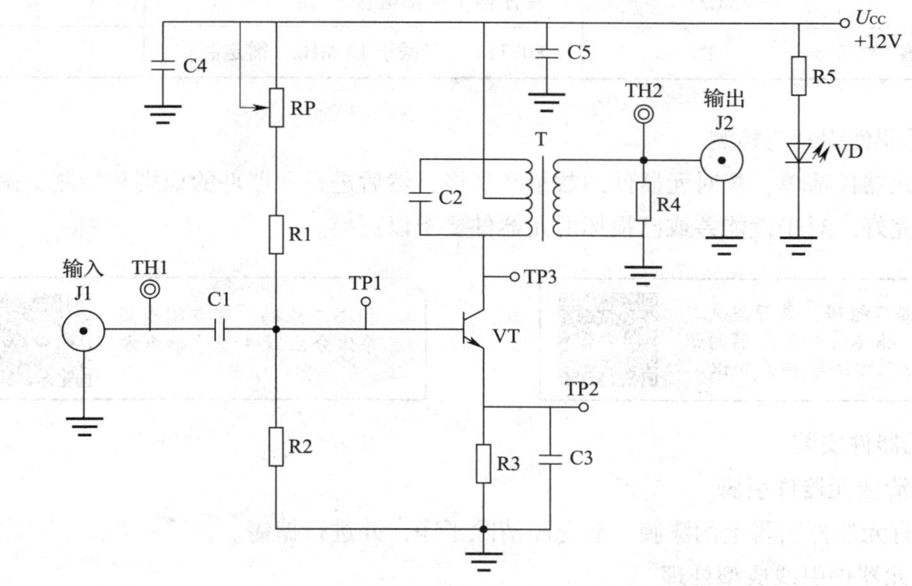

图 2—2—19　小信号单调谐放大器电路原理图

小信号单调谐放大器主要用于高频小信号或微弱信号的线性放大。该电路主要由晶体管 VT 和选频回路两部分组成，它不仅对高频小信号进行放大，而且还有一定的选频作用。该电路输入信号频率 f_s = 12 MHz。基极偏置电阻 RP、R1、R2 和射极电阻 R3 决定了晶体管的静态工作点。调节可变电位器 RP 可改变基极偏置电阻，进而改变晶体管的静态工作点，从而改变放大器的增益。

小信号单调谐放大器元器件清单可参见表 2—2—2。

表 2—2—2　小信号单调谐放大器元器件清单

名称	代号	规格	数量	单位
电阻器	R1	碳膜电阻器 10 kΩ	1	只
	R2	碳膜电阻器 15 kΩ	1	只
	R3	碳膜电阻器 470 Ω	1	只
	R4	碳膜电阻器 5. 6 kΩ	1	只
	R5	碳膜电阻器 2 kΩ	1	只
电位器	RP	玻璃釉电位器 100 kΩ	1	只
发光二极管	VD	3 mm，红光	1	只
晶体管	VT	双极性晶体管 3DG130D	1	只
电容器	C1、C3、C4、C5	瓷片电容器 0. 1 μF	4	只
	C2	变压器 T 内部电容 39 pF	1	只
变压器	T	803TF1（谐振于 12 MHz，需定制）	1	只

1. 元器件识别与检测

按照元器件清单，核对元器件的数量和规格，然后进行元器件的识别和检测，确认元器件质量完好。对于性能差或已损坏的元器件要予以更换。

扫描二维码，复习发光二极管、晶体管和变压器的识别与检测方法等相关知识。

扫描二维码，可查阅查阅半导体分立器件型号命名方法。

2. 元器件安装

(1) 清洁元器件引脚

将所有元器件引脚上的漆膜、氧化膜清除干净，并进行搪锡。

(2) 元器件引线成型处理

按照电子元器件引线成型工艺要求进行引线成型处理。

(3) 元器件插装焊接

根据图 2—2—20 所示小信号单调谐放大器印制电路板装配图，按照电子元器件插装工艺要求进行元器件插装焊接。要求焊点圆滑光亮，无虚焊和漏焊。焊接结束，要仔细检查电路有无错焊、漏焊、虚焊、半边焊，以及焊接时造成的短路等问题，若有上述情况应予及时排除。检查时可用镊子将每个元器件拉一拉，看看有无松动，如果发现有松动现象，要重新焊接。

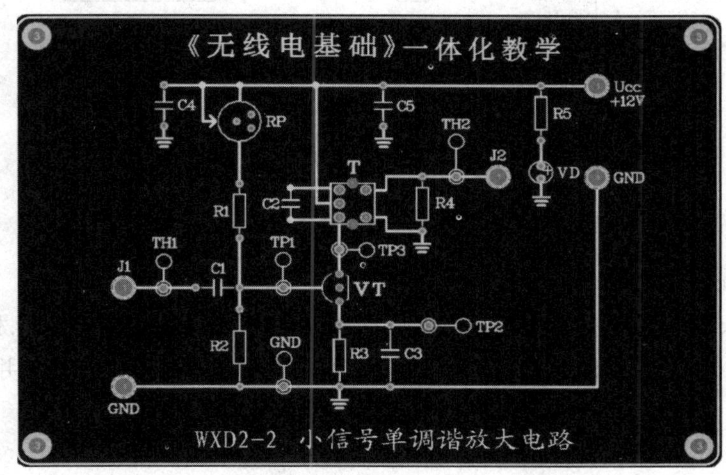

图 2—2—20　小信号单调谐放大器印制电路板装配图

操作提示

（1）按照先低后高、先小后大、先轻后重的原则进行元器件插装焊接。

（2）注意分辨元器件的极性：二极管和晶体管注意管脚的极性，电位器注意区分固定端和滑动端。

（3）元器件的标记和色码部位应朝上或朝外，以便于观察辨认。

3. 调试

（1）通电前检查

按照电路原理图或印制电路板装配图检查元器件有无接错或漏接等现象，电源线、接地线是否接好，然后用万用表测量电源端 +12 V 和接地端之间是否短路。

提示

电源端 +12 V 和接地端之间应该有一定的阻值，若阻值为 0，则表示电源端 +12 V 和接地端之间短路，这是不允许的，必须查明原因排除故障。

（2）搭建测试电路

按如图 2—2—21 所示搭建好测试电路（图中符号表示高频连接线）。

（3）通电

接入电路所要求的直流电源 +12 V，发光二极管 VD 点亮，表明印制电路板通电。观察电路中各元器件有无异常现象，如出现异常，应立即断电，排除故障后再重新通电。

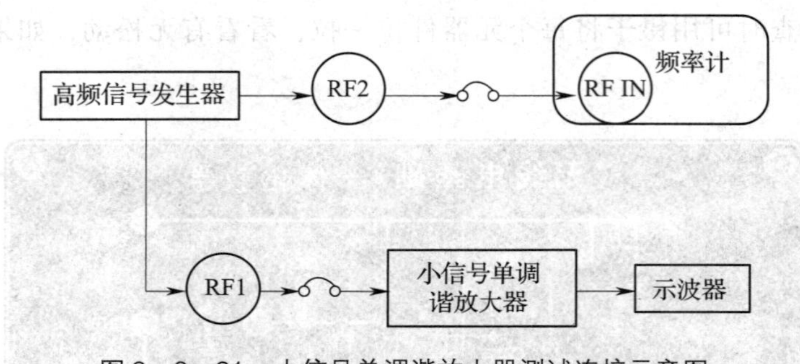

图 2—2—21　小信号单调谐放大器测试连接示意图

（4）调整晶体管的静态工作点

在不加输入信号时，用万用表直流电压挡测量电阻 R2 两端的电压 U_{BQ} 和 R3 两端的电压 U_{EQ}，调整电位器 RP，使 $U_{EQ}=4.8$ V，记下此时的 $U_{BQ}=$ ________，并计算出此时的 $I_{EQ}=U_{EQ}/R3=$ ________。

（5）调谐

1）设置高频信号发生器，输出频率为 12 MHz、幅度为 50 mV_{p-p} 的正弦波信号，将其输入到电路板 J1 口，在 TH1 处用示波器观察信号峰峰值约为 50 mV。

2）将示波器探头连接在调谐放大器的输出端即 TH2 上，调节示波器直到能观察到输出信号的波形，再调节中周 T 使示波器上的信号幅度最大，此时放大器即被调谐到输入信号的频率点上。

（6）测量电压放大倍数 A_{u0}

在调谐放大器对输入信号已经谐振的情况下，用示波器探头在 TH1 和 TH2 分别观测输入和输出信号的幅度大小，输出信号与输入信号幅度之比 $A_{u0}=$ ________。

（7）测量调谐放大器通频带

对调谐放大器通频带的测量有两种方式：一是用频率特性测试仪（即扫频仪）直接测量；二是用点频法来测量，即用高频信号源作扫频源，然后用示波器来测量各个频率信号的输出幅度，最终描绘出通频带特性。点频法的具体操作是：通过调节调谐放大器输入信号的频率，使信号频率在谐振频率附近变化（以 500 kHz 为步进间隔），并用示波器观测各频率点的输出信号的幅度。将测量结果填写在表 2—2—3 中，在图 2—2—22 中“幅度 - 频率”坐标轴上绘出调谐放大器的通频带特性。

表 2—2—3　　用点频法测量小信号单调谐放大电路的通频带记录表

频率（MHz）											
输出电压值（mV）											

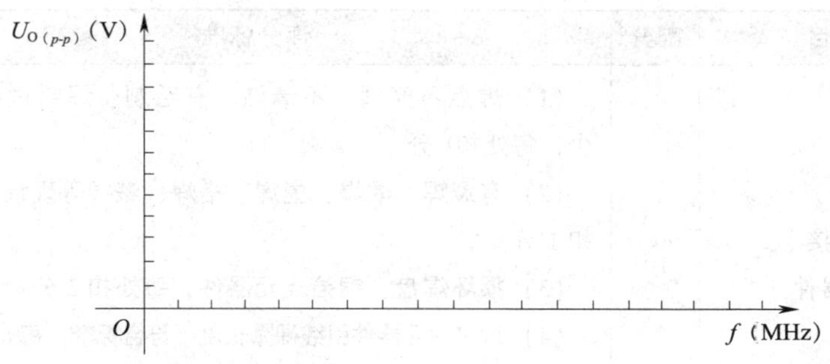

图 2—2—22　调谐放大器的通频带特性

（8）观测负载变化对谐振曲线及电压放大倍数的影响

输入信号不变的情况下，改变负载电阻 R4 的值，重复步骤（6）和（7），观测负载变化对放大器谐振回路的谐振特性以及放大器电压放大倍数的影响。

对高频电路而言，随着频率升高，电路分布参数的影响将越来越大，而在理论计算以及仿真测试中是没有考虑到这些分布参数的，所以实际测试结果可能存在一定的偏差。另外，为了使测试结果准确，应使仪器的接地尽可能良好。

（9）断电

调试完毕，关断电源，拆除电源线。

任务评价

本任务的评价标准参见表 2—2—4。

表 2—2—4　评价标准

序号	项目	配分	评分标准	得分
1	识别与检测元器件	10	（1）不能识别元器件，每只扣 1 分 （2）不会检测元器件，每只扣 1 分 （3）仪表使用错误，每次扣1 分	
2	插装元器件	10	（1）色环电阻没有采用卧式插装，每只扣 1 分 （2）电位器、瓷片电容器等错装、漏装，每只扣 1 分 （3）元器件引脚成型不符合工艺要求，每只扣 1 分 （4）元器件位置、极性错误，元器件漏装，每次扣 1 分	

续表

序号	项目	配分	评分标准	得分
3	焊接元器件	10	（1）焊点不光滑、不清洁、有毛刺、焊料过多或过少，每处扣1分 （2）有裂焊、漏焊、虚焊、搭焊、溅锡等现象，每处扣1分 （3）损坏焊盘、铜箔及元器件，每处扣2分 （4）焊接后元器件引线裸露长度不符合标准，每处扣1分 （5）线路板不清洁，装配不美观，扣2分 （6）使用电烙铁错误，每次扣1分	
4	电路调试	60	（1）通电前来做检查工作，扣5分 （2）不会调整和测量静态工作点，扣10分 （3）不会或不正确调谐，扣10分 （4）不会或不正确测量电压放大倍数，扣10分 （5）不会或不正确测量放大器通频带，扣10分 （6）调试步骤不正确，仪器仪表使用不规范，扣5分	
5	安全文明生产	10	违反安全文明生产规程，酌情扣分	

开始时间		结束时间		成绩	
学生姓名		教师签名		年　月　日	

知识拓展

单调谐放大器的选择性与通频带是互相矛盾的，即选择性越好，则通频带越窄。为克服这一缺点，兼顾选择性和通频带，在选择性和通频带要求较高时，通常采用双调谐放大器。扫描二维码，了解双调谐放大器的相关知识。

任务3　滤波器的安装和调试

学习目标

1. 了解滤波器的作用、类型和参数。
2. 熟悉常用滤波器的结构及特点。
3. 能分析常用滤波器典型应用电路的工作原理。
4. 能仿真测试常用的滤波器，能识别、安装和测试常用滤波器。

任务描述

在电子技术中，常常需要从频率范围宽广的信号中选出所需的频率成分，而将其余频率加以滤除，能够实现这一功能的电路称为滤波器。显然，滤波器具有分离不同频率和选择有用信号的作用。前面学过的 LC 谐振电路也是一种选频电路，从广义上来讲也属于滤波器的范围，但是它的通频带比较狭窄，通频带内的频率特性不够平坦，选频特性不够好。而滤波器是一种由电抗元件构成的宽频带选频电路，其通频带内的频率特性比较平坦，选频特性比较好。在当今的信息社会中，滤波器在无线电广播、电视接收机、移动电话、电报、雷达、测量和控制等方面有着日益广泛的应用。

本任务的内容是学习常用滤波器的结构、特点及典型应用电路的工作原理，并完成滤波器电路的安装和调试。

相关知识

滤波器是一种对选频特性要求比较高的选频电路，它对某一给定的频率范围（称为频带）内的信号具有比较小的衰减，使这一频带内的信号容易通过，这一频带称为滤波器的可通频带，简称通带。而通带外的信号经过滤波器时，将产生较大的衰减，即受到较强的抑制，因此将通带外的频率范围称为滤波器的阻带。位于通带和阻带交界处的频率，称为滤波器的截止频率，用 f_c 表示。理想的滤波器应在通带内衰减为 0，在阻带内衰减为无穷大，在截止频率处衰减由 0 突变为无穷大或由无穷大突变为 0。实际的滤波器频率特性只能在一定允许范围内逼近而不能达到理想的频率特性。

一、滤波器的类型

滤波器的种类较多，主要分类方式如下。

1. 按照所处理的信号分类

滤波器分为模拟滤波器和数字滤波器两种。

2. 按照构成电路的元件分类

滤波器分为 RC 滤波器、LC 滤波器、石英晶体滤波器、陶瓷滤波器、机械滤波器等。如无线电设备中经常采用 LC 滤波器；收音机、电视接收机和调频接收机中采用压电陶瓷滤波器；在载波通信、单边带通信和数字通信中使用机械滤波器等。

3. 按照是否使用电源分类

滤波器分为无源滤波器和有源滤波器。无源滤波器是仅由电阻、电感、电容等无源元件组成的滤波器；有源滤波器是由无源元件（电阻、电容）和有源器件（运算放大器等）组成的滤波器。

4．按照通带的范围分类

滤波器分为低通滤波器（LPF）、高通滤波器（HPF）、带通滤波器（BPF）和带阻滤波器（BEF）等。图 2—3—1 所示为上述滤波器理想的衰减特性。

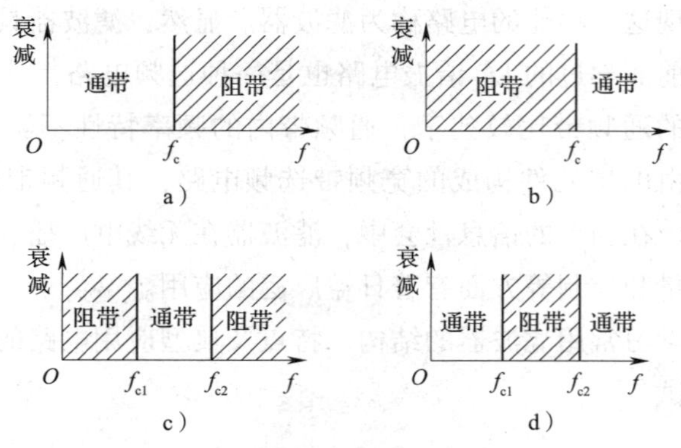

图 2—3—1　理想的滤波器衰减特性

a）低通滤波器　b）高通滤波器　c）带通滤波器　d）带阻滤波器

二、滤波器的参数

1．特性阻抗

特性阻抗是滤波器的重要参数。任何电路只有工作在阻抗匹配的情况下，才能使负载获得最大功率，也即实现了最大功率的传输。对于滤波器来说，则要求滤波器在通带内处于阻抗匹配状态。

滤波器有两个端口，一个是输入端，另一个是输出端。在输入端测得的滤波器内部等效阻抗称为输入阻抗，用 Z_{ci} 表示；在输出端测得的滤波器内部等效阻抗称为输出阻抗，用 Z_{co} 表示。

所谓特性阻抗，应能满足如下条件：如果当滤波器的输出端接上一个阻抗 Z_{co}，则滤波器的输入阻抗 Z_{ci}（从输入端向输出端看）恰好等于信号源的内阻抗 Z_s（即 $Z_s = Z_{ci}$）；如果当滤波器的输入端接上一个阻抗 Z_{ci}，则滤波器的输出阻抗 Z_{co}（从输出端向输入端看）恰好等于负载阻抗 Z_L（即 $Z_{co} = Z_L$）。能满足这样条件的 Z_{ci} 和 Z_{co} 分别用 Z_{c1} 和 Z_{c2} 表示，当滤波器的结构和阻抗值确定后，Z_{c1} 和 Z_{c2} 也就确定了。由于 Z_{c1} 和 Z_{c2} 反映了滤波器的特性，故分别称为滤波器输入端和输出端的特性阻抗。简单地说，滤波器在通带内处于阻抗匹配状态，即要求滤波器的负载阻抗等于输出端的特性阻抗，滤波器信号源的内阻抗等于输入端的特性阻抗。

特性阻抗只与滤波器的电路形式、元件参数有关，而与外围电路元件无关。可以通过改变滤波器中电抗元件的数值来改变特性阻抗，使之等于信号源内阻抗和负载阻抗，从而使滤波器在通带内处于阻抗匹配状态。

2．传输常数

传输常数也是滤波器的一个重要参数。当信号经过滤波器传输时，大小和相位都要发生变化，通常用传输常数γ来表征。传输常数γ可以用一个相量来表示，它包含衰减常数β和相移常数α两个常数。其中，衰减常数β表示信号通过滤波器后电流或电压幅度的衰减；相移常数α表示信号通过滤波器后电流或电压的相移。衰减常数β和相移常数α与频率的关系分别称为衰减特性和相移特性。需要指出的是，传输常数γ描述的只是滤波器在匹配状态下的衰减特性和相移特性。

三、石英晶体滤波器

在现代通信、测试仪器及接收机中，往往需要衰减特性很陡的带通滤波器，如果用普通的电感和电容来构成 LC 滤波器，必然要使用很多元件，导致电路复杂，体积和成本都增加，而且效果还不能令人满意。这是因为在高频时，电感和电容的损耗都增加了，使得它们的品质因数Q下降，导致衰减特性曲线的斜率变小。石英晶体滤波器、陶瓷滤波器和声表面波滤波器等几种滤波器不使用普通的电感和电容元件，却具有体积小、品质因数Q高、衰减特性好、便于大批量生产的优点。

石英晶体滤波器是采用石英晶体谐振器作为基本元件的一种无源滤波器。由于它具有很高的品质因数Q（几万甚至百万以上）和很高的频率稳定度，因此石英晶体滤波器广泛应用于现代通信及电子技术的各个领域中，特别是在中频范围内具有不可替代的地位。

1．石英晶体的压电效应

石英晶体是一种各向异性的结晶体，是矿物质硅石的一种，化学成分是二氧化硅（SiO_2）。天然的石英晶体形状为结晶的六角锥体。从一块晶体上按一定的方位角切割成的薄片称为晶片，它的形状可以是正方形、矩形或圆形，在晶片的两个对应的表面涂敷上银层作为电极，然后从电极上焊出两根引线固定在管脚上，就构成了石英晶体谐振器（常简称为石英晶体、晶振），市场上出售的就是指这种石英晶体谐振器。石英晶体谐振器一般用金属或玻璃外壳密封，如图 2—3—2 所示。

石英晶体具有压电效应的基本特性。如图 2—3—3 所示，在极板间的晶体受到机械力时，在与机械力方向垂直的石英晶体两个表面上就会产生异性电荷，从而形成电场。如果机械力由压力变为张力，则晶片表面的电荷极性就反过来，即电场的方向也发生变化，这种效应称为正压电效应。反之，如果在晶片表面加上一定的电压，则晶片就会产生机械变形。如果外加电压做交流变化，晶片就产生机械振动，振动的大小基本上正比于外加电压的幅度，这种效应称为逆压电效应。

石英晶体和其他弹性体一样，也具有惯性和弹性，因而存在固有振动频率。当外加交变电压的频率与晶片的固有振动频率相等时，晶片就产生谐振。这时，机械振动的幅度最

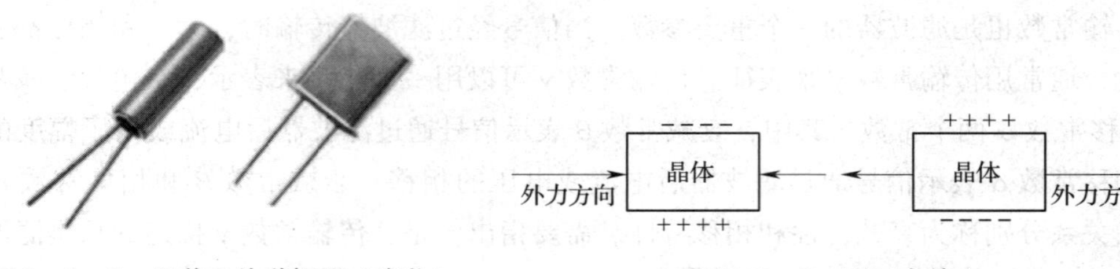

图 2—3—2　石英晶体谐振器（实物）　　图 2—3—3　正压电效应

大，相应地晶片表面产生的电荷量亦最大，因而外电路中的电流也最大，这种现象称为压电谐振。因为石英晶体具有谐振回路的特性，故石英晶体又常常称为石英晶体谐振器。

2. 石英晶体的等效电路和电抗特性

石英晶体的符号和等效电路如图 2—3—4a 所示。当石英晶体不振动时可以等效为一个平板电容 C0，称为静态电容，其电容量决定于晶片的几何尺寸和电极面积，一般为几皮法到几十皮法。当晶片产生振动时，机械振动的惯性等效为电感 Lq，其电感量很大，一般为几十毫亨到几百毫亨。晶片的弹性等效为电容 Cq，其电容量很小，仅为 0.01 ~ 0.1 pF，因此 $C_q \ll C_0$。晶片的摩擦损耗等效为电阻 Rq，其电阻值为几欧姆至几百欧姆，理想情况下 $R_q = 0$。

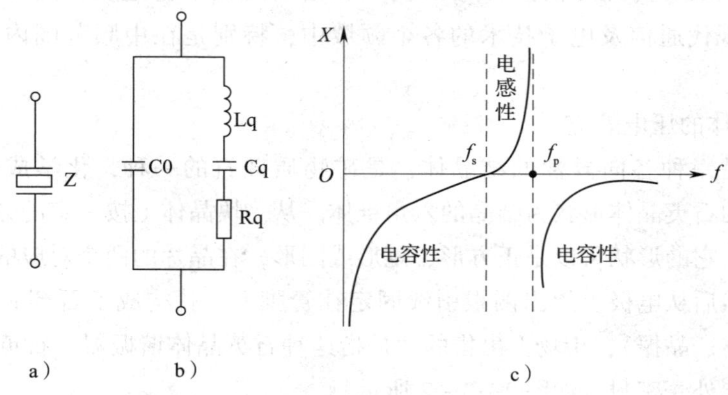

图 2—3—4　石英晶体的符号、等效电路及其电抗特性

a）符号　b）等效电路　c）电抗—频率响应特性

当等效电路的 Lq、Cq、Rq 串联支路发生串联谐振时，该支路呈纯电阻性，等效电阻为 Rq，此串联谐振频率为

$$f_s = \frac{1}{2\pi \sqrt{L_q C_q}} \qquad (2—3—1)$$

串联谐振频率下整个网络的电抗等于 Rq 并联 C0 的容抗，因 Rq 的阻值远远小于 C0 的容抗，故可以近似认为石英晶体也呈纯阻性，等效电阻为 Rq。

当 $f<f_s$ 时，C0 和 Cq 的容抗较大，起主导作用，石英晶体呈容性。

当 $f>f_s$ 时，Lq、Cq、Rq 串联支路呈感性，将与 C0 产生并联谐振，石英晶体又呈纯阻性，并联谐振频率为

$$f_p=\frac{1}{2\pi\sqrt{L_q\dfrac{C_0C_q}{C_0+C_q}}}=f_s\sqrt{1+\frac{C_q}{C_0}} \tag{2—3—2}$$

由于 $C_q \ll C_0$，所以 f_s 与 f_p 很接近。

当 $f>f_p$ 时，电抗主要决定于 C0，石英晶体又呈容性，因此，$R_q=0$ 时石英晶体电抗的频率特性如图 2—3—4c 所示。只有在 $f_s<f<f_p$ 的情况下，石英晶体才呈感性，并且 Cq 和 C0 的容量相差越悬殊，f_s 和 f_p 越接近，石英晶体呈感性的频带越狭窄。通常石英晶体作为电感性元件使用，即运用在 $f_s\sim f_p$ 这一段很窄的频率范围内。

石英晶体滤波器工作时，石英晶体两个谐振频率之间的宽度通常决定了滤波器的通带宽度。f_s 与 f_p 相差很少，一般只有几十至几百赫兹。有时为了加宽滤波器的通带宽度，可以用外加电感与石英晶体串联或并联来实现。

石英晶体的最大特点是它的等效电感 Lq 数值很大，而等效电容 Cq 和等效电阻 Rq 的数值都很小，所以石英晶体的品质因数 Q 值（$Q=\sqrt{L_q/C_q}/R_q$）很高，可达几万甚至几百万，而普通 LC 谐振回路的 Q 值一般仅在几十到几百之间。由于石英晶体具有很高的 Q 值，加上它本身的固有振动频率很稳定，所以与 LC 谐振回路构成的 LC 滤波器相比，用石英晶体做成的石英晶体滤波器具有频率选择性好、频率稳定性高、阻带衰减特性陡峭、插入损耗小和体积小等许多优点，已广泛用于通信、导航、测量等电子设备。另外，石英晶体还广泛用于频率稳定性极高的振荡器中。

3. 石英晶体滤波器的分类

根据通带范围，石英晶体滤波器可分为低通、高通、带通和带阻滤波器，其中又以带通及带阻石英晶体滤波器最为常用。

根据结构不同，石英晶体滤波器分为集成式滤波器和分立式滤波器。集成式滤波器结构简单、体积小、价格低，但其带宽和频率受到限制；分立式滤波器则可以弥补集成式滤波器的不足，使可实现的频率和带宽得以拓展。

（1）分立式石英晶体滤波器

分立式石英晶体滤波器由分立式石英晶体谐振器和分立式电子元件构成，如图 2—3—5a 所示，其阻抗特性及衰减特性如图 2—3—5b、c 所示。在 f_1 至 f_3 之间，Z_1 和 Z_2 的符号相反，又由于变压器二次侧两端电压的极性相反，两臂中的电流同号相加，所以 $f_1\sim f_3$ 间为滤波器的通带。同理，当 $f<f_1$ 和 $f>f_3$ 时，Z_1 和 Z_2 同号，两臂电流异号相减，所以 $f_1\sim f_3$ 两侧以外的区域为阻带。$Z_1=Z_2$ 时，输出为 0，$f_{\infty1}$、$f_{\infty2}$ 为无穷大衰减频率。分立式晶体滤波器可实现的中心频率为 10 kHz～350 MHz，相对带宽为 0.01%～10%。

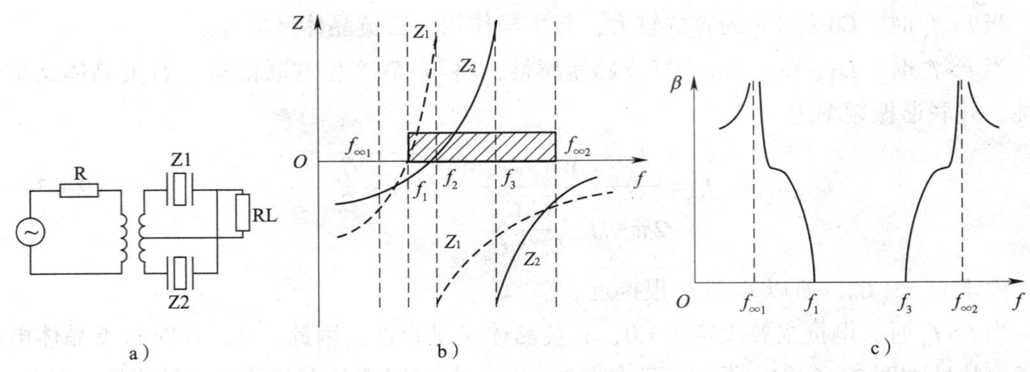

图 2—3—5　差接桥型石英晶体滤波器

a）电路结构　b）阻抗特性　c）衰减特性

（2）集成式石英晶体滤波器

集成式石英晶体滤波器是采用集成电路工艺制作的石英晶体滤波器，有单片、串联单片和多片 3 种类型。集成式石英晶体滤波器体积小、可靠性高，而且成本低，但其中心频率只有 4.5～350 MHz，相对带宽为 0.01%～0.3%，所以在要求中心频率低、通带宽的场合尚不能取代分立式石英晶体滤波器。

1）单片石英晶体滤波器　单片石英晶体滤波器的结构与等效电路如图 2—3—6 所示。其特点是频率选择特性十分陡峭、损耗低、稳定性好、阻带衰减高，现已在移动通信设备中大量使用，是必不可少的初级中频滤波器，对提高整机灵敏度和抗干扰能力具有重要作用。国外单片石英晶体滤波器产品实用化水平为：中心频率为几兆赫兹到 150 兆赫兹，带宽为 0.001%～0.1%，频道间隔 12.5～25 kHz，最小封装尺寸为 8 mm×8 mm×3.2 mm，质量为 0.4 g。

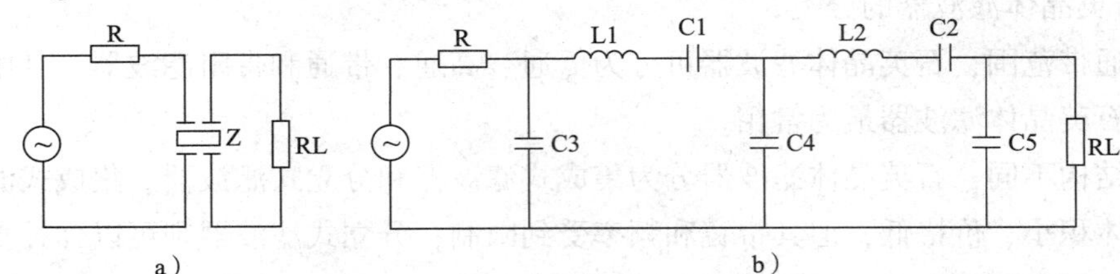

图 2—3—6　单片石英晶体滤波器

a）电路结构　b）等效电路

2）串联单片石英晶体滤波器　由若干电容耦合的串联单片石英晶体滤波器如图 2—3—7 所示。其优点是有利于调整工作频率和抑制寄生频率。

3）多片石英晶体滤波器　由串联的耦合谐振器、并联的单谐振器和电容器组成的多片石英晶体滤波器电路结构如图 2—3—8 所示。其特点是能在靠近通频带的频率上形成若干衰减峰，有利于抑制干扰和改善滤波性能。

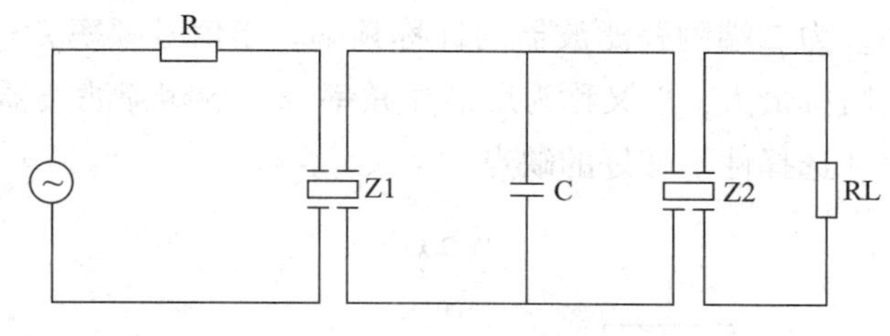

图 2—3—7　串联单片石英晶体滤波器电路结构示例

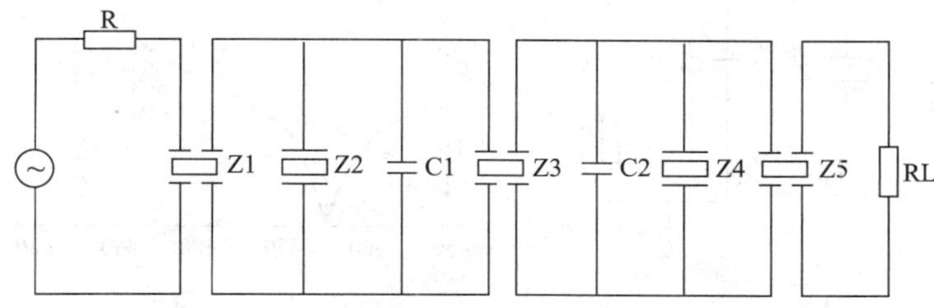

图 2—3—8　多片石英晶体滤波器电路结构示例

四、陶瓷滤波器

陶瓷滤波器是以具有压电效应的陶瓷片制成的一种滤波器。其外形结构很像瓷介电容，也是一块具有特定几何尺寸的薄片，而电性能类似石英晶体滤波器。陶瓷滤波器的优点是性能稳定、抗干扰性能好、无须调谐、价格低、使用寿命长。它的等效品质因数为几百，比 LC 滤波器高，但远比石英晶体滤波器低，因此作滤波器时，通带没有石英晶体滤波器那样窄，选择性也比石英晶体滤波器差。陶瓷滤波器特别适用于频率固定、带宽一定的中频放大器，在收音机、电视机等中广泛应用。例如，收音机中频放大器中，采用中频陶瓷滤波器代替普通的 LC 单调谐回路作为选频电路。电视机在信号处理时，伴音信号可以通过一个中心频率为 6.5 MHz 的陶瓷带通滤波器与图像信号分离，而通过一个中心频率为 6.5 MHz 的陶瓷带阻滤波器（即吸收回路、陷波器），可以分离出图像信号。还有用于调频收音机、电视机等的陶瓷鉴频器等。

按照结构分，陶瓷滤波器有二端和三端两大类。

1. 二端陶瓷滤波器

把锆钛酸铅陶瓷材料制成片状，两面涂银作为电极，经过直流高压极化后就成为二端陶瓷滤波器，其实物外形、电路符号、等效电路及阻抗特性如图 2—3—9 所示。图 2—3—9c 所示等效电路中，C_0 是陶瓷片两面涂银后形成的静态电容，L_q 为机械振动惯性等效成的电感，C_q 为陶瓷片的弹性等效成的电容，R_q 为陶瓷片的摩擦损耗所等效成的电阻。因此，二端陶瓷滤波器的等效电路与石英晶体相同，实际上也是一个谐振回路。该谐振回路也有两个谐振频率，即串联谐振频率 f_s 和并联谐振频率 f_p，它们的表达式与石英晶体相同。当信号频率 $f=f_s$ 时，二端陶瓷滤波器发生串联谐振，阻抗最小，所以串联谐振频率

f_s 又称为主谐振频率，为二端陶瓷滤波器的标称频率。当信号频率 $f=f_p$ 时，二端陶瓷滤波器发生并联谐振，阻抗最大，f_p 又称为反谐振频率。二端陶瓷滤波器和 LC 单调谐回路一样，存在着通带窄和选择性不够好的缺点。

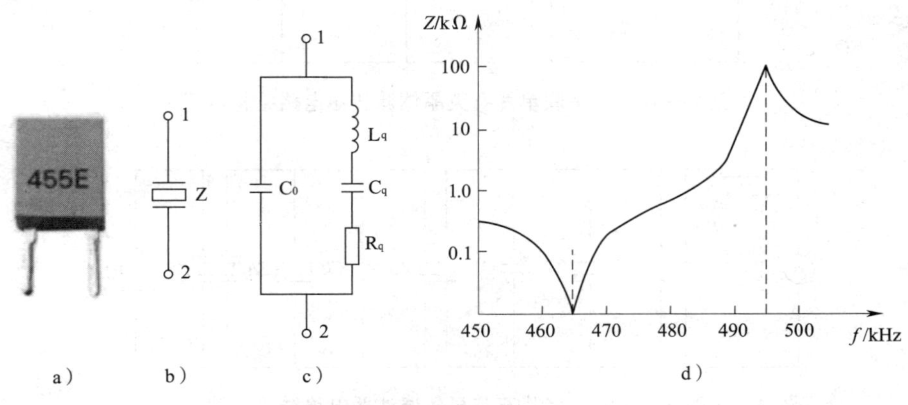

图 2—3—9　二端陶瓷滤波器

a）实物外形　b）电路符号　c）等效电路　d）阻抗特性

2. 三端陶瓷滤波器

三端陶瓷滤波器是采用在陶瓷片的一面分割出两个电极的方法做成的，其实物外形和电路符号、等效电路如图 2—3—10a、b、c 所示。图中，“1” 和 “3” 是输入端，“2” 和 “3” 是输出端。Lq、Cq、Rq 的含义与二端陶瓷滤波器相同，C_{01}、C_{02} 分别为输入端和输出端的静态电容。

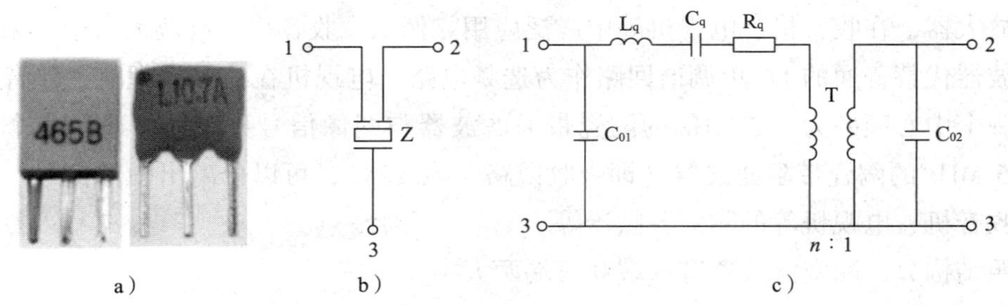

图 2—3—10　三端陶瓷滤波器

a）实物外形　b）电路符号　c）等效电路

输入端 “1” 和 “3” 两极的特性等同于二端陶瓷滤波器。当 “1” 端和 “3” 端的输入信号频率等于陶瓷片的串联谐振频率 f_s 时，则输入电路发生串联谐振，陶瓷片便产生频率为 f_s 的机械振动。由于逆压电效应，该机械振动将使陶瓷片的 “2” 端和 “3” 端产生频率为 f_s 的输出电压。可见三端陶瓷滤波器通过机械振动将输入端的信号选出并变换成输出端的电信号，这种耦合方式在电路上可等效为一个变压器。变压器的变比 n 取决于输入电极和输出电极的面积比，并且有 $n \approx \sqrt{C_{01}/C_{02}}$ 的关系。如果 $C_{01}=C_{02}$，n 近似等于 1，则可以做成对称输入和输出的滤波器，其输入和输出阻抗相同。三端陶瓷滤波器相当于一个 LC 双调谐回路，因此它的通频带宽、选择性好，性能比二端陶瓷滤波器优越许多。如将多个二端或三端陶瓷滤波器连接成四端网络，即组成四端陶瓷滤波器，将具有更好的通频带特性和矩形系数。

3. 陶瓷滤波器的典型应用电路

二端及三端陶瓷滤波器在超外差式调幅收音机中放电路中的应用如图 2—3—11 所示。二端陶瓷滤波器 Z1 和 Z2 用于 465 kHz 中频旁路，三端陶瓷滤波器 Z3 则用于级间的中频耦合和选频，以代替中频放大器中的中频变压器。二端陶瓷滤波器 Z1 对中频信号频率发生串联谐振，故阻抗最小，可认为中频放大管 V1 的发射极对中频信号来说是直接接地的。这样，对于 465 kHz 的中频信号在电阻 R4 上没有产生电流负反馈，因此放大器的电压增益最高。当信号偏离中频时，由于陶瓷滤波器的阻抗增大，即不起旁路作用，于是中频放大器具有电流负反馈，电压增益下降。Z1 使用窄带型滤波器，有利于消除干扰和噪声。Z3 为宽频带型滤波器，其对改善收音机音质有利。

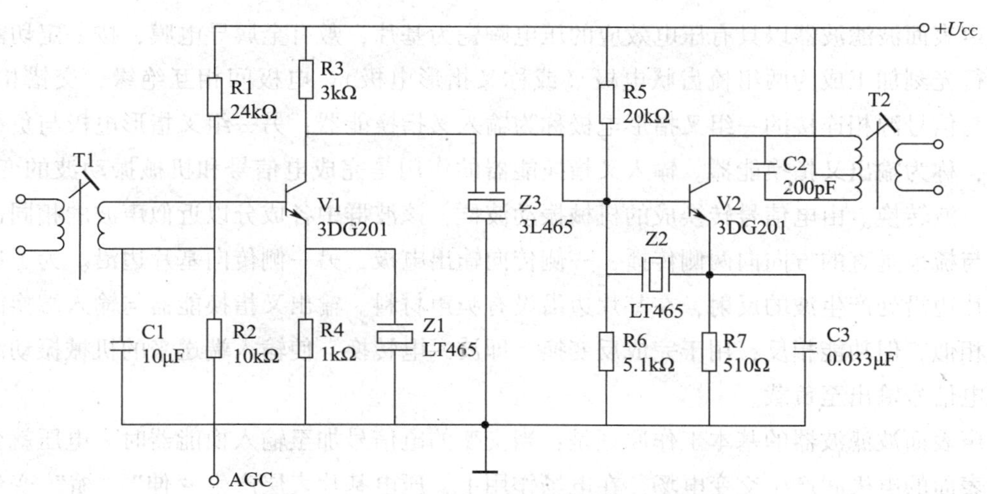

图 2—3—11 陶瓷滤波器在超外差式调幅收音机中放电路中的应用

五、声表面波滤波器

声表面波滤波器简称 SAWF，它是利用某些晶体的压电效应和声表面波传播技术制成的一种新型无源带通滤波器。在电视机和收音机的中频输入电路中作图像中频滤波器、伴音滤波器，可以取代中频放大器的输入吸收回路和多级调谐回路。另外，由于其具有抗干扰能力强的特点，GPS 接收机中也大量采用声表面波滤波器作前端滤波器。

声表面波滤波器的实物外形、电路符号和物理结构如图 2—3—12a、b、c 所示。

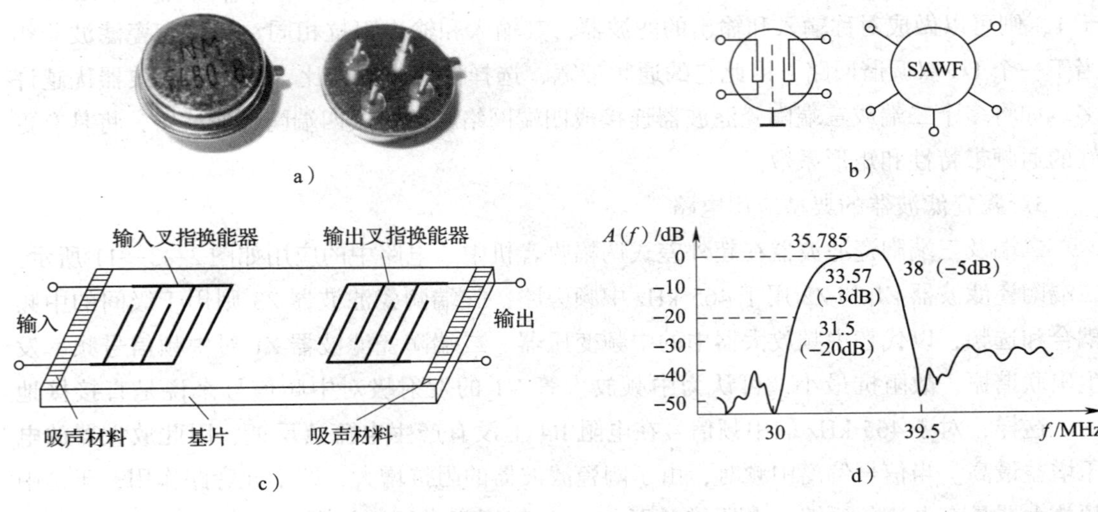

a）

b）

c）

d）

图 2—3—12　声表面波滤波器

a）实物外形　b）电路符号　c）物理结构　d）幅频特性

声表面波滤波器以具有压电效应的压电陶瓷为基片，敷有金属导电膜，按一定切割方向进行光刻加工成为两组梳齿状电极（或称叉指形电极），电极间相互绝缘，交错相嵌。其中与信号源相连接的一组叉指形电极称为输入叉指换能器；另一组叉指形电极与负载相连接，称为输出叉指换能器。输入叉指换能器的作用是完成电信号和机械振动波的变换，即电—波转换。由电信号转换成的机械振动波群，该波群中各成分以近似声波的相同速度沿着与梳齿垂直的方向向两侧传播，一侧传向输出电极，另一侧传向基片边沿。为了避免在基片边沿处产生波的反射，在基片边沿设有吸声材料。输出叉指换能器与输入端换能器结构相似，但功能相反，用于完成反变换，即波—电转换，使输入端送来的机械振动波变换成电信号输出至负载。

声表面波滤波器的基本工作原理是：当交变的电信号加至输入换能器时，电压就会在基片表面的电极间产生交变电场，在电场作用下，压电基片表层产生“伸”“缩”变化的机械振动，在梳齿间的基片表面层激起表面波，借质点的振动向两侧传播。当向前传播的表面波到达输出换能器时，压电基片的表面波通过输出换能器转换成交变的电信号，由输出电极送至负载。当信号频率等于叉指形换能器的固有频率时，换能器产生谐振，输出信号幅度最大。声表面波滤波器具有选频作用。

图 2—3—12d 所示为彩色电视机专用声表面波滤波器的幅频特性曲线。按照我国的中频特性标准，图像中频频率为 38 MHz，第一伴音中频信号频率为 31. 5 MHz，色副载波中频频率为 33. 57 MHz。

声表面波滤波器的特点如下：

（1）性能稳定，可靠性高，抗干扰能力强，不易老化。

（2）选择性好，一般达到 -140 dB 左右，能够确保图像的清晰度。

（3）频带宽，动态范围大，中心频率不受信号强度的影响，能确保图像、彩色和伴音载波的正常传输，不互相干扰。

（4）使用方便，不需要任何调整。

（5）插入损耗较大（为 15～20 dB），为补偿损耗，使用时需在滤波器的前面加一级宽频带放大器。

（6）由于受工艺的限制，声表面波滤波器的工作频率被局限在 3 GHz 以下。

任务实施

一、实训器材

实施本任务所使用的实训设备及材料可参考表 2—3—1。

表 2—3—1　　实训设备及材料参考表

类别	序号	名称	型号与规格	数量	单位
设备	1	计算机	装有 Multisim 12 仿真软件	1	台
	2	无线电基础一体化实训箱	HD - WXD - Ⅰ型	1	只
	3	万用表	MF47 型	1	块
	4	高频信号发生器	普源 RIGOL DG1022 型	1	台
	5	数字频率计	固纬 GFC8131 H 型	1	台
	6	双踪示波器	普源 RIGOL DS1102U 型	1	台
材料	7	石英晶体滤波器电路套件	WXD2 - 1 型	1	套
	8	陶瓷滤波器电路套件	WXD2 - 1 型	1	套
	9	焊锡	—	1	卷
	10	松香	—	1	盒

二、滤波器仿真测试

1. 绘制电路

打开 Multisim 12 仿真软件，新建电路文件，在电路工作区绘制如图 2—3—13 所示石英晶体滤波器仿真测试电路。其中，选择石英晶体 Z 的方法如下：选择菜单栏“绘制

(Place) 元器件 (Component)”，在弹出的“选择一个元器件 (Select a Component)”对话框中，数据库 (Database) 选择主数据库 (Master Database)，组 (Group) 选择 Misc，系列 (Family) 选择 CRYSTAL (晶体)，元器件 (Component) 选择 HC-49/US_ 11MHz。函数发生器 XFG1 用来产生高频信号，其参数设定如下：波形 (Waveforms) 选择为正弦波，频率 (Frequency) 设置为 11 MHz，振幅 (Amplitude) 设置为 $1V_P$。波特测试仪 XBP1 用来测试电路的幅频特性与相频特性。

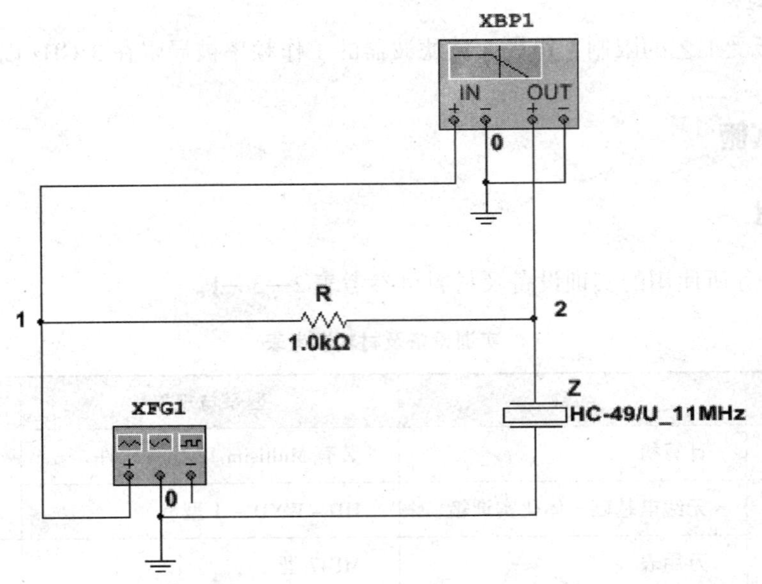

图 2—3—13　石英晶体滤波器仿真测试电路

2. 幅频特性分析

单击仿真开关按钮，双击波特测试仪 XBP1 图标，打开波特测试仪设置面板，面板上各项参数设置及石英晶体两端电压的幅频特性曲线如图 2—3—14 所示。

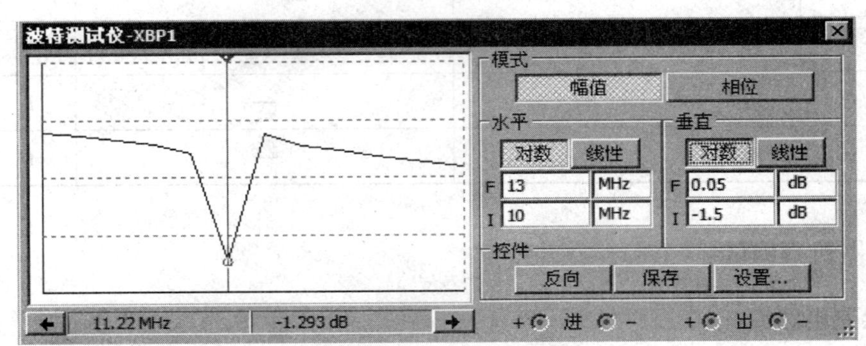

图 2—3—14　石英晶体滤波器仿真测试电路的幅频特性曲线

3．相频特性分析

在图 2—3—14 所示波特测试仪设置面板中，按下模式（Mode）区的“相位（Phase）”按钮，得到串联谐振电路的相频特性曲线，如图 2—3—15 所示。

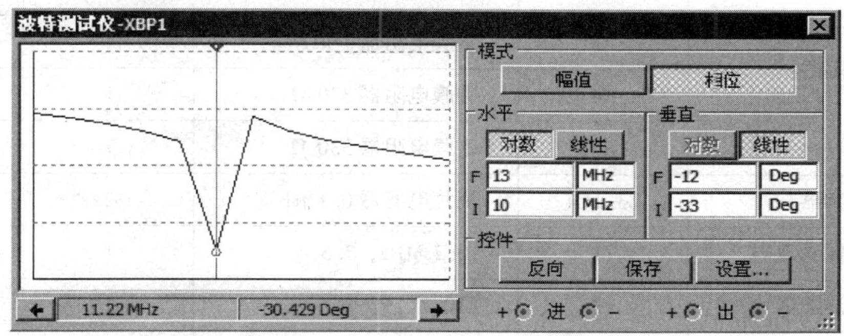

图 2—3—15　串联谐振电路的相频特性曲线

三、滤波器电路安装和调试

滤波器电路原理如图 2—3—16 中的石英晶体滤波器和陶瓷滤波器部分。

滤波器电路元器件清单见表 2—3—2。

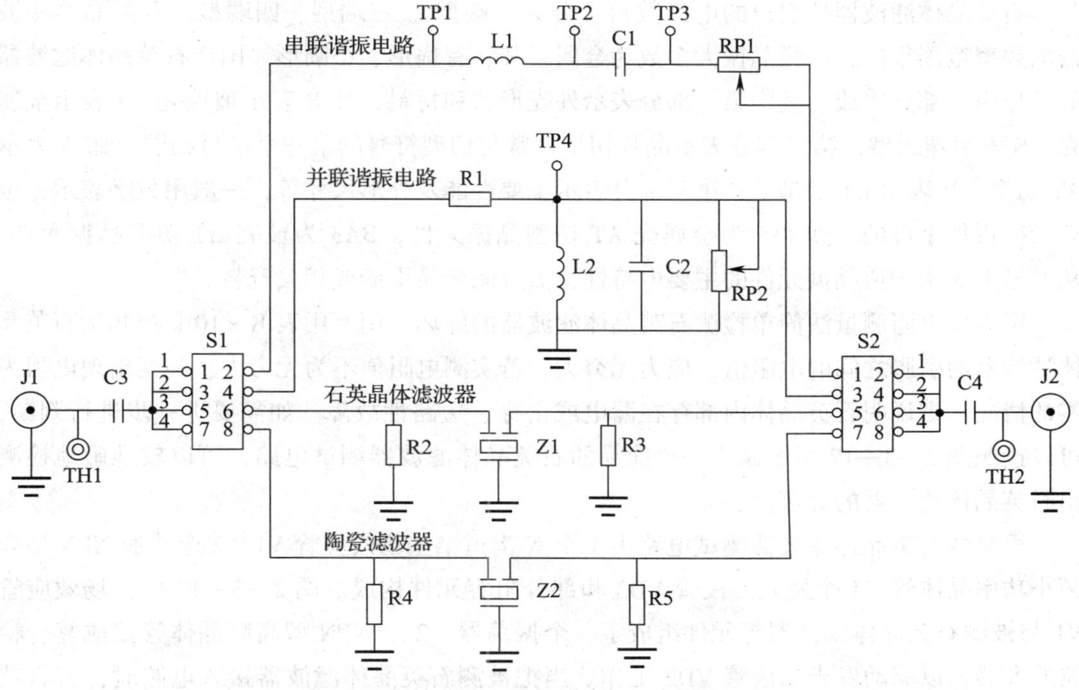

图 2—3—16　谐振电路和滤波器电路原理图

表 2—3—2　　滤波器电路元器件清单

名称	代号	规格	数量	单位
电阻器	R2	碳膜电阻器 1 kΩ	1	只
	R3	碳膜电阻器 1 kΩ	1	只
	R4	碳膜电阻器 330 Ω	1	只
	R5	碳膜电阻器 330 Ω	1	只
电容器	C3、C4	瓷片电容器 0.1 μF	2	只
石英晶体滤波器	Z1	10.7 MHz，7.5 A	1	只
陶瓷滤波器	Z2	L10.7 A	1	只
拨动开关	S1、S2	4 位	2	只

1．石英晶体滤波器电路安装和调试

（1）元器件识别与检测

按照元器件清单（见表 2—3—2），核对元器件的数量和规格，然后进行元器件的识别和检测，确认元器件质量完好。对于性能差或已损坏的元器件要予以更换。

石英晶体滤波器按引出的电极数目可分为二端型 、三端型、四端型。石英晶体滤波器的频率范围很广，高频晶振大多数为金属封装，有扁形、小圆形。国产石英晶体滤波器的型号由三部分组成，其中第一部分表示外壳形状和材料，如 B 表示玻璃壳，J 表示金属壳，S 表示塑封型；第二部分表示晶片切型，常与切型符号的第一个字母相同，如 A 表示 AT 切型、B 表示 BT 切型等；第三部分表示主要性能及外形尺寸等，一般用数字表示，也有最后再加字母的。如 JA5 为金属壳 AT 切型晶振元件，BA3 为玻壳 AT 切型晶振元件。从型号上无法知道晶振元件的主要电特性，需查阅产品手册或相关资料。

可以用电阻测量法简单检测石英晶体滤波器的好坏。用万用表 R×10 k 挡测量石英晶体滤波器两引脚之间的电阻值，应为无穷大。若实测电阻值不为无穷大，甚至出现电阻为零的情况，则说明石英晶体内部存在漏电或击穿、短路性故障。如需要进一步进行判断，可以按照图 2—3—17 所示制作一个简易的石英晶体滤波器测试电路，可以较准确地检测出石英晶体滤波器的好坏。

简易的石英晶体滤波器测试电路由 1 个 N 沟道结型场效应管 V1、2 个普通 NPN 型高频小功率晶体管、1 个发光二极管 VD2 和部分阻容元件构成。图 2—3—17 中，场效应管 V1 与被测石英晶体滤波器等元件组成了一个振荡器，2 个 NPN 型高频晶体管接成复合检波放大器，以驱动发光二极管 VD2 工作。当把被测石英晶体滤波器接入电路时，若石英晶体滤波器性能良好，振荡器便起振，振荡信号经电容 C 耦合至检波放大器的输入端，

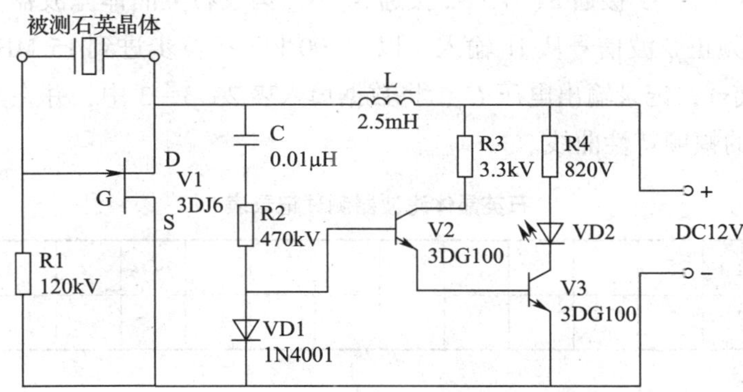

图 2—3—17　简易的石英晶体滤波器测试电路

经放大后驱动发光二极管 VD2 发光。若被测石英晶体滤波器已经损坏，则振荡器不能起振，VD2 不能发光。

本石英晶体滤波器测试电路可检测任何频率的石英晶体，但最佳工作频率范围是 3 ~ 10 MHz。所用元器件均无特殊要求。场效应管 V1 可用国产 3DJ6 或 3DJ7，也可用进口的 2N3823。NPN 型高频小功率管 V1 和 V2 可选用国产 3DG100，β 值为 100 左右。电阻可使用 1/4 W 金属膜电阻。

（2）元器件安装

根据图 2—3—18 所示印制电路板装配图，在印制电路板上进行石英晶体滤波电路的元器件插装和焊接。

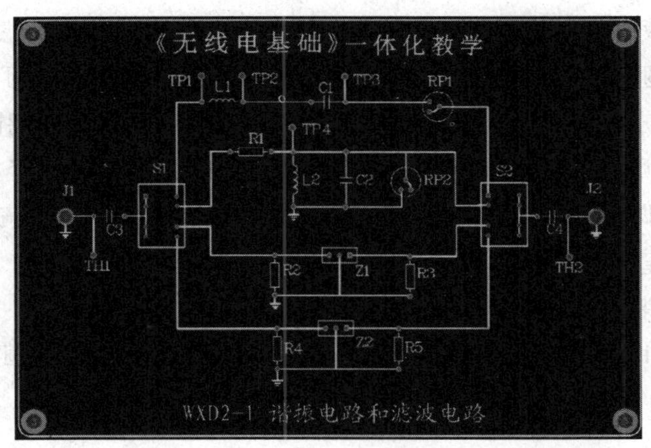

图 2—3—18　谐振电路和滤波电路印制电路板装配图

（3）电路测试

1）静态检查　按照电路原理图或印制电路板装配图检查元器件有无接错或漏接等现象，并检查输入、输出端有无短路，检查无误方可输入信号进行测试。

2）动态测试　将 S1 接通 5、6，S2 接通 5、6，构成石英晶体滤波器实训电路。将频率为 5 MHz 的高频正弦波信号从 J1 输入，以“500 k”挡位步进到 15 MHz（在过渡带将步进挡位适当减小），记录输出电压 U_o，将数据填入表 2—3—3 中，并在坐标纸上绘制出石英晶体滤波器的幅频特性曲线。

表 2—3—3　　石英晶体滤波器测试记录表

信号频率（MHz）	5													
输出电压 U_o（V）														

2. 陶瓷滤波电路安装和调试

（1）识别与检测元件

按照滤波器电路元器件清单（表 2—3—2）核对元器件的数量和规格，然后进行元器件的识别和检测，确认元器件质量完好。对于性能差或已损坏的元器件要予以更换。

与石英晶体滤波器一样，陶瓷滤波器也是利用压电效应制成的元件。陶瓷滤波器按引脚电极数目不同，可分成最常用的二端型和三端型两种，另外还有不常用的多端组合型。陶瓷滤波器大都采用塑壳封装形式，少数产品也用金属壳封装。国产陶瓷谐振元件型号一般由五部分组成。第一部分用字母表示器件的功能。例如，L 表示滤波器，X 表示陷波器，J 表示鉴频器，Z 表示谐振器。第二部分用字母 T 表示材料为压电陶瓷。第三部分用字母 W 和下标数字表示外形尺寸。第四部分用数字和字母 k 或 M 表示标称频率。如“465k”表示标称频率为 465 kHz，“10.7M”表示标称频率为 10.7 MHz。第五部分用字母表示产品类别或系列。如 LTW6.5M 表示中心频率为 6.5 MHz 的陶瓷滤波器。

同样可以用电阻测量法简单检测陶瓷滤波器的好坏。将指针式万用表置于 R × 10 k 挡，用红、黑表笔分别测量二端或三端陶瓷滤波器的任意两引脚，两引脚之间的正、反向电阻均应为∞，若测得电阻值较小或为 0，可判定该陶瓷滤波器已经损坏。需要说明的是，测得任意两引脚之间的正、反向电阻均为∞，并不能完全确定该陶瓷滤波器完好，如果有扫频仪，可以直接测量出其幅频特性予以判断。

（2）元器件安装

根据图 2—3—18 所示印制电路板装配图，在印制电路板上进行陶瓷滤波电路的元器件插装和焊接。

（3）电路测试

1）静态检查　按照电路图或印制电路板装配图检查元器件有无接错或漏接等现象，并检查输入、输出端有无短路，检查无误方可输入信号进行测试。

2）动态测试　将 S1 接通 7、8，S2 接通 7、8，构成陶瓷滤波器实训电路。将频率为 5 MHz 的高频正弦波信号从 J1 输入，以“500 k”挡位步进到 15 MHz（在过渡带将步进挡位适当减小)，记录输出电压 U_o，将数据填入表 2—3—4 中，并在坐标纸上绘制出陶瓷滤波器的幅频特性曲线。

表 2—3—4　　陶瓷滤波器测试记录表

信号频率（MHz）	5														
输出电压 U_o（V）															

通过石英晶体滤波器和陶瓷滤波器幅频特性的测试，从通频带和选择性等方面对它们作一简单的比较。

任务评价

本任务的评价标准参见表 2—1—7。

知识拓展

LC 滤波器是一种无源滤波器，是根据电容和电感这两种无源元件的电抗随频率而变化的原理制成的。LC 滤波器比较简单，不需要直流电源供电，可靠性高，在实际中得到广泛应用。扫描二维码，了解 LC 滤波器的相关知识。

任务 4　正弦波振荡器的安装和调试

学习目标

1. 了解产生正弦波振荡的条件。
2. 熟悉正弦波振荡器的组成及分类。
3. 掌握正弦波振荡的分析方法。
4. 掌握 LC 正弦波振荡器和石英晶体正弦波振荡器的组成及工作原理。
5. 能仿真测试正弦波振荡器，能安装和调试正弦波振荡器。

任务描述

振荡器是指能产生各种振荡信号（如正弦波、矩形波、锯齿波等信号）的一种电子电路。正弦波振荡器是能产生正弦波信号的电子电路，其频率范围可以从几赫兹到几百兆赫兹，输出功率可从几毫瓦到几十千瓦。正弦波振荡器在无线电通信技术中有着广泛的应用。例如，在无线电发射机中，正弦波振荡器用做载波信号源。在超外差式接收机中，正弦波振荡器用做本地振荡信号源。

本任务的内容是学习正弦波振荡器的组成及工作原理，并完成正弦波振荡器的安装和调试。

相关知识

振荡器与放大器不同，放大器所放大的信号是外加的；振荡器则不需要外加信号，它本身就能产生振荡信号，因此这种电路也称自激振荡器。

一、产生正弦波振荡的条件

首先来看这样一个现象，在一个放大器的输入端加一个正弦信号$\dot{U}_i$，则它的输出端可以得到正弦信号$\dot{U}_o$。如果通过反馈网络引入正反馈信号$\dot{U}_f$，使$\dot{U}_f$的相位和幅度与$\dot{U}_i$相同，即$\dot{U}_f=\dot{U}_i$。这时，即使去掉原输入信号$\dot{U}_i$，电路仍能维持输出正弦信号$\dot{U}_o$，因此用$\dot{U}_f$代替$\dot{U}_i$就构成了正弦波振荡器，如图 2—4—1 所示。

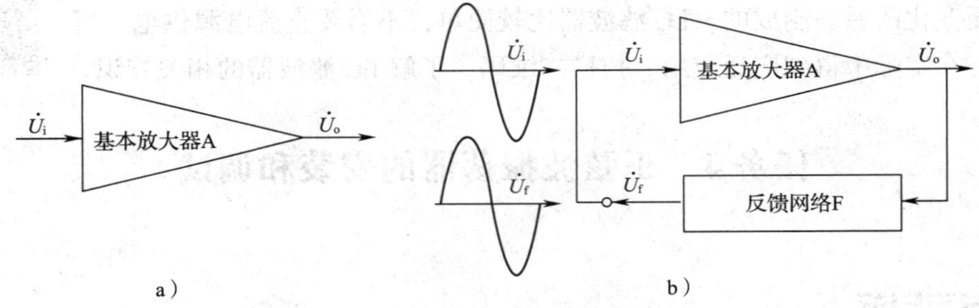

图 2—4—1　正反馈放大器构成正弦波振荡器

a）有输入信号的放大电路　b）用$\dot{U}_f$代替$\dot{U}_i$的正反馈电路

实际的正弦波振荡器在正反馈工作过程中，输出信号$\dot{U}_o$会越来越大。但是由于晶体管的非线性特性，当$\dot{U}_o$的幅值增大到一定程度时，放大倍数将减小。因此，$\dot{U}_o$不会无限制地增大，当$\dot{U}_o$增大到一定数值时，电路达到动态平衡。这时，输出量通过反馈网络产生反馈量作为放大电路的输入量，而输入量又通过放大电路维持着输出量。

设基本放大器的放大倍数为 A，放大后信号产生的相移为 φ_A，反馈网络的反馈系数为 F，信号产生的相移为 φ_F，由图 2—4—1 可得：

$$\dot{U}_o=\dot{U}_iA$$

$$\dot{U}_f=\dot{U}_oF=\dot{U}_iAF$$

$\dot{U}_f$与$\dot{U}_i$的相位差为 $\varphi_A+\varphi_F$。

根据以上分析，推知正弦波振荡的平衡条件为

$$\begin{cases}\text{振幅平衡条件：} AF=1 \\ \text{相位平衡条件：} \varphi_A+\varphi_F=2n\pi \ (n=0,\ 1,\ 2,\ \cdots)\end{cases}$$

振荡器的平衡条件是针对振荡器进入稳态工作而言的。为了使输出量在振荡器合闸工作后能够有一个从小到大直到平衡在一定振幅的过程，振荡器必须满足一个起振条件，即 $AF>1$。

振荡器是没有外加输入信号的，那么，它是如何起振的呢？扫描二维码，了解相关知识。

二、正弦波振荡器的组成及分类

1．正弦波振荡器的组成

正弦波振荡器由放大电路、稳幅电路、选频网络、正反馈网络四个部分组成，如图 2—4—2 所示。

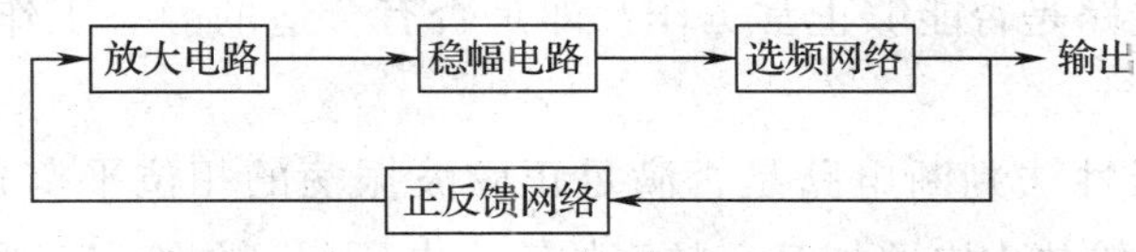

图 2—4—2　正弦波振荡器的组成框图

（1）放大电路

放大电路是满足振幅平衡条件必不可少的。因为从起振直到动态平衡的振荡过程中，必然会有能量损耗，导致振荡衰减。通过放大电路，可以让电源不断地向振荡电路提供能量，使得电路起振并维持等幅振荡。因此，放大电路实质上也是一个换能器。

（2）稳幅电路

稳幅电路用于稳定振荡信号的振幅，可以采用热敏元件或其他限幅电路，也可以利用放大电路自身元件的非线性来完成。

（3）选频网络

选频网络的作用是使通过正反馈网络的反馈信号中，只有所选定频率的信号才能使电路满足自激振荡的条件。对于其他频率的信号，由于不能满足自激振荡条件，从而受到抑制。简而言之，选频网络的作用在于使振荡器产生单一频率的正弦波信号。

（4）正反馈网络

正反馈网络是满足相位平衡条件必不可少的，它将放大电路输出量的一部分或全部返送到输入端，完成自激任务。正反馈网络实质上起能量控制作用。

在不少实用电路中，常将选频网络和正反馈网络“合二而一”；而且，对于分立元件放大电路，也不再另加稳幅环节，而依靠晶体管特性的非线性来起到稳幅作用。

2．正弦波振荡器的分类

正弦波振荡器根据选频网络所用元件的不同，分为 RC 正弦波振荡器、LC 正弦波振荡器和石英晶体正弦波振荡器三种类型。

RC 正弦波振荡器工作频率较低（一般在 1 MHz 以下），输出功率较小，电子器件基本上工作于线性区，常用于低频测量仪器和遥控设备中；LC 正弦波振荡器工作频率较高（多在 1 MHz 以上），可以输出较大功率，常用于通信收发设备、高频测量仪器中；石英晶体正弦波振荡器也可等效为 LC 正弦波振荡器，其特点是振荡频率非常稳定，广泛应用于家用电器、测试设备和通信设备中。

三、正弦波振荡的分析方法

1．判断电路能否产生正弦波振荡的方法和步骤

（1）观察振荡器是否包含了放大电路、正反馈网络、选频网络和稳幅电路四个组成部分。

（2）判断放大电路是否能够正常工作，即是否有合适的静态工作点且动态信号是否能够输入、输出和放大。

（3）利用瞬时极性法判断电路是否满足正弦波振荡的相位平衡条件。具体做法是：断开反馈，在断开处给放大电路加某一频率的输入电压$\dot{U}_i$，并给定其瞬时极性；然后以$\dot{U}_i$极性为依据判断输出电压$\dot{U}_o$的极性，从而得到反馈电压$\dot{U}_f$的极性。若$\dot{U}_f$与$\dot{U}_i$极性相同，则说明满足相位平衡条件，电路有可能产生正弦波振荡；否则表明不满足相位平衡条件，电路不可能产生正弦波振荡。

（4）判断电路是否满足正弦波振荡的振幅条件，即是否满足起振条件。具体方法是：分别求解电路的放大倍数 A 和反馈系数 F，然后判断 AF 是否大于 1。振幅条件一般是容易满足的，若不满足，则在测试调整时，可以通过改变放大倍数 A，或改变反馈系数 F，使电路满足 $AF>1$ 的振幅条件。只有在电路满足相位平衡条件的情况下，判断是否满足振幅条件才有意义。换言之，若电路不满足相位平衡条件，则电路不可能振荡，也就无须判断振幅条件了。

2．起振条件和振荡频率的求法

振荡器的起振条件由 AF 值决定，振荡频率由相位平衡条件决定。

四、LC 正弦波振荡器

LC 正弦波振荡器的选频网络是由电感 L 和电容 C 组成的并联谐振电路。按照其反馈方式，LC 正弦波振荡器可分为变压器反馈式（或称互感耦合式）振荡器、电感反馈式（或称电感三点式）振荡器和电容反馈式（或称电容三点式）振荡器三种类型。

1．变压器反馈式振荡器

根据选频网络是在集电极电路、基极电路还是发射极电路来区分，变压器反馈式振荡器有三种形式，即变压器反馈式调集振荡器、变压器反馈式调基振荡器和变压器反馈式调

发振荡器。

图 2—4—3 所示为变压器反馈式调集振荡器，它是以变压器作为反馈元件，以 LC 选频回路作为晶体管 V 的集电极负载，把依靠 LC 选频回路获得的正弦波振荡信号通过一个与 L 耦合的电感线圈 L1 反馈到输入端。图 2—4—3 中，R1、R2 为基极偏置电阻，R_E 为发射极偏置电阻。C_B 是隔直电容，如果没有 C_B，则基极偏置电阻 R2 就会被电感线圈 L1 短路。C_E 为高频旁路电容。为了完成正反馈作用，必须注意 L 和 L1 同名端的接线，如果接错了，就不能产生振荡。图 2—4—3 中的放大电路属于共发射极放大电路。

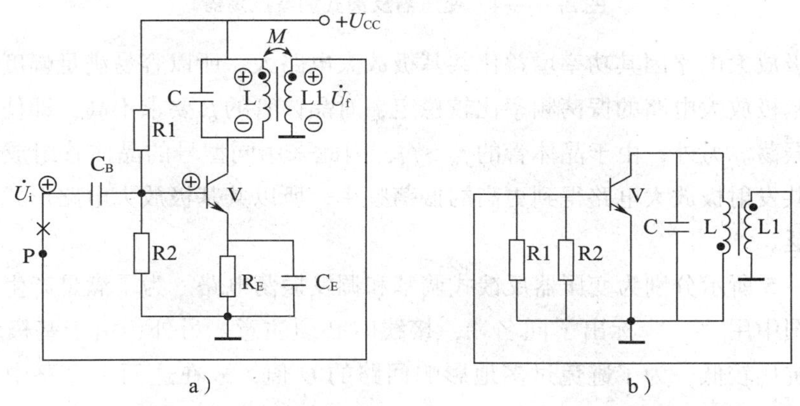

图 2—4—3　变压器反馈式调集振荡器

a）电路原理图　b）交流通路图

现分析该电路是否可能产生正弦波振荡。首先，观察电路，存在放大电路、选频网络、正反馈网络以及稳幅环节（利用晶体管的非线性特性实现）四个部分。其次，判断放大电路能否正常工作。图 2—4—3a 中的放大电路是典型的分压式电流负反馈稳定电路，可以设置合适的静态工作点。电路的交流通路如图 2—4—3b 所示，交流信号传递过程中无开路或短路现象，电路可以正常进行放大工作。最后，采用瞬时极性法判断电路是否满足相位平衡条件。在图 2—4—3a 中，断开 P 点，加上频率为 f_0 的输入电压，规定其极性，得到变压器一次线圈电压的极性，进而得到二次线圈电压的极性，可判断电路满足相位条件，有可能产生正弦波振荡。图 2—4—3a 中，放大电路的输入电阻是放大电路负载的一部分，因此放大电路与反馈网络相互关联。一般情况下，只要合理选择变压器一次、二次线圈的匝数比以及其他电路参数，电路很容易满足起振条件。

图 2—4—4 所示变压器反馈式调集振荡器（其中的放大电路属于共基极放大电路）中，电感 L1 必须通过隔直电容 C_E 接到发射极上，以防止发射极偏置电阻 R_E 被 L1 短路。

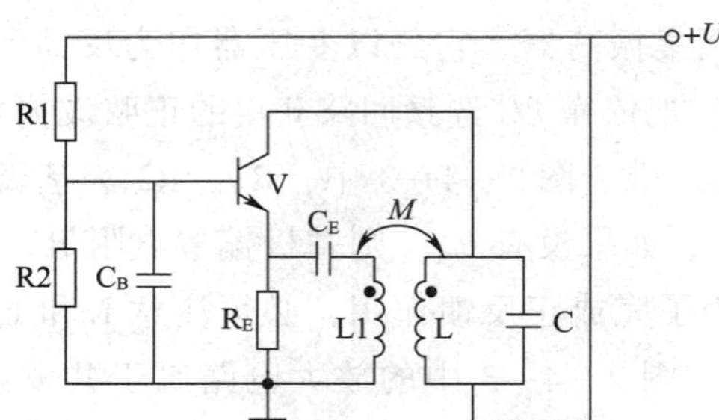

该电路是否可能产生正弦波振荡？扫描二维码，查看参考答案。

图 2—4—4　变压器反馈式调集振荡器

共发射极放大电路因其功率增益比共基极放大电路大，所以容易满足幅度条件而容易起振。但共基极放大电路的振荡频率比较稳定，对晶体管的β要求不高，即使是β低的晶体管，也能振荡。另外，由于晶体管的$f_\alpha > f_\beta$，因此采用同型号的晶体管组成共基极放大电路可以比共发射极放大电路得到更高的振荡频率，所以共基极放大电路形式的振荡器应用也十分广泛。

图 2—4—5 所示分别为变压器反馈式调基和调发振荡电路。为了满足产生自激的相位平衡条件，图中用“·”标出了同名端，接线时必须注意。另外，由于基极和发射极之间的输入阻抗比较低，为了避免过多地影响回路的 Q 值，故在这两个电路中，晶体管与振荡回路做部分耦合。

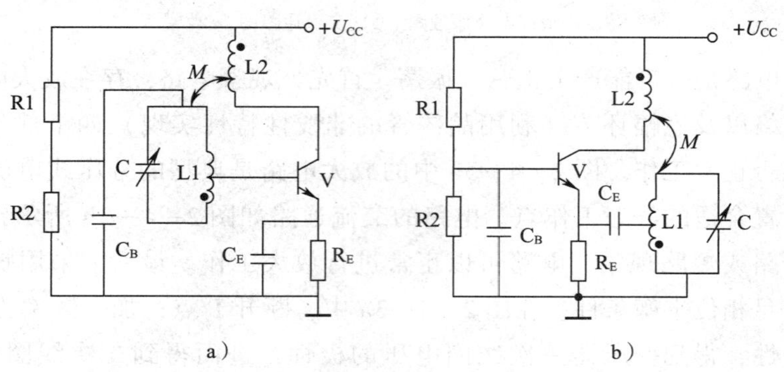

图 2—4—5　变压器反馈式调基和调发振荡电路

a）调基振荡电路　b）调发振荡电路

调集电路在高频输出方面比其他两种电路稳定，而且幅度较大，谐波成分较小。调基电路的振荡频率在较宽的范围改变时，振幅比较平稳。

变压器反馈式振荡电路容易产生振荡，波形较好，在调整反馈（改变互感量 M）时，基本上不影响振荡频率。但是，由于输出电压与反馈电压都是靠磁路耦合，耦合不紧密，损耗较大，而且由于分布电容的存在，在频率较高时，难于做出稳定性高的变压器，因此它们的工作频率不宜过高。变压器反馈式振荡器一般应用于中、短波波段。

2. 电感反馈式 LC 振荡器

如图 2—4—6 所示，电感反馈式 LC 振荡器又称为哈特莱（Hartley）电路，其工作原理与变压器反馈式振荡器相似，不同的是它以一只带有抽头的电感线圈（自耦变压器）代替了变压器反馈式振荡器中的变压器，直接从 LC 回路的电感支路上引出一部分电压来得到正反馈信号。图 2—4—6 中，L1、L2 和 C 组成并联谐振回路作为选频网络，反馈电压取自 L2 两端。由于晶体管 V 的 3 个电极分别与 L1、L2 的 3 个引出端连接，所以电感反馈式 LC 振荡器也常称为电感三点式 LC 振荡器。

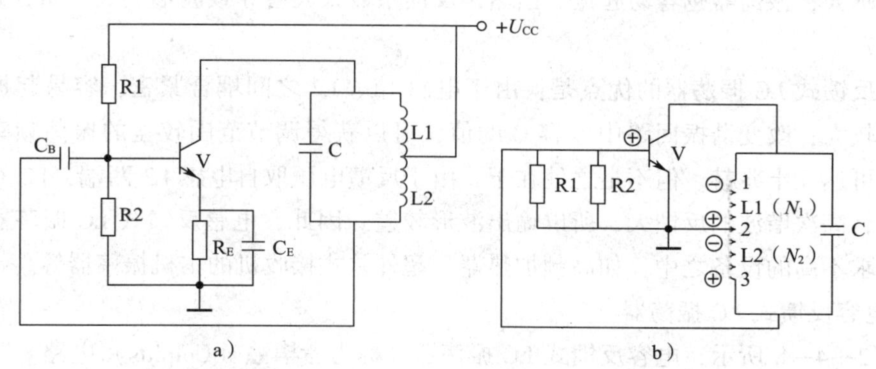

图 2—4—6 电感反馈式 LC 振荡器

a）电路原理图 b）交流通路图

提示

三点式振荡器的组成原则：

三点式（或称三端式）振荡器，即 LC 回路的三个端点与晶体管 V 的三个电极分别连接而成的振荡电路，如图 2—4—7 所示。X1、X2、X3 三个电抗元件构成了决定振荡频率的并联谐振回路，同时也构成了正反馈所需要的反馈网络。

根据谐振回路的性质，谐振时回路应呈纯电阻性，因而有 $X_1+X_2+X_3=0$。因此，三个电抗元件不能同时为感抗或容抗，必须由两种不同性质的电抗元件组成。从相位平衡条件判断三点式振荡器能否振荡的原则为：（1）X1 和 X2 的电抗性质应相同，即与晶体管发射极相连的两个电抗元件性质应相同，要么均为感性元件，要么均为容性元件；（2）X3 与 X1、X2 的电抗性质相反，即与晶体管基极相连的两个电抗元件性质相反。可以简称为“射同余异”或“射同基反”。

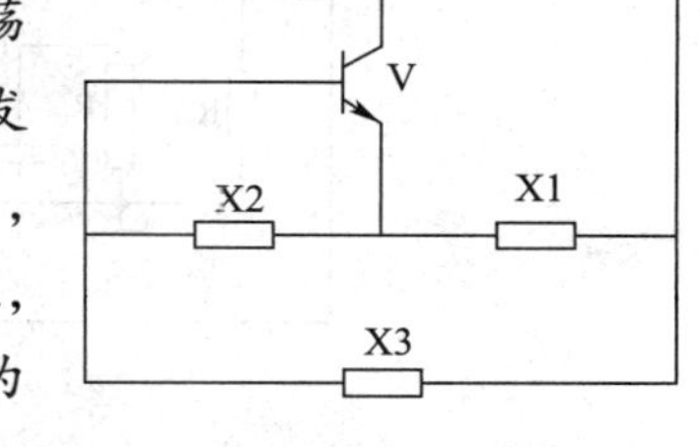

图 2—4—7 三点式振荡器的基本结构

电路的振荡频率为

$$f_0=\frac{1}{2\pi\sqrt{LC}}=\frac{1}{2\pi\sqrt{(L_1+L_2+2M)C}} \tag{2—4—1}$$

式（2—4—1）中，M 为电感 L1、L2 之间的互感值。

反馈系数为

$$F=\frac{U_f}{U_o}=\frac{L_2+M}{L_1+M} \tag{2—4—2}$$

由式（2—4—2）可见，调节电感 L1、L2 的大小，即调整电感线圈抽头的位置来改变两部分线圈的匝数比 N_1/N_2，就可以改变反馈系数，使振荡器起振。N_1/N_2 比值越小，反馈系数越大，振荡器越容易起振。当然，反馈系数太大会导致波形失真严重，通常 N_1/N_2 取 4 ~ 7。

电感反馈式 LC 振荡器的优点是：由于电感 L1、L2 之间耦合紧密，容易起振，输出电压幅度较大；改变谐振回路中电容 C 的值，可以获得调节范围较宽的振荡频率，最高振荡频率可达几十兆赫。但不足之处在于，由于反馈电压取自电感 L2 两端，L2 对高次谐波阻抗大，高次谐波的反馈大，所以输出波形较差。因此，电感反馈式 LC 振荡器常用在对波形要求不高的设备之中，如高频加热器、超外差式接收机的本机振荡器等。

3. 电容反馈式 LC 振荡器

如图 2—4—8 所示，电容反馈式 LC 振荡器又称为考毕兹（Colpitts）电路。与电感反馈式 LC 振荡器相类似，它只是将振荡回路中的电容和电感进行了互换，反馈电压是通过电容 C1、C2 分压而从 C2 两端取得。由于电容的隔直作用，因此直流电源不能像电感反馈式那样通过电感的分接头向集电极供电，而必须采取不经振荡回路而直接向集电极供电的方式，所以在集电极电路增设集电极电阻 R_C（大功率电路中，可以用一扼流圈 L_C 代替）。否则，集电极与发射极之间的电压 u_{ce} 将被直流电源所短路，而不可能有输出。由于晶体管的 3 个电极分别与 C1、C2 的 3 个引出端连接，所以也常称为电容三点式 LC 振荡器。

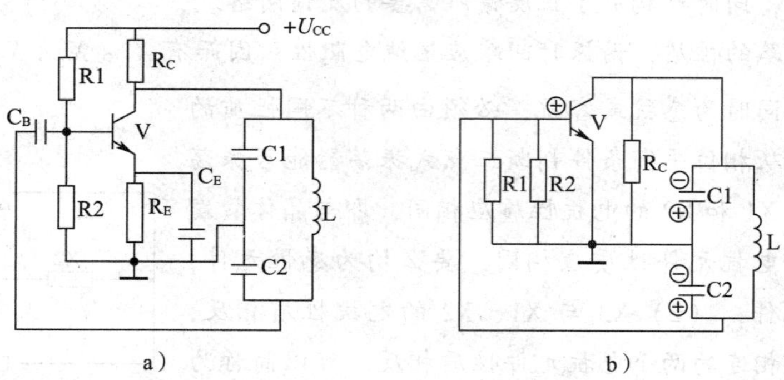

图 2—4—8 电容反馈式 LC 振荡器

a）电路原理图 b）交流通路图

电路的振荡频率为

$$f_0=\frac{1}{2\pi\sqrt{L\frac{C_1C_2}{C_1+C_2}}}\qquad(2—4—3)$$

反馈系数为

$$F=\frac{U_f}{U_o}=\frac{C_1}{C_2}\qquad(2—4—4)$$

可见，增大 C_1/C_2 的值，有利于振荡器起振。但同时回路的接入系数会增大，振荡回路的品质因数 Q 值下降，等效谐振阻抗下降，电压放大倍数减小，又不利于起振。因此，C_1/C_2 既不能太大，又不能太小，一般取 0.1 ~ 0.5 为宜。

图 2—4—9 所示为另外一种典型的电容反馈式 LC 振荡器，晶体管基极通过 C_B 交流接地，因而 C2 上反馈到发射结的电压必须加到晶体管发射极上。由于放大电路部分采用了共基极放大电路，振荡器可以达到更高的振荡频率。

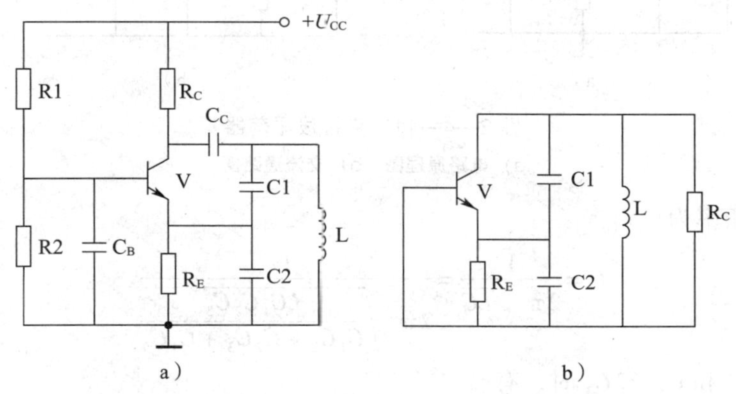

图 2—4—9　典型的电容反馈式 LC 振荡器

a）电路原理图　b）交流通路图

电容反馈式 LC 振荡器的优点是：由于反馈电压取自电容两端，电容对高次谐波的阻抗小，因而可以将高次谐波滤除掉，所以输出波形较好；振荡回路的两个电容可以选择很小的值，因而输出频率较高，一般可达 100 MHz 以上。它的缺点是：电容的大小既与振荡频率有关，又与反馈量有关，即改变振荡回路的两个电容实现调谐时，同时也改变了反馈系数，所以振荡频率调节很不方便，而且容易导致停振。因此，电容反馈式 LC 振荡器常常用在固定振荡频率的场合。在振荡频率可调范围不大的情况下，可采用如图 2—4—10 所示频率可调的选频网络。

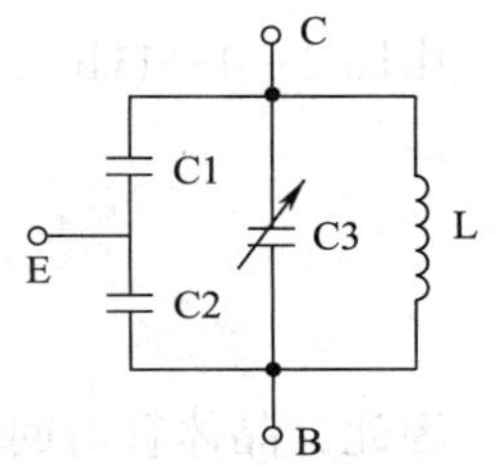

图 2—4—10　频率可调的选频网络

4. 两种改进型的电容反馈式 LC 振荡器

无论是电感反馈式 LC 振荡器还是电容反馈式 LC 振荡器，

晶体管的极间电容都会对振荡频率有影响，而极间电容受环境温度、电源电压等因素的影响较大，故它们的频率稳定度不高，需要对其进行改进，因此得到两种实用的电容反馈式LC 振荡器——克拉泼（Clapp）振荡器和西勒（Seiler）振荡器。

（1）克拉泼振荡器

如图 2—4—11 所示，克拉泼振荡器是在电容反馈式 LC 振荡器的电感支路中串入一个可变电容 C3 得到的。只要 L 和 C3 串联等效为电感性，该电路仍然是一个电容反馈式 LC 振荡器。

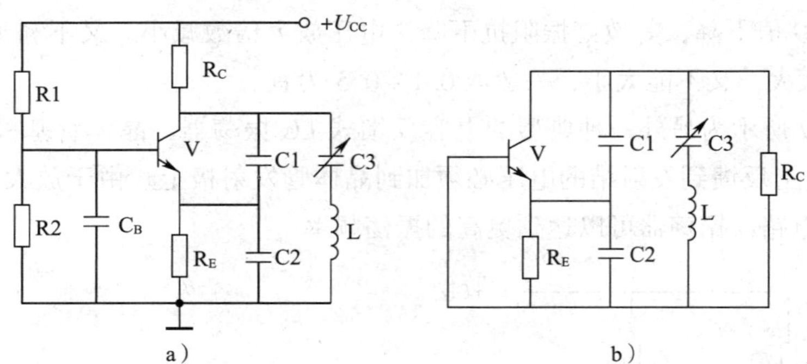

图 2—4—11　克拉泼振荡器

a）电路原理图　b）交流通路图

电路振荡频率为

$$f_0=\frac{1}{2\pi\sqrt{LC}}=\frac{1}{2\pi\sqrt{\dfrac{LC_1C_2C_3}{C_1C_2+C_2C_3+C_1C_3}}}\qquad(2—4—5)$$

当 $C_3 \ll C_1$ 和 $C_3 \ll C_2$ 时，有

$$f_0\approx\frac{1}{2\pi\sqrt{LC_3}}\qquad(2—4—6)$$

式（2—4—5）、式（2—4—6）表明，如果 C_3 取值远小于 C_1、C_2，则 C_1 和 C_2 对振荡频率的影响大大减小。那么，与 C1、C2 并联的晶体管极间电容的影响也就大大减小了。

由图 2—4—11b 可见，晶体管与回路的接入系数 p 为

$$p=\frac{\dfrac{1}{C_1}}{\dfrac{1}{C_1}+\dfrac{1}{C_2}+\dfrac{1}{C_3}}\approx\frac{C_3}{C_1}\ll 1\qquad(2—4—7)$$

因此，晶体管对回路影响很小，说明频率稳定度高。

克拉泼振荡器是通过调整 C_3 来改变电路振荡频率的。C_3 改变，接入系数 p 改变，放大器输出负载谐振阻抗将随之改变，放大器增益也将随之改变。调整电路振荡频率时，可

能因 C_3 过小，振荡器会因为不满足振幅起振条件而停振。所以，克拉泼振荡器只适用于固定频率或波段很窄的场合。

（2）西勒振荡器

如图 2—4—12 所示，西勒振荡器是在克拉泼振荡器的基础上，在电感线圈两端并联一个可变电容 C4 构成的。这里同样有 $C_3 \ll C_1$ 和 $C_3 \ll C_2$。

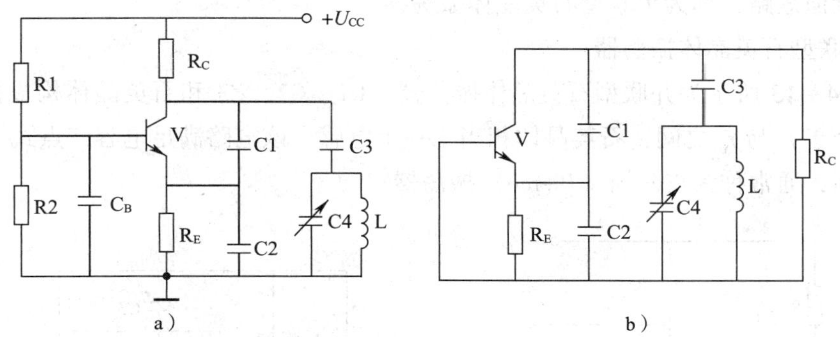

图 2—4—12　西勒振荡器

a）电路原理图　b）交流通路图

电路的振荡频率为

$$f_0 = \frac{1}{2\pi\sqrt{LC}} = \frac{1}{2\pi\sqrt{L\left(C_4 + \dfrac{1}{\dfrac{1}{C_1} + \dfrac{1}{C_2} + \dfrac{1}{C_3}}\right)}} \approx \frac{1}{2\pi\sqrt{L\left(C_4 + C_3\right)}} \qquad (2—4—8)$$

西勒振荡器的接入系数与克拉泼振荡器相同。西勒振荡器通过调整 C_4 改变振荡频率，而且 C_4 的改变不影响接入系数，故西勒振荡器适用于可变频率和较宽波段场合。

五、石英晶体正弦波振荡器

石英晶体正弦波振荡器是采用石英晶体作选频网络的正弦波振荡器。石英晶体正弦波振荡器是利用石英晶体的压电效应工作的。当交变电压加于石英晶片时，晶片将随交变电压的频率产生周期性的机械振动；同时，机械振动在晶片中产生电荷而形成交变电流。一般来说，这种机械振动的振幅很小，其振动的频率很稳定。但当外加信号源的频率与石英晶体的固有频率相等时，石英晶体便发生共振，此时石英晶体外电路的交变电流也最大，这种现象称为石英晶体的压电谐振。石英晶体的固有机械振动频率称为谐振频率，其值仅与石英晶体本身的几何尺寸有关，具有很高的稳定性，其频率稳定度可达 $10^{-6} \sim 10^{-8}$，一些产品甚至高达 $10^{-10} \sim 10^{-11}$，而 LC 振荡回路振荡频率的稳定度只能达到 10^{-5}。石英晶体的品质因素 Q 也很高，可达 $10^4 \sim 10^6$，而最好的 LC 振荡器，Q 值也只能达到几百，因此，石英晶体的选频特性是其他选频网络所不能比拟的。

石英晶体有两个谐振频率，一个是串联谐振频率 f_s，另一个是并联谐振频率 f_p，且 $f_s < f_p$。在 f_s 与 f_p 之间很窄的范围内等效电抗为电感性，也即在此频率范围石英晶体等效为电感，其他范围的等效电抗为电容性。石英晶体正弦波振荡器的种类很多，按石英晶体在电路中的作用可分为两类：一类是工作在石英晶体并联谐振频率 f_p 附近，石英晶体等效为电感，称为并联型石英晶体振荡器；另一类是工作在石英晶体串联谐振频率 f_s 附近，石英晶体近似短路，称为串联型石英晶体振荡器。

1．并联型石英晶体振荡器

图 2—4—13 所示为并联型石英晶体振荡器。C1、C2、C3 和石英晶体构成振荡回路，振荡频率介于 f_s 与 f_p 之间，石英晶体相当于一个电感，该电路满足电容三点式 LC 振荡器的组成原则，通常称为皮尔斯（Pierce）振荡器。

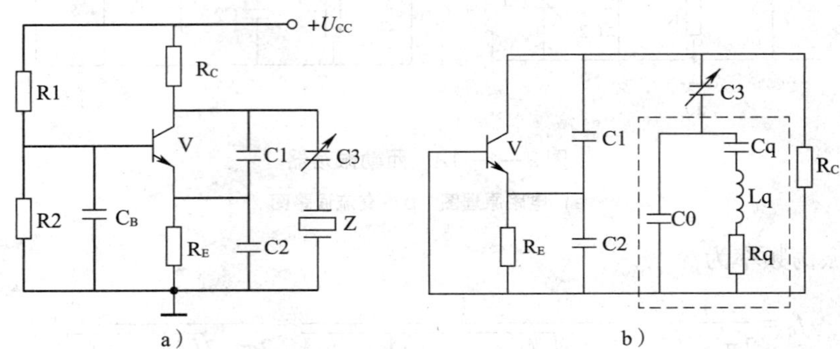

图 2—4—13　并联型石英晶体振荡器

a）电路原理图　b）交流通路图

电路的振荡频率由谐振回路的参数（C_1、C_2、C_3 和石英晶体的等效参数）决定。谐振回路的电感是石英晶体的等效电感 L_q，谐振回路的总电容 C_Σ 是由石英晶体的 C_0、C_q 和外接电容 C_1、C_2、C_3 组合而成的。根据串、并联关系，C_Σ 由下式决定

$$\frac{1}{C_\Sigma}=\frac{1}{C_q}+\frac{1}{C_0+\cfrac{1}{\cfrac{1}{C_1}+\cfrac{1}{C_2}+\cfrac{1}{C_3}}} \tag{2—4—9}$$

通常选择 $C_3 \ll C_1$ 和 $C_3 \ll C_2$，因此上式可以近似为

$$\frac{1}{C_\Sigma}=\frac{1}{C_q}+\frac{1}{C_0+C_3}$$

$$C_\Sigma=\frac{C_q\ (C_0+C_3)}{C_q+C_0+C_3} \tag{2—4—10}$$

振荡频率为

$$f_0\approx\frac{1}{2\pi\sqrt{\cfrac{L_qC_q\ (C_0+C_3)}{C_q+C_0+C_3}}} \tag{2—4—11}$$

所以振荡频率主要取决于石英晶体与 C3 的谐振频率，与石英晶体本身的谐振频率十分接近。石英晶体作为一个等效电感 L_q 很大，而 C_3 又很小，使得等效 Q 值极高，其他元件和杂散参数对振荡频率的影响极微，故频率稳定度很高。

一般石英晶体产品指标所给出的标称频率既不是 f_s，也不是 f_p，而是在外接某一电容时校正的振荡频率。扫描二维码，进一步了解相关知识。

2．串联型石英晶体振荡器

图 2—4—14 所示为串联型石英晶体振荡器，石英晶体接在正反馈电路中。由交流通路可见，将石英晶体短接就构成了电容三点式 LC 振荡器。当反馈信号的频率等于石英晶体的串联谐振频率 f_s 时，石英晶体的阻抗最小，且为纯电阻性，此时正反馈最强，且相移为 0，电路满足自激振荡条件而产生振荡，振荡频率为 f_s。而对于 f_s 以外的其他频率，石英晶体的阻抗迅速增大且不为纯电阻性，因此正反馈减弱，且相移不为 0，不满足自激振荡条件而不能产生振荡。由此可见，该种振荡器的频率主要由石英晶体决定，而不是由 LC 回路来决定，具有很高的频率稳定度。

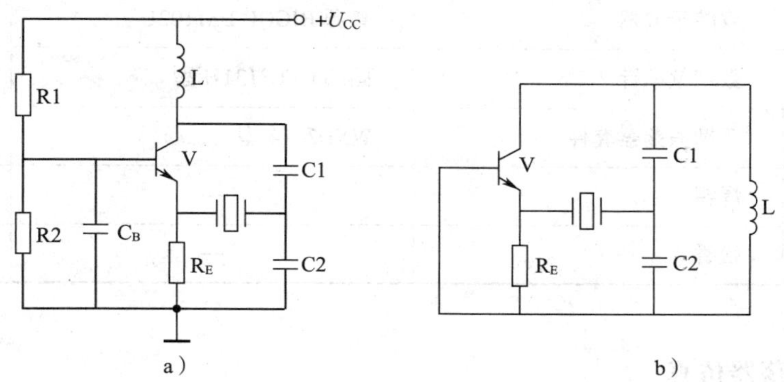

图 2—4—14　串联型石英晶体振荡器

a）电路原理图　b）交流通路图

使用石英晶体时的注意事项：

（1）石英晶体的标称频率都是出厂前在石英晶体上并接一定的负载电容条件下测定的，实际使用时也必须外加负载电容，并经微调后才能获得标称频率。

（2）石英晶体的激励电平应在规定范围内。

（3）在并联型石英晶体振荡器中，石英晶体起等效电感的作用。若作为容抗，则在石英晶片失效时，石英晶体的电容还存在，线路仍可能满足振荡条件而振荡，但石英晶体失去了稳频作用。

（4）石英晶体振荡器中一块晶体只能稳定一个频率，当要求在波段中得到可选择的许多频率时，就要采取其他电路措施。如频率合成器是用一块晶体得到多个稳定频率。

任务实施

一、实训器材

实施本任务所使用的实训设备及材料可参考表2—4—1。

表2—4—1　　实训设备及材料参考表

类别	序号	名称	型号与规格	数量	单位
设备	1	计算机	装有 Multisim 12 仿真软件	1	台
	2	无线电基础一体化实训箱	HD－WXD－Ⅰ型	1	只
	3	万用表	MF47 型	1	块
	4	双踪示波器	普源 RIGOL DS1102U	1	台
	5	数字频率计	固纬 GFC8131H 型	1	台
材料	6	西勒振荡器套件	WXD2－4 型	1	套
	7	焊锡	—	1	卷
	8	松香	—	1	盒

二、正弦波振荡器仿真

1．绘制电路

打开 Multisim 12 仿真软件，新建电路文件，在电路工作区绘制如图2—4—15所示的西勒振荡器仿真电路。其中电容器 C2 选择电解电容器（CAP_ELECTROLIT），电容器 C6 选择可变电容器（VARIABLE_CAPACITOR）。电容器 C6 旁标注的文字“Key = A”表明按动键盘上 A（应为大写状态）键，电容器的电容量按 5% 的速度增加；按动 Shift + A（应为大写状态）键，电容量将以 5% 的速度减小。双踪示波器 XSC1 用来显示输出信号的波形，测量探针 1 用来测量信号的电压、电流和频率。

2．观测反馈系数 F 的变化对西勒振荡器起振时间和振荡电压的影响

（1）C5 分别取 500 pF、1 000 pF、1 500 pF、2 000 pF，计算出相应反馈系数 F 值，填写在表2—4—2中。

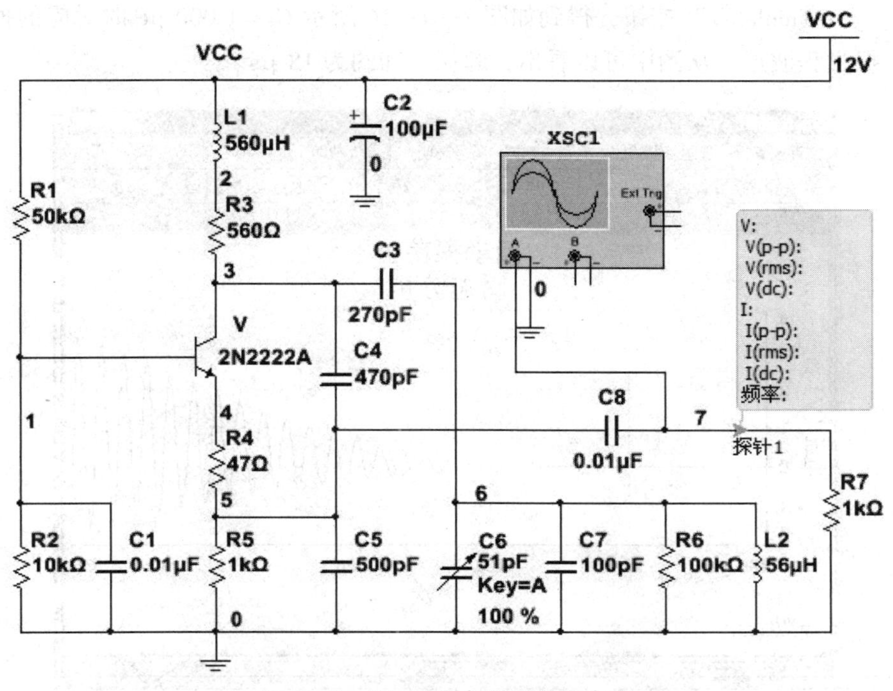

图 2—4—15　西勒振荡器仿真电路

表 2—4—2　　反馈系数 F 对西勒振荡器起振时间和振荡电压的影响

C_5（pF）	500	1 000	1 500	2 000
反馈系数 F（$F=C_4/C_5$）				
起振时间 t（µs）				
振荡电压 $U_{o(p-p)}$（V）				
振荡频率 f（Hz）				

（2）在仿真环境中，每改变一次 C_5 值，都对电路进行瞬态分析，观察波形，并记录起振时间，记录在表 2—4—2 中。

瞬态分析（Transient Analysis）是观察电路节点在整个显示周期中每一时刻的电压波形，使用示波器也可以观察到相同的结果。在进行瞬态分析时，直流电源保持常数，交流信号源随着时间而改变，电容和电感都是能量储存模式元件。

瞬态分析的步骤是：选择菜单“仿真（Simulate）/分析（Analysis）/瞬态分析（Transient Analysis）”命令，在弹出的对话框中参数（Parameters）选项设置起始时间（Start Time）为 0. 000 01 s，停止时间（Stop Time）为 0. 000 035 s，其他都选择默认；输出（Output）选项选择变量 V（7）。然后单击“瞬态分析（Transient Analysis）”对话框

中的“仿真（Simulate）”按钮，得到如图 2—4—16 所示 C_5 =1 000 pF 时对应的振荡输出信号的起振过程波形。从图中可以看出，起振时间约为 18 μs。

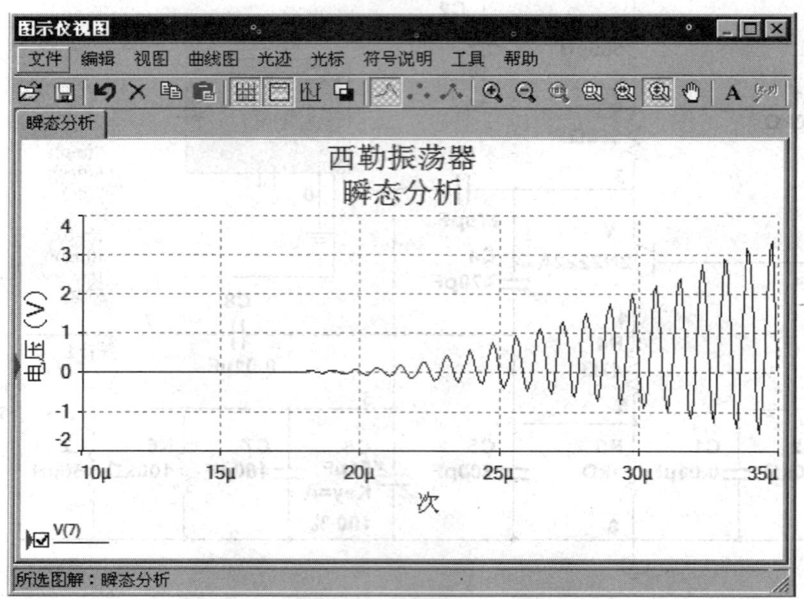

图 2—4—16 振荡输出信号的起振过程波形

C_5 =1 000 pF 时对应的振荡输出信号的波形如图 2—4—17 所示。

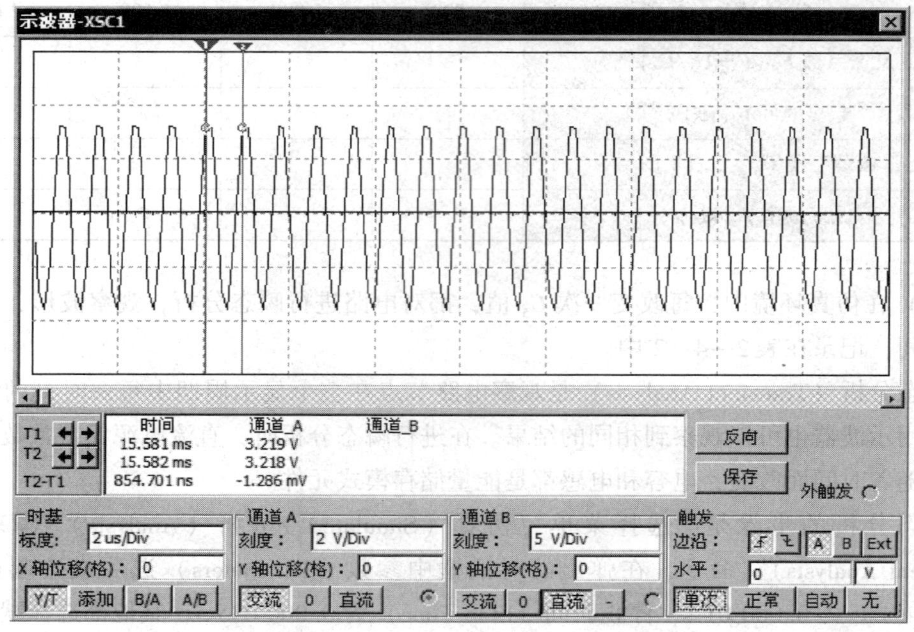

图 2—4—17 振荡输出信号的波形

将列表结果与理论结果相比较，可以得出反馈系数越小、起振时间越长的结论。

（3）在仿真环境中，每改变一次 C_5 值，都用测量探针测量振荡输出信号的电压值和频率值，并记录在表 2—4—2 中。

例如，利用测量探针，可以直接显示 $C_5 = 1\ 000$ pF 时对应的振荡输出信号的电压峰峰值为 6.79 V，频率为 1.17 MHz，如图 2—4—18 所示。

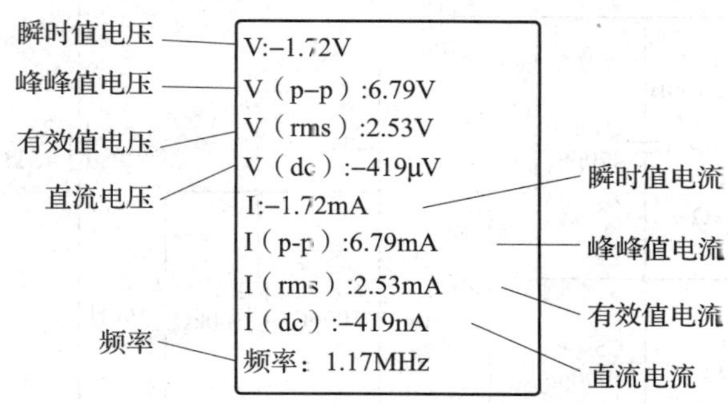

图 2—4—18　测量探针直接显示振荡输出信号的电压、电流和频率

将列表结果与理论结果相比较，可以得出反馈系数越小、振荡输出信号的电压越小的结论。

3. 观测可变电容器 C6 的变化对振荡输出信号频率的影响

在仿真运行状态中，移动鼠标到元件可变电容器 C6 上，元件将显示灰色滑动块。拖动滑动块向左移动，C_6 的值将减小，测量探针显示振荡输出信号的频率将增大。反之，振荡输出信号的频率将减小。可以得出 C_6 越大、振荡输出信号的频率越小的结论。

三、正弦波振荡器安装和调试

图 2—4—19 所示为西勒振荡器电路原理图。

晶体管 V1 和电容 C4、C5 及电感 L2 等构成电容三点式 LC 振荡器，在此基础上与电感 L2 串联电容 C3 构成克拉泼振荡器。在克拉泼振荡器基础上，与电感 L2 又并联电容 C6、C7 就构成了西勒振荡器。其中，改变可变电容 C6 可改变反馈系数，进而改变振荡器起振时间。C6 用来改变振荡频率。电位器 RP1 和电阻 R1 ~ R5 为晶体管 VT1 提供直流偏置工作点；电感 L1 既为 VT1 集电极提供直流通路，又可防止交流输出对地短路；电阻 R4 是交、直流负反馈电阻，用以稳定交、直流工作点。

电容 C9 起耦合作用。晶体管 VT2、电位器 RP2、电阻 R7 ~ R9 和电容 C10 等构成射极跟随器（共集电极放大电路），其特点是输入阻抗高，输出阻抗低，电压放大倍数小于 1 而接近于 1，且输出电压与输入电压相位相同，具有跟随特性。这里正弦波振荡器后面接一级射极跟随器，用来降低输出阻抗，提高电路带负载的能力，同时将测量仪器对振荡器的影响减到最小。调节电位器 RP2，可调节输出振荡信号的幅度。

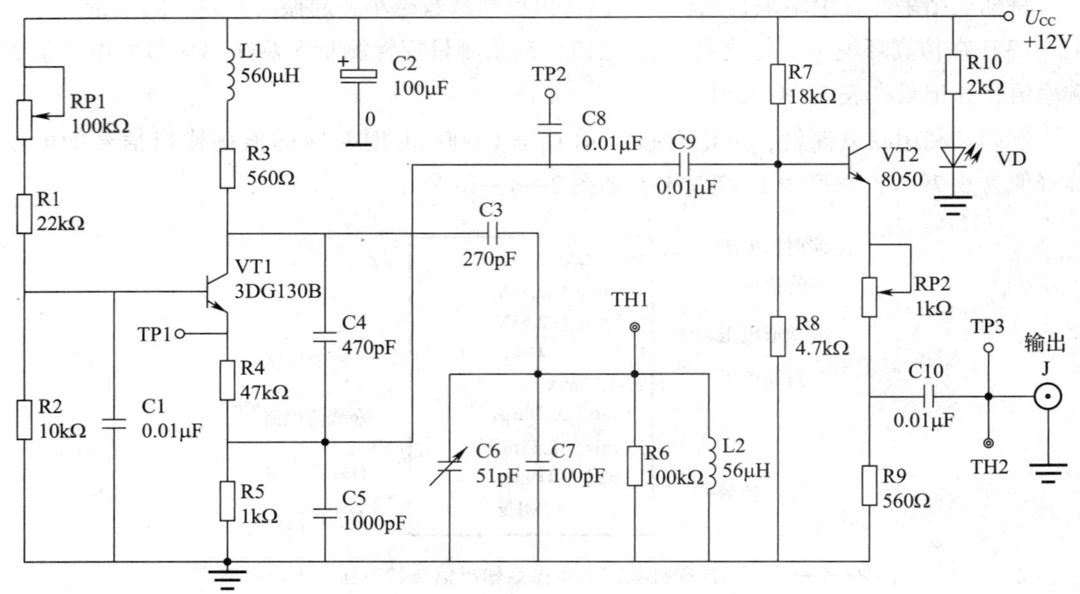

图 2—4—19　西勒振荡器电路原理图

西勒振荡器元器件清单见表 2—4—3。

表 2—4—3　　西勒振荡器元器件清单

名称	代号	规格	数量	单位
电阻器	R1	碳膜电阻器 22 kΩ	1	只
	R2	碳膜电阻器 10 kΩ	1	只
	R3、R9	碳膜电阻器 560 Ω	2	只
	R4	碳膜电阻器 47 Ω	1	只
	R5	碳膜电阻器 1 kΩ	1	只
	R6	碳膜电阻器 100 kΩ	1	只
	R7	碳膜电阻器 18 kΩ	1	只
	R8	碳膜电阻器 4.7 kΩ	1	只
	R10	碳膜电阻器 2 kΩ	1	只
电位器	RP1	玻璃釉电位器 100 kΩ	1	只
	RP2	玻璃釉电位器 1 kΩ	1	只
电容器	C1、C8、C9、C10	瓷片电容器 0.01 μF	4	只
	C2	极性电解电容器 100 μF/16 V	1	只
	C3	瓷片电容器 270 pF	1	只
	C4	瓷片电容器 470 pF	1	只

续表

名称	代号	规格	数量	单位
电容器	C5	瓷片电容器 500/1 000/1 500/2 000 pF	4	只
	C6	陶瓷可调电容器 7～51 pF	1	只
	C7	瓷片电容器 100 pF	1	只
电感器	L1	色环电感器 560 μH	1	只
	L2	色环电感器 56 μH	1	只
发光二极管	VD	发光二极管 3 mm 红色	1	只
晶体管	VT1	双极性晶体管 3DG130B（蓝）	1	只
	VT2	双极性晶体管 8050	1	只

1．元器件识别与检测

按照西勒振荡器元器件清单，核对元器件的数量和规格；然后进行元器件的识别和检测，确认元器件质量完好。对于性能差或已损坏的元器件要予以更换。

扫描二维码，复习极性电解电容器和陶瓷可调电容器的识别检测方法等相关知识。

2．元器件安装

西勒振荡器印制电路板装配图如图 2—4—20 所示。

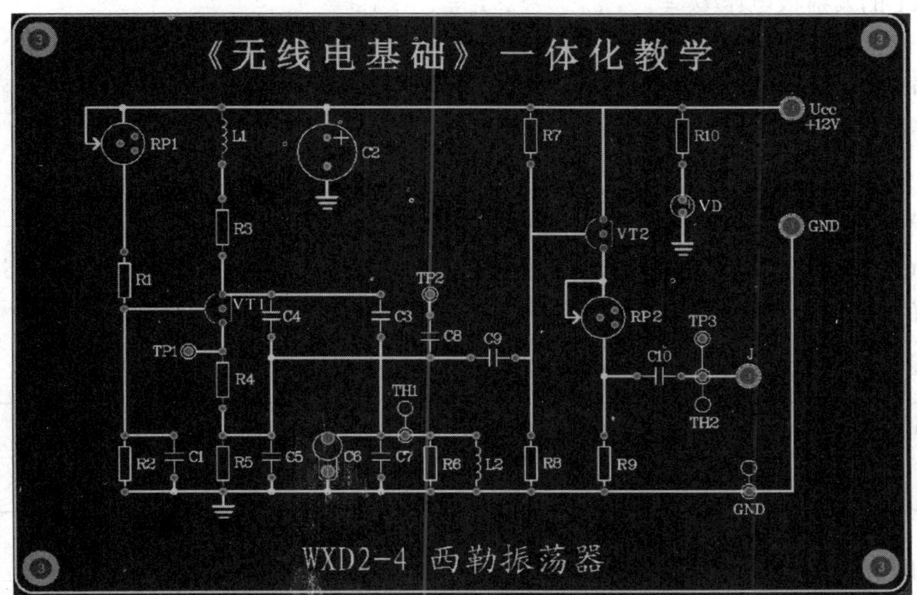

图 2—4—20　西勒振荡器印制电路板装配图

操作提示

（1）按照先低后高、先小后大、先轻后重的原则进行元器件插装。

（2）注意分辨元器件的极性：电解电容器注意正、负极性，发光二极管和晶体管注意电极的极性，电位器注意固定端和滑动端的区分。

（3）元器件的标记和色码部位应朝上或朝外，以便于观察辨认。

3. 电路调试

（1）通电前检查

按照电路原理图或电路装配图检查元器件有无接错或漏接等现象，电源线、接地线是否接好，然后用万用表测量电源端 +12 V 和接地端之间是否短路。

（2）通电

接入电路所要求的直流电源，发光二极管 VD 点亮，表明印制电路板通电。观察电路中各元器件有无异常现象，如出现异常，应立即断电，排除故障后再重新通电。

（3）调整和测量静态工作点

1）测输出波形和输出频率　用示波器（探头衰减 10）在测试点 TH2 观测西勒振荡器的输出波形，再用频率计测量其输出频率。

2）调整静态工作点　短接电感 L2，使振荡器停振；然后调整电位器 RP1 的值，测量晶体管 VT1 的发射极电压 U_{EQ}，使 $U_{EQ}=0.5$ V，计算出电流 $I_{EQ}=$ ________。

3）测量发射极电压和电流　去掉电感 L2 的短接线，使西勒振荡器恢复工作，测量晶体管 VT1 的发射极电压 $U_e=$ ________，$I_e=$ ________。

（4）调整振荡器的输出

调节可变电容 C6 和电位器 RP2 的大小，使振荡器的输出频率 f_0 为 1.5 MHz，输出电压 $U_{o(p-p)}$ 为 1.5 V_{p-p}。

（5）观察反馈系数 F 对振荡电压的影响

由西勒振荡器电路原理图（图 2—4—19）可知，反馈系数 $F=C_4/C_5$。按表 2—4—4 改变电容 C5 的大小，在测试点 TH2 处测量振荡器的输出电压 $U_{o(p-p)}$（保持 $U_{EQ}=0.5$ V），记录相应的数据于表 2—4—4 中，并在图 2—4—21 中绘制 $U_{o(p-p)}-C_5$ 曲线。

表 2—4—4　　反馈系数 F 对振荡电压的影响

C_5（pF）	500	1 000	1 500	2 000
$U_{o(p-p)}$（V）				

（6）断电

调试完毕，关断电源，拆除电源线。

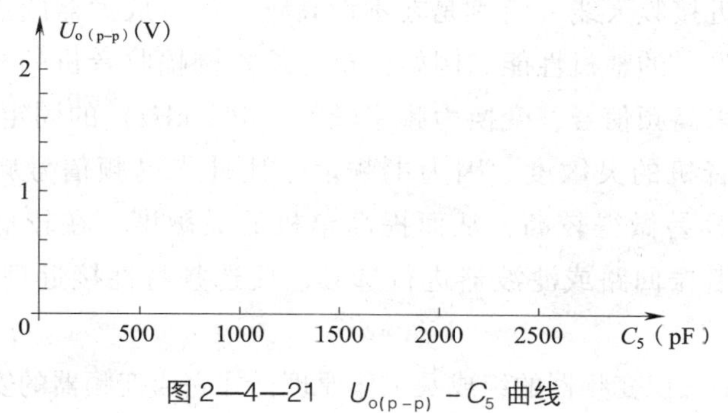

图 2—4—21　$U_{o(p-p)}-C_5$ 曲线

任务评价

本任务的评价标准参见表 2—2—3。

知识拓展

在工程应用中，如实验用低频及高频信号产生电路中，往往要求正弦波振荡器的振荡频率有一定的稳定度。频率稳定度是指在一定的时间内，在规定的温度、湿度、电源、电压变化范围内振荡频率的相对变化量。扫描二维码，了解正弦波振荡器频率稳定度的相关知识。

任务 5　变频器的安装和调试

学习目标

1. 了解变频器的作用和要求。
2. 掌握变频器的组成及工作原理。
3. 能分析典型的晶体管变频器。
4. 能仿真测试变频器，能安装和调试变频器。

任务描述

简单地说，变频就是将信号从某一频率变换到另一频率。变频技术是一项极为重要的无线电技术，被广泛应用于无线电通信和广播等设备中，甚至在测量设备中也多有应用。超外差式收音机、电视接收机、雷达接收机、移动电话机等设备都离不开变频电路。变频电路靠近接收天线（特别是在不设高频小信号放大器的接收机中），它的性能直接影响着这些设备的整机性能。例如，超外差式调幅收音机的核心电路是变频器，它能将接收到的外来高频信号，变换为频率较低（465 kHz）的固定的中频信号，这样做的目的是提高收音机的灵敏度。因为中频信号比外来高频信号频率低且固定不变，中频放大器的增益容易做得较高，从而提高整机的灵敏度。在较低而固定的中频上，还可以用较复杂的谐振回路或滤波器进行选频，使选频特性接近理想的矩形，以提高邻近频道的选择性。

本任务的内容是认识变频器的组成及工作原理，并完成变频器的安装和调试。

相关知识

一、提高接收机灵敏度的有效方法——变频

为了提高接收机的灵敏度，无论哪种调制制式的接收机，在解调之前都要求信号达到零点几伏，但是在接收机输入端，有用信号的场强只有 μV/m 的数量级。这就对解调之前的电路增益和选择性提出了一定的要求。

根据实际需要，接收机解调以前的电路应该是覆盖一定高频频段的高增益系统。为此，人们曾采用多级高频放大器来提高高频增益，这就带来了一些新的问题：第一，若采用非调谐式多级高频放大器，每级的通频带都应覆盖住所有欲接收电台的频率，这样的宽频带高频放大器，增益提高到一定程度时，便会不可避免地产生寄生振荡。第二，若采用调谐式多级高频放大器，在每次变换所接收的电台时，各级放大器都要重新调谐在新的频率上，这是极其困难的，另外，采用调谐式多级高频放大器来提高接收灵敏度的效果也是有一定限度的。于是人们就想到，如果能将任意频率的高频已调波信号都变换成频率较低一些的某一固定频率的信号，而同时又不改变其所传送的原始信息，那么问题就可以迎刃而解了。这样，既可采用通频带较窄的固定频率调谐的多级放大器放大变换后的信号，又解决了变换电台时调谐困难的问题。这种放大器的增益可以做得很高，也能保证一定的稳定性，对提高接收机的灵敏度十分有效。

将任意频率的高频已调波信号变换成某一固定频率的中频已调波信号，同时保持其调制规律不变的过程称为变频。具有该种频率变换作用的电路称为变频电路（或混频电路），又称变频器（或混频器）。变频器的关键技术在于仅变换高频已调波信号的载波频率，而不改变其调制规律。图 2—5—1 所示为调幅波变频前后波形和频谱的变化，其中 u_s 为变频前的高频已调波信号（载频为 f_c），u_I 为变频后的中频已调波信号（载频为 f_I）。从波形图上可以看出，经过变频后，包络形状保持不变，仅载波频率发生了变化（$f_I < f_c$）。从频谱图上也能明显地看出来，变频仅仅是把已调波的频谱不失真地从高频 f_c 位置

搬移到固定的中频 f_I 位置，而频谱的内部结构（各频率分量的相对大小和相互间的距离）并没有发生变化。因此，变频电路是一种典型的频谱线性搬移电路。

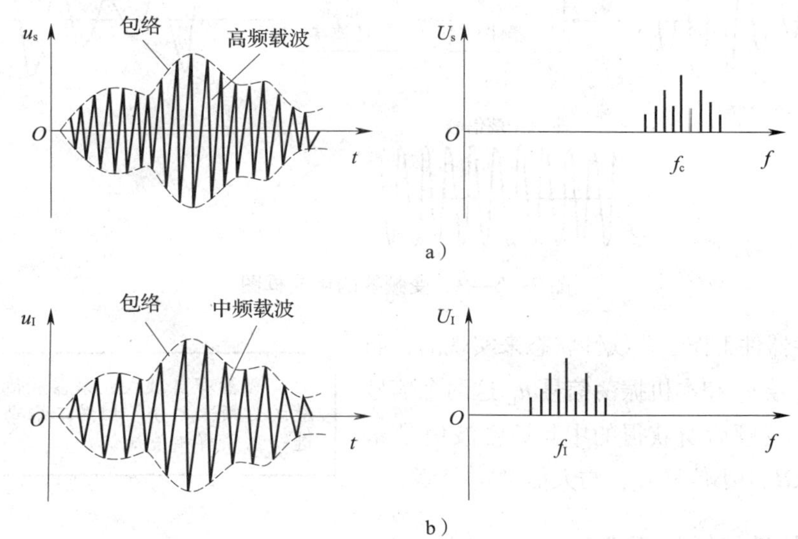

图 2—5—1　调幅波变频前后的波形和频谱变化

a）变频前　b）变频后

变频器不仅对调幅波有此变换作用，而且对调频波、调相波以及其他任何类型的高频信号也都具有同样的功能。另外需要指出的是，根据设备的不同要求，经变频后，输出信号频率可以低于输入信号频率，也可以高于输入信号频率。

二、变频器的组成及工作原理

各种二极管、晶体管、场效应管及模拟乘法器等器件都是非线性器件，非线性器件的输入量和输出量关系是非线性的，信号经过非线性器件会产生新的频率成分，即非线性器件具有频率变换作用。许多重要的无线电技术过程，如变频电路、倍频电路、调制电路和解调电路等正是利用非线性器件的这种频率变换作用才得以实现的。

图 2—5—2 所示为变频器的组成框图，变频器是由非线性器件和带通滤波器组成的。外来的高频调幅波信号和本机振荡信号经过非线性器件进行频率组合，然后通过带通滤波器（通常是 LC 并联谐振回路）选取它们的差频或和频分量，完成变频。我国规定超外差式收音机中频信号为差频信号，对于调幅波段，即本振信号的频率高于外来高频信号 465 kHz；对于调频波段，即本振信号的频率高于外来高频信号 10.7 MHz。

非线性器件在适当选择工作点且外来高频信号 u_s 很小的情况下，其非线性特性不占主导地位，可近似地看成线性器件。而本机振荡信号 u_L 的振幅比较大，属于大信号，非线性器件工作于非线性状态，所以变频电路属于非线性电路。变频器能完成变频作用，主

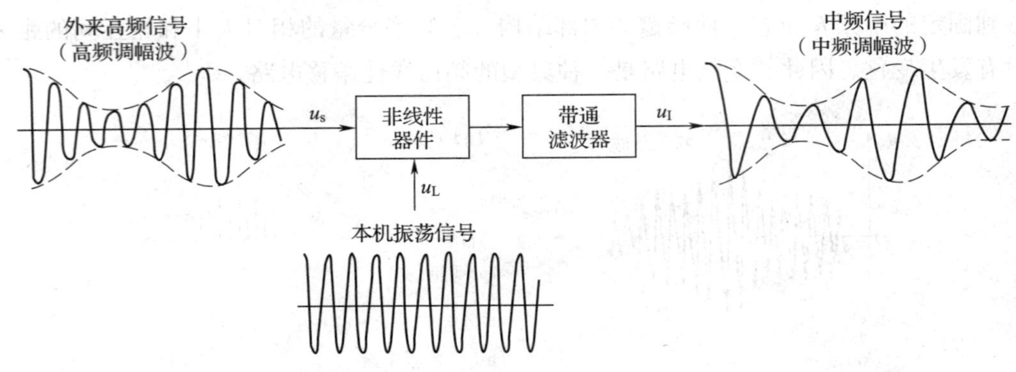

图 2—5—2　变频器的组成框图

要是靠非线性器件工作于非线性状态来实现的，而且外来高频信号 u_s 和本机振荡信号 u_L 这两个信号的振幅悬殊，变频后所获得的中频调幅波信号 u_I 的调制规律取决于小信号 u_s，与大信号 u_L 无关。

变频器有自激式变频器和他激式变频器之分。扫描二维码，进一步了解相关知识。

三、变频器的性能指标要求

1. 变频增益要高

变频增益有变频电压增益 G_{uc} 和变频功率增益 G_{pc}。

变频器输出的中频信号电压振幅 U_{im} 与输入的高频信号电压振幅 U_{sm} 之比，称为变频电压增益。用分贝表示为

$$G_{uc}=20\lg\ (U_{im}/U_{sm})\ (\text{dB}) \qquad (2—5—1)$$

变频器输出的中频信号功率 P_i 与输入的高频信号功率 P_s 之比，称为变频功率增益。用分贝表示为

$$G_{pc}=10\lg\ (P_i/P_s)\ (\text{dB}) \qquad (2—5—2)$$

显然，变频增益高对提高接收机的灵敏度有利。

2. 噪声系数要小

变频器处于接收机的前级，其噪声对整机影响最为严重，特别是没有高频小信号放大器时，接收机的总噪声系数主要决定于变频器的噪声系数。要使变频器的噪声系数小，必须适当选择变频电路的工作状态或选用低噪声的晶体管。

3. 选择性要好

变频器输出端接有谐振回路或滤波器，因此变频器的选择性主要决定于谐振回路或滤波器的选择性。

4. 变频失真与干扰要小

变频要用非线性器件，不可避免地会带来失真和干扰。如果变频后的中频调幅信号包

络与原输入的高频信号包络不同，则说明信号变频后产生失真，应该设法减小或消除。在变频过程中，除有用信号外，还可能产生一些干扰，妨碍电路正常工作，必须将干扰减小到最低程度。

5. 本振频率要稳定

因为接收机中频放大器的通频带是一定的，如果本振频率不稳定，偏离中心频率过大，则输出中频信号就会产生失真，严重时甚至会越出中频放大器通带之外，而使电路无法工作。因此，在接收机中需选择频率稳定性好的本振电路，必要时采取稳频措施，以保证接收机正常工作。

四、晶体管变频器

晶体管变频器是采用晶体管这一非线性器件来进行频率变换的一种变频器。由于晶体管变频器的变频增益较高，所以在中短波广播接收机和测量仪器中被广泛采用。

1. 晶体管变频器的电路形式

晶体管起变频作用的原理是通过适当偏置使发射结（相当于一个二极管）具有非线性特性，产生中频电流经晶体管放大，再由谐振回路选取出中频信号。因此变频级的晶体管同时完成两个任务：一是变换频率；二是对中频信号进行放大。这是晶体管变频器具有变频增益的原因。

根据晶体管的组态和本振电压注入点的不同，晶体管变频器有如图 2—5—3 所示的四种电路形式。其中图 2—5—3a 和图 2—5—3b 为共发射极变频电路，图 2—5—3a 表示外

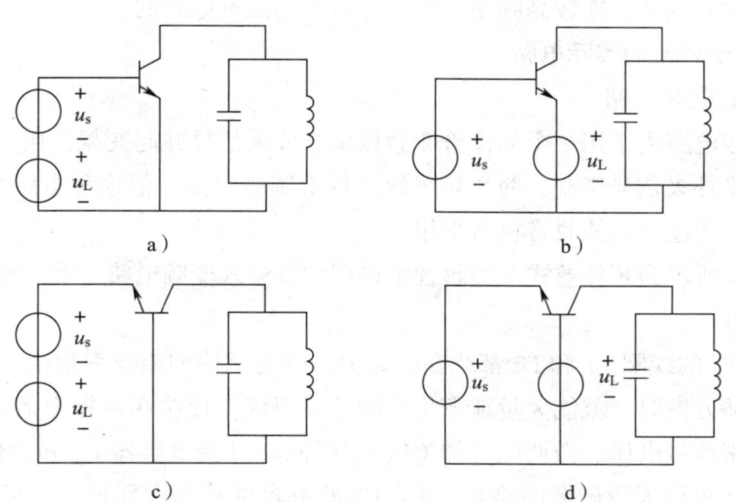

图 2—5—3 晶体管变频器的电路形式

a）u_s 基极输入，u_L 基极注入 b）u_s 基极输入，u_L 发射极注入

c）u_s 发射极输入，u_L 发射极注入 d）u_s 发射极输入，u_L 基板注入

来高频信号 u_s 由基极输入，本振信号 u_L 也由基极输入。图 2—5—3b 表示外来高频信号 u_s 由基极输入，本振信号 u_L 由发射极输入。图 2—5—3c 和图 2—5—3d 为共基极变频电路，图 2—5—3c 表示外来高频信号 u_s 由发射极输入，本振信号 u_L 也由发射极输入，图 2—5—3d 表示外来高频信号 u_s 由发射极输入，本振信号 u_L 由基极输入。

上述电路的共同特点是：不论本振信号输入方式如何，外来高频信号 u_s 和本振信号 u_L 都是加在基极和发射极之间，并且利用集电极电流 i_C 和发射结上电压 u_{BE} 的非线性关系进行频率变换。

图 2—5—3a 所示电路对于本振信号来说是共发射极电路，输入阻抗较大，因此用作变频时，本振电路比较容易起振，需要的本振信号注入功率也较小，这是它的优点。但是外来高频信号与本振信号都加到基极，外来高频信号对本振信号有影响，可能会产生频率牵引现象，即本振频率 f_L 受外来高频信号频率 f_c 的牵引，出现 $f_L = f_c$ 的现象，从而得不到中频输出，所以不宜采用此种电路。

图 2—5—3b 所示电路的外来高频信号与本振信号分别从基极输入和发射极注入，相互影响小，不易产生频率牵引现象。同时，对于本振信号来说是共基极电路，其输入阻抗较小，不易过激励，因此振荡波形好，失真小，但需要较大的本振注入功率，此种电路应用较多。

图 2—5—3c 和图 2—5—3d 两种电路都是共基极变频电路，在较低的频率工作时，变频增益低，输入阻抗也较低，因此在频率较低时一般都不采用。但在较高的频率工作时（几十兆赫），因为共基极电路的截止频率 f_α 比共发射极电路的截止频率 f_β 要高很多，所以变频增益较大。因此，在较高频率工作时也有采用该种电路的。

2. 晶体管变频器的实际电路

（1）自激式变频电路

自激式变频电路由于用一个晶体管兼做振荡管放大信号并起变频作用，所以在高频时振荡频率容易受外来信号牵制，两个频率越接近牵制越严重；但这种电路所用元件较少，线路简单，为一般超外差式收音机所采用。

图 2—5—4 所示为超外差式调幅收音机典型的自激式变频电路。本机振荡和变频共用一只晶体管 VT1。

磁性天线 T1 的线圈 L1 和 L2 都绕在磁棒上。因为磁棒的磁导率很高，所以当它平行于电磁场的传播方向时，就能大量地聚集空间的磁感线，使绕在磁棒上的调谐线圈 L1 感应出较高的外来信号电压。微调电容器 C1、双联同轴可变电容器 C_{2a} 和磁性天线线圈 L1 组成输入电路（也称天线调谐回路）。调节 C_{2a} 的电容量从最大到最小，可以使天线调谐回路的谐振频率在最低的 535 kHz 到最高的 1 605 kHz 范围内连续变化。天线调谐回路的作用是调节它自身的固有频率，使其同许多外来信号中的某一电台频率一致，即产生谐振，从而大大提高 L1 两端的这个外来信号电压，同时压低 L1 两端其他非谐振的那些外来

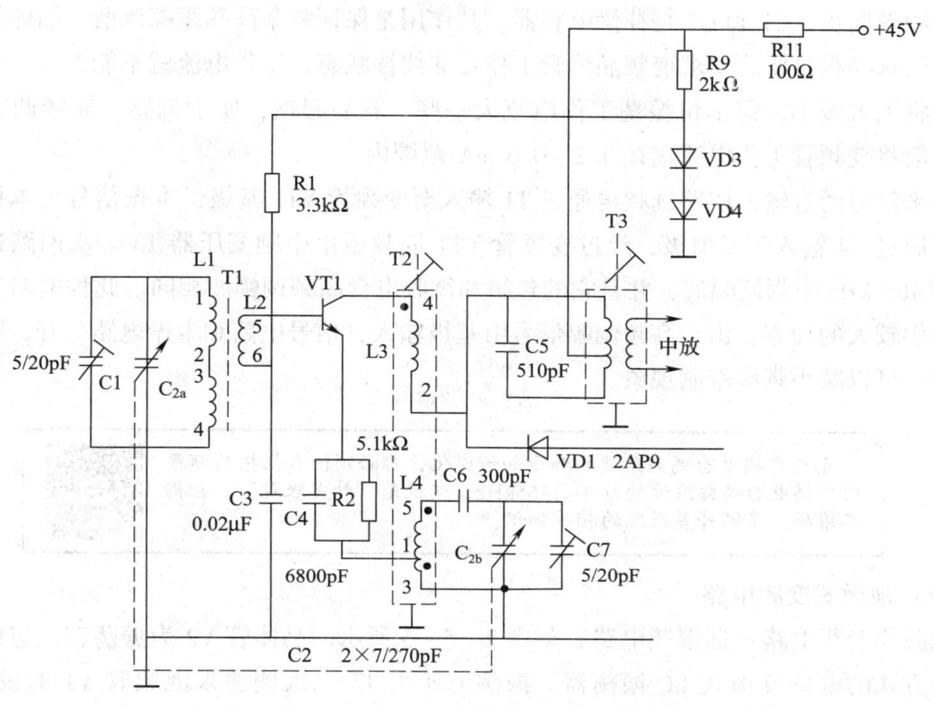

图 2—5—4 自激式变频电路

信号电压，以达到选频的目的。天线调谐回路一端接地，可以减少人体感应现象。否则，如果人体靠近 C_{2a}时，天线调谐回路的频率将有所改变。经天线调谐回路选择后的信号电压感应给 L2，送到变频管 VT1 的基极。

高频变压器 T2 是振荡变压器（也称振荡线圈），VT1、T2、C6、C7 及 C_{2b}等构成变压器反馈式振荡电路，L4、C6、C7 及 C_{2b}组成了振荡回路。因为 C_{2b}和 C_{2a}是双联同轴可变电容器，所以振荡回路和输入回路可以统一调谐，正好接收 535 ~ 1 605 kHz 的外来信号。振荡线圈 L3 的 4 端与振荡线圈 L4 的 5 端这两点的感应电压极性应该一致，才能保证振荡电路形成正反馈，同时要保证振荡线圈 L4 的抽头 1 端和 5 端的极性也一样，通过耦合电容 C4 接到变频管 VT1 的发射极。图 2—5—4 中，振荡线圈 L4 的 3 端是接地的，1 端是向变频管 VT1 发射极注入振荡信号的。由于 VT1 的基极是经过天线线圈的次级（极少的几圈）和电容器 C3 接地的，它们对振荡信号（高频）呈现出极小的阻抗，这就构成了变压器反馈式共基调发振荡电路。

R1 为晶体管 VT1 的基极偏置电阻，R2 为射极电阻，起直流负反馈稳定工作点作用，同时又是振荡回路负载电阻。C3 为高频旁路电容器，为输入的电台信号和本机振荡信号提供交流通路。C4 为振荡耦合电容器。应当指出，电容器 C3 和电容器 C4 的容量与振荡电路工作频率有关，容量选择要合适。C6 是垫整电容，其作用是保证低频振荡频率与输入信号频率同步。C1 和 C7 是补偿电容器，其作用是保证频率高端跟踪调谐。晶体管 VT1 工作点的选择很重要。要求变频晶体管工作在非线性状态，工作电流就不能太大，否则变频增益将大大减小。但本机振荡工作电流大一些，容易起振，便于调整。兼顾两方面因素，一般将变频管工作电流选在 0.2 ~0.6 mA 范围内。

外来信号通过输入回路选频再通过 T1 输入至变频管 VT1 基极，本振信号由本振回路产生并通过 C4 输入到发射极，经过变频管 VT1 混频后由中频变压器 T3 一次回路选频即可得到 465 kHz 中频调幅波，并且它的包络和欲收电台高频调幅波相同。此种电路要求本振能提供较大的功率，由于高频调幅信号由基极输入，信号电路和本振电路分开，互相耦合较弱，可以减小频率牵制现象。

无论广播电台高频载波的频率如何变化，都必须使本机振荡频率比广播电台高频载波的频率高465kHz，这就是“外差跟踪”。扫描二维码，了解外差跟踪的相关知识。

（2）他激式变频电路

他激式变频电路（即混频电路）如图 2—5—5 所示。晶体管 V2 为振荡管，组成共基极连接方式的电感反馈式 LC 振荡器。振荡电压由 T3 二次侧注入混频管 V1 的发射极，R10 为其发射极电阻，C12 是旁路电容，使振荡电压施加于 V1 发射极至地之间。外来高频信号经高频变压器 T1 二次侧输入 V1 基极，中频信号（差频信号）由中频变压器 T2

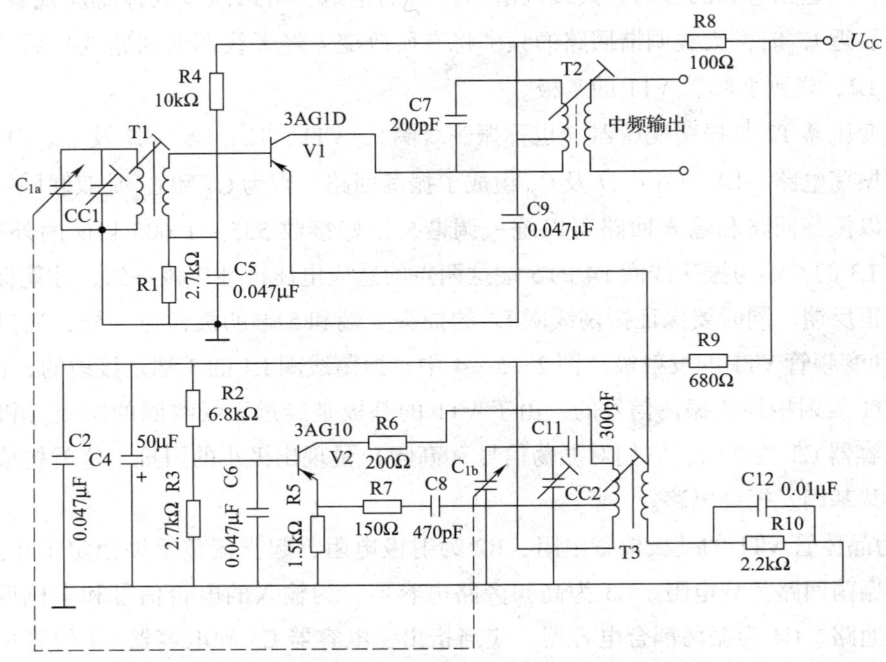

图 2—5—5　他激式变频电路

二次侧输出。由于他激式变频电路本机振荡与混频分别由 V2、V1 两个晶体管担任，可以各自选择最佳工作状态，一般要求 V1 工作电流选在 0.3～0.5 mA，V2 工作电流选在 0.5～0.8 mA，信号电路和本振电路各自分开，互相影响很小，所以此种电路容易调整，稳定性好，工作频率较高。与自激式变频电路相比，他激式变频电路某些性能有所提高，特别在高频时振荡频率不易受外来高频信号牵制，故常用在要求比较高的接收机中。

五、模拟乘法器混频器

随着集成电路技术的发展，模拟乘法器已经成为一种普遍应用的非线性器件。模拟乘法器用于频率变换时有比分立器件更好的特性，广泛地应用于无线电广播、电视和通信设备的有关电路中。

1. 模拟乘法器

模拟乘法器是对两个模拟信号（电压或电流）实现相乘功能的有源非线性器件，其主要功能是实现两个互不相关信号相乘，即输出信号与两输入信号的乘积成正比。模拟乘法器有两个输入端口 X、Y，一个输出端口 Z，是一个三端非线性网络，其电路符号如图 2—5—6 所示。

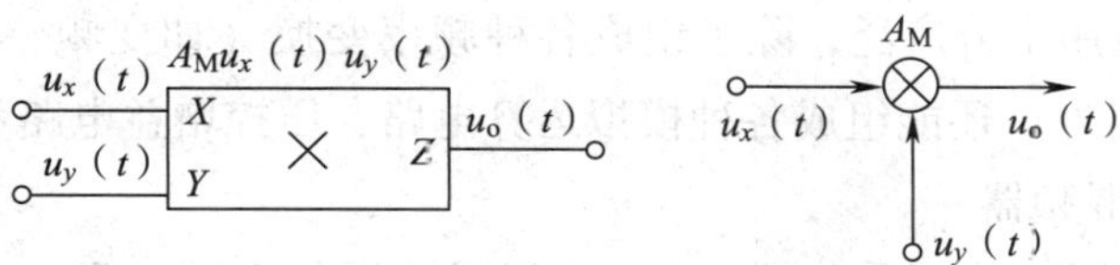

图 2—5—6　模拟乘法器电路符号

一个理想的模拟乘法器，其输出端的瞬时电压 $u_o(t)$ 仅与两输入端的瞬时电压 $u_x(t)$ 和 $u_y(t)$ 的乘积成正比，不含任何其他分量。模拟乘法器的输出电压可表示为

$$u_o(t)=A_M u_x(t)\ u_y(t)$$

式中，A_M 为相乘增益，其数值取决于模拟乘法器的电路参数。理想的模拟乘法器具有无限大的输入阻抗及零输出阻抗。如果它的任意一路输入电压为 0 时，则输出电压就为 0。即它的失调、漂移和噪声电压均为 0。

常见的模拟乘法器产品有 BG314、F1595、F1596、MC1495/MC1595、MC1496/MC1596、LM1595、LM1596 等。图 2—5—7 所示为 Motorola 公司生产的模拟乘法器 MC1496/MC1596 的引脚图，各引脚功能见表 2—5—1。

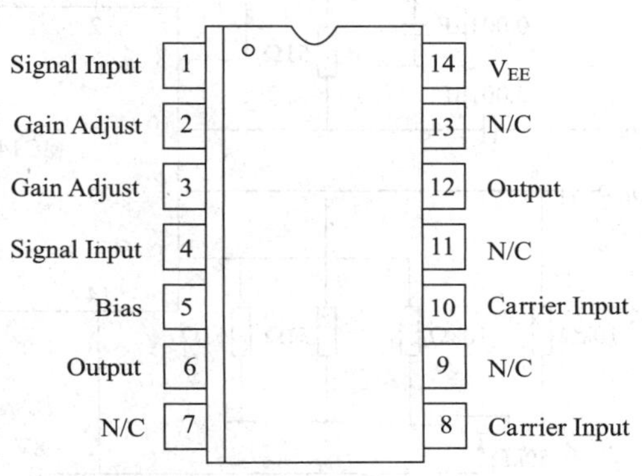

图 2—5—7　MC1496/MC1596 的引脚图

表 2—5—1　　MC1496/MC1596 引脚功能

编号	功能	编号	功能
1	信号输入正端	8	载波输入正端
2	增益调节端	9	空脚
3	增益调节端	10	载波输入负端
4	信号输入负端	11	空脚
5	偏置端	12	负电流输出端
6	正电流输出端	13	空脚
7	空脚	14	负电源

模拟乘法器 MC1496/MC1596 工作频率高，常用作混频、调制和解调等。通常 X 通道（1、4 脚）作为已调波信号或调制信号的输入端，而本振信号或载波信号从 Y 通道（8、10 脚）输入。当 X 通道输入是小信号（小于 26 mV）时，输出信号是 X、Y 通道输入信号的线性乘积。

模拟乘法器的应用十分广泛，除了组成各种频率变换（如变频、倍频、调幅、检波、鉴频、鉴相等）电路外，还能组成各种模拟运算电路、压控增益电路和整流电路等。

2. 模拟乘法器混频器

图 2—5—8 所示是由模拟乘法器 MC1496 组成的混频电路。调幅波信号 u_s 由 X 通道（1、4 脚）输入，本振信号 u_L 由 Y 通道（8、10 脚）输入，中频（9 MHz）信号 u_I 由 6 脚

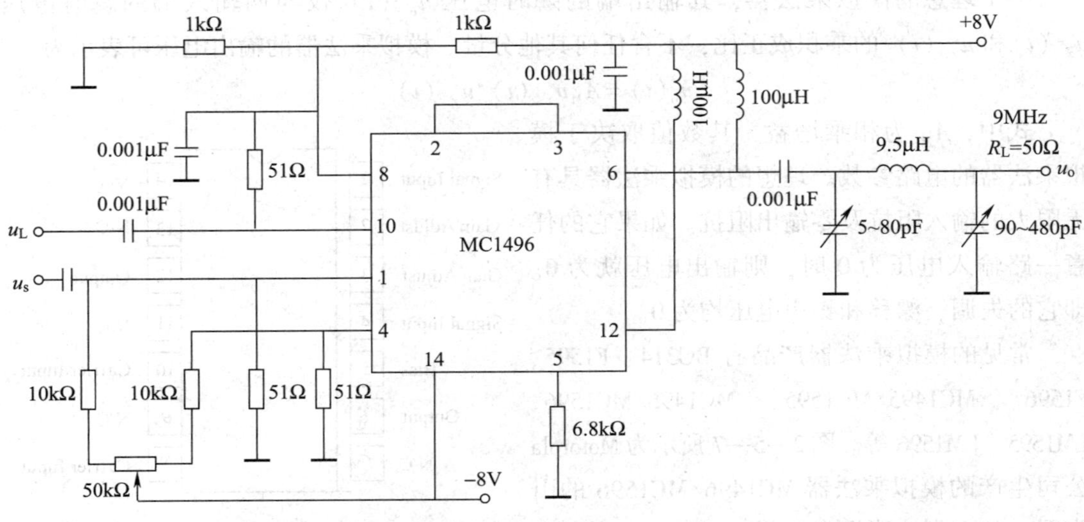

图 2—5—8　模拟乘法器 MC1496 组成的混频电路

单端输出。输出端 π 型带通滤波器调谐在 9 MHz，回路带宽为 450 kHz。本振注入电平为 100 mV，调幅波信号电压为 5 ~ 7.5 mV，混频增益达 13 dB。调节 50 kΩ 电位器使 1、4 脚直流电位差为零。

任务实施

一、实训器材

实施本任务所使用的实训设备及材料可参考表 2—5—2。

表 2—5—2　　实训设备及材料参考表

类别	序号	名称	型号与规格	数量	单位
设备	1	计算机	装有 Multisim12 仿真软件	1	台
	2	无线电基础一体化实训箱	HD - WXD - Ⅰ型	1	只
	3	万用表	MF47 型	1	块
	4	双踪示波器	普源 RIGOL DS1102U 型	1	台
	5	高频信号发生器	普源 RIGOL DG1022 型	1	台
	6	直流稳压电源	3 ~ 15 V 输出	1	台
材料	7	晶体管变频器套件	WXD2 - 5 型	1	套
	8	焊锡	—	1	卷
	9	松香	—	1	盒

二、变频器仿真

1. 晶体管变频器仿真

(1) 绘制电路

打开 Multisim12 仿真软件，新建电路文件，在电路工作区绘制如图 2—5—9 所示晶体管变频器仿真电路。其中调幅（AM）信号源 V1 的放置方法为：点击元器件（Components）工具栏中的放置源（Place Source）按钮 ÷，在弹出的“选择一个元器件（Select a Component）”窗口中，选择“Sources 组/ SIGNAL_VOLTAGE_ SOURCES 系列/AM_ VOLTAGE”进行放置，并按照图中所示设置参数，另外调制指数（Modulation index）设置在 0 ~ 1 之间即可，这里假定设置为 0.8。双踪示波器 XSC1 用来显示输入、输出信号的波形。频率计数器 XFC1 用来测量变频器输出信号的频率。

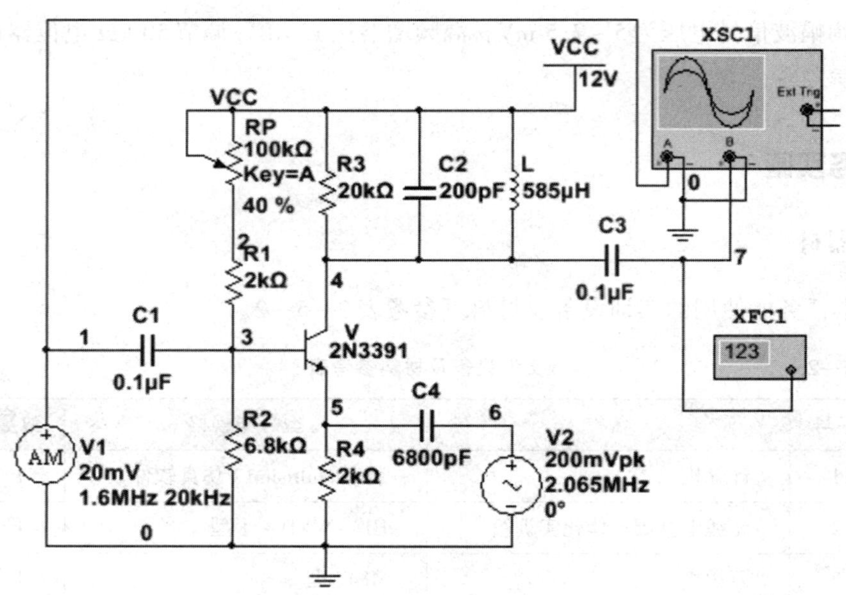

图 2—5—9　晶体管变频器仿真电路

本电路为调幅（AM）收音机的晶体管变频电路，它由晶体管 V、输入信号源 V1（AM 信号）、本振信号源（正弦波信号）V2、LC 谐振回路等组成。1.6 MHz 的 AM 信号 V1 和 2.065 MHz 的正弦波信号 V2 一起加到非线性器件晶体管 V 进行频率组合，然后由 LC 谐振回路选取它们的差频，即输出中频 465 kHz 的调幅（AM）波。

（2）直流工作点分析

图 2—5—10 所示为晶体管变频器直流工作点分析图示仪视图（Grapher View），通过此窗口可查看电路直流工作点情况窗口。

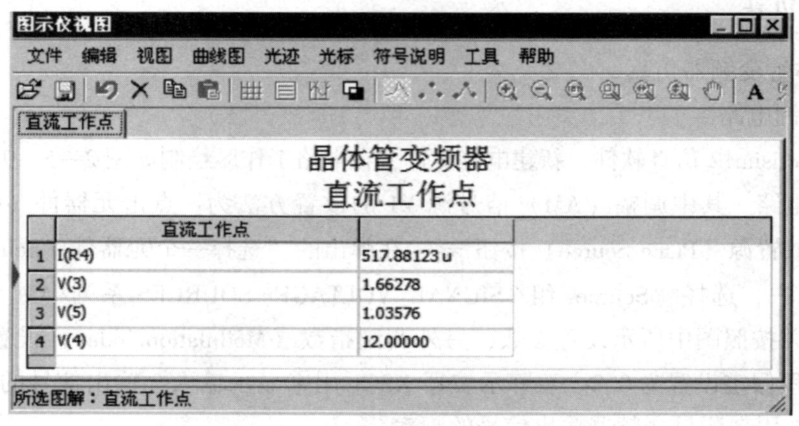

晶体管变频器
直流工作点

	直流工作点	
1	I(R4)	517.88123 u
2	V(3)	1.66278
3	V(5)	1.03576
4	V(4)	12.00000

图 2—5—10　直流工作点分析图示仪视图窗口

(3) 输入输出电压波形测试

图 2—5—11 所示为示波器 XSC1 测得的晶体管变频器输入、输出电压波形。

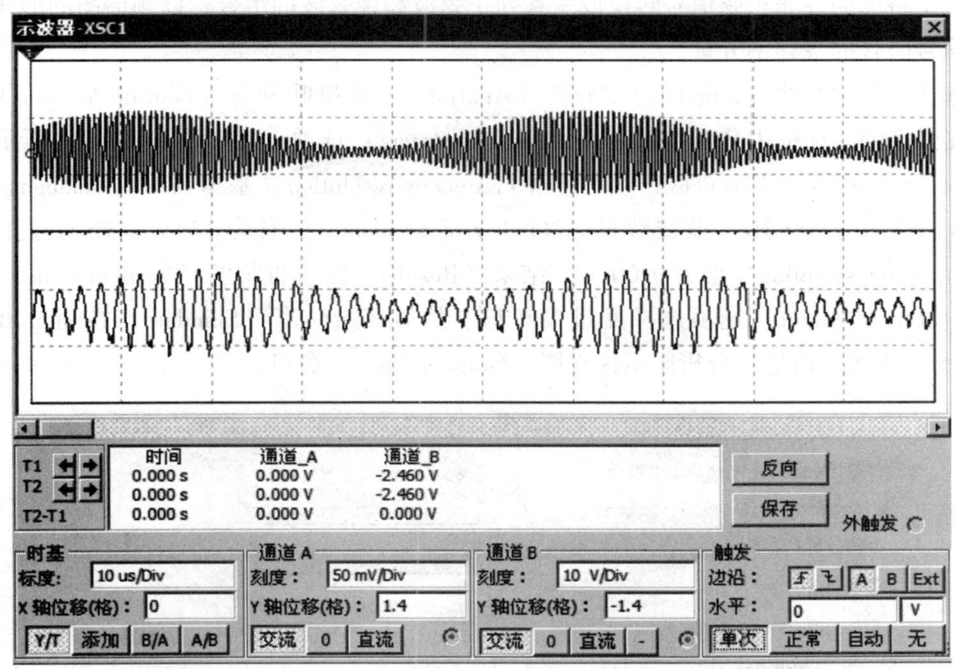

图 2—5—11　晶体管变频器输入、输出电压波形

图 2—5—12 所示为频率计数器 XFC1 测得的输出电压频率，约为 465 kHz。

图 2—5—12　晶体管变频器输出电压频率

(4) 输出信号频率成分检测

可以在电路输出端接上频谱分析仪来分析输出信号频率成分，也可以利用傅里叶分析

(Fourier Analysis) 方法来分析输出信号频率成分。傅里叶分析方法是分析周期性非正弦信号的一种数学方法，用于分析时域信号的直流分量、基频分量和谐波分量。该分析方法实际上是将周期性非正弦信号转换成一系列正弦波和余弦波的组合，以频谱图的形式显示时域信号所含的各频率分量。

选择菜单“仿真（Simulate）/分析（Analysis）/傅里叶分析（Fourier Analysis）”命令，在弹出的对话框中分析参数（Analysis Parameters）选项设置如图 2—5—13 所示：取样选项（Sampling options）区，频率分解 Frequency resolution（基本频率 Fundamental Frequency）设为 5 000 Hz，谐波数量（Number of harmonics）设为 120，取样的停止时间 (Stop time for sampling) 设为 0. 001 s；结果（Results）区垂直刻度（Vertical scale）选择线性；输出（Output）选项选择变量 V（7）。然后点击仿真（Simulate）按钮，出现如图 2—5—14 所示傅里叶分析图示仪视图（Grapher View）窗口。

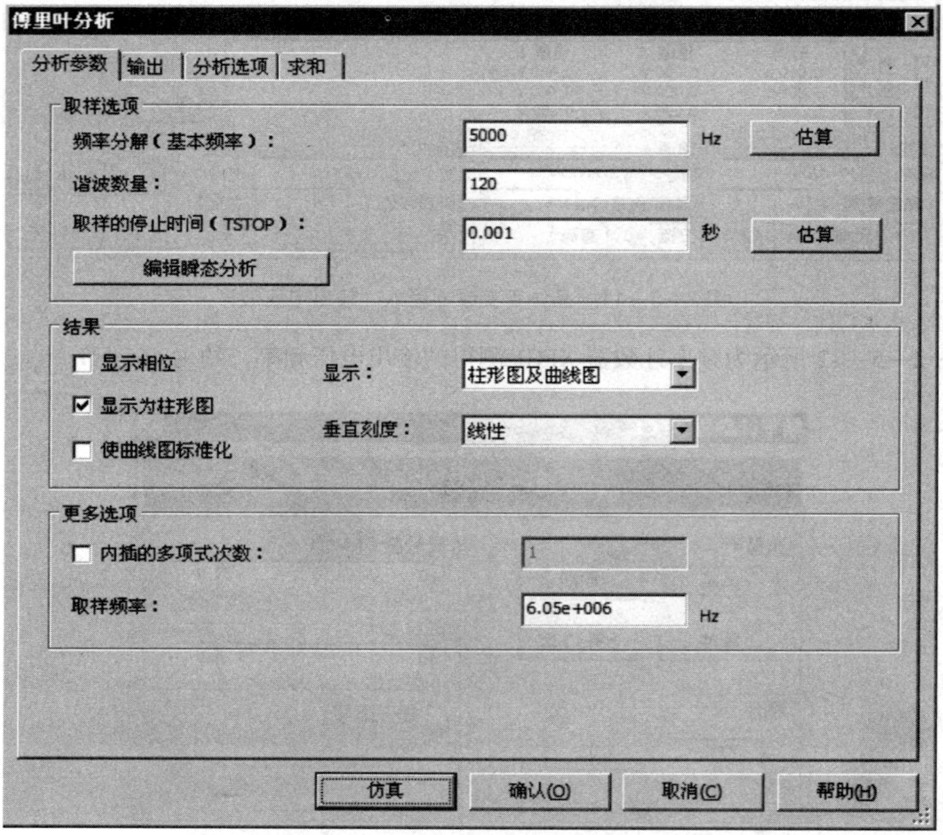

图 2—5—13 傅里叶分析对话框中分析参数选项设置

96	88	440000	0.120237	63.
97	89	445000	1.09634	-13
98	90	450000	0.371077	93.
99	91	455000	0.229881	112
100	92	460000	0.372102	-77
101	93	465000	4.43904	100
102	94	470000	0.0590365	-76
103	95	475000	0.109965	-41

a）

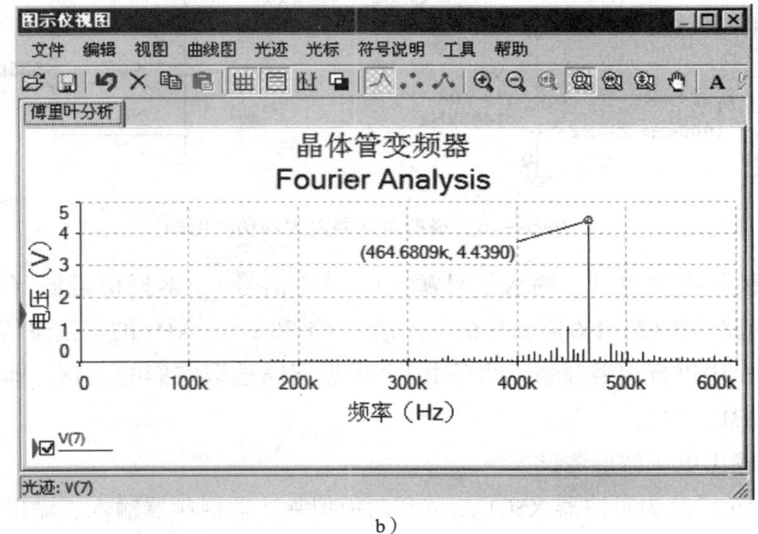

b）

图 2—5—14　傅里叶分析图示仪视图窗口

a）傅里叶分析表　b）傅里叶分析图

操作提示

傅里叶分析参数选取原则是：频谱横坐标有效范围 = 基频 × 谐波数，所以这里必须进行简单估算，以确定各参数取值。

在图 2—5—14b 所示频谱中，利用光标读数功能，可以直观地读出输出信号的（中频）频率为 464. 680 9 kHz，幅度为 4. 439 0 V。

2. 模拟乘法器混频器仿真

（1）绘制电路

打开 Multisim12 仿真软件，新建电路文件，在电路工作区绘制如图 2—5—15 所示模拟乘法器混频器仿真电路。其中 V1 为调幅信号源，V2 为本振信号源，A 为模拟乘法器，双踪示波器 XSC1 用来显示输入、输出信号的波形。模拟乘法器 A 放置方法如下：点击元器件（Components）工具栏中的放置源（Place Source）按钮 ÷，在弹出的“选择一个元器件（Select a Component）”窗口中，选择“Sources 组/ CONTROL_ FUNCTION_ BLOCKS 系列/MULTIPLIER”进行放置。

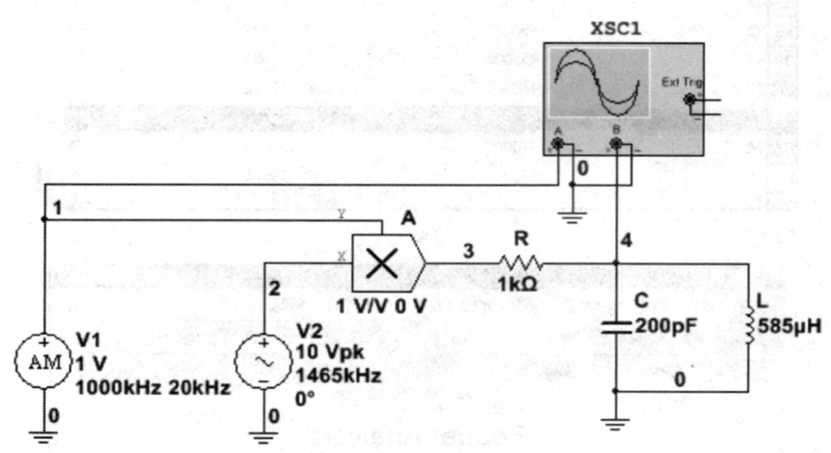

图 2—5—15 模拟乘法器混频器仿真电路

该电路由模拟乘法器 A、输入信号源 V1（AM 信号）、本振信号源（正弦波信号）V2、LC 谐振回路等组成。1 000 kHz 的 AM 信号 V1 和 1 465 kHz 的正弦波信号 V2 一起加到模拟乘法器 A 中进行相乘混频，然后由 LC 谐振回路选取它们的差频，即输出 465 kHz 的中频调幅（AM）波。

（2）输入输出电压波形测试

图 2—5—16 所示为示波器 XSC1 测试到的模拟乘法器混频器输入、输出电压波形。

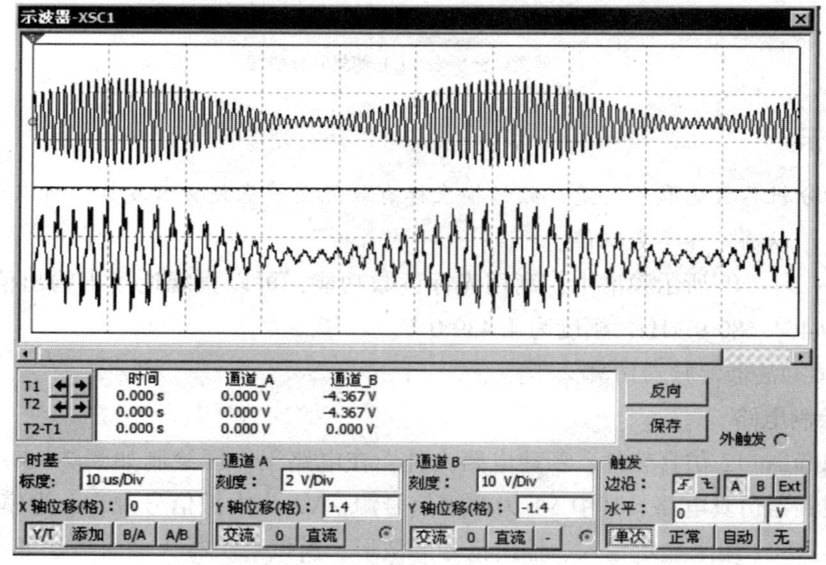

图 2—5—16 模拟乘法器混频器输入、输出电压波形

(3) 傅里叶分析

通过傅里叶分析，可以得到模拟乘法器混频器输出信号的频率和幅度，读者可以按照前述方法自行仿真，不再赘述。

三、晶体管变频器安装与调试

图 2—5—17 所示为调幅广播接收机中的晶体管变频电路原理图。该晶体管变频电路的作用是将中心频率为 535～1 605 kHz 的高频调幅信号变换为 465 kHz 的中频调幅信号。

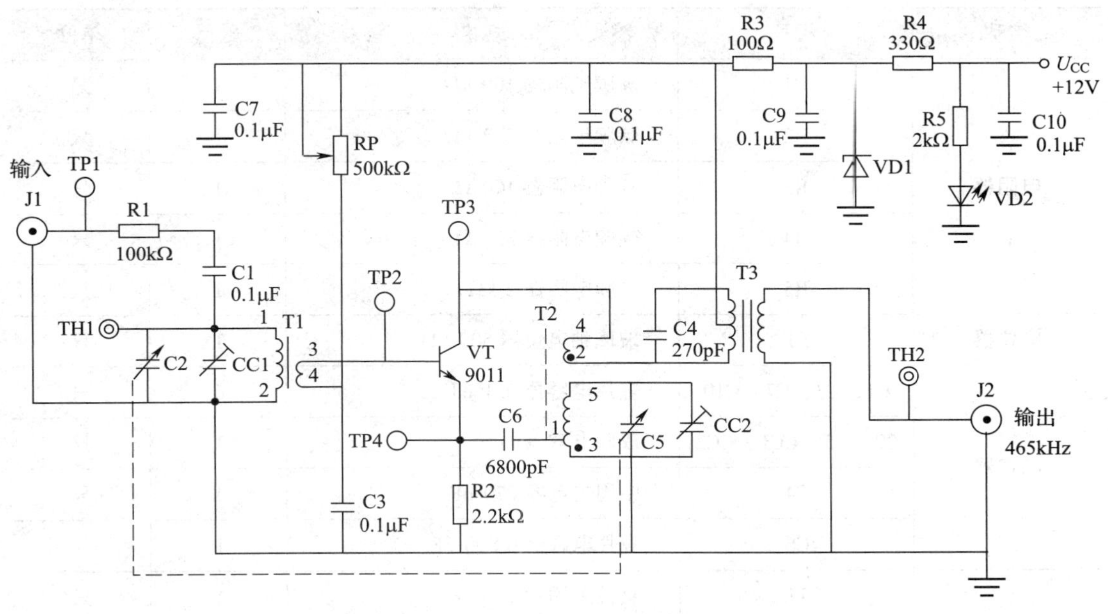

图 2—5—17　晶体管变频电路原理图

晶体管 VT 为变频管，其作用是把通过输入调谐电路收到的不同频率的电台信号（高频调幅波信号）变换成固定的 465 kHz 的中频信号（中频调幅波信号）。VT、T2、C5、CC2 等元件组成本机振荡电路，作用是产生一个比输入信号频率高 465 kHz 的等幅高频振荡信号。由于 C6 对高频信号相当于短路，T1 的二次绕组的电感又很小，为高频信号提供了通路，所以本机振荡电路是共基极电路，振荡频率由 T2、C5、CC2 控制，调节 C5、CC2 可以改变本机振荡频率。T2 是振荡线圈，其一次线圈、二次线圈绕在同一磁芯上，它们把晶体管 VT 的集电极输出的放大了的振荡信号以正反馈的形式耦合到振荡回路。本机振荡的电压由 T2 的抽头引出，通过 C6 耦合到晶体管 VT 的发射极上。

混频电路由晶体管 VT 和中频变压器 T3 等组成，是共发射极电路。其工作过程是：高频调幅波信号从 J1 输入，经选频回路选频，通过 T1 的二次线圈送到 VT 的基极，本机振荡信号又通过 C6 送到 VT 的发射极，高频调幅波信号和本振信号在 VT 中进行混频，由于晶体管 VT 的非线性特性，产生众多的组合频率信号，其中有一种是本机振荡频率和高频调幅波信号频率的差等于465 kHz 的信号，即为中频信号。晶体管 VT 的负载是中频变压器 T3 的一次线圈和内部电容 C4 组成的并联谐振电路，谐振频率 465 kHz，可以把 465 kHz 的中频信号从多种频率中选择出来，并通过 T3 的二次线圈耦合到下一级去，而滤除其他频率信号。

晶体管变频电路元器件清单见表 2—5—3。

表 2—5—3　　晶体管变频电路元器件清单

名称	代号	规格	数量	单位
电阻器	R1	碳膜电阻器 100 kΩ	1	只
	R2	碳膜电阻器 2. 2 kΩ	1	只
	R3	碳膜电阻器 100 Ω	1	只
	R4	碳膜电阻器 330 Ω	1	只
	R5	碳膜电阻器 2 kΩ	1	只
电位器	RP	玻璃釉电位器 500 kΩ	1	只
电容器	C1、C3、C7 ~ C10	瓷片电容器 0. 1 μF	6	只
	C2、C5、CC1、CC2	双联电容器	1	只
	C4	中周内电容 270 pF	1	只
	C6	瓷片电容器 6 800 pF	1	只
变压器	T1	磁性天线	1	只
	T2	振荡线圈 ML - 7B	1	只
	T3	中周 TF1	1	只
二极管	VD1	稳压二极管 1N4730，3. 9 V	1	只
	VD2	发光二极管 3 mm 红色	1	只
晶体管	VT	双极型晶体管 9011	1	只

1. 元器件识别与检测

按照元器件清单，核对元器件的数量和规格，然后进行元器件的识别和检测，确认元器件质量完好。对于性能差或已损坏的元器件要予以更换。

（1）双联可变电容器

可调电容器由一组定片和一组动片组成，其容量随动片的转动而连续改变。几只可变电容器的动片合装在同一转轴上，就可以组成同轴的多联可变电容器，例如双联可变电容器（简称双联，图 2—5—18）、四联可变电容器（简称四联）等，通常在无线电接收电路中作调谐电容器用。

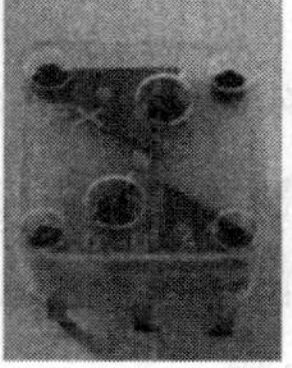
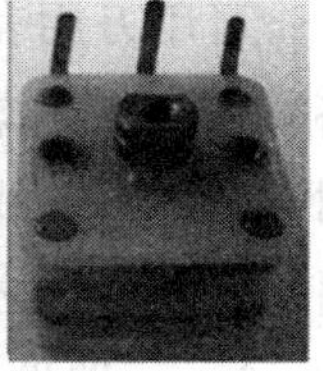
图 2—5—18　双联可变电容器（实物）

双联可变电容器每一联都由可变电容器和微调电容器组合而成，前者电容量可在较大范围内连续变化，后者的电容量变化范围较小。双联电容通常都比较小，主要是检测其动、定片之间的结构是否良好以及是否碰片、漏电。

1）用手缓慢旋转转轴，应感觉十分平滑，不应有时松时紧甚至卡滞的状况。将转轴向前、后、上、下、左、右各方向推动时，转轴不应有摇动。

2）将万用表置于 R×10 k 或 R×1 k 挡，一只手将两支表笔分别连接双联的动片和定片的引出端，另一只手将转轴缓慢来回转动，万用表的指针都应在无穷大处不动。如果指针有时指向零，则说明动片和定片之间存在短路点；如果旋到某一角度，万用表读数不是无穷大而是有限阻值，则说明动片和定片之间存在漏电现象。

（2）磁性天线

在调幅广播接收机中，为了提高输入回路的选择性和灵敏度，都广泛采用磁性天线，如图 2—5—19 所示。磁性天线由磁棒、一次线圈和二次线圈组成，工作频率比较高，因此是一种高频变压器。

将万用表拨在 R×1 挡，测量磁性天线磁棒上的多匝线圈（1—2）和少匝线圈（3—4），应该有一定的直流阻值。如果磁棒断裂，线圈阻值为 0（有短路现象）或∞（有断路现象）等，需要更换磁性天线。

（3）振荡线圈

振荡线圈实际上是一种高频变压器，与双联可变电容器组成振荡回路，以产生一个比外来信号高 465 kHz 的高频等幅信号。如图 2—5—20 所示，振荡线圈的整个结构装在金属屏蔽罩内，下面有引出脚，上面有调节孔，磁帽和磁芯都是由铁氧体制成的。线圈绕在磁芯上，再把磁帽罩在磁芯上，磁帽上有螺纹，可在尼龙支架上旋上旋下，从而调节了线圈的电感量。

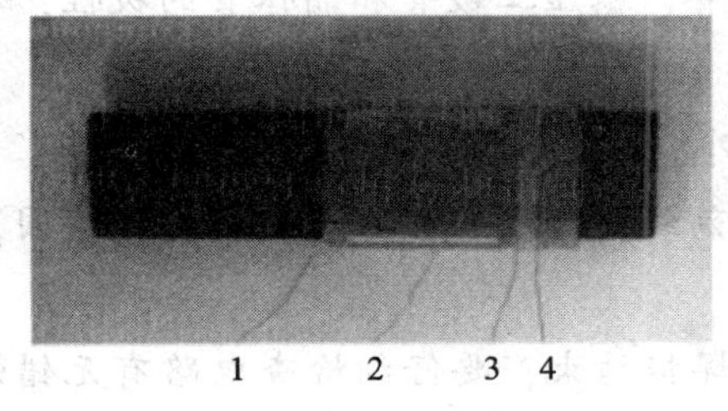

图 2—5—19　磁性天线（实物）

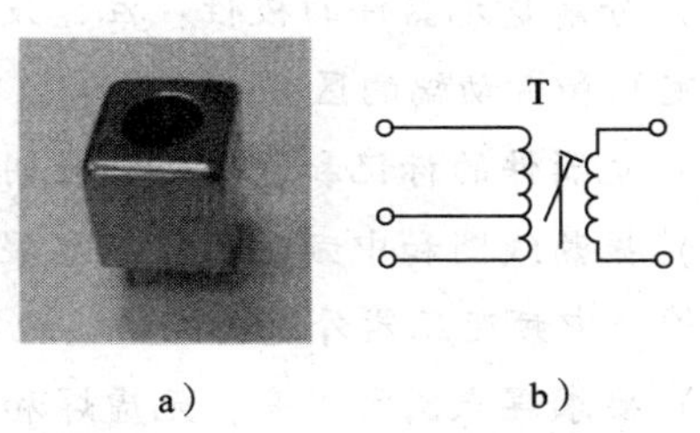

图 2—5—20　振荡线圈
a）实物图　b）电路图

可用万用表电阻挡检测振荡线圈的直流电阻值。若被测线圈阻值为0，说明线圈有短路故障。注意操作时一定要将万用表调零，反复测试几次。若被测线圈阻值为∞，说明线圈或引出脚与线圈接点处发生了断路故障。另外，还应该测量一次、二次线圈之间以及线圈与金属外壳之间有无短路碰线等现象。

2．元器件安装

晶体管变频器印制电路板装配图如图2—5—21所示。按照先低后高、先小后大、先轻后重的原则进行元器件插装。本电路元器件插装焊接参考顺序为：①电阻器、二极管；②电位器；③瓷片电容器；④晶体管；⑤中频变压器、振荡线圈；⑥双联可变电容器、磁性天线。

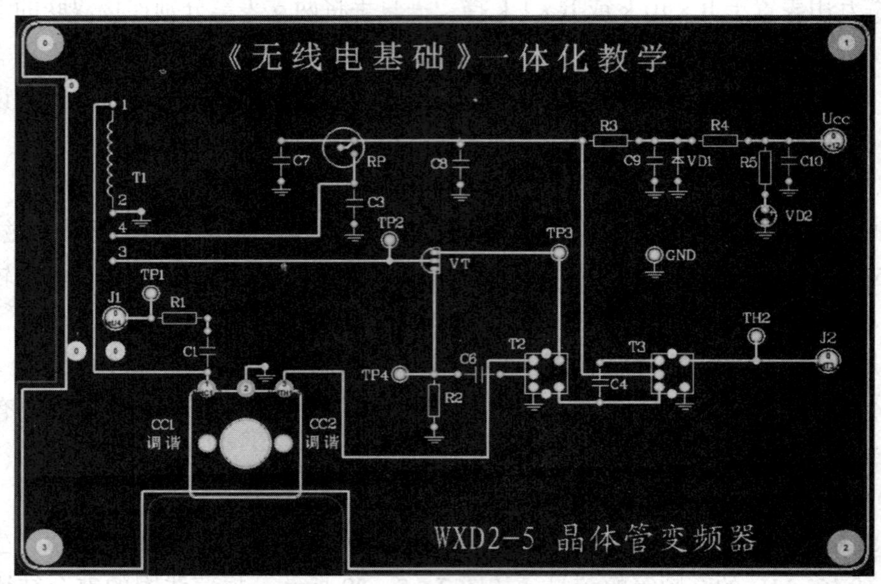

图2—5—21　晶体管变频器印制电路板装配图

操作提示

（1）分清楚元器件的极性：注意发光二极管、稳压二极管和晶体管的极性，电位器注意固定端和滑动端的区分。

（2）元器件的标记和色码部位应朝上或朝外，以便于观察辨认。

（3）振荡线圈和中频变压器不要混淆。振荡线圈外壳应弯脚与铜箔焊接牢固，多余引脚剪掉。中频变压器外壳要焊接接地牢固。

（4）要求焊点圆滑光亮，无虚焊和漏焊。焊接结束，要仔细检查电路有无错焊、漏焊、虚焊、半边焊，以及焊接时造成的短路等问题，若有上述情况应予及时排除。检查时可用镊子将每个元器件拉一拉，查看有无松动，如果发现有松动现象，要重新焊接。

以下重点介绍双联可变电容器和磁性天线的安装。

(1) 双联可变电容器安装

将双联可变电容器安装在印制电路板正面（元件面），用两只 M2.5×5 螺钉固定，并将双联引脚超出电路板部分弯脚后焊牢。

(2) 磁性天线组合件安装

如图 2—5—22 所示，将磁棒套入天线线圈及磁棒支架，并用 M2.5×5 螺钉固定于电路板相应位置。

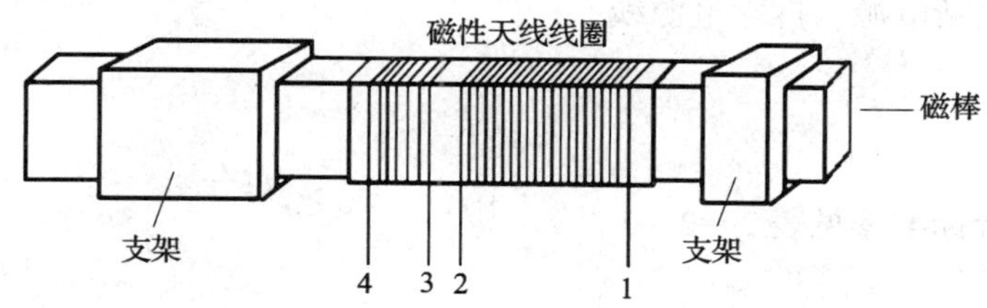

图 2—5—22　磁棒套入天线线圈及磁棒支架示意图

3. 电路调试

(1) 通电前检查

按照电路原理图或电路装配图检查元器件有无接错或漏接等现象，电源线、接地线是否接好，然后用万用表测量电源端 +12 V 和接地端之间是否短路。

(2) 通电

接入电路所要求的直流电源，发光二极管 VD 点亮，表明印制电路板通电。观察电路中各元器件有无异常现象，如出现异常，应立即断电，排除故障后再重新通电。

(3) 测试静态工作点

调节 RP，用万用表测得 R2 两端电压为 0.6 V，测出 U_{CEQ} 值。

操作提示

本振电路是否起振，可根据起振时变频管的发射极电流较大、发射极电压较高来检查判断。具体方法是：用万用表的直流电压挡监测变频管发射极对地电压，同时用导体把本振回路可变电容的动片与定片短路使本振电路停振。如果变频管发射极电压减小一点，说明本振电路是起振的，如果电压不变说明本振电路停振。

(4) 调谐中频频率

先将 C6 短接使本振电路停振，以免造成对中频调谐工作的干扰。接通电路电源，并将双联可变电容调谐盘顺时针调到最大值，然后在 TP2 处串联 4 700 pF 独石电容接入 465 kHz 的高频信号，用无感螺钉旋具调试中频变压器 T3，用示波器观测输出波形，如在 TH2 处观察到最大幅度波形输出，则电路谐振在 465 kHz。

（5）调整频率范围

调整频率范围是通过调整本机振荡线圈 T2 和振荡回路的补偿电容来实现的。在中波波段，规定接收频率范围 535 ~ 1 605 kHz，因而要求双联可变电容器全部旋入时能接收 535 kHz 的信号，全部旋出时能接收 1 605 kHz 的信号。这里建议只调振荡线圈 T2，不调整补偿电容。注意观察晶体管变频前后的波形变化并记录。本电路在 J1 处输入高频调幅波信号（接收频率范围为 535 ~ 1 605 kHz），在 TH2 处可以观察中频调幅波输出波形。

（6）断电

调试完毕，关断电源，拆除电源线。

任务评价

本任务的评价标准参见表 2—2—3。

任务 6　高频功率放大器的安装和调试

学习目标

1. 了解高频功率放大器的作用。
2. 掌握高频功率放大器的组成及基本工作原理。
3. 熟悉常用高频功率放大器芯片及其典型应用。
4. 能仿真测试高频功率放大器，能安装和调试高频功率放大器。

任务描述

在低频放大电路中，为了获得足够大的低频输出功率，必须采用低频功率放大器。同样，在高频放大电路，为了获得足够大的高频输出功率，也必须采用高频功率放大器。对高频信号进行功率放大的放大器称为高频功率放大器。事实上功率是不可能被放大的，所谓的功率放大实质上是一种能量转换，即在高频信号作用下，通过晶体管的基极对集电极的控制作用，将电源供给的直流能量转换成为高频交流能量。高频功率放大器用于发射机的末级，作用是将载波信号或高频已调波信号进行功率放大，以满足发送功率的要求，然后通过天线将其辐射到空间，保证在一定区域内的接收机可以接收到满意的信号电平，并且不干扰相邻信道的通信。

本任务的内容是认识高频功率放大器的组成及基本工作原理，并完成高频功率放大器的安装和调试。

相关知识

一、高频功率放大器与低频功率放大器的比较

高频功率放大器与低频功率放大器有一些共同之处，如它们都是在大信号情况下工作，都要求输出功率大和效率高；但是二者的工作频率和相对频带宽度相差很大，就决定了它们在用途、负载形式、工作状态等方面又有所不同。

低频功率放大器用于对低频信号进行功率放大。低频功率放大器的工作频率低，但相对频带很宽。例如，自 20 ~ 20 000 Hz，高低频率之比达 1 000 倍，因此它们都采用无调谐负载（如电阻、变压器等），一般工作于甲类、甲乙类或乙类状态。

高频功率放大器用于对高频信号进行功率放大。高频功率放大器的工作频率高（由几百千赫一直到几千甚至几万兆赫），但相对频带很窄。例如，调幅广播电台（526 ~ 1 606 kHz 的频段范围）的频带宽度为 9 kHz，如中心频率取为 1 000 kHz，则相对频宽只相当于中心频率的 0.9%。中心频率越高，则相对频宽越小。所以，高频功率放大器一般采用调谐式负载（如 LC 并联谐振回路），此时又称为谐振功率放大器。为了提高效率，高频功率放大器多工作于丙类状态。

从电路性质来看，低频功率放大器工作于线性情况，属于线性电路；而高频功率放大器工作于非线性情况，属于非线性电路。在分析方法上，高频功率放大器要按照非线性电路的分析方法来进行分析，比线性电路的分析方法要复杂得多。

二、谐振功率放大器的工作原理

图 2—6—1 所示为谐振功率放大器的基本电路。它是一个共发射极电路，U_{BB}、U_{CC}分别为基极和集电极的直流电源电压。晶体管的基极没有正向偏置电阻，而是通过加上反向偏置电压 U_{BB}，以保证放大器工作在丙类状态。放大器集电极负载是由 L3、C2 组成的并联谐振回路，它调谐在输入信号频率上。

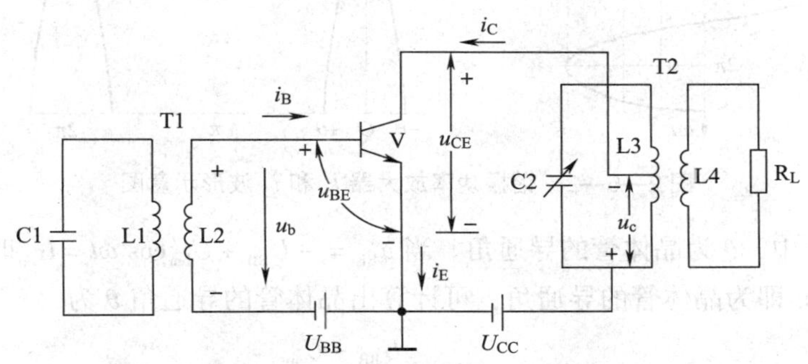

图 2—6—1　谐振功率放大器的基本电路

1．采用丙类工作状态的原因

设放大器输入信号 u_b 为

$$u_b = U_{bm}\cos \omega t \tag{2—6—1}$$

则晶体管基极与发射极之间的电压 u_{BE} 为

$$u_{BE} = -U_{BB} + u_b = -U_{BB} + U_{bm}\cos \omega t \tag{2—6—2}$$

当没有输入信号，即 $u_b = 0$ 时，$u_{BE} = -U_{BB} + u_b = -U_{BB}$，晶体管基极与发射极之间仅加有反向偏压 U_{BB}，晶体管截止，其静态电流等于0。

当有输入信号 u_b，但是 $u_{BE} = -U_{BB} + u_b < U_{on}$ 时，即晶体管基极与发射极之间的电压 u_{BE} 小于晶体管的导通电压 U_{on} 时，晶体管仍然截止，其静态电流仍等于0。

当有输入信号 u_b 且输入信号电压足够大，满足 $u_{BE} = -U_{BB} + u_b \geqslant U_{on}$ 时，即晶体管基极与发射极之间的电压 u_{BE} 大于等于晶体管导通电压 U_{on} 时，晶体管基极导通，产生基极电流 i_B，基极电流 i_B 波形是一串周期重复的脉冲序列，脉冲宽度小于半个周期，如图2—6—2所示。基极导通后，晶体管便由截止区进入放大区，集电极将流过电流 i_C。与基极电流 i_B 相对应，集电极电流 i_C 也是脉冲序列形状，如图2—6—2所示。由图中可见，输入信号在每个周期内只有部分被放大。因此，丙类放大器的直流耗散功率比乙类放大器要小。谐振功率放大器采用丙类放大器的目的在于降低晶体管的集电极耗散功率，最终提高输出功率和效率。

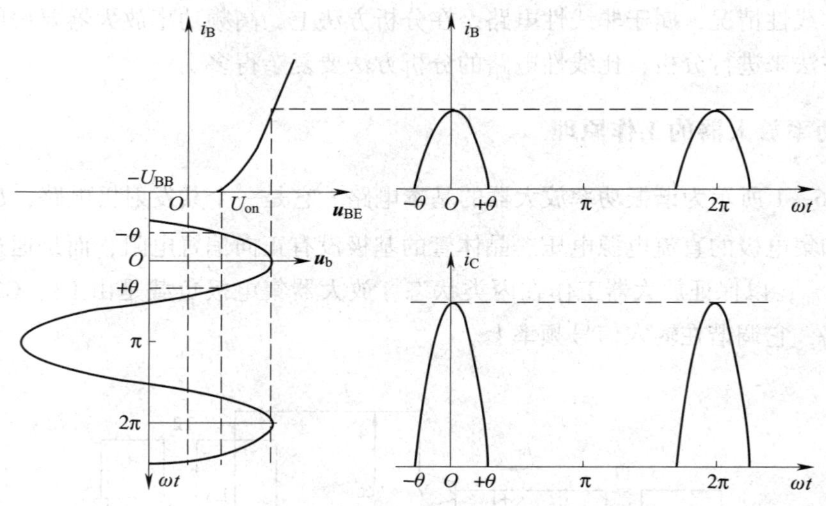

图2—6—2　谐振功率放大器 i_B 和 i_C 波形示意图

图2—6—2中，θ 为晶体管的导通角。当 $u_{BE} = -U_{BB} + U_{bm}\cos \omega t = U_{on}$ 时，晶体管开始导通，此时的 ωt 即为晶体管的导通角，可计算出晶体管的导通角 θ 为

$$\theta = \arccos \frac{U_{BB} + U_{on}}{U_{bm}} \tag{2—6—3}$$

可见，当输入信号幅值U_{bm}一定时，U_{BB}值越大，导通角θ越小；当U_{BB}值不变时，导通角θ随输入信号幅值U_{bm}的增大而增大。通过对图2—6—2的定性分析也可得出上述的结论。

2. 采用调谐式负载的原因

丙类谐振功率放大器集电极电流i_C的波形为一系列余弦脉冲，脉冲形状的集电极电流i_C可以分解为如下分量形式：

$$\begin{aligned} i_C &= I_{C0} + i_{c1} + i_{c2} + \cdots + i_{cn} + \cdots \\ &= I_{C0} + I_{c1m}\cos \omega t + I_{c2m}\cos 2\omega t + \cdots + I_{cnm}\cos n\omega t + \cdots \end{aligned} \tag{2—6—4}$$

式中，I_{C0}表示集电极电流直流分量；i_{c1}表示集电极电流基波分量，它的角频率与放大器输入信号u_b的角频率相同；i_{c2}、i_{cn}分别表示集电极电流二次谐波分量和n次谐波分量，其角频率分别为放大器输入信号u_b角频率的2倍和n倍。可见，脉冲形状的集电极电流i_C不仅包含了直流分量和基频分量，还包含了很多谐波，失真很大，所以要采用调谐回路做负载来解决信号失真问题。

在谐振功率放大器中，晶体管的集电极负载是LC并联谐振回路。回路调谐在输出信号的基波频率上，对基波频率的等效阻抗很大，而对谐波的等效阻抗很小。因此，回路两端的输出电压基本全是基波电压，其他频率成分（谐波成分）很少。这样，谐振功率放大器的输出电流虽然是失真很大的脉冲波形，但由于谐振回路的滤波作用，放大器仍能输出正弦波电压。

从能量转换的角度解释LC回路的滤波作用则更容易理解。谐振回路由可以储存磁能的电感线圈L和可以储存电能的电容C组成。当晶体管导通时，谐振功率放大器由于通过集电极负载LC回路中电感线圈L的电流不能突变，输出的脉冲电流流过电容C，使C充电。电容C两端电压逐渐上升，电流逐渐减小，电感线圈L中的电流逐渐增大。当晶体管截止时，电容C放电，C中的电能转变为L中的磁能。如此反复，晶体管按照输入信号的规律周期性地导通、截止，电容C、电感线圈L不断交换能量，形成等幅正弦振荡，振荡频率与LC回路的谐振频率相同。图2—6—3所示即为谐振功率放大器的电流、电压波形图。

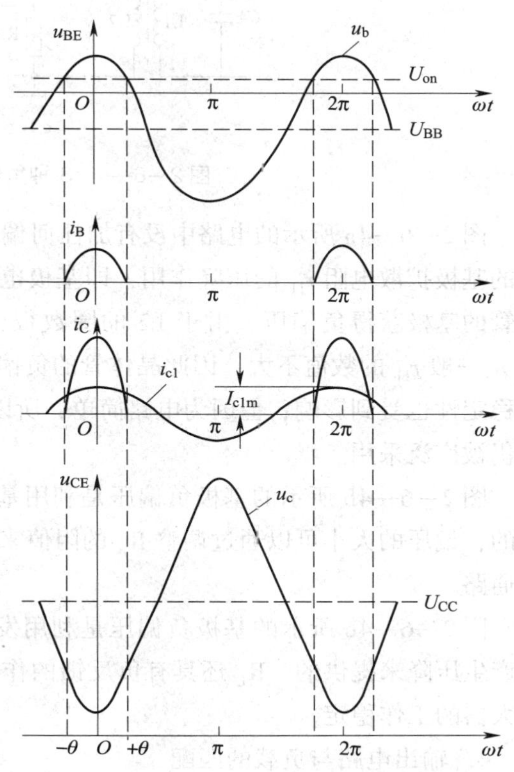

图2—6—3　谐振功率放大器的电流、电压波形图

3. 取得基极负偏压的方法

谐振功率放大器工作在丙类放大状态，晶体管的基极要加上反向偏置电压。在图2—6—1所示电路中，反向偏置电压 U_{BB} 是用电池的形式来表示的。实际上，U_{BB} 单独用电池供给是不方便的，因而常常采用图2—6—4所示的3种负偏压供给方式。

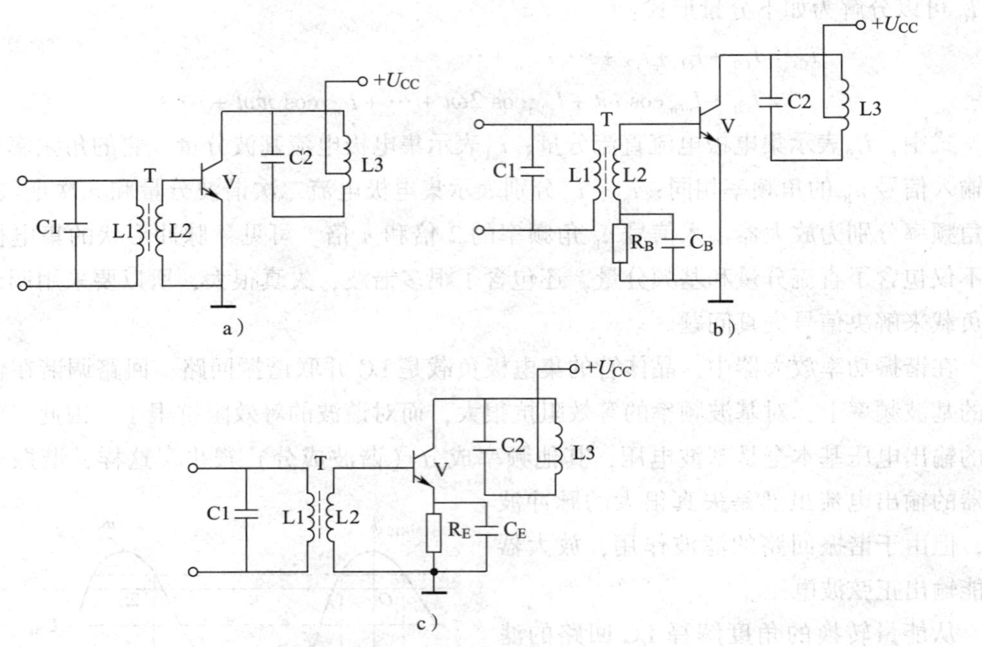

图2—6—4　3种负偏压供给方式原理图

图2—6—4a所示的电路中没有加任何偏置电阻，基极负偏压的取得是利用晶体管本身的基极扩散电阻 $r_{bb'}$ 的压降作用，即基极电流中的直流分量 I_B 在 $r_{bb'}$ 上产生压降，使晶体管的基极获得负偏压。由于L2的圈数很少，直流电阻很小，负偏压大小主要取决于 $r_{bb'}$。一般 $r_{bb'}$ 的数值不大，因此晶体管的负偏压也不大。另外，$r_{bb'}$ 的值不十分稳定，偏压的稳定性也受到影响；但因为电路简单，所以一般在输出功率不太大的时候，这种偏置方式仍被广泛采用。

图2—6—4b所示的基极负偏压是利用基极电流中的直流分量 I_B 流过偏置电阻 R_B 产生的，偏压的大小可以通过调整 R_B 的阻值来控制。R_B 两端并联的电容 C_B 为输入信号提供通路。

图2—6—4c所示的基极负偏压是利用发射极电流中的直流分量 I_E 在发射极电阻 R_E 上产生压降来提供的。R_E 还具有负反馈的作用，因此这种自给负偏压方式能够自动维持放大器的工作稳定。

4. 输出电路与负载的匹配

为了使输出功率有效地传送到下一级输入回路或天线回路，高频功率放大器和负载之间必须实现阻抗匹配，以保证放大器送给负载最大的功率。这里的阻抗匹配与小信号放大器中的阻抗匹配不是一个概念。因为高频功率放大器工作在丙类放大状态，晶体管导通和截止时，输出电阻差别很大，所以要求负载电阻与晶体管输出电阻匹配没有意义。

高频功率放大器的阻抗匹配是指在一定条件下，负载折合到晶体管输出端的等效负载电阻，要等于在要求的输出功率下放大器的最佳负载电阻。匹配不良时，放大器输出功率不能有效地送到负载上，晶体管集电极耗散功率增大，严重时将损坏晶体管。

以天线负载为例进行说明。输出回路与负载天线的连接一般采用两种方式：一种是天线负载直接接入集电极回路，如图 2—6—5a 所示。这种方式电路简单，但是阻抗不易匹配，天线回路对谐振回路滤波性能有影响。图中 L2 是天线的加感线圈，调整线圈的电感量可以使天线的辐射功率最大。另一种方式如图 2—6—5b 所示，将天线回路通过变压器的互感与集电极回路耦合。图中 L3、C2 是天线回路的调谐元件，它们的作用是使天线回路处于串联谐振状态。当回路谐振时，回路电流最大，天线的辐射功率也最大。

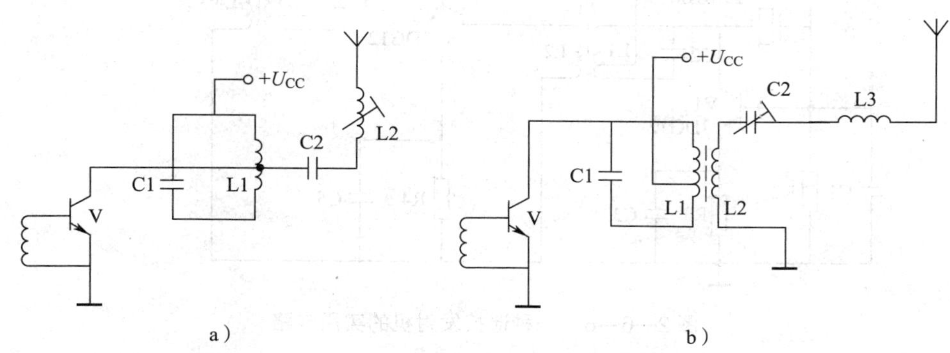

图 2—6—5　输出回路与负载天线的连接方式

a）输出回路直接与负载天线连接　b）输出回路通过变压器与负载天线连接

传输效率与集电极调谐回路的有载品质因数 Q_L 及耦合变压器一次侧、二次侧的耦合度有关。一般集电极调谐回路的 Q_L 越小越好，而空载品质因数 Q_0 越大越好。Q_L 小表示在负载上“损耗”的功率大。但 Q_L 太小，回路的基波谐振阻抗降低，滤波特性将变坏。因此，Q_L 的选择要兼顾传输效率和滤波性能。耦合变压器的耦合度一般越大越好，当然耦合太紧又会影响输出回路与天线回路的匹配关系。通常耦合度有一个最佳值，可以通过实验来调整。

从电路和结构上看，高频功率放大器似乎较简单，但因为高频功率放大器对匹配网络及传输效率要求很高，而影响信号传输和回路匹配的因素又比较复杂，所以设计好的电路在安装后要进行精细的调整。调整中使用的电源、仪器等都要力求避免对放大器产生影响，否则放大器应用时的实际指标会低于调整时达到的指标。

三、高频功率放大器应用实例

图 2—6—6 所示为一种遥控发射机的实用电路。其工作频率为 28 ~ 29. 7 MHz。电路分为两部分，由晶体管 V1 和石英晶体 Z 等组成的电路是产生 28 ~ 29. 7 MHz 载频信号的石英晶体振荡器。V2 和 L3、C4 回路构成谐振功率放大器。T1 是输入变压器，T2 是输出变压器，它们的一次侧都接成并联谐振回路，并调谐在选定的载频上。T2 的二次侧 L4 以天线回路为负载，放大的载频信号通过 T2 的互感作用送给天线发射出去。C1、C3、C5 是高频旁路电容，R4 是 V2 的负偏压电阻，C6 是高频滤波电容。L5 是天线加感线圈，调整 L5 的电感，可以使天线辐射功率最大。

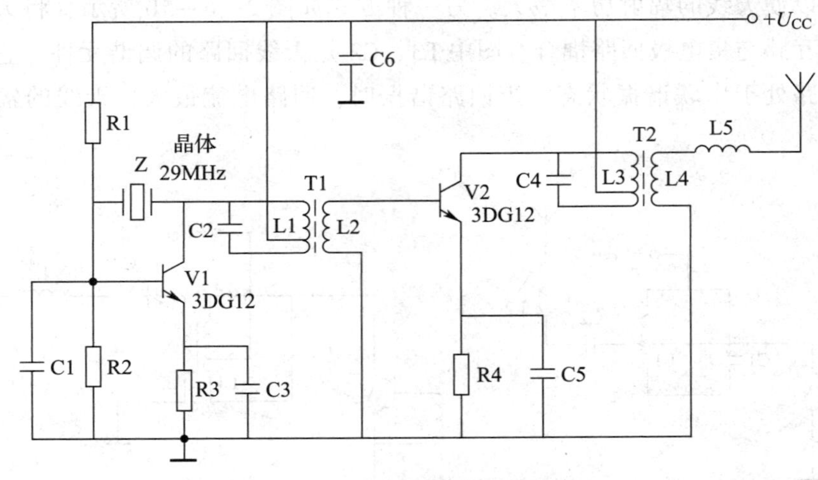

图 2—6—6　一种遥控发射机的实用电路

MAX2611是MAXIM公司出品的一种低噪声中、高频功率放大芯片。扫描二维码，了解其相关知识。

一、实训器材

实施本任务所使用的实训设备及材料可参考表 2—6—1。

表 2—6—1　　实训设备及材料参考表

类别	序号	名称	型号与规格	数量	单位
设备	1	计算机	装有 Multisim 12 仿真软件	1	台
	2	无线电基础一体化实训箱	HD - WXD - Ⅰ型	1	只
	3	万用表	MF47 型	1	块
	4	高频信号发生器	普源 RIGOL DG1022 型	1	台
	5	双踪示波器	普源 RIGOL DS1102U 型	1	台
	6	直流稳压电源	3 ~ 15 V 输出	1	台
材料	7	高频功率放大器套件	WXD2 - 6 型	1	套
	8	焊锡	—	1	卷
	9	松香	—	1	盒

二、高频功率放大器仿真

1. 绘制电路

打开 Multisim12 仿真软件，新建电路文件，在电路工作区绘制如图 2—6—7 所示丙类谐振功率放大器仿真电路。其中晶体管 V 为理想晶体管，点击工具栏放置晶体管按钮，在弹出的对话框中，选择“TRANSISTORS_VIRTUAL/BJT_NPN”即可进行放置。双踪示波器 XSC1 用来显示输入、输出信号的波形。

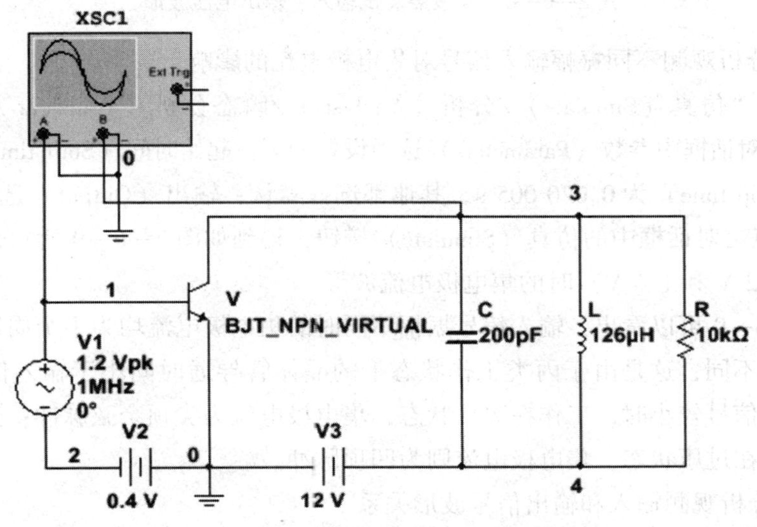

图 2—6—7　丙类谐振功率放大器仿真电路

晶体管 V 基极直流偏压 V2 使基极处于反向偏置，即放大管工作在丙类状态，以提高放大效率。晶体管 V 集电极负载采用 LC 并联谐振回路，且谐振于基频（1 MHz），起滤波和阻抗匹配作用。

2. 示波器测试输入和输出电压波形

图 2—6—8 所示为通过示波器测试得到的丙类谐振功率放大器输入、输出电压波形。

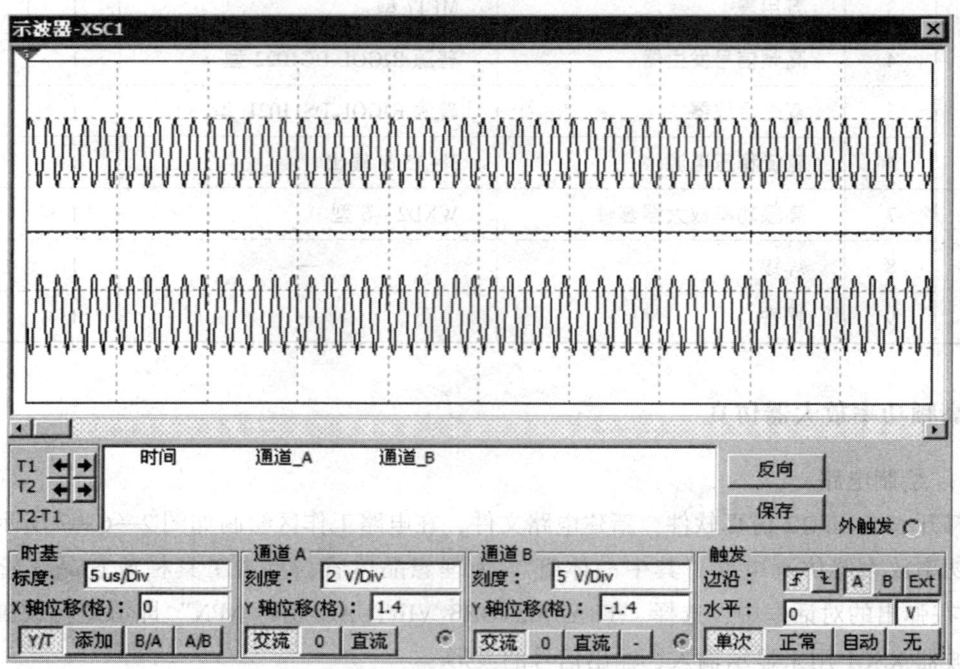

图 2—6—8　示波器测试输入、输出电压波形

3. 瞬态分析观测不同振幅输入信号对集电极电流的影响

选择菜单“仿真（Simulate）/分析（Analysis）/瞬态分析（Transient Analysis）”命令，在弹出的对话框中参数（Parameters）选项设置如下：起始时间（Start time）为 0.02 s，停止时间（Stop time）为 0.020 005 s，其他都选择默认；输出（Output）选项选择变量 I（V3）。然后点击对话框中的仿真（Simulate）按钮，得到如图 2—6—9 所示输入信号振幅取不同值（1.2 V 和 1.6 V）时的集电极电流波形。

由图 2—6—9 可以看出，输入信号振幅不同时的集电极电流均为半个周期的余弦脉冲序列，但形状不同，这是由于丙类工作状态下的晶体管导通时间小于输入信号的半个周期。但当输入信号较小时，工作在欠压状态，集电极电流为尖顶余弦脉冲；当输入信号比较大时，工作在过压状态，集电极电流则为凹顶脉冲。

4. 瞬态分析观测输入和输出信号波形关系

尽管由于晶体管的非线性使集电极电流与输入信号之间为非线性关系，但由于并联谐

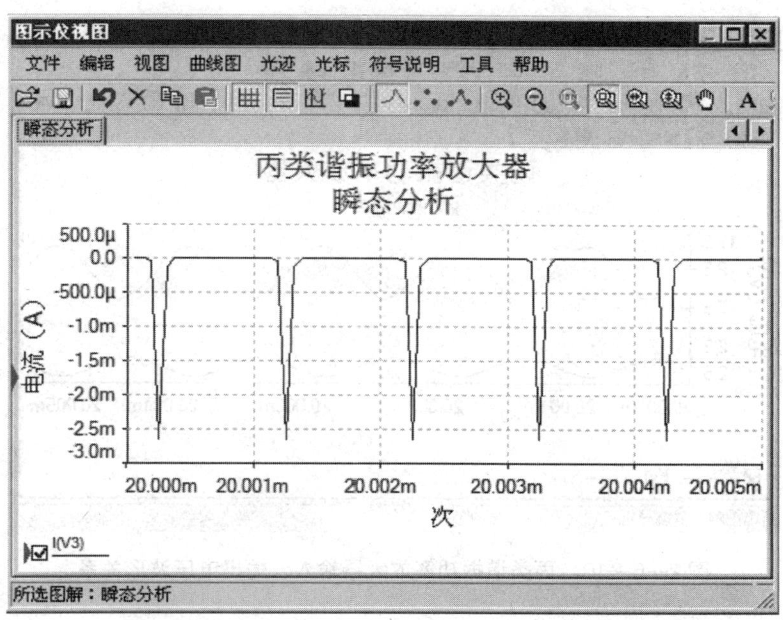

a）

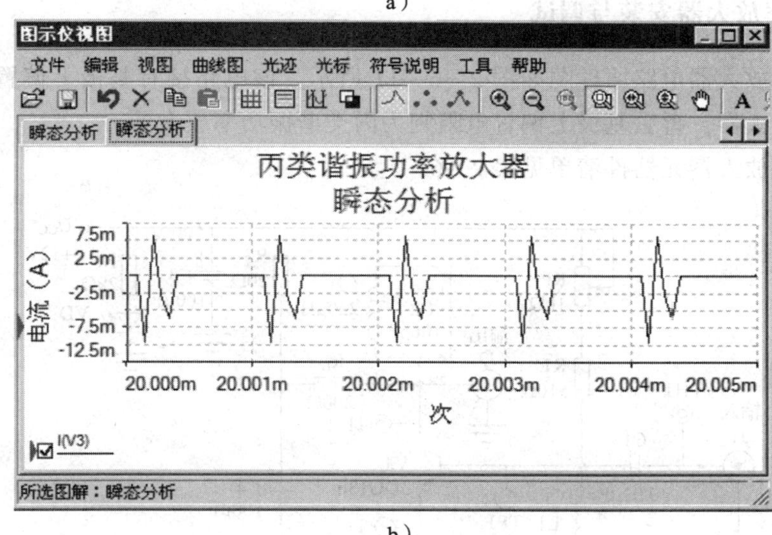

b）

图 2—6—9　输入信号振幅取不同值时的集电极电流 i_C 的波形

a）U_1 =1.2 V　b）U_1 =1.6 V

振回路的选频特性，集电极电流的基波分量会在谐振回路两端产生较大的输出电压，而谐波分量所产生的输出幅度很小，可以忽略不计。因此，输出电压与输入信号近似呈线性关系，如图 2—6—10 所示。

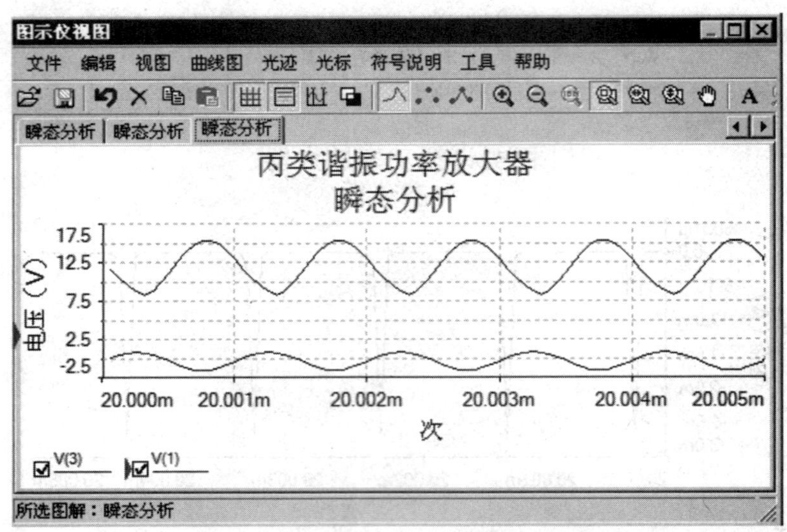

图 2—6—10 丙类谐振功率放大器输入、输出电压波形关系

三、高频功率放大器安装与调试

高频功率放大器电路原理图如图 2—6—11 所示。该电路接有基极上偏置电阻时为甲类谐振功率放大器，拆去基极上偏置电阻则为丙类谐振功率放大器。

高频功率放大器元器件清单见表 2—6—2。

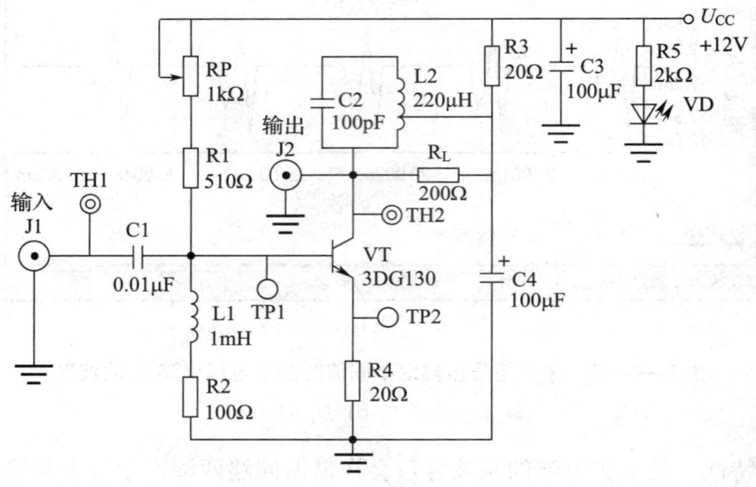

图 2—6—11 高频功率放大器电路原理图

表 2—6—2　　高频功率放大器元器件清单

名称	代号	规格	数量	单位
电阻器	R1	碳膜电阻器 510 Ω	1	只
	R2	碳膜电阻器 100 Ω	1	只
	R3、R4	碳膜电阻器 20 Ω	2	只
	R5	碳膜电阻器 5.6 kΩ	1	只
	RL	碳膜电阻器 200 Ω	1	只
电位器	RP	玻璃釉电位器 1 kΩ	1	只
二极管	VD	发光二极管 3 mm 红色	1	只
晶体管	VT	双极性晶体管 3DG130 或其他中功率管	1	只
电容器	C1	瓷片电容器 0.01 μF	1	只
	C2、C3	极性电解电容器 100 μF/50 V	2	只
电感线圈	L1	色环电感 1 mH	1	只
	L2	高 Q 值电感线圈 220 μH	1	只

1. 电路安装

按照图 2—6—12 所示高频功率放大器印制电路板装配图进行元器件安装。其中电感线圈 L2 必须使用高 Q 值电感线圈，可以使用磁芯较大的中波段收音机的本机振荡线圈或中波收音机中的带磁棒的天线线圈。

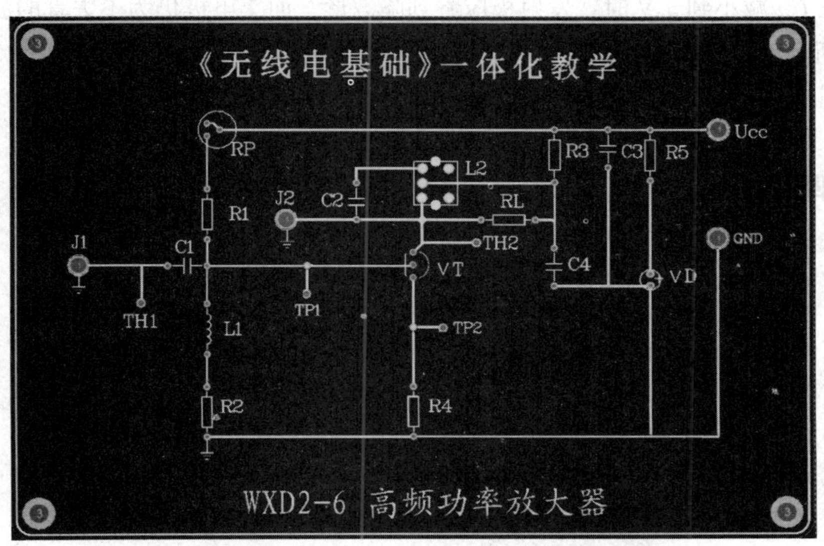

图 2—6—12　高频功率放大器印制电路板装配图

2．电路调试

（1）通电前检查

按照电路原理图或印制电路板装配图检查元器件有无接错或漏接等现象，电源线、接地线是否接好，然后用万用表测量电源端 +12 V 和接地端之间是否短路。

（2）通电

接入电路所要求的直流电源 +12 V，发光二极管 VD 点亮，表明印制电路板通电。观察电路中各元器件有无异常现象，如出现异常，应立即断电，排除故障后再重新通电。

（3）观测甲类谐振功率放大器的波形

1）设置静态工作点　集电极电压 $U_{CC}=+12$ V，基极偏置电压由 U_{CC} 通过 RP、R1、R2 分压取得。调节电位器 RP，使 $I_C=25$ mA（用万用表测量 R4 两端电压为 0.5 V 左右）。

2）确定谐振频率　利用高频信号发生器输入幅度为 100～300 mV 的正弦信号，用双踪示波器两个探头分别监视集电极电压波形和发射极电压波形，在发射极电压波形不失真前提下调节输入信号频率，在 0.4～1 MHz 范围内调节信号频率，当在示波器中观测到集电极电压波形达最大时，此时频率即为谐振频率。若发射极电压波形失真，则应减小输入信号幅度。要求用双踪示波器测出此谐振频率，并记录。

（4）观测丙类谐振功率放大器的波形

将基极上偏置电阻去掉，电路即由甲类谐振功率放大器转变为丙类谐振功率放大器。

当直流电源 $U_{CC}=12$ V 时，将双踪示波器两个探头分别连接集电极和发射极，观测集电极电压波形，应为连续的正弦波形；观测发射极电压波形，应为一间断脉冲波形。当直流电源电压 U_{CC} 减小到 5 V 时，发射极应看到陷波形，而集电极仍为不失真的波形。

（5）断电

调试完毕，关断电源，拆除电源线。

任务评价

本任务的评价标准参见表 2—2—3。

课题三　调制电路和解调电路应用

信息传输是人类社会生活的重要内容。信息传输的手段很多，利用无线电技术进行信息传输占有极其重要的地位。无线电通信、无线电广播、电视、导航、雷达、遥控遥测等，都是利用无线电技术传输各种不同信息的。无线电通信传送语言、电码或其他信号；无线电广播传送语言、音乐等；电视传送图像、语言、音乐；导航利用一定的无线电信号指引车辆、飞机或船舶安全行驶，以保证它们能平安到达目的地；雷达利用无线电信号的反射来测定某些目标（如飞机、船舶等）的方位；遥测遥控利用无线电技术来测量远处运动物体上的某些物理量，控制远处物体的运行等。在以上这些信息传递过程中，都要用到调制和解调。

传输无线电信号时为什么要采用调制呢？扫描二维码，了解相关知识。

调制和解调是无线电传输过程中的重要组成部分。所谓调制，是指在发送端将所要传送的基带信号“搭载”到高频振荡信号上的过程。高频振荡信号是“携带”基带信号的“运载工具”，所以也称为载波。基带信号是用来调制载波的，故称为调制信号。经过调制后的高频振荡信号称为已调波或已调信号。

载波通常是一个高频正弦波振荡信号，可以表示为

$$u_c(t)=U_{cm}\cos(\omega_c t+\varphi)=U_{cm}\cos(2\pi f_c t+\varphi)$$

式中的振幅 U_{cm}、角频率 ω_c（或频率 f_c）和初相位 φ 是构成载波的三个重要参数。所谓将基带信号“搭载”到高频振荡信号上，是利用基带信号来控制高频振荡信号的某一个参数，使这个参数随基带信号而变化，这就是调制。利用基带信号来控制高频振荡信号三个参数中的某一个参数，就相应得到振幅调制（简称调幅）、频率调制（简称调频）和相位调制（简称调相）三种调制方式。

调幅：载波的频率和初相位不变，载波的振幅按照基带信号的变化规律变化。经过调幅获得的已调波称为调幅波或调幅信号。中、短波广播信号和电视的高频图像信号都是调幅波。

调频：载波的幅度不变，载波的瞬时频率按照基带信号的变化规律变化。经过调频获得的已调波称为调频波或调频信号。调频广播信号和电视伴音信号都是调频波。

调相：载波的振幅不变，载波的瞬时相位按照基带信号的变化规律变化。经过调相获得的已调波称为调相波或调相信号。调相主要用于数据传输和数字通信。

解调是调制的逆过程。所谓解调，是指在接收端用天线将搭载有调制信号的已调波接收下来，采用与调制相反的操作，从已调波中恢复调制信号的过程。与三种调制方式相对

应的有三种解调方式，即振幅解调、频率解调和相位解调。振幅解调是从调幅波中恢复调制信号的过程，也称检波；频率解调是从调频波中恢复调制信号的过程，也称鉴频；相位解调是从调相波中恢复调制信号的过程，也称鉴相。

任务1　调幅电路的安装和调试

学习目标

1. 了解调幅的概念及调幅广播发射机的基本组成。
2. 熟悉调幅波的波形和频谱特点。
3. 掌握调幅电路的基本组成、典型的调幅电路工作原理。
4. 能仿真测试调幅电路，能制作与调试调幅发射机。

任务描述

调幅技术广泛应用在无线电通信、无线电广播及电视等领域。图3—1—1所示为调幅广播发射机的基本组成框图，它主要由高频振荡器、高频放大器、话筒、低频放大器、振幅调制器和发射天线等组成。

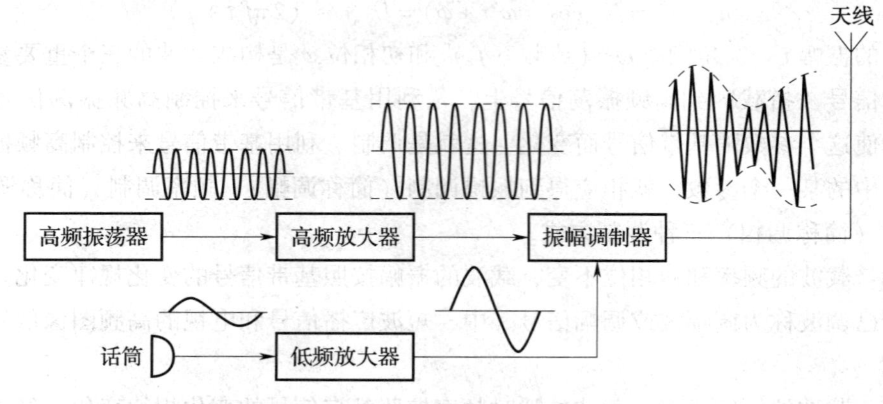

图3—1—1　调幅广播发射机的基本组成框图

高频振荡器用来产生高频振荡信号，以作为调幅所需要的载波，其频率一般在几十千赫兹以上。为了提高频率稳定度，高频振荡器大多采用石英晶体振荡器，并在它后面加有缓冲放大器，以削弱后级的高频放大器对高频振荡器的影响。如果载波的频率还不够高，可再加若干级倍频器，以使载波频率提高到所需要的数值。高频放大器由多级谐振放大器组成，用来放大由高频振荡器产生的高频振荡信号，并提供足够大的载波功率。低频放大器由多级放大器组成，用来放大由话筒变换来的微弱音频电信号，并提供足够大的调制信号功率。振幅调制器（即振幅调制电路，简称调幅电路）用来实现调幅功能，它能将输入的载波和调制信号变换成所需要的调幅波。发射天线是把调幅波转换为无线电波向周围空间辐射出去。由图 3—1—1 可见，振幅调制器是调幅发射机必不可少的一个基本环节。

本任务的内容是认识调幅电路的组成和工作原理，制作和调试简单的调幅发射机。

相关知识

调幅是让载波的振幅按照调制信号规律变化的一种调制方式。调幅可分为普通调幅（AM）、双边带（DSB）调幅、单边带（SSB）调幅和残留边带（VSB）调幅等几种方式。这里仅以普通调幅方式为例，介绍调幅波的波形和频谱，以及调幅电路的基本原理。

一、普通调幅波的波形和频谱

用于调幅的调制信号是由欲传送的信息转换而来的电信号，它可能是单一频率的正弦波信号，也可能是由声音或图像等转换而来的复杂的多频信号。为了分析方便，这里主要以单一频率的余弦波信号作为调制信号为例，来介绍普通调幅波的波形和频谱。

1．普通调幅波的波形

设调制信号 u_Ω 的瞬时值表示式为

$$u_\Omega = U_{\Omega m}\cos\Omega t = U_{\Omega m}\cos 2\pi F t \tag{3—1—1}$$

式中，$U_{\Omega m}$为调制信号的振幅；Ω 和 F 分别为调制信号的角频率（单位为 rad/s）和频率（单位为 Hz），角频率和频率的关系为 $\Omega = 2\pi F$。调制信号的波形如图 3—1—2a 所示。

设载波 u_c 的瞬时值表示式为

$$u_c = U_{cm}\cos\omega_c t = U_{cm}\cos 2\pi f_c t \tag{3—1—2}$$

式中，U_{cm}为载波的振幅；ω_c 和 f_c 分别为载波的角频率（单位为 rad/s）和频率（单位为 Hz），角频率和频率的关系为 $\omega_c = 2\pi f_c$。载波频率远高于调制信号频率，即 $f_c >> F$。载波的波形如图 3—1—2b 所示。

根据调幅的定义，载波的振幅随调制信号作线性变化，由此可得如图 3—1—2c 所示普通调幅波 u_{AM}的波形。调幅波振幅变化的轨迹，即波形峰点的连线（图 3—1—2c 上的虚线）称为包络线。调幅波峰值的包络线是按照调制信号的规律而变化的，所以调幅波中包含着所要传送的调制信号的信息。

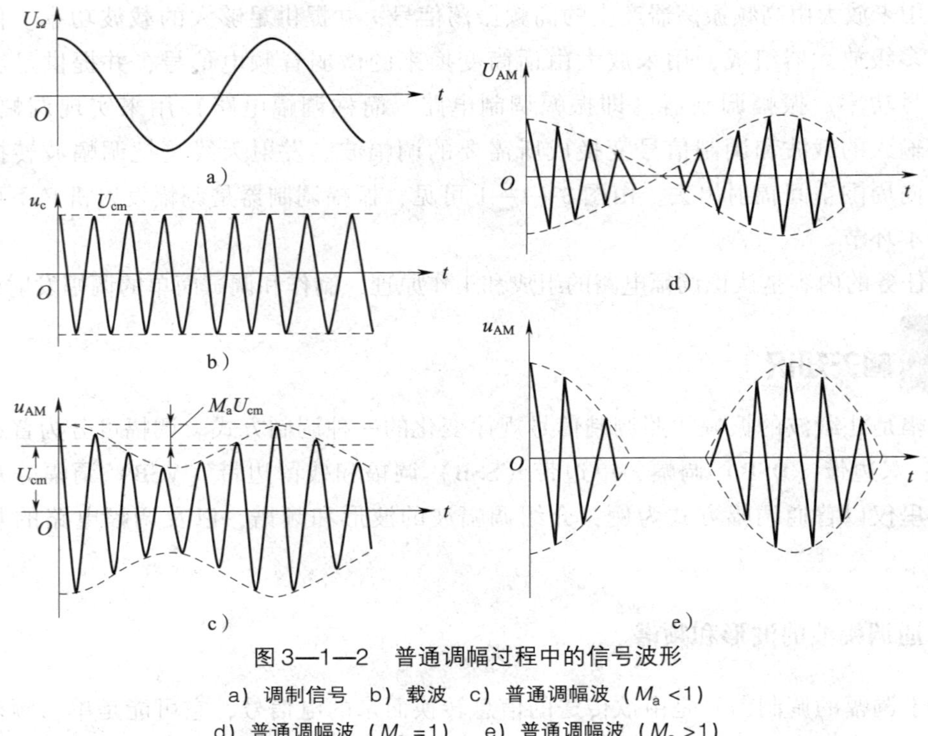

图 3—1—2　普通调幅过程中的信号波形

a）调制信号　b）载波　c）普通调幅波（$M_a<1$）

d）普通调幅波（$M_a=1$）　e）普通调幅波（$M_a>1$）

普通调幅波 u_{AM} 的瞬时值表达式为

$$\begin{aligned}u_{AM} &= (U_{cm}+k_au_\Omega)\cos\omega_ct\\ &= (U_{cm}+k_aU_{\Omega m}\cos\Omega t)\cos\omega_ct\\ &= U_{cm}\left(1+\frac{k_aU_{\Omega m}}{U_{cm}}\cos\Omega t\right)\cos\omega_ct\\ &= U_{cm}(1+M_a\cos\Omega t)\cos\omega_ct \qquad (3—1—3)\end{aligned}$$

式中，k_a 为比例常数，由调幅电路确定，称为调幅灵敏度；M_a 称为调幅指数或调幅度，$M_a=k_aU_{\Omega m}/U_{cm}$，表示载波的振幅受调制信号控制的强弱程度。$M_a$ 与调制信号电压幅度成比例，调制信号电压越大，M_a 也越大；M_a 越大，调幅波中携带的调制信号功率越大，接收机解调后得到的信号越强。

式（3—1—3）表明，普通调幅波的重复频率等于载波频率，普通调幅波的振幅为 $U_{cm}(1+M_a\cos\Omega t)$，包括了不随时间变化的分量 U_{cm} 和随时间变化的分量 $M_aU_{cm}\cos\Omega t$ 这两项，即载波的振幅受调制信号的控制做周期性变化，振幅变化频率跟调制信号频率相同，而其幅度变化与调制信号瞬时电压成比例。

图 3—1—2c、图 3—1—2d 分别示出了在 $M_a<1$ 和 $M_a=1$ 时的普通调幅波波形。当调幅度 $M_a>1$ 时，调幅波的包络变化与调制信号不再相同，产生了失真（见图 3—1—2e），称为过调幅，在调幅广播中应避免进入这种状态。为了使得调幅波不失真，调幅度应该满

足 $0 < M_a \leqslant 1$。

在实际应用中，如调幅广播的调幅波以声音作为调制信号，电视图像的调幅波以图像信号作为调制信号，它们都不是单一频率的标准余弦波，而是包含若干不同频率成分的复杂波形，因此调幅波的振幅要随着多个不同频率组成的声音或图像信号的规律而变化，即调幅波的包络会随声音的大小或图像亮度的强弱而相应变化着，因而调幅波“携带”了原始的声音或图像信息。

2. 调幅波的频谱

由图 3—1—2c 显而易见，调幅波的波形不再是标准的单一频率余弦波了。对于普通调幅波 u_{AM} 的瞬时值表示式，利用三角函数积化和差公式展开，即得

$$\begin{aligned} u_{AM} &= U_{cm}(1 + M_a \cos\Omega t)\cos\omega_c t \\ &= U_{cm}\cos\omega_c t + \frac{1}{2}M_a U_{cm}\cos(\omega_c + \Omega)t + \frac{1}{2}M_a U_{cm}\cos(\omega_c - \Omega)t \end{aligned} \quad (3—1—4)$$

由式（3—1—4）可见，单音信号（即调制信号是单一频率余弦信号）调制的普通调幅波由三个频率分量组成，式中第一项为载频分量 ω_c（或 f_c），第二项为上边频分量 $\omega_c + \Omega$（或 $f_c + F$），第三项为下边频分量 $\omega_c - \Omega$（或 $f_c - F$）。图 3—1—3 画出了调制信号为单音信号的普通调幅波频谱图。其中，普通调幅波频谱的中心频率分量 f_c 是载波频率，

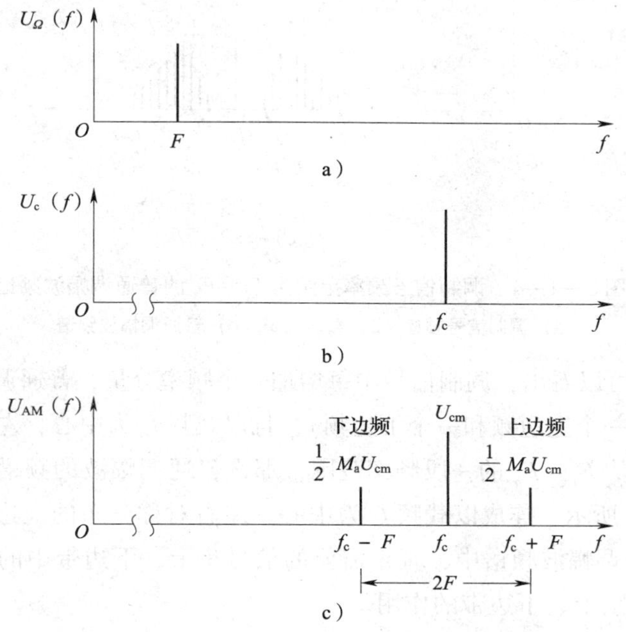

图 3—1—3　单音调制信号的普通调幅波频谱图

a）单音调制信号频谱　b）载波频谱　c）普通调幅波频谱

它与调制信号无关，不包含信息。而两个边频分量 f_c+F 和 f_c-F 则是以载频（即载波频率）为中心，左右对称分布，两个边频分量的幅度都等于 $M_aU_{cm}/2$。普通调幅波中所含调制信号的幅度及频率信息，只包含在普通调幅波的上、下边频分量中。

普通调幅波的频谱宽度（又称带宽）BW 是调制信号频率的 2 倍，即

$$BW=2F \tag{3—1—5}$$

以上讨论的是一个单音信号对载波进行调幅的最简单情况，这时只产生上、下两个边频。实际上，通常的调制信号是比较复杂的，含有许多频率。假设某一调制信号是频率范围从 $F_1\sim F_n$ 的多频信号，载波频率为 f_c，那么调制信号频率范围为 $F_1\sim F_n$ 的普通调幅波频谱如图 3—1—4 所示。

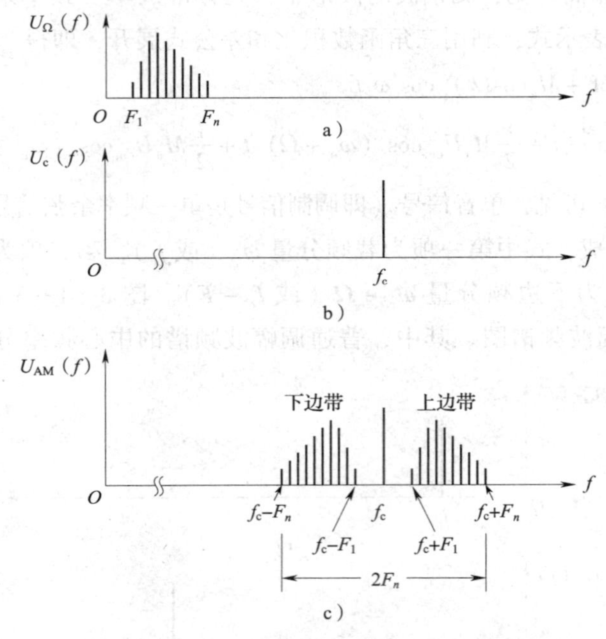

图 3—1—4　调制信号频率范围为 $F_1\sim F_n$ 的普通调幅波频谱

a）调制信号频谱　b）载波频谱　c）普通调幅波频谱

由图 3—1—4 可以看出，调制信号中每增加一个频率分量，普通调幅波的频谱中就要增加一对边频（即一个上边频和一个下边频），且以载频 f_c 为中心，左右对称分布。如果调制信号的频率是从 $F_1\sim F_n$ 的一段频率范围，那么普通调幅波的频谱图中，边频的谱线就会如图 3—1—4c 所示，连成以载频 f_c 为中心、左右对称分布的上边带（USB）和下边带（LSB）。在普通调幅波频谱中，真正需要的信号是上、下边带中的各种频率成分，而载波只是起“装载”上、下边带的作用。

由图 3—1—4 还可以看出，调幅波的上、下边带频谱呈对称状分别置于载频的两侧，且上、下边带频谱分量的相对大小和相互间的距离均与调制信号的频谱相同。这就清楚地

说明，调幅的作用是把调制信号的频谱不失真地搬移到载频附近，所以调幅过程实质上是一种频谱搬移过程。

不论调制信号的波形如何，只要知道传送信号的最高频率分量 F_{max} 和载频 f_c，那么普通调幅波的频率成分便在以载频 f_c 为中心、宽度为 $2F_{max}$ 的频率范围之内，这个频率范围也就是普通调幅波所占据的带宽。由图 3—1—4c 可知，普通调幅波的带宽等于调制信号最高频率的 2 倍，即

$$BW = 2F_n = 2F_{max} \tag{3—1—6}$$

式中，F_{max} 为调制信号的最高频率分量，即调制信号频率范围 $F_1 \sim F_n$ 中的频率 F_n。

为了避免无线电广播电台之间互相干扰，对不同频段、不同用途的电台所占带宽都有严格的规定。例如，我国规定调幅广播电台所发射的调幅波允许占用的带宽为 9 kHz，亦即最高调制频率限制在 4500 Hz 以内。也正因为如此，在收听中波调幅广播时，其高音成分有所欠缺，尤其是播送音乐节目时更明显，这是调幅广播的一大弱点。

在普通调幅信号总平均功率中，不含信息的载波功率占 95%，而携带信息的边频功率仅占 5%。从能量利用率来看，普通调幅是很不经济的，但因接收机结构较简单而且价格低廉，所以应用还是很广泛的。

二、调幅电路的组成及工作原理

由调幅波的波形和频谱可知，调幅波的波形与原输入信号不同，出现了一些新的频率成分，因此调幅过程也是一种频率变换过程。在课题二任务 5 中曾经讲过，非线性器件具有频率变换作用。因此，如果把调制信号和载波同时加到一个非线性器件（如二极管、晶体管、场效应管等）上，则经过频率变换作用可以产生新的频率分量，再利用谐振回路选出所需的频率成分，就可以实现调幅。如图 3—1—5 所示为调幅电路的组成框图，调幅电路由非线性器件和带通滤波器组成。

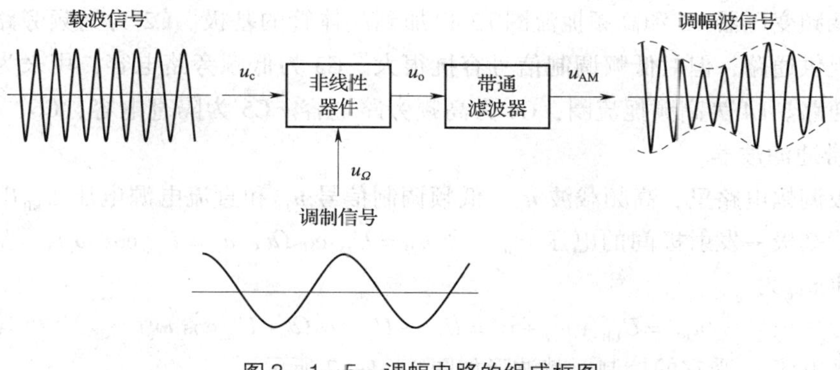

图 3—1—5　调幅电路的组成框图

载波 u_c 与调制信号 u_Ω 同时加到非线性器件，然后通过中心频率为 f_0（f_0 取载频值，即 $f_0=f_c$）的带通滤波器，取出输出电压 u_o 中的调幅波成分 u_{AM}。

三、典型的调幅电路

在无线电通信中，调幅电路按照功率电平的高低，可分为高电平调幅电路和低电平调幅电路两大类。高电平调幅电路一般置于发射机的最后一级，在功率电平较高的情况下进行调制。它将功放和调制合二为一，调制后的信号不需要再放大就可直接发送出去。高电平调幅电路突出的优点是整机效率高，无线电广播发射机一般都采用此种调幅电路，主要用来产生普通调幅信号。低电平调幅电路一般在发射机的前级，是在低电平状态下进行调制。它将调制和功放分开，调制后的信号电平较低，还需要经过功率放大后达到一定的发射功率再发送出去。低电平调幅电路突出的优点是能获得高度线性的调幅波，可用来产生普通调幅、双边带调幅和单边带调幅等信号。

调幅电路可采用二极管电路、晶体管电路、场效应管电路和模拟乘法器电路等。二极管电路、模拟乘法器电路等属于低电平调幅电路，晶体管电路、场效应管电路等属于高电平调幅电路。以下仅介绍晶体管调幅电路和模拟乘法器调幅电路。

1. 晶体管调幅电路

对于晶体管调幅电路而言，根据调制信号加到晶体管的电极不同，可分为三类：基极调幅电路、发射极调幅电路和集电极调幅电路。这里仅介绍典型的基极调幅电路，如图 3—1—6 所示。

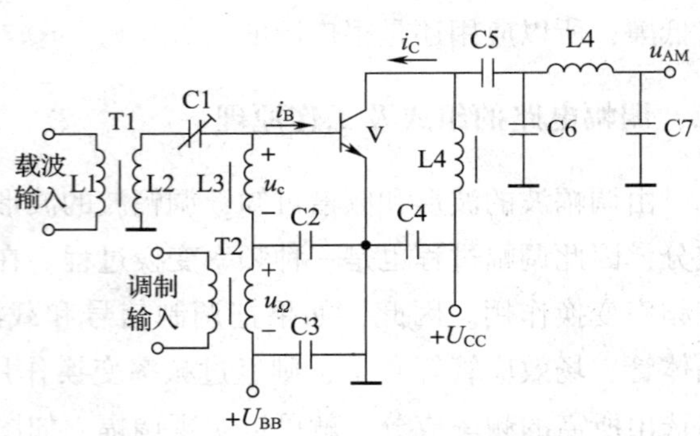

图 3—1—6　典型的基极调幅电路

基极调幅电路是利用晶体管的非线性来实现调幅的。高频载波通过高频变压器 T1 耦合，经 L2、C1 构成的 Γ 型高通滤波器加到晶体管的基极，低频调制信号通过低频变压器 T2 和高频扼流圈 L3 也加到晶体管的基极。C2 为高频旁路电容，用来为载波提供通路，但对低频调制信号容抗很大。C3 为低频旁路电容，用来为低频调制信号提供通路。L4 为高频扼流圈，C4 为高频旁路电容。C5 为隔直电容，C6、L4、C7 构成的 π 型带通滤波器。

在基极调幅电路里，高频载波 u_c、低频调制信号 u_Ω 和直流电源电压 U_{BB} 串接起来构成了晶体管基极—发射极间的电压 u_{BE}。令 $u_\Omega=U_{\Omega m}\cos\Omega t$，$u_c=U_{cm}\cos\omega_c t$，晶体管 b、e 之间的电压 u_{BE} 为

$$u_{BE}=U_{BB}+u_\Omega+u_c=U_{BB}+U_{\Omega m}\cos\Omega t+U_{cm}\cos\omega_c t \tag{3—1—7}$$

集电极电流 i_C 受它的控制，其波形如图 3—1—7 所示。

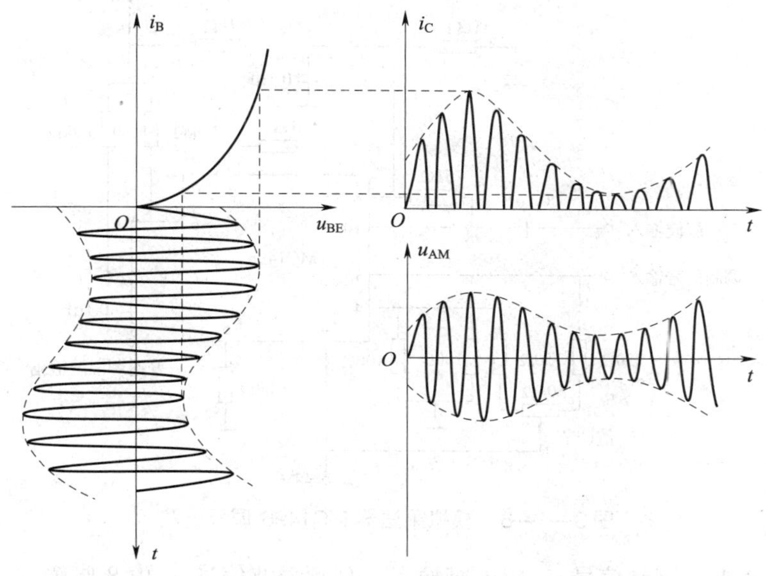

图 3—1—7　基极调幅电路的波形

基极调幅电路实质上是一个变偏压的谐振功率放大电路。与谐振功率放大电路的区别在于，基极调幅电路中的晶体管基极偏压随调制信号 u_Ω 变化而变化，使得放大电路晶体管集电极脉冲电流的最大值 I_{CM} 和导通角 θ 也按照调制信号的大小而变化，u_{BE} 的变化可以有效地控制集电极电流 i_C 及基频（f_c）分量的大小。此性质称为谐振功率放大电路的基极调制特性。

在分析基极调幅电路时，可把基极—发射极间的电压 $u_{BE}=U_{BB}+u_\Omega+u_c$ 看成两部分，其中 $U_{BB}+u_\Omega$ 为基极偏置电压，u_c 为激励信号。即把基极调幅电路可以看作是以高频载波为激励信号的谐振功率放大器，但是它的工作点受调制信号的控制而发生变动。在低频调制电压 u_Ω 的正半周时，由于偏置电压加大，集电极电流的最大值 I_{CM} 和导通角 θ 都要加大，于是集电极电流中的基波电流振幅 I_{c1m} 也就加大；当低频调制电压 u_Ω 进入负半周时，由于偏置电压减小，I_{CM} 和 θ 都要减小，因此 I_{c1m} 也随之减小。即 u_{BE} 随 u_Ω 变化，则 I_{c1m} 将随 u_Ω 变化，这就构成输出载波振幅的变化。由隔直电容和带通滤波器分别滤除了直流和各次谐波后，就得到了调幅波，实现了调幅。

基极调幅的优点是由于调制信号接在基极回路，对于调制信号只需很小的功率；缺点是效率较低，调制线性不如集电极调幅。

2. 模拟乘法器调幅电路

调幅过程是一种频率变换过程。模拟乘法器是一种有源非线性器件，非线性器件具有频率变换作用，所以模拟乘法器也可以用来构成调幅电路。图 3—1—8 所示是由模拟乘法器 MC1496 构成的普通调幅电路。

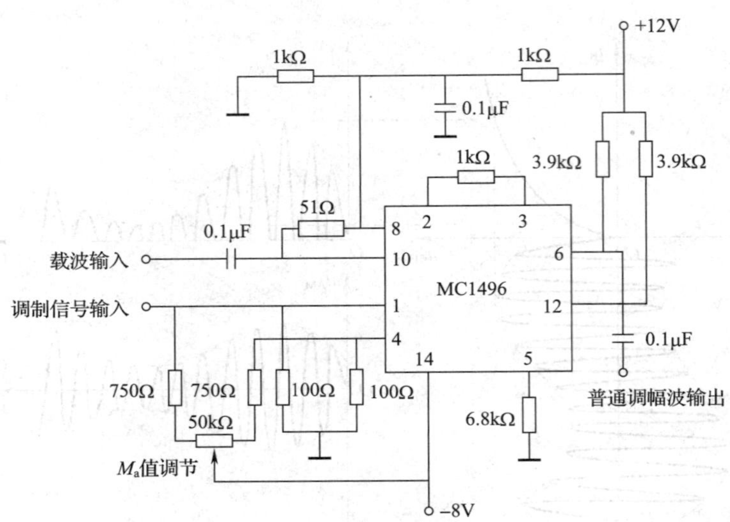

图 3—1—8　模拟乘法器 MC1496 调幅电路

图 3—1—8 中，调制信号 u_Ω 由 1 脚输入，高频载波信号 u_c 由 8 脚输入，普通调幅波信号由 6 脚输出。8、10 脚直流电位均为 6 V。为了获得合适的直流电压以调节 M_a 的大小，在输入端 1、4 之间接入了两个 750 Ω 电阻、一个 50 kΩ 电位器（也称调零电路），2、3 脚接负反馈电阻，输出端 6、12 脚外接带通滤波器（图中未画出）。

任务实施

一、实训器材

实施本任务所使用的实训设备及材料可参考表 3—1—1。

表 3—1—1　实训设备及材料参考表

类别	序号	名称	型号与规格	数量	单位
设备	1	计算机	装有 Multisim12 仿真软件	1	台
	2	无线电基础一体化实训箱	HD－WXD－Ⅰ型	1	只
	3	万用表	MF47 型	1	块
	4	高频信号发生器	普源 RIGOL DG1022 型	1	台
	5	双踪示波器	普源 RIGOL DS1102U 型	1	台
	6	超高频毫伏表	DA22A 型	1	台
	7	直流稳压电源	3～15 V 输出	1	台
材料	8	调幅发射机电路套件	WXD3－1 型	1	套
	9	焊锡	—	1	卷
	10	松香	—	1	盒

二、调幅电路仿真

1. 晶体管基极调幅电路

（1）绘制电路

打开 Multisim 12 仿真软件，新建电路文件，在电路工作区绘制如图 3—1—9 所示晶体管基极调幅仿真电路。其中 V 为功率管，V1 为高频载波，V2 为调制信号，V3 为基极直流偏置电压，V4 为集电极供电电源。RLC 并联谐振回路作为选频滤波电路，选出载波为 1 MHz 的调幅信号。双踪示波器 XSC1 用来显示输入调制信号和输出调幅信号的波形。

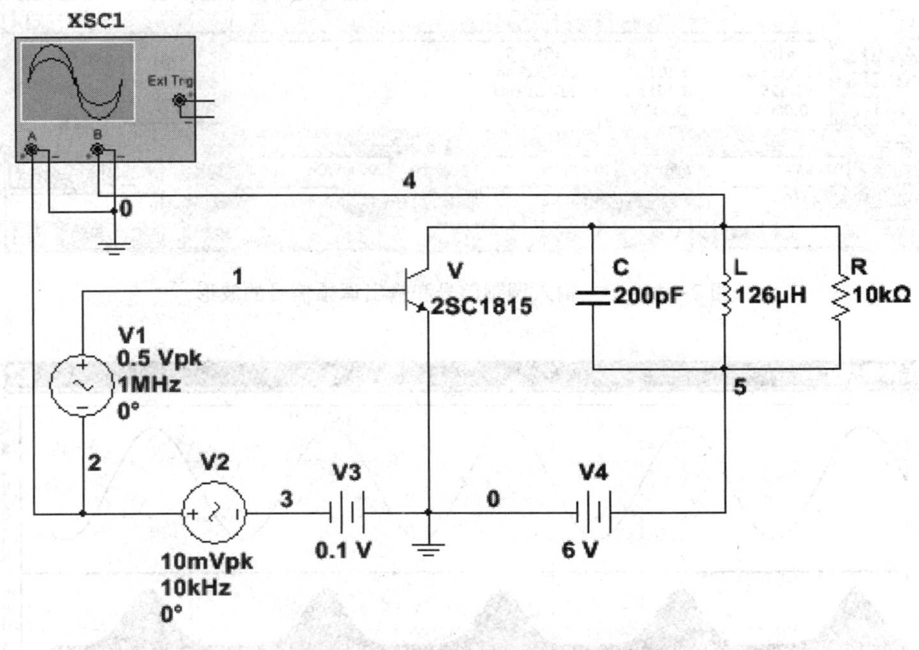

图 3—1—9　晶体管基极调幅仿真电路

（2）观测输入调制信号和输出调幅信号的波形

示波器观测到的输入调制信号和输出调幅信号的波形如图 3—1—10 所示。由图可知调幅信号的包络与调制信号同相位。改变调制信号的幅度，调幅信号的调幅度发生变化。调幅度随着调制信号幅度的增加而增加，且调幅度随调制信号幅度变化比较灵敏。

当输入调制信号 $V_2=50$ mV 时，出现如图 3—1—11 所示基极调幅电路过调幅失真。

（3）观测输出调幅波电压波形和集电极电流波形

去掉电路中的调制信号 V2，电阻 R 改为 30 Ω，通过示波器测试输出调幅波电压波形，如图 3—1—12a 所示；并通过瞬态分析，观测集电极电流波形，如图 3—1—12b 所示。想一想，此时电路工作在什么状态？

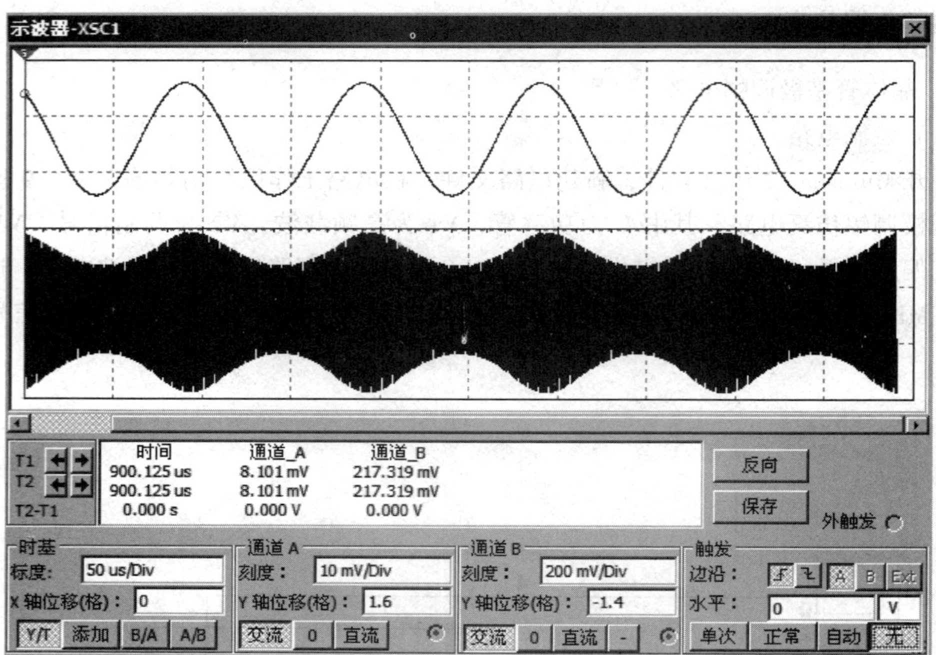

图 3—1—10　输入调制信号和输出调幅信号的波形

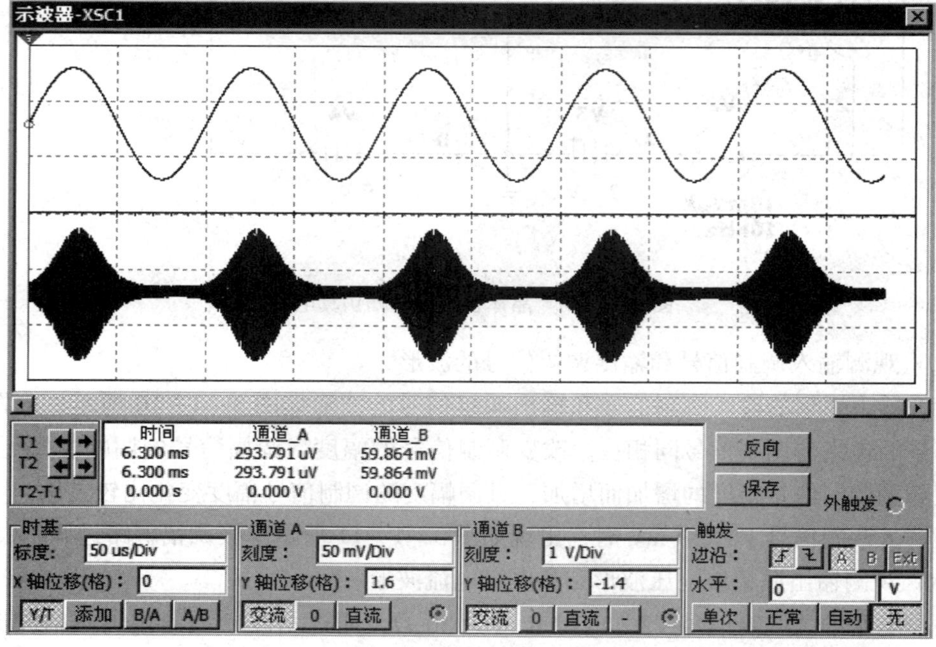

图 3—1—11　基极调幅电路过调幅失真波形

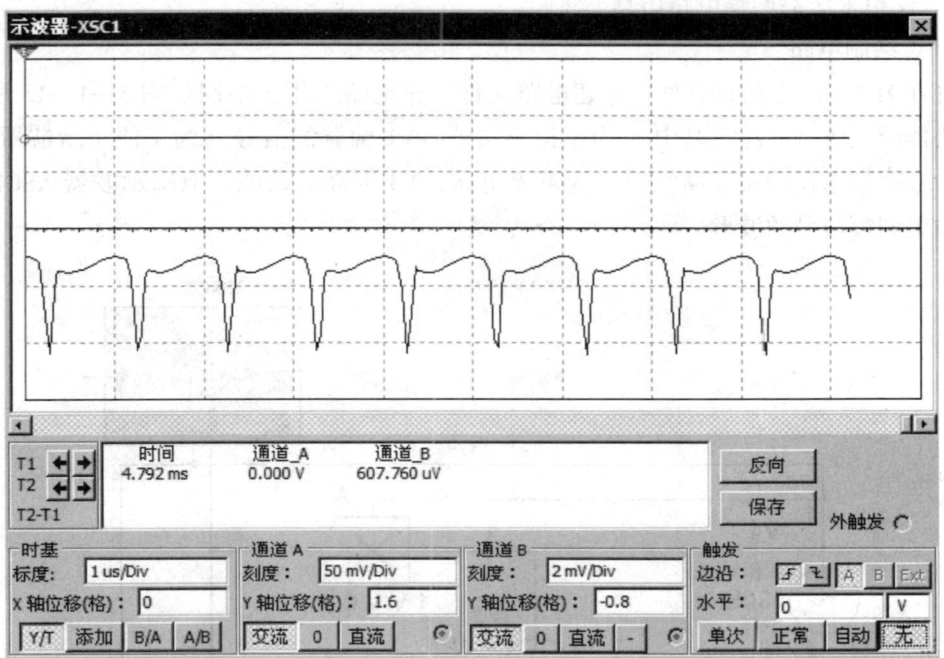

a）

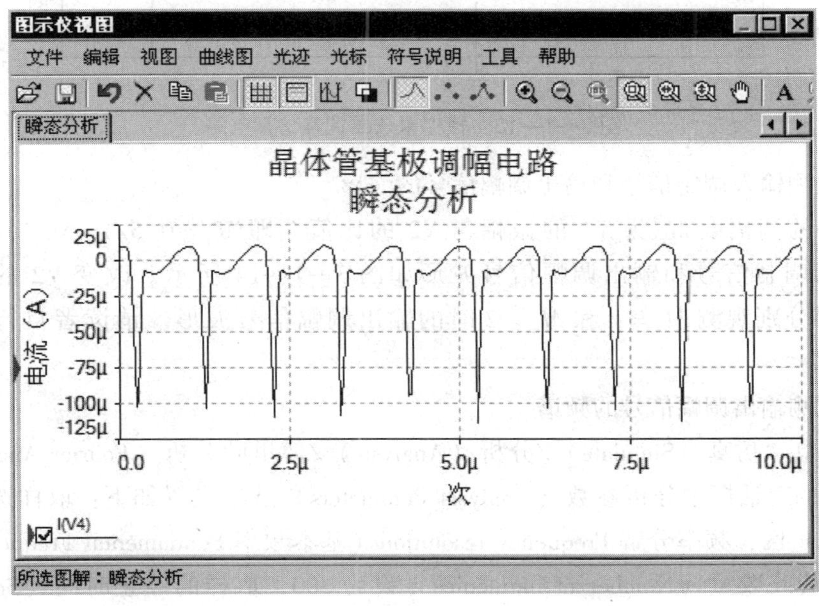

b）

图 3—1—12　输出调幅波电压波形和集电极电流波形

a）输出调幅波电压波形　b）集电极电流波形

2．模拟乘法器调幅电路仿真

（1）绘制电路

打开 Multisim12 仿真软件，新建电路文件，在电路工作区绘制如图 3—1—13 所示模拟乘法器调幅仿真电路。其中 A 为模拟乘法器，V1 为调制信号（为了便于示波器显示，调制信号频率选择较实际高），V2 为直流电压，V3 为高频载波。双踪示波器 XSC1 用来显示输出调幅信号的波形。

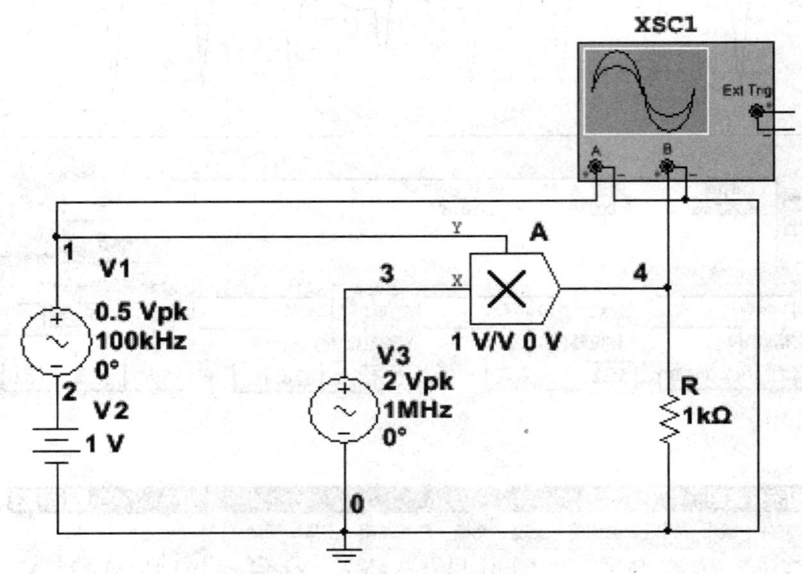

图 3—1—13　模拟乘法器调幅仿真电路

（2）观测输入调制信号和输出调幅信号的波形

该电路的调幅度 M_a 为 V1 的振幅与 V2 的比值，即 $M_a=0.5/1=0.5$，示波器观测到的输入调制信号和输出调幅信号波形如图 3—1—14 所示。改变 V2 的值，可以通过示波器分别观测 $M_a=1$ 和 $M_a=2$ 时的输出调幅信号波形。请读者自行仿真，不再赘述。

（3）观测输出调幅信号的频谱

选择菜单“仿真（Simulate）/分析（Analysis）/傅里叶分析（Fourier Analysis）”命令，在弹出的对话框中分析参数（Analysis Parameters）选项设置如下：取样选项（Sampling options）区，频率分解 Frequency resolution（基本频率 Fundamental Frequency）设为 5 000 Hz，谐波数量（Number of harmonics）设为 300，取样的停止时间（Stop time for sampling）设为 0.001 s；结果（Results）区垂直刻度（Vertical scale）选择线性；输出（Output）选项选择变量 V（4）。然后，点击仿真（Simulate）按钮，出现如图 3—1—15 所示模拟乘法器调幅电路傅里叶分析图示仪视图（Grapher View）窗口。

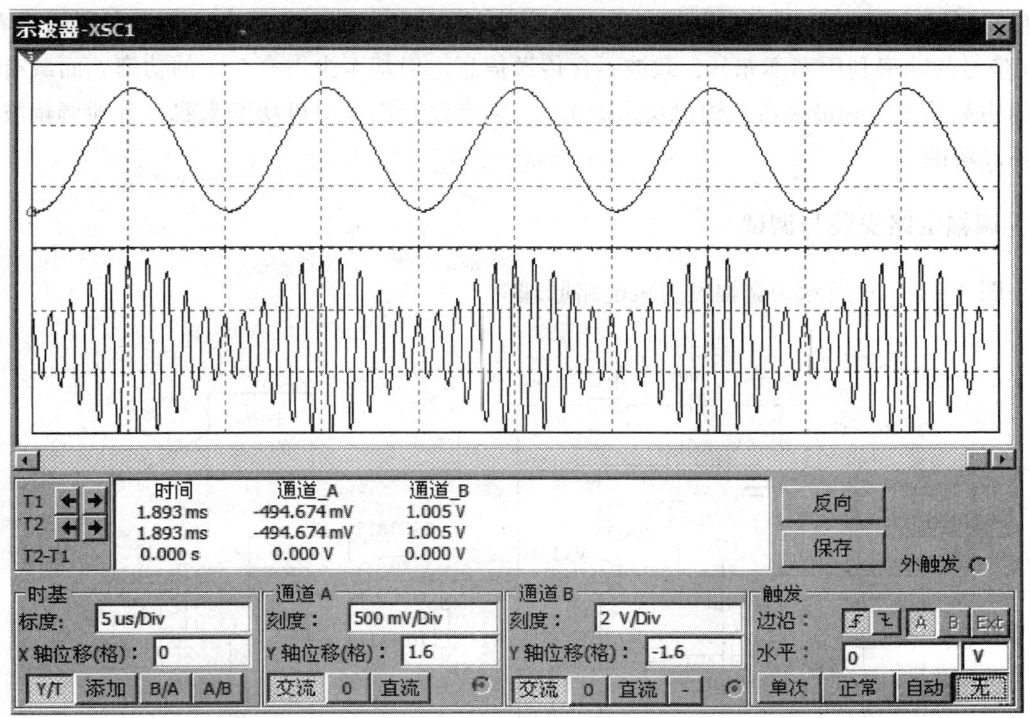

图 3—1—14　模拟乘法器调幅电路输出调幅信号的波形

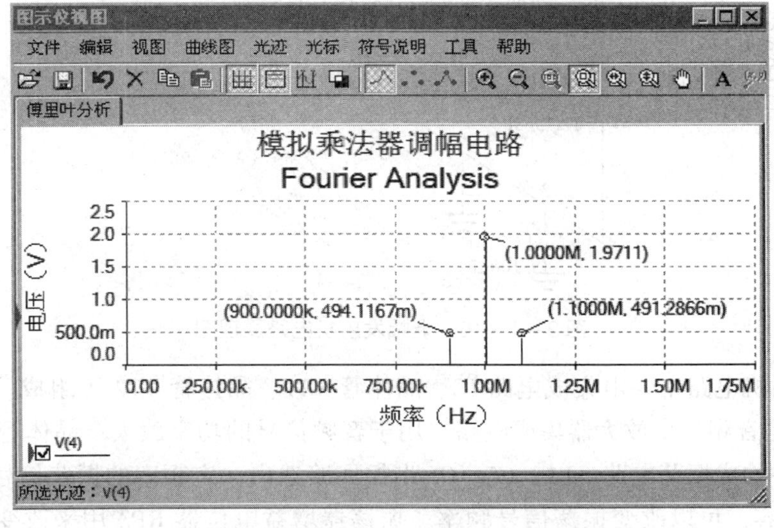

图 3—1—15　模拟乘法器调幅电路傅里叶分析

模拟乘法器在完成两个输入信号相乘的同时，不会产生其他无用组合频率分量，因此输出信号中的失真最小。由图 3—1—15 可知，模拟乘法器调幅电路只产生 3 个频率分量，分别是载频分量（1 MHz）、下边频分量（0.9 MHz）及上边频分量（1.1 MHz）。载频不含信息，两边频包含相同的信息，所占带宽为最高调制频率的 2 倍。从功率利用率看，AM 信号的功率利用率不充分，载波不含传送信息，但却至少占有 2/3 的功率，而载有信息的边频功率之和最多占总输出功率的 1/3。从有效利用发射机功率来看，普通调幅波是很不经济的。

三、调幅电路安装与调试

图 3—1—16 所示为调幅发射机电路原理图。

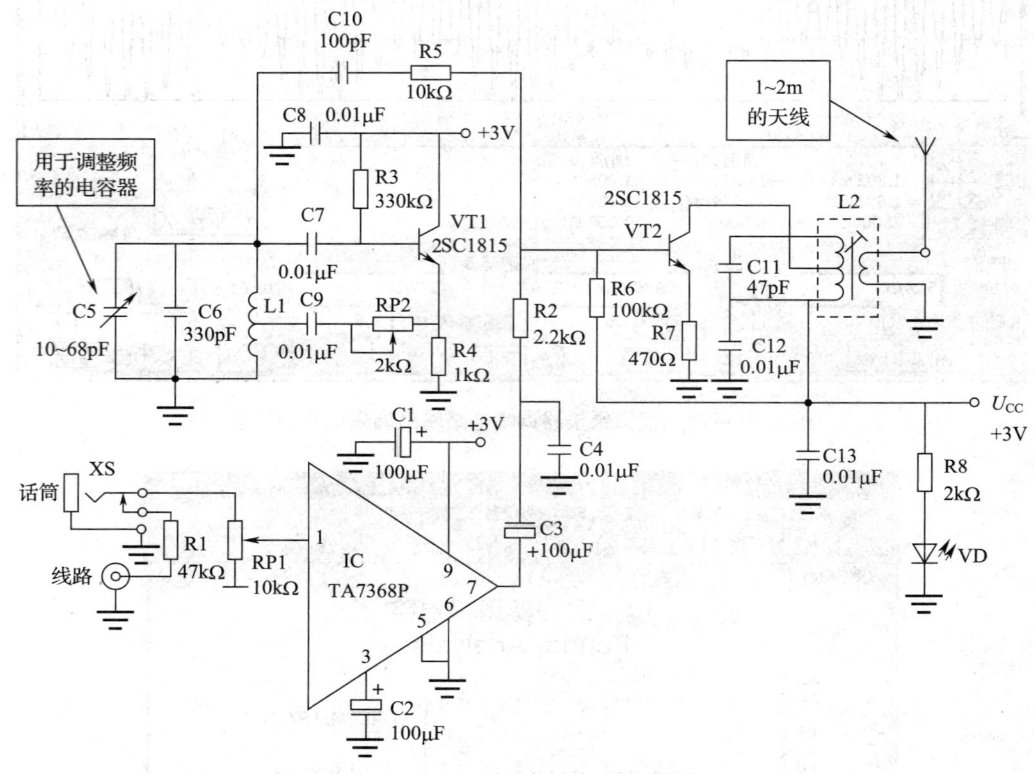

图 3—1—16　调幅发射机电路原理图

调幅发射机电路主要由集成电路 IC、晶体管 VT1、晶体管 VT2 等组成。其中集成电路 TA7368P 是音频功率放大器集成电路，用于音频信号的功率放大。晶体管 VT1 及外围的有关元器件构成振荡电路。L1、C5、C6 谐振回路选出一定频率的振荡信号，改变振荡调整 C5 的电容，可以改变振荡信号频率。振荡器增益电位器 RP2 用来改变电路的反馈量，从而控制振荡电路的振荡状态。晶体管 VT2 等组成高频功率放大电路。从 XS 插座输入的话筒信号，经音量电位器 RP1 调节后，加到 IC 的①脚内，经放大后的音频信号从 IC 的⑦脚输出，经 C3 等元件加到晶体管 VT1 的基极，对振荡信号进行振幅调制。经过音频信号调制后得到的调幅信号加到 VT2 管进行功率放大，并由 L2、C11 谐振回路选频，最后通过电感耦合到天线向外发射。

调幅发射机电路的元器件清单见表3—1—2。

表3—1—2　　调幅发射机电路的元器件清单

名称	代号	规格	数量	单位
电阻器	R1	碳膜电阻器47 kΩ	1	只
	R2	碳膜电阻器2.2 kΩ	1	只
	R3	碳膜电阻器330 kΩ	1	只
	R4	碳膜电阻器1 kΩ	1	只
	R5	碳膜电阻器10 kΩ	1	只
	R6	碳膜电阻器100 kΩ	1	只
	R7	碳膜电阻器470 Ω	1	只
	R8	碳膜电阻器120 Ω	1	只
电位器	RP1	玻璃釉电位器10 kΩ	1	只
	RP2	玻璃釉电位器2 kΩ	1	只
电容器	C1、C2、C3	极性电解电容器100 μF/10 V	3	只
	C4、C7、C8、C9、C12、C13	瓷片电容器0.01 μF/50 V	6	只
	C5	陶瓷可调电容器10～68 pF/50 V	1	只
	C6	瓷片电容器330 pF/50 V	1	只
	C10	瓷片电容器100 pF/50 V	1	只
	C11	瓷片电容器47 pF/50 V	1	只
电感线圈	L1	磁环线圈（需定制）	1	只
	L2	AM本振线圈（红）替代	1	只
二极管	VD	发光二极管3 mm红色	1	只
晶体管	VT1、VT2	2SC1815	2	只
集成电路	IC	TA7368P（含底座）	1	只
耳机插孔	XS	ϕ3.5	1	只

1．元器件识别与检测

按照元器件清单，核对元器件的数量和规格，然后进行元器件的识别和检测，确认元器件质量完好。

（1）磁环线圈 L1

如图 3—1—17 所示，磁环线圈是在环形磁性材料上绕制线圈而构成的一种电感线圈，对于高频噪声有很好的屏蔽作用。由于通常使用铁氧体磁性材料制成磁环，所以又称铁氧体磁环线圈。本电路中，磁环线圈是用作振荡回路的振荡线圈。该磁环线圈用美国 Amidon 公司的射频铁氧体磁环 FT－37－61，磁导率＝150，在此磁环上缠绕 26 匝直径为 0.1～0.2 mm 的聚氨酯铜线或聚乙烯铜线。

（2）振荡线圈 L2

振荡线圈 L2 是应用于中波段收音机的本机振荡线圈。其磁芯为红色，转动磁芯可调整其电感量。磁芯位于最上部时电感是 170 μH，磁芯位于最下部时电感是 350 μH。

（3）集成电路 TA7368P

如图 3—1—18 所示，TA7368P 是单列 9 引脚音频功率放大器集成电路，最高工作电源电压 14 V，输出功率 1.1 W。TA7368P 引脚功能见表 3—1—3。

图 3—1—17　铁氧体磁环线圈（实物）

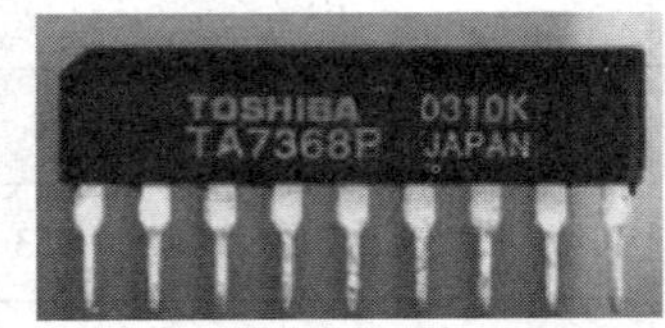

图 3—1—18　集成电路 TA7368P（实物）

表 3—1—3　TA7368P 引脚名称

引脚号	功能	引脚号	功能
1	音频信号输入端	6	功放电路接地线端
2	内接保护电路，不用时可悬空	7	音频放大信号输出端
3	运算放大器负反馈元件连接端	8	未使用
4	相位补偿元件连接端	9	工作电源电压（2～10 V）
5	前置电路接地线端		

利用测量引脚直流电压的方法可以检测集成电路 TA7368P 的好坏。表 3—1—4 是 TA7368P 在工作电源电压 6 V 和环境温度 25℃的情况下，各引脚的直流电压值。

表 3—1—4　　TA7368P 各引脚的直流电压值

引脚号	1	2	3	4	5	6	7	8	9
直流电压值（V）	0	2.40	0.62	0.64	0	0	2.61	空脚	6.0

2．元器件安装

按照图 3—1—19 所示调幅发射机印制电路板装配图进行元器件安装。

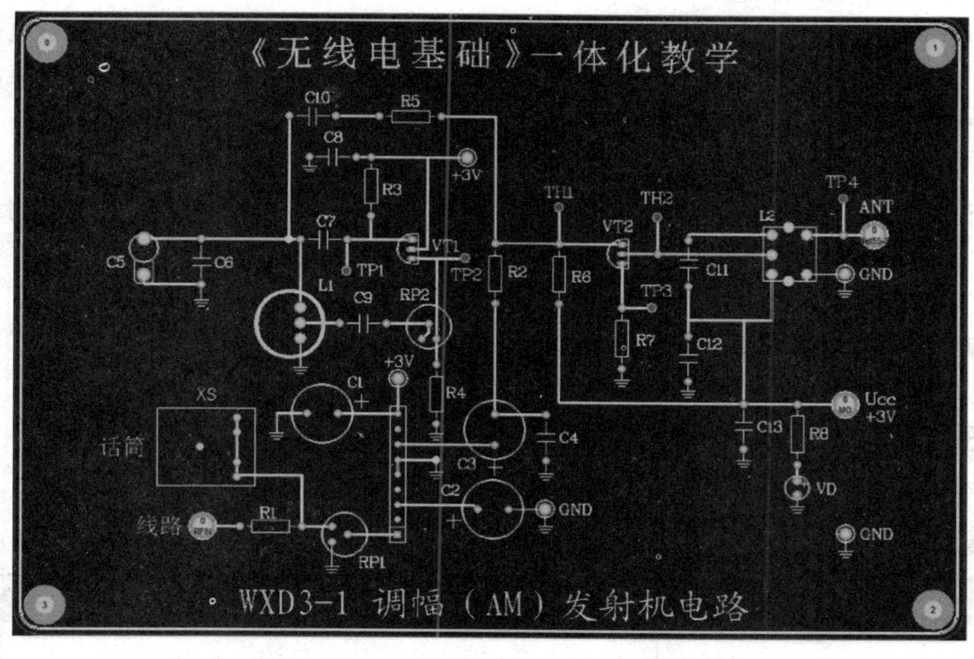

图 3—1—19　调幅发射机印制电路板装配图

3．电路调试

（1）通电前检查

按照电路原理图或印制电路板装配图检查元器件有无接错或漏逶等现象，电源线、接地线是否接好，然后用万用表测量电源端 +3 V 和接地端之间是否短路。

（2）通电

接入电路所要求的 +3 V 直流电源，发光二极管 VD 点亮，表明印制电路板通电。观察电路中各元器件有无异常现象，如出现异常，应立即断电，排除故障后再重新通电。按照电路图检查元件有无接错或漏接等现象，并检查输入、输出端有无短路，检查无误方可输入信号进行调试。

（3）输出的调整

1）通过话筒或者高频信号发生器输入调制信号。

2）将天线接头与测量高频电压的探针连接，如果没有制作探针，也可以利用 AM 收音机代为接收。

3）将电位器 RP2 设置在最大值的 2/3 左右。

4）调整输出至最大。转动 L2 的磁芯，使高频毫伏表指针的指示最大，这样就可以获得最大输出。当利用 AM 收音机验证时，要先远离收音机数米，然后转动磁芯，使收音机输出的噪声降低到最小。

（4）振荡电路的调整

调节电位器 RP2，增大有效电阻值，则反馈量减少，振荡停止。再一次调节电位器 RP2，减小有效电阻值，找到合适的振荡频率点，用示波器观测调幅信号波形。如果电位器 RP2 有效电阻值过小，则反馈量过大，将产生异常振荡。

（5）振荡频率的调整

利用 AM 收音机接收并确定 AM 发射机的频率。如果与商业电台重叠，则需要将电容器 C5（10～68 pF）与振荡电路的电容器 C6 并联，以降低振荡频率。

（6）断电

调试完毕，关断电源，拆除电源线。

任务评价

本任务的评价标准参见表 3—1—5。

表 3—1—5　　评价标准

序号	项目	配分	评分标准	得分
1	识别与检测元器件	10	（1）不能识别元器件，每只扣 1 分 （2）不能检测元器件，每只扣 1 分 （3）仪表使用错误，每次扣1 分	
2	插装元器件	10	（1）色环电阻不采用卧式插装，每只扣 1 分 （2）电位器、瓷片电容器等不采用立式插装，每只扣 1 分 （3）元器件引脚成型不符合工艺要求，每只扣 1 分 （4）元器件插装位置、极性错误，元器件漏装，每只扣 1 分	

续表

序号	项目	配分	评分标准	得分
3	焊接元器件	10	（1）焊点不光滑、不清洁、有毛刺、焊料过多或过少，每处扣1分 （2）有裂焊、漏焊、虚焊、搭焊、溅锡等现象，每处扣1分 （3）损坏焊盘、铜箔及元器件，每处扣2分 （4）焊接后元器件引线裸露长度不符合标准，每处扣1分 （5）线路板不清洁，装配不美观，扣2分 （6）使用电烙铁错误，每次扣1分	
4	电路调试	60	（1）通电前没有做检查工作，扣5分 （2）不会或不正确进行输出的调整，扣10分 （3）不会或不正确进行振荡电路的调整，扣20分 （4）不会或不正确进行振荡频率的调整，扣20分 （5）调试步骤不正确，仪器仪表使用不规范，扣5分	
5	安全文明生产	10	违反安全文明生产规程，酌情扣分	

开始时间		结束时间		成绩	
学生姓名		教师签名		年　月　日	

任务2　检波器的安装和调试

学习目标

1. 熟悉检波器的基本组成和分类。
2. 掌握二极管峰值包络检波器的组成和工作原理。
3. 了解同步检波器的工作原理。
4. 能仿真测试检波器，能完成检波器的安装和调试。

任务描述

检波器是超外差式调幅收音机不可缺少的重要组成之一。图3—2—1所示为超外差式调幅收音机的组成框图，它主要由输入电路、变频器、中频放大器、检波器、AGC（自动增益控制）电路、低频前置放大器、低频功率放大器和扬声器等组成。超外差式调幅收音机的特点是把接收到的广播电台信号（调幅波）与本机振荡信号同时送入混频器进行混频，取出这两个信号的差频（即中频）信号，并对中频进行放大。超外差式调幅收音机的中频是固定不变的（我国中、短波调幅收音机的中频是465 kHz），而不同电台的发射信号频率（载频）是变化的，这就要求本振信号频率必须随电台信号频率的改变而改变，且始终比电台信号频率高465 kHz。

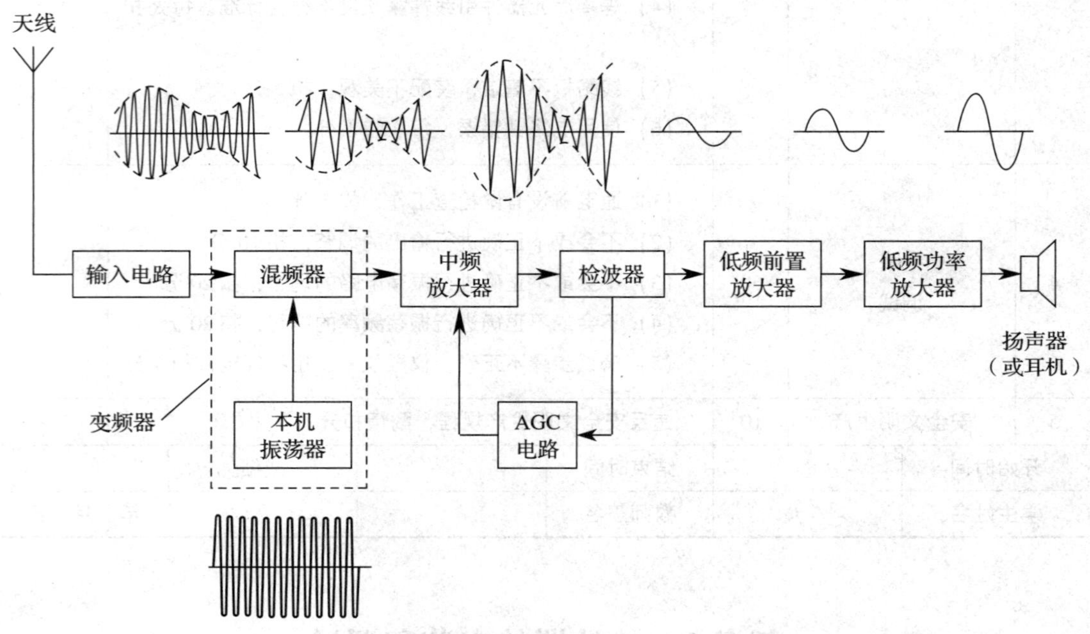

图3—2—1　超外差式调幅收音机的组成框图

超外差式调幅收音机工作时，接收天线和输入回路首先将广播电台发射天线发射的高频调幅波接收下来，经变频器变频后就变成了以中频（465 kHz）为载频的中频调幅波，再经过中频放大器放大和检波器检波后，就可以得到原调制信号（音频信号）。检波后得到的音频信号经前置放大器和低频功率放大器放大后送到扬声器（或耳机）发出声音。由图3—2—1可以看出，检波器可以实现从中频调幅波中检出音频信号这一功能。

本任务的内容是认识检波器的基本组成和工作原理，并完成检波器的安装和调试。

相关知识

检波是调幅的相反过程，即接收机从调幅波中取出调制信号的过程。实现检波的电路称为检波器。检波器是调幅收音机、电视接收机等接收设备必不可少的电路。

一、检波器的基本组成和分类

1. 检波器的基本组成

检波器的作用是把调制信号从调幅波中提取出来，其输入信号为调幅波，输出信号为调制信号。以普通调幅波的解调为例，检波器的输入信号和输出信号的波形图和频谱图如图 3—2—2 所示。

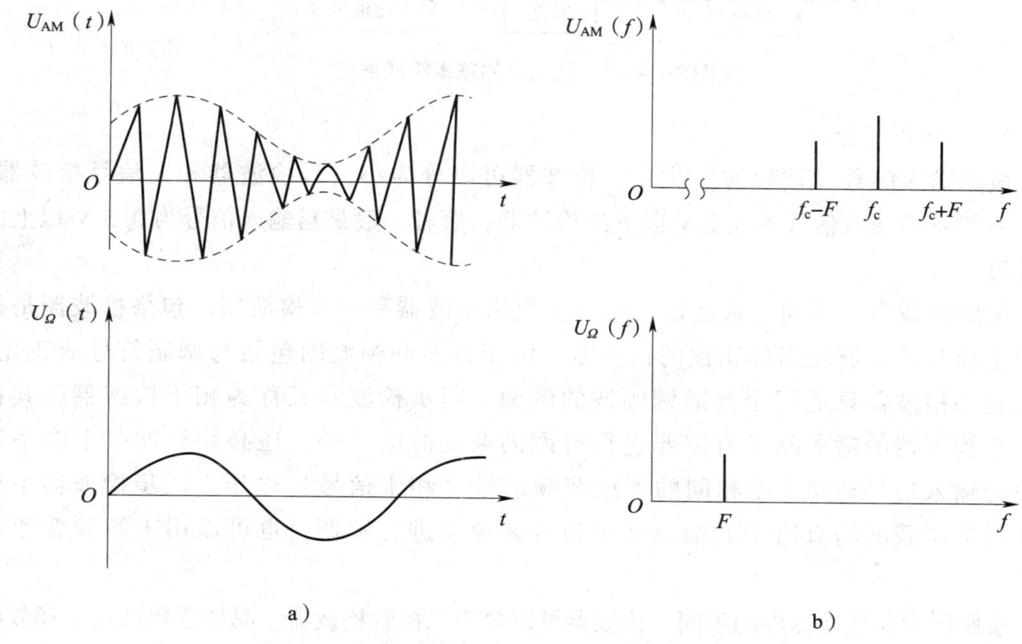

图 3—2—2 检波器输入、输出信号的波形图和频谱图

a）波形图 b）频谱图

从频谱图上来看，检波是将调幅波中的边带信号不失真地从载波频率附近搬移到零频率附近。因此，检波器属于一种频谱搬移电路。从频谱关系的变化来看，检波器输入信号的频谱由载频（f_c）和旁频分量（f_c-F 和 f_c+F）组成，它不包含低频调制信号分量（F），但输出信号必须还原为低频调制信号。该频率变换关系应由非线性器件（例如二极管、晶体管、场效应管或非线性放大器等）来完成。非线性器件会产生许多新频率，再通过低通滤波器，滤除无用频率分量，即可取出所需要的原调制信号。图 3—2—3 所示为检波器的基本组成框图，检波器主要由输入电路、非线性器件和低通滤波器组成。

输入电路用来选择输入调幅波信号；非线性器件用来进行频率变换，产生新的频率成分，其中包括原调制信号频率成分；低通滤波器用来滤除无用的频率成分，取出原调制信号。

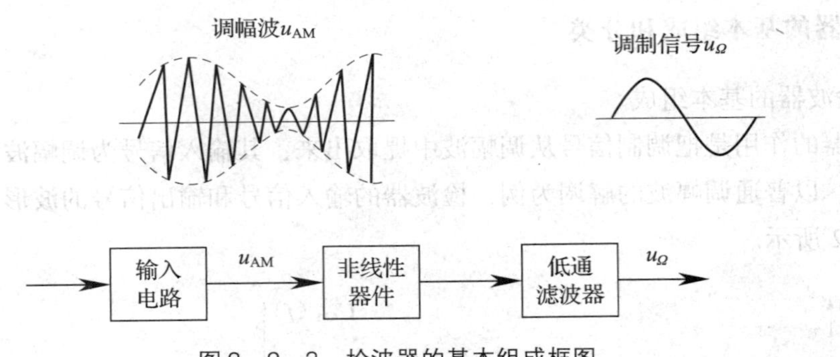

图 3—2—3　检波器的基本组成框图

2. 检波器的分类

按照输入信号（调幅波）大小，检波器可以分为小信号检波器和大信号检波器。前者一般是指输入信号为0.2 V以下的检波器，后者一般是指输入信号为0.5 V以上的检波器。

按照检波方法不同，检波器又可分为包络检波器和同步检波器。包络检波器是指输出电压与调幅波包络成正比的检波器，由于普通调幅波的包络与调制信号成正比，因此包络检波器只适用于普通调幅波的解调。同步检波器又称为相干检波器，其特点在于检波器的输入除了有需要进行解调的调幅波电压外，还必须外加一个频率和相位与输入信号载频完全相同的本地载频信号（相干信号）电压。同步检波器主要用于对抑制载波的双边带调幅波和单边带调幅波进行解调，也可以用来解调普通调幅波。

按照所用非线性器件的不同，检波器可以分为二极管检波器、晶体管检波器、场效应管检波器和模拟乘法器检波器等。其中二极管检波器又可分为二极管小信号检波器和二极管大信号检波器，前者是利用二极管伏安特性曲线的弯曲部分对调幅波进行检波的，故也称小信号平方律检波器，其非线性失真较大，检波效率低，不常使用；后者主要是指二极管峰值包络检波器，它是利用二极管的单向导电性和检波器负载 RC 的充放电对调幅波进行检波的，所以它们的工作原理是不同的。

二极管检波器检波质量高、电路简单、用途广泛，也是其他类型检波器的基础。这里仅介绍较为常用的二极管峰值包络检波器。

二、二极管峰值包络检波器

二极管峰值包络检波器属于二极管大信号检波器，与二极管小信号检波器的主要区别是二极管所处工作状态不同，小信号检波器工作时二极管总是处于导通状态，而大信号检波器工作时二极管则是在载波一个周期内一段时间导通，另一段时间截止。二极管峰值包络检波器仅用于普通调幅波的解调。

1．工作原理

图 3—2—4 所示为二极管峰值包络检波器原理图，它主要由输入电路（中频变压器）、非线性器件（二极管 VD）和负载（低通滤波器）三部分组成。u_i 为检波器的输入中频调幅信号（普通调幅波）电压，u_o 为检波器的输出电压。

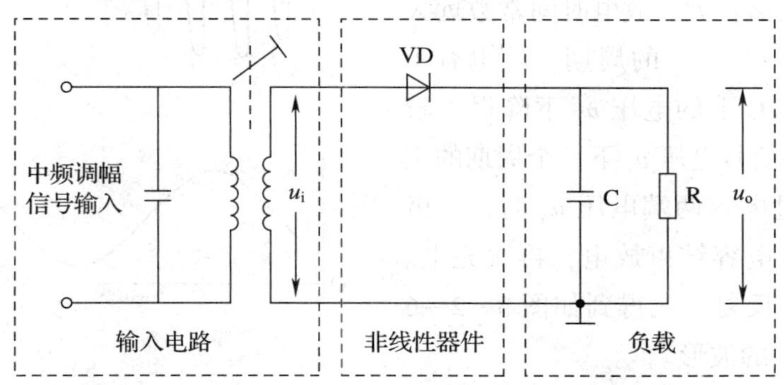

图 3—2—4　二极管峰值包络检波器原理图

图 3—2—4 中，R 为检波器的负载电阻，它的数值较大。C 为检波器的负载电容，它的值的选取应满足：在中频时其容抗远小于 R，可视为短路；而在低频（调制信号）时，其容抗则远大于 R，可视为开路。这样，就能保证输入的中频调幅信号电压 u_i 较大。由于负载电容 C 的中频容抗很小，因此中频调幅信号电压大部分加到二极管 VD 上。

在输入的中频调幅信号电压 u_i 正半周时，二极管正偏导通，并对电容器 C 充电（充电电流方向见图 3—2—5a）。由于二极管在线性区导通时的内阻很小，电容 C 的中频容抗也很小，所以充电时间常数也很小，充电电流很大，充电速度很快，使电容 C 两端电压 u_o 很快被充至接近输入中频调幅信号电压的峰值。电容 C 上的电压 u_o 建立后又反向地加到二极管 VD 的两端。此后二极管 VD 导通与否，由电容 C 上的电压 u_o 和输入的中频调幅信号电压 u_i 共同决定。

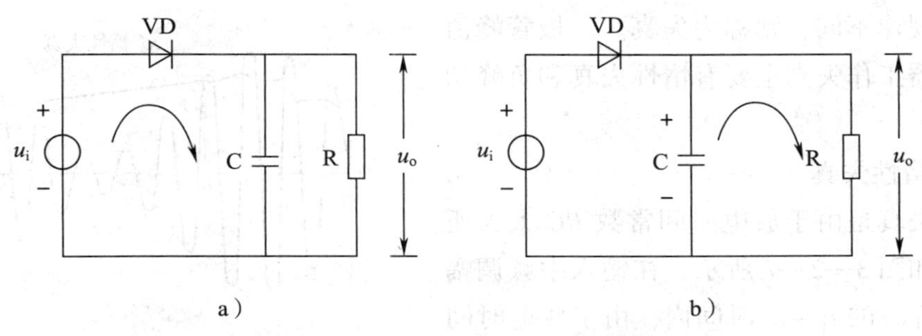

图 3—2—5　二极管峰值包络检波器工作图解

a）二极管导通，电容 C 充电　b）二极管截止，电容 C 放电当输入的中频调幅信号电压 u_i 正半周自峰值逐渐减小到小于电容 C 上的电压 u_o 时，二极管便反偏截止，电容 C 就会通过负载电阻 R 放电（放电电流方向见图 3—2—5b）。由于电阻 R 的阻值较大，放电时间常数远大于中频调幅信号电压 u_i 的周期，故电容 C 放电较慢，电容 C 上的电压 u_o 下降得也较慢。当中频调幅信号电压 u_i 下一个周期的正半周到来并超过电容两端电压 u_o 时，二极管又重新导通，电容结束放电，再次充电。这样不断地循环反复，就得到如图 3—2—6 所示电容电压 u_o 的波形。

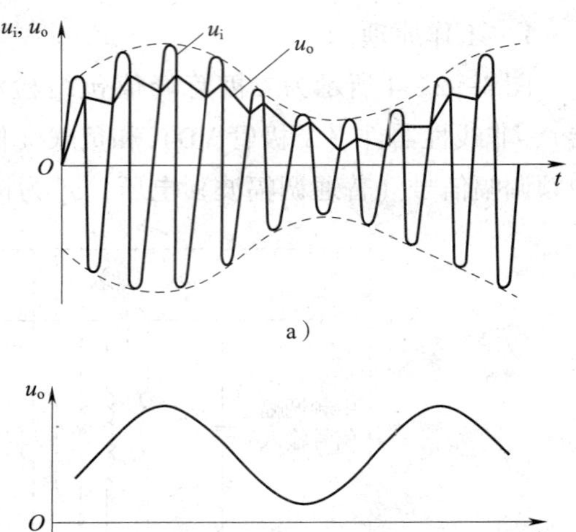

图 3—2—6　输入普通中频调幅波时检波器的输入输出信号波形图
a）输入信号 u_i 和输出信号 u_o 波形
b）输出信号 u_o 波形

因此，只要适当选择二极管 VD 和放电时间常数 RC，以使充电时间常数 r_dC（r_d 二极管 VD 的导通内阻）足够小、充电很快，而放电时间常数 RC 足够大、放电很慢（$r_dC \ll RC$），就可使电容 C 两端电压 u_o 的幅度与输入电压 u_i 的幅度相当接近。另一方面，电压 u_o 虽然有些起伏不平（锯齿形），但因二极管正向导电时间很短，放电时间常数又远大于中频调幅信号电压周期（放电时 u_o 基本不变），所以输出电压 u_o 的起伏是很小的，可看成与中频调幅波包络基本一致，所以这种检波器称为二极管峰值包络检波器。

综上所述可知，二极管峰值包络检波过程是利用二极管的单向导电特性和检波器负载 RC 的充放电过程实现的。

2. 工作失真问题

检波器要求输出低频调制信号必须与输入中频调幅波的包络变化规律相同，如果两者之间变化规律不同，则称为失真。二极管峰值包络检波器工作失真主要有惰性失真和负峰切割失真。

（1）惰性失真

惰性失真是由于放电时间常数 RC 太大所引起的。如图 3—2—7 所示，在输入中频调幅波包络下降时的 $t_1 \sim t_2$ 时间内，由于放电时间常数 RC 太大，调幅波电压 u_i 总是低于电容 C

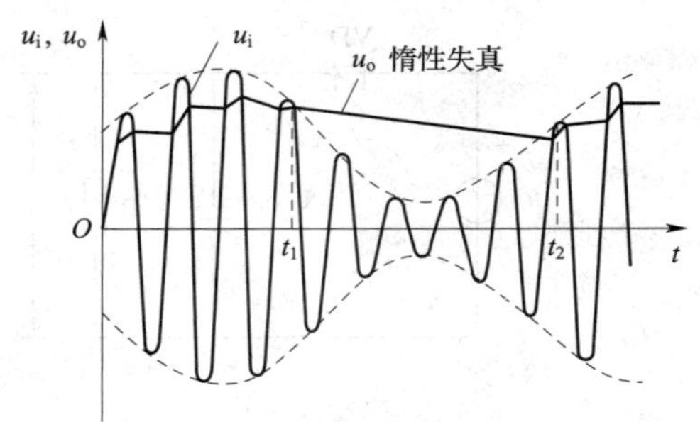

图 3—2—7　惰性失真

上的电压 u_o，二极管始终处于截止状态，输出信号电压不受输入信号电压控制，而是取决于低通滤波器的放电，只有当输入信号电压的振幅重新超过输出信号电压时，二极管才重新导通。这种失真是由于电容 C 的惰性太大引起的，所以称为惰性失真。为了防止惰性失真，只要适当选择时间常数 RC 的数值，使电容 C 的放电加快，能跟上输入调幅波包络的变化即可。

一般要求放电时间常数 RC 满足下式

$$\frac{1}{f_c} \ll RC \ll \frac{1}{F_{max}} \tag{3—2—1}$$

式中，f_c 载波频率；F_{max} 为调制信号频率的最大值。

（2）负峰切割失真

负峰切割失真是由于检波器的直流负载电阻 R 与交流（音频）负载电阻 R_Ω 不相等而且调幅度 M_a 又相当大时引起的。

检波器输出一般总是通过耦合电容 C_C 与低频放大器连接。如图 3—2—8a 所示，R_{i2} 为低频放大器的输入电阻。耦合电容 C_C 的容量较大，对音频来说，可以认为是短路。因此交流负载电阻 R_Ω 等于直流负载电阻 R 与低频放大器输入电阻 R_{i2} 的并联值，即

$$R_\Omega = \frac{R \cdot R_{i2}}{R + R_{i2}} < R \tag{3—2—2}$$

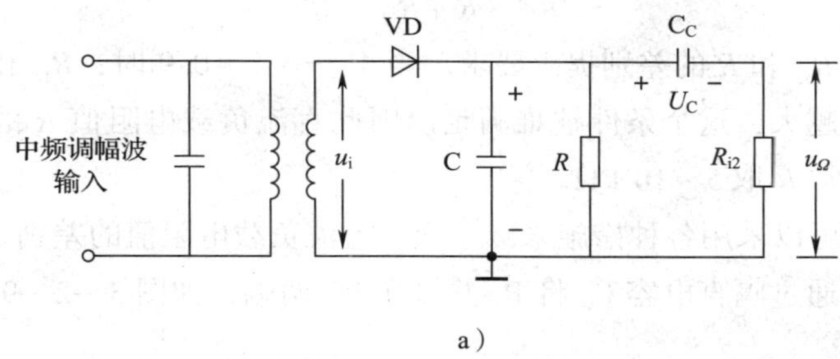

a）

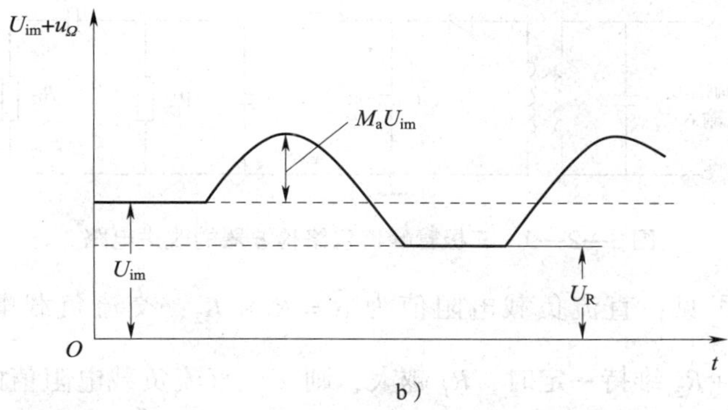

b）

图 3—2—8　负峰切割失真

a）电路图　b）失真波形

由于交、直流负载电阻不同，有可能产生失真。这种失真通常使检波器音频输出电压的负峰被切割，因此称为负峰切割失真。造成交、直流负载电阻不同的原因是隔直耦合电容 C_C 的存在。在稳定状态下，C_C 上有一个直流电压 U_c，其大小近似等于输入中频调幅波电压的振幅 U_{im}，即 $U_C \approx U_{im}$。由于 C_C 容量较大（几微法），在音频一周内，电压 U_c 基本不变，所以可把它看作一个直流电源，它在电阻 R 和 R_{i2} 上产生分压。电阻 R 上所分的电压为

$$U_R = U_C \frac{R}{R + R_{i2}} \approx U_{im} \frac{R}{R + R_{i2}} \qquad (3—2—3)$$

此电压 U_R 对二极管而言是负的。

当输入调幅波的调幅度 M_a 较小时，这个电压的存在不致影响二极管的工作。当调幅度 M_a 较大时，输入调幅波低频包络的负半周可能低于电压 U_R，在这期间二极管将截止。直至输入调幅波包络负半周变到大于 U_R 时，二极管才能恢复正常工作。因此，产生了如图 3—2—8b 所示的波形失真，它将输出低频电压负峰切割。

显然，R_{i2} 越小，则 U_R 分压值越大，这种失真越容易产生；另外，调幅度 M_a 越大，则 $M_a U_{im}$（调幅波振幅）越大，这种失真也越容易产生。

不产生负峰切割失真的条件是

$$M_a < \frac{R_{i2}}{R + R_{i2}} = \frac{R_\Omega}{R} \qquad (3—2—4)$$

因此，应该对 R_Ω 和 R 的差别提出要求。当 $M_a = 0.8 \sim 0.9$ 时，R_Ω 和 R 的差别不应超过 10% ~20%。R 越大，这个条件越难满足。因此直流负载电阻值 R 的选择还受负峰切割失真的限制。通常 R 取 5 ~10 kΩ。

实际电路中，可以采用各种措施来减小交、直流负载电阻值的差别。例如，将电阻 R 分成 R1 和 R2，并通过隔直电容 C_c 将 R_{i2} 并接在 R2 两端，如图 3—2—9 所示。

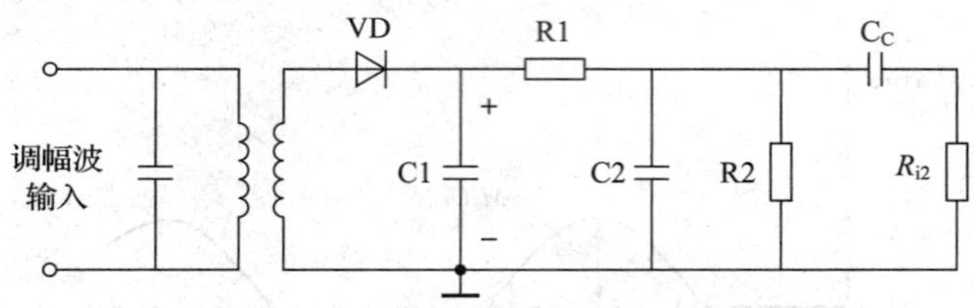

图 3—2—9　二极管峰值包络检波器的改进电路

由图 3—2—9 可见，直流负载电阻值为 $R = R_1 + R_2$，交流负载电阻值为 $R = R_1 + \frac{R_2 R_{i2}}{R_2 + R_{i2}}$。当 $R = R_1 + R_2$ 维持一定时，R_1 越大，则交、直流负载电阻值的差别就越小，但是音频输出电压也就越小。为了折衷地解决这个矛盾，实际电路中，常取 $R_1/R_2 = 0.1 \sim 0.2$。电路中还并接了电容 C2，这是用来进一步滤除中频成分，提高检波器的滤波能力。

3. 典型应用电路

图 3—2—10 所示为某超外差式调幅收音机电路图（低放及扬声器部分未画出）。其中输入电路、变频电路以及中放电路部分前文已经分析过，这里主要分析二极管检波电路。

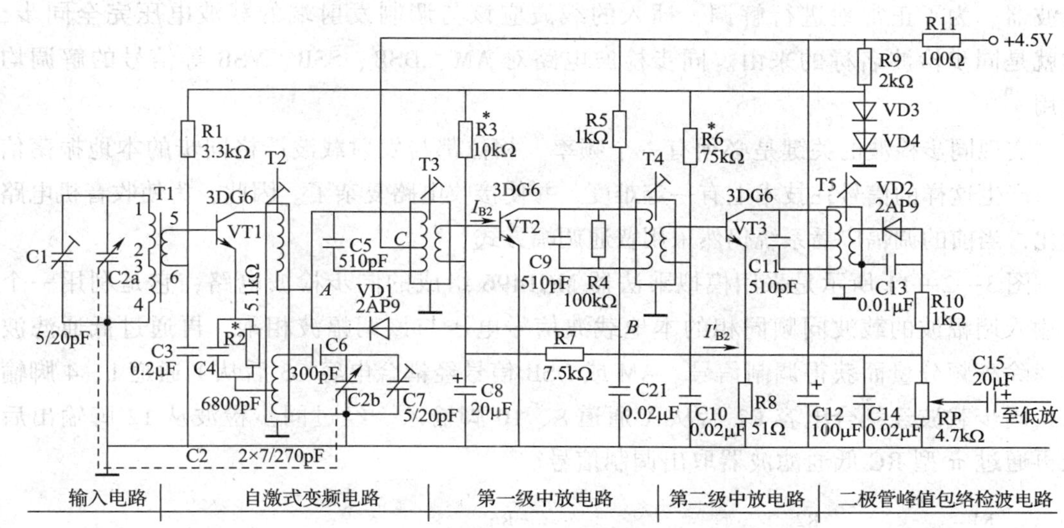

图 3—2—10　超外差式调幅收音机部分电路

图 3—2—10 中，检波二极管 VD2 和 C13、C14、R10、RP 及低频放大器输入电阻一起组成二极管峰值包络检波器。+4.5 V 直流电源经串联的两只二极管 VD3、VD4 稳压后，除了通过 R3 为第一中放管 VT2 提供基极偏置电压，还通过 R7、R10 和 RP 为检波二极管 VD2 提供合适的正向偏置电流。R10 和 RP（音量电位器）是检波器的直流负载，C13、R10 和 C14 构成 π 形低通滤波器。

由中放级送来的 465 kHz 中频信号，经 T5 的二次线圈加到检波二极管 VD2，利用它的单向导电特性，完成检波作用。检波后产生下列 3 种信号：中频及谐波成分、音频成分、直流成分。中频及谐波成分经 π 形低通滤波器滤除。C13 和 C14 对中频及谐波成分容抗很小，可视为短路，而对音频成分容抗很大，可视为开路，故检波后的中频及谐波成分被 C13 和 C14 旁路入地，而音频成分和直流成分则经 R10 直接加到音量电位器 RP 两端（即 C14 两端）。C14 两端的音频分量和直流分量，一方面经过隔直电容 C15 去掉直流分量后，得到音频分量送到低频放大器进行放大；另一方面经过 R7 和 C8 组成的低通平滑滤波器滤除音频分量后，得到直流分量（仅与输入中频信号的载波振幅成正比，而与调幅度无关），作为 AGC 信号，实现自动增益控制。

为了使收音机在收听不同电台信号时，不受发射台的远近、电台发射功率及接收环境的影响，能维持一定的音量，在收音机中设计有自动增益控制电路。扫描二维码，了解相关知识。

三、同步检波器

DSB 和 SSB 调幅波的包络不同于调制信号，不能采用包络检波器，必须采用同步检波器。为了正常地进行解调，插入的载波应该与调制发射端的载波电压完全同步，这就是同步检波名称的来由。同步检波电路对 AM、DSB、SSB、VSB 等信号的解调均适用。

实现同步检波的关键是必须有一个频率、相位都与发射载波严格同步的本地振荡信号，产生这样的信号在技术上有一定难度，并使接收电路复杂了。因此，为使收音机电路简化，当前的调幅广播系统仍然采用普通调幅方式。

图 3—2—11 所示是采用模拟乘法器 MC1496 组成的同步检波电路，它是利用一个和输入调幅波的载波同频同相的本地载波信号电压与该调幅波相乘，再通过低通滤波器滤除高频分量而获得调制信号。AM 或 DSB 信号经耦合电容 C3 后从 Y 通道 1、4 脚输入，同步载波经耦合电容 C2 后从 X 通道 8、10 脚输入。经过同步检波从 12 脚输出后经再通过 π 型 RC 低通滤波器取出调制信号。

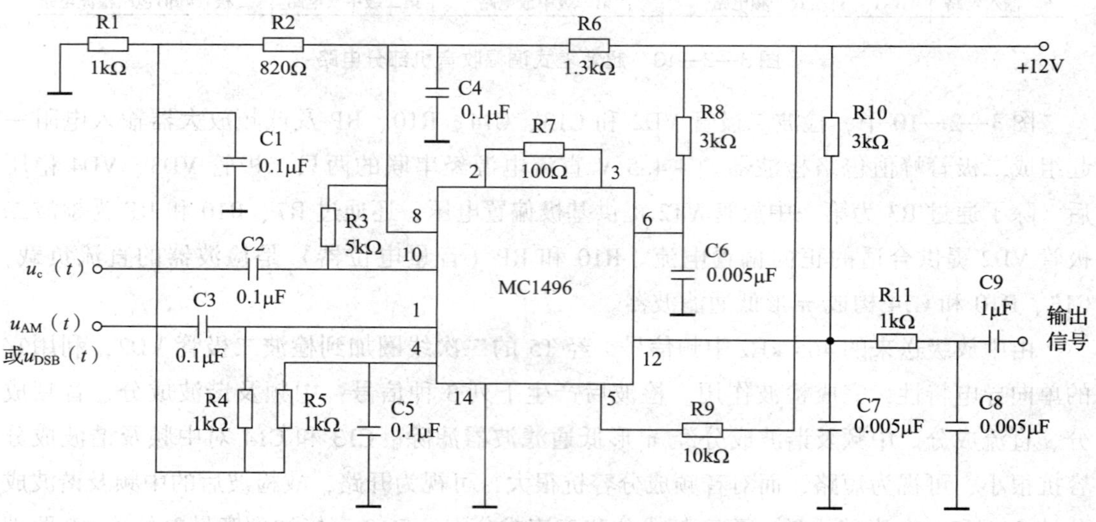

图 3—2—11　模拟乘法器 MC1496 组成的同步检波电路

任务实施

一、实训器材

实施本任务所使用的实训设备及材料可参考表 3—2—1。

表 3—2—1　　实训设备及材料参考表

类别	序号	名称	型号与规格	数量	单位
设备	1	计算机	装有 Multisim12 仿真软件	1	台
	2	无线电基础一体化实训箱	HD－WXD－Ⅰ型	1	只
	3	万用表	MF47 型	1	块
	4	高频信号发生器	普源 RIGOL DG1022 型	1	台
	5	双踪示波器	普源 RIGOL DS1102U 型	1	台
材料	6	二极管峰值包络检波器套件	WXD3－2 型	1	套
	7	焊锡	—	1	卷
	8	松香	—	1	盒

二、检波器仿真

1. 二极管峰值包络检波器仿真

(1) 绘制电路

打开 Multisim 12 仿真软件，新建电路文件，在电路工作区绘制如图 3—2—12 所示二极管峰值包络检波电路。其中调幅信号源的调幅度 M_a 为 0.8。双踪示波器 XSC1 用来显示输入调幅信号和输出调制信号的波形。

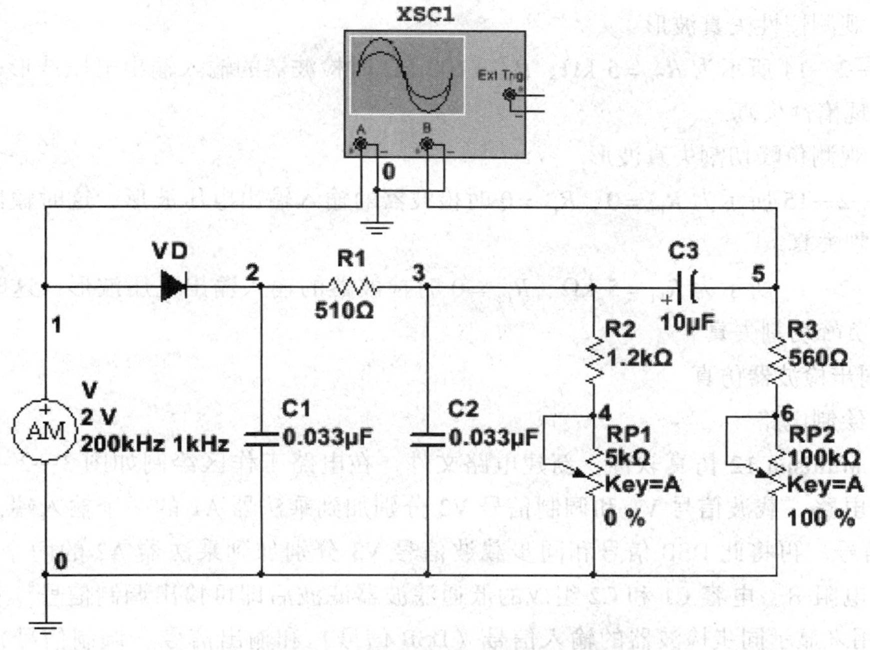

图 3—2—12　二极管峰值包络检波器仿真电路

（2）观测检波器的输入输出波形

图 3—2—13 所示为 $R_{P1}=0$、$R_{P2}=100\ \text{k}\Omega$ 时检波器的输入输出电压波形。

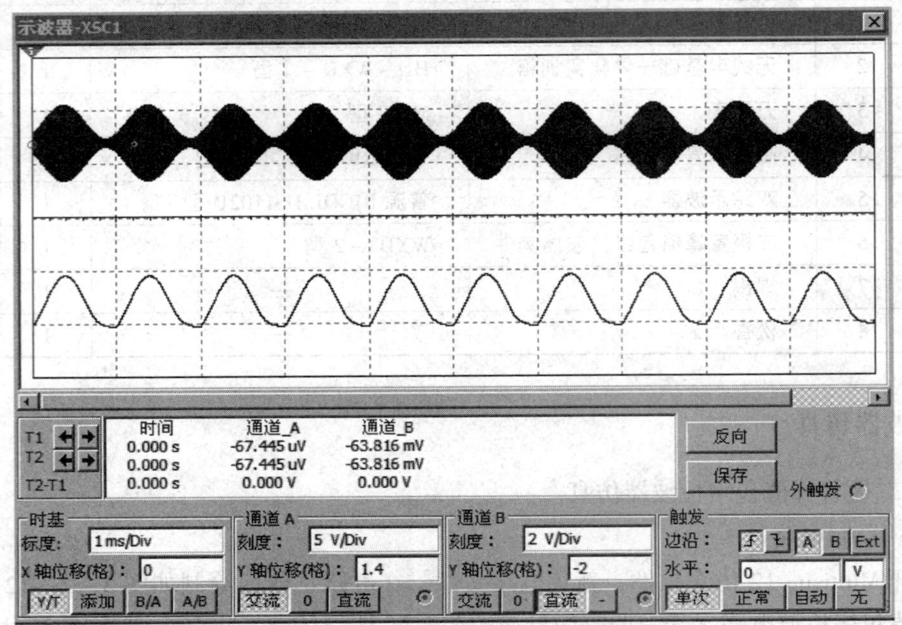

图 3—2—13　检波器的输入输出电压波形

（3）观测惰性失真波形

图 3—2—14 所示为 $R_{P1}=5\ \text{k}\Omega$、$R_{P2}=100\ \text{k}\Omega$ 时检波器的输入输出电压波形，这时输出波形出现惰性失真。

（4）观测负峰切割失真波形

图 3—2—15 所示为 $R_{P1}=0$、$R_{P2}=0$ 时检波器的输入输出电压波形，这时输出波形出现负峰切割失真。

图 3—2—16 所示为 $R_{P1}=5\ \text{k}\Omega$、$R_{P2}=0$ 时检波器的输入输出电压波形，这时输出波形也出现负峰切割失真。

2．同步检波器仿真

（1）绘制电路

打开 Multisim 12 仿真软件，新建电路文件，在电路工作区绘制如图 3—2—17 所示同步检波电路。载波信号 V1 和调制信号 V2 分别加到乘法器 A1 的两个输入端，输出即为 DSB 信号。再将此 DSB 信号和同步载波信号 V3 分别加到乘法器 A2 的两个输入端，输出经由电阻 R、电容 C1 和 C2 组成的低通滤波器滤波后即可检出调制信号。双踪示波器 XSC1 用来显示同步检波器的输入信号（DSB 信号）和输出信号（调制信号）电压波形。

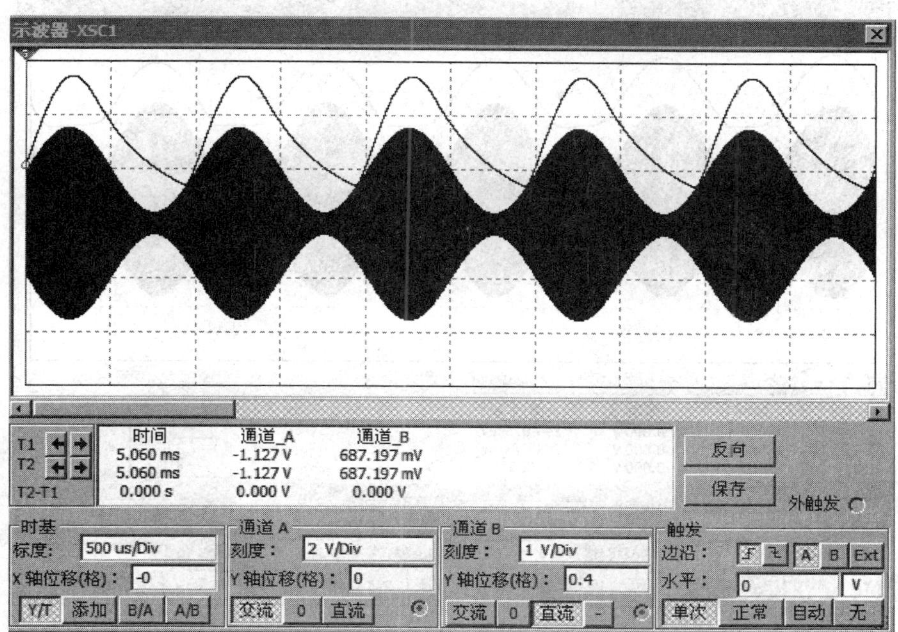

图 3—2—14　惰性失真波形

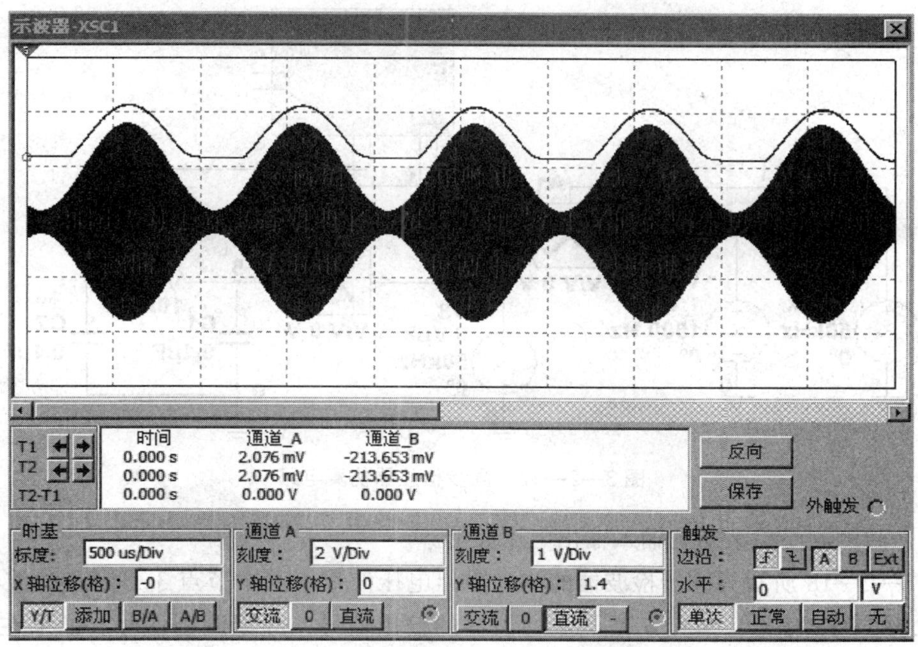

图 3—2—15　负峰切割失真波形

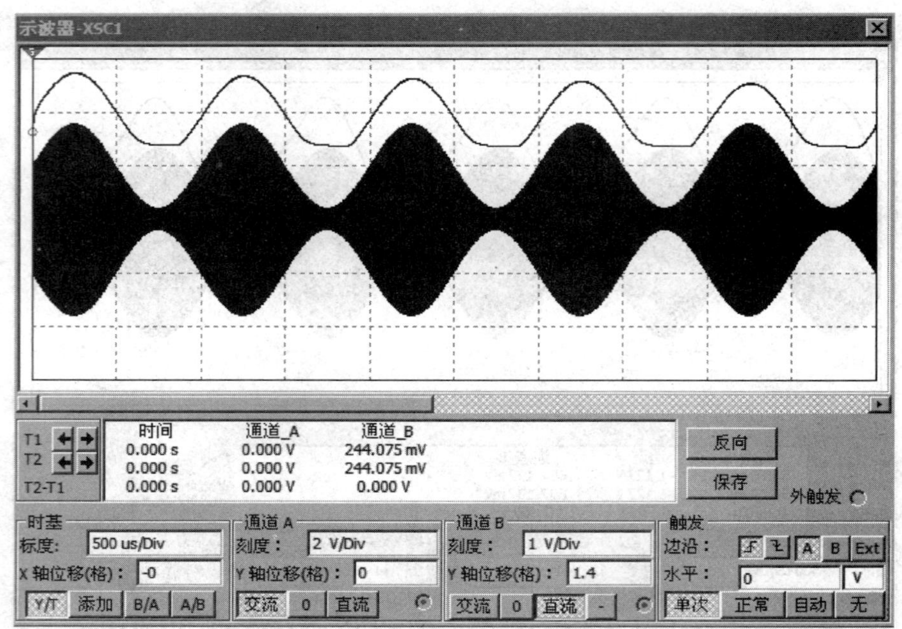

图 3—2—16　负峰切割失真波形

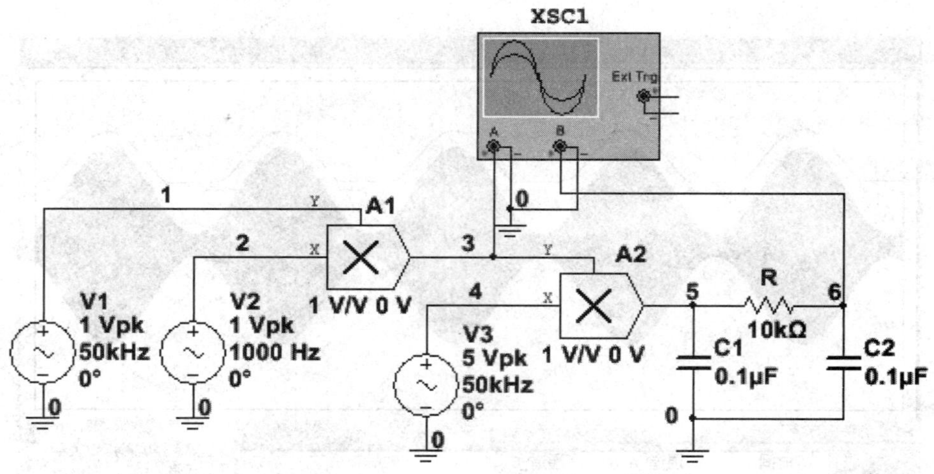

图 3—2—17　同步检波器仿真电路

（2）观测同步检波器的输入输出电压波形

图 3—2—18 所示为同步检波器的输入输出电压波形。其中节点 3 是同步检波器的输入信号，即 DSB 信号；节点 6 是同步检波器的输出信号，即原调制信号。如果在节点 6 处接一个频率计数器，可以测得输出的调制信号频率为 1 kHz，与原调制信号 V2 的频率相同。

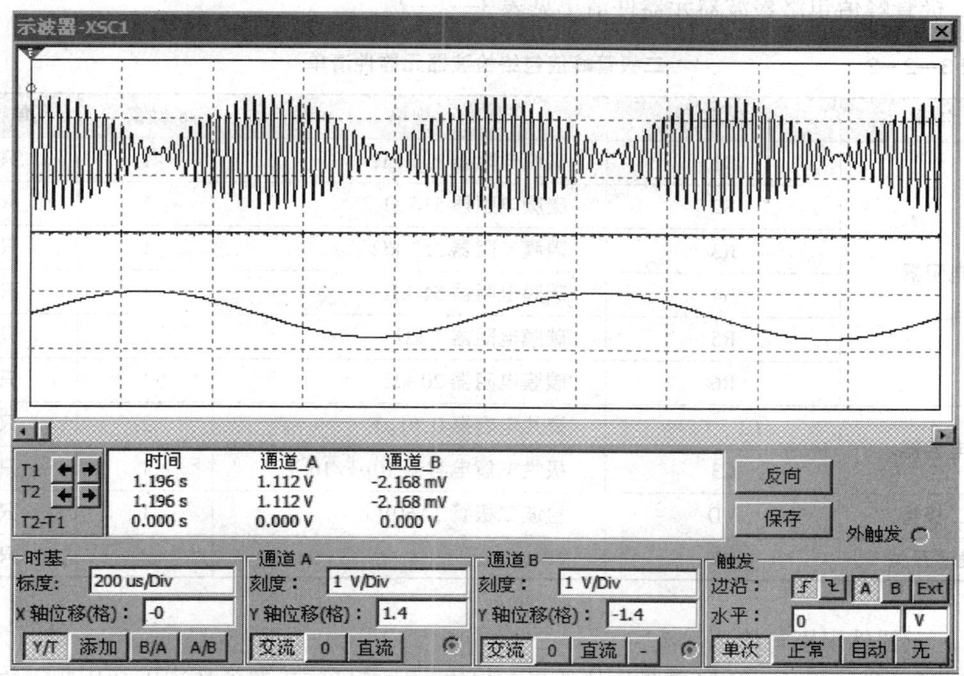

图 3—2—18　同步检波器的输入输出电压波形

三、检波器安装和调试

图 3—2—19 所示为二极管峰值包络检波器电路原理图。

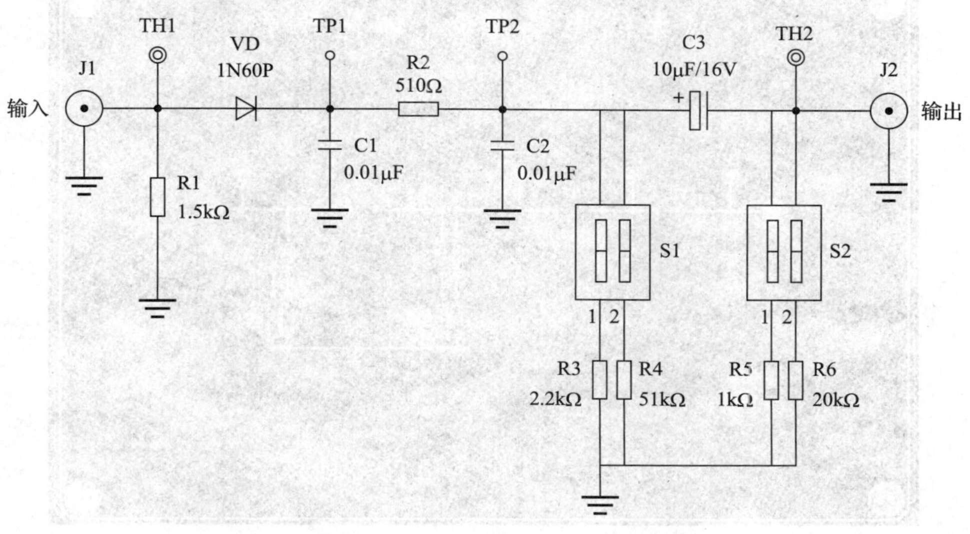

图 3—2—19　二极管峰值包络检波器电路原理图

二极管峰值包络检波器元器件清单见表 3—2—2。

表 3—2—2　　二极管峰值包络检波器元器件清单

名称	代号	规格	数量	单位
电阻器	R1	碳膜电阻器 1. 5 kΩ	1	只
	R2	碳膜电阻器 510 Ω	1	只
	R3	碳膜电阻器 2. 2 kΩ	1	只
	R4	碳膜电阻器 51 kΩ	1	只
	R5	碳膜电阻器 1 kΩ	1	只
	R6	碳膜电阻器 20 kΩ	1	只
电容器	C1、C2	瓷片电容器 0. 01μF	2	只
	C3	极性电解电容器 10μF/16 V	1	只
二极管	VD	检波二极管 1N60P	1	只
拨动开关	S1	2P	2	只

1. 元器件识别与检测

按照元器件清单，核对元器件的数量和规格，然后进行元器件的识别和检测，确认元器件质量完好。

2. 元器件安装

按照如图 3—2—20 所示二极管峰值包络检波器印制电路板装配图进行元器件安装。

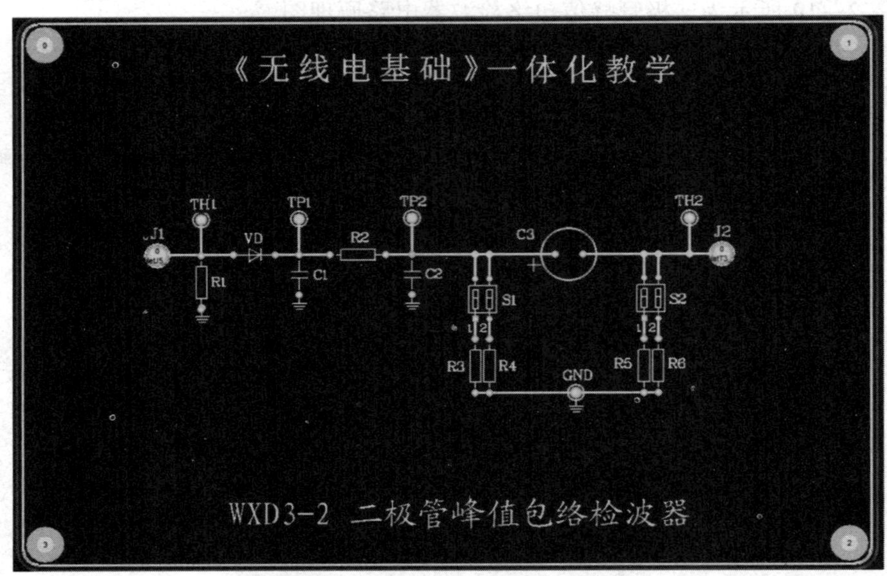

图 3—2—20　二极管峰值包络检波器印制电路板装配图

3．电路调试

（1）电路检查

按照电路原理图或印制电路板装配图检查元器件有无接错或漏接等现象，然后用万用表测量信号输入端和接地端之间是否短路。

（2）解调普通中频调幅信号

1）从 J1 处输入 465 kHz、峰峰值 $U_{P-P}=0.5\sim1$ V、调幅度 $M_a<30\%$ 的中频调幅波。将开关 S1 的 1 拨上（2 拨下），S2 的 2 拨上（1 拨下），将示波器接入 TH2 处，观察输出波形。

2）加大调制信号幅度，使 $M_a=100\%$，观察并记录检波输出波形。

（3）观测惰性失真

保持以上输出，将开关 S1 的 2 拨上（1 拨下），检波负载电阻自 2.2 kΩ 变为 51 kΩ，在 TH2 处用示波器观察波形并记录，与上述波形进行比较。

（4）观测负峰切割失真

将开关 S1 的 1 拨上（2 拨下），S2 的 1 拨上（2 拨下），在 TH2 处用示波器观察波形并记录，与正常解调波形进行比较。

本任务的评价标准参见表 3—1—5。

任务 3　调频电路的安装和调试

1．了解调频的概念及调频广播发射机的基本组成。

2．熟悉调频波的波形和频谱特点。

3．了解调频的实现方法，掌握常用调频电路的工作原理。

4．能仿真测试调频电路，能制作与调试调频发射电路。

任务描述

调频技术广泛应用在无线电通信、无线电广播及电视等领域。图 3—3—1 所示为某一小功率调频广播发射机的基本组成框图，它主要由高频振荡器、话筒、低频放大器、频率调制器、缓冲放大器、高频功率放大器和发射天线等组成。

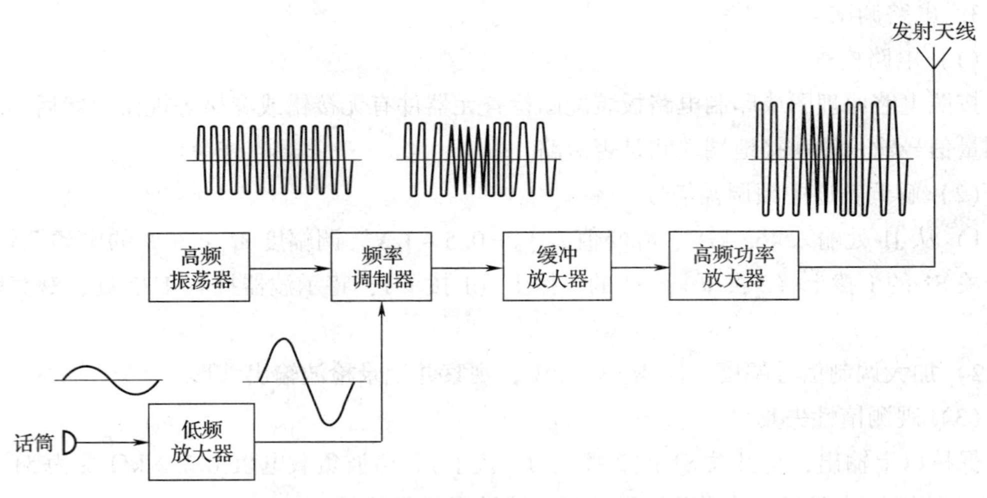

图 3—3—1　小功率调频广播发射机的基本组成框图

高频振荡器用来产生高频振荡信号，以作为调频所需要的载波。低频放大器用来放大由话筒变换来的微弱音频电信号。频率调制器（即频率调制电路，简称调频电路）用来实现调频功能，它能将输入的载波和调制信号变换成所需要的调频波。缓冲放大器用来削弱后级的高频功率放大器对高频振荡器的影响。如果载波的频率还不够高，还可在缓冲放大器之后再加倍频器，以使得载波频率和频偏成倍地提高。高频功率放大器用来提高发射机的输出功率。发射天线是把调频波转换为无线电波向周围空间辐射出去。由图 3—3—1 可见，频率调制器是调频发射机必不可少的一个基本环节。

本任务的内容是分析调频电路的工作原理，制作和调试简单的调频无线话筒发射器。

相关知识

调频是让载波的频率按照调制信号规律变化的一种调制方式。调频获得的已调波称为调频波。调频广播、电视伴音、调频无线话筒和无线对讲机等，都是利用调频波传送音频信号的。

一、调频波的波形和频谱

1．调频波的波形

调幅波的特点是其载波的振幅始终保持不变，而频率随着调制信号变化而变化。用于调频的调制信号是由欲传送的声音或图像等信息转换而来的电信号，这些电信号往往是复杂的多频信号。为了分析方便，这里以单一频率的余弦信号作为调制信号为例来介绍调频波的波形。

设单音频调制信号 u_{Ω} 的瞬时值表示式为

$$u_{\Omega}=U_{\Omega m}\cos\Omega t \qquad (3—3—1)$$

载波 u_c（t）的瞬时值表示式为

$$u_c=U_{cm}\cos\omega_c t \qquad (3—3—2)$$

调频波的角频率 ω 可以写为

$$\omega=\omega_c+k_f u_{\Omega}=\omega_c+k_f U_{\Omega m}\cos\Omega t=\omega_c+\Delta\omega_m\cos\Omega t \qquad (3—3—3)$$

式中，ω_c 为未加单音频调制信号时的载波角频率；$k_f=\Delta\omega_m/U_{\Omega m}$为比例常数，由调频电路确定，称为调频灵敏度，单位为 rad/（s・V）；$\Delta\omega_m$ 是由单音频调制信号电压振幅 $U_{\Omega m}$所决定的最大频偏，$\Delta\omega_m=k_f U_{\Omega m}$，$\Delta\omega_m$ 与 $U_{\Omega m}$成正比，$U_{\Omega m}$越大，$\Delta\omega_m$ 也越大。所以在调频广播中声音较强时，最大频偏就加大，反之最大频偏就减小。一般规定最大频偏 Δf_m 为 ±75 kHz。

当初始相位为零时，单音频调制的调频波一般表达式为

$$u_{FM}=U_{cm}\cos\left(\omega_c t+\frac{\Delta\omega_m}{\Omega}\sin\Omega t\right)=U_{cm}\cos\ (\omega_c t+M_f\sin\Omega t) \qquad (3—3—4)$$

式中，$M_f=\Delta\omega_m/\Omega=\Delta f_m/F$ 称为调频指数，表示调频波中相位偏移的大小；$M_f\sin\Omega t$ 则表示在某一时刻 t 时所附加的相位值。

图 3—3—2 所示是调频过程中的载波、调制信号及调频波的波形。调频波的波形就像一根疏密不匀的弹簧，波形的疏密反映了载波的频率随调制信号变化的规律。

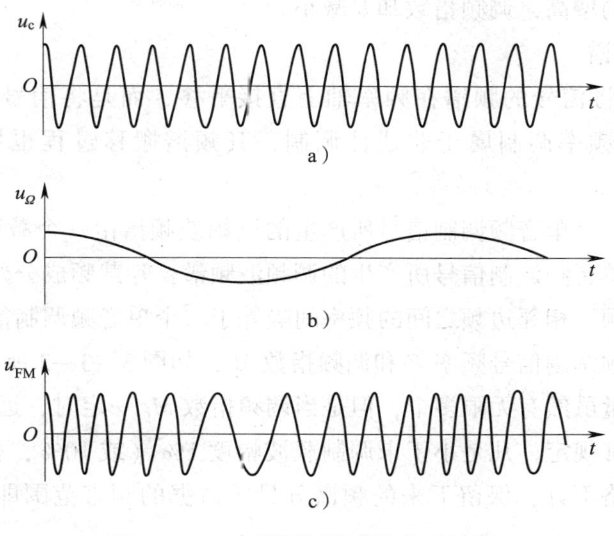

图 3—3—2　调频过程中的信号波形

a）载波　b）调制信号　c）调频波

当调制信号电压瞬时值为 0 时，调频波的瞬时频率等于载波信号频率 f_c（也称为调频波的中心频率 f_0）。

当调制信号电压瞬时值增加时，调频波的瞬时频率也随之成正比地增加。这时调频波

的瞬时频率相对于中心频率 f_0 的偏移，称为瞬时频率偏移，简称瞬时频偏或瞬时频移。当调制信号电压瞬时值达到正的峰值时，调频波的瞬时频率也达到最高值 f_{max}。瞬时频率最高值 f_{max} 与中心频率 f_0 的差值 Δf_m 称为最大频偏，即 $\Delta f_m = f_{max} - f_0$。习惯上把最大频偏称为频偏。

当调制信号电压瞬时值从正的峰值向负半周变化时，调频波的瞬时频率随着降低。调制信号电压瞬时值为负峰值时，调频波的瞬时频率也达到最低值 f_{min}，f_{min} 比中心频率 f_0 低 Δf_m。

总之，调频波是一个瞬时频率与调制信号电压瞬时值成正比变化的等幅波，频偏仅与调制信号电压的振幅成正比关系，而与调制信号的频率无关。

调频指数 M_f 是调频技术中一个重要的参数。由 $M_f = \Delta f_m / F$ 可知，调频指数 M_f 与最大频偏 Δf_m 成正比，与调制信号的频率 F 成反比。值得注意的是，M_f 的值可以大于1，也可以小于1，这与调幅波信号的调幅指数 M_a 不同。调幅指数 M_a 的值总是小于1。例如，一个2 kHz的单音频调制信号由其幅度产生30 kHz的最大频偏，则该调频信号的调频指数为 $M_f = \Delta f_m / F = 30/2 = 15$。如果增大单音频调制信号的幅度，使它产生60 kHz的最大频偏，则调频指数为 $M_f = \Delta f_m / F = 60/2 = 30$。如果这时另有一个3 kHz的单音频调制信号，其幅度与上述2 kHz幅度相同，也产生30 kHz、60 kHz的最大频偏，调频指数分别为 $M_f = 10$ 及 $M_f = 20$。可见，调制信号幅度越大，最大频偏越大，调频指数也越大。但是，随着调制信号频率的增高，调频指数却要减小。

2. 调频波的频谱

频率调制不是将信号的频谱在频率轴上直接平移，而是将信号各频率分量进行非线性变换。因此，频率调制属于非线性调制，其频谱搬移过程也属于非线性频谱搬移过程。

如前文所述，一个单音频调制信号所产生的调幅波频谱由一个载频和两个旁频组成。调频波则不同，由单音频调制信号所产生的调频波频谱，除载频成分外，在载频两侧对称地有无限多个的边频，相邻边频之间的频率间隔等于一个单音频调制信号频率 F，边频的幅度则取决于单音频调制信号频率 F 和调频指数 M_f，如图3—3—3所示。

调频波边频分量虽然有无限多个，但是当调频指数 M_f 一定时，远离中心频率 f_0 的两边频幅度很小。通常规定，凡是小于未调制载波幅度1%（或10%，根据不同要求而定）的边频成分均可忽略不计，保留下来的频谱分量所占据的频带范围即为调频波的频带宽度。

如果将小于未调制载波幅度10%的边频成分忽略不计，则调频波的频带宽度为

$$BW = 2\,(M_f + 1)\,F \qquad (3—3—5)$$

由于 $M_f = \Delta f_m / F$，上式可改写为

$$BW = 2\,(\Delta f_m + F) \qquad (3—3—6)$$

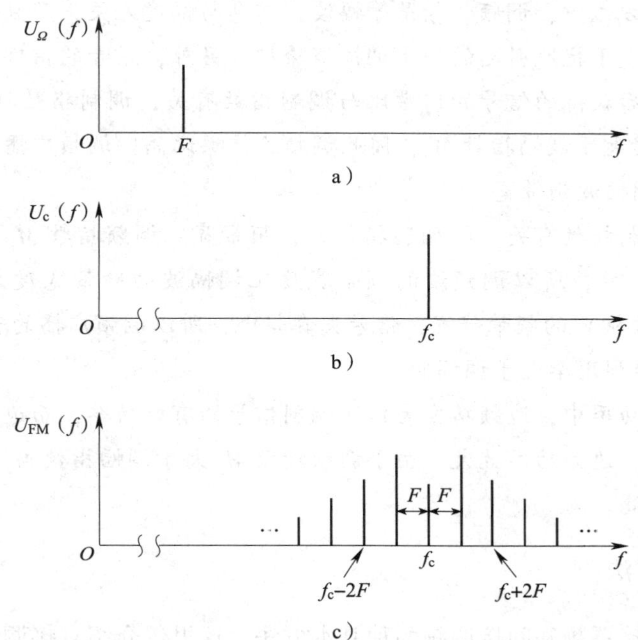

图 3—3—3　单音频调制信号的调频波频谱图

a）单音频调制信号　b）载波　c）调频波

例如，我国《米波调频广播技术规范》（GB/T 4311—2000）规定调频广播最大频偏为 ±75 kHz，要传送的最高音频信号频率为15 kHz，则调频指数为 $M_f=\Delta f_m/F=75/15=5$，所传输的调频信号有效频带宽度 $BW=2(\Delta f_m+F)=2\times(75+15)=180$（kHz）。

与调幅波相比较，调频波的有效频带要宽得多。如果调频波在中、短波波段工作，则这些波段能容纳的电台数量就很少，所以调频波必须工作在超短波以上的波段，这也使得调频信号传送的距离较近。

我国电视伴音传输采用调频制，规定电视伴音已调信号的最大频偏为 50 kHz，所以电视伴音已调信号的带宽为 $BW=2(\Delta f_m+F)=2\times(50+15)=130$（kHz）。国家规定电视伴音的带宽为 250 kHz，比理论计算值宽裕得多，有利于提高伴音质量。

提示

调频与调幅是无线电波发射过程中常见的两种调制方式，调频与调幅相比较具有以下特点。

1. 调频比调幅抗干扰能力强

在无线电波的传播中，除了有用信号之外，还存在许许多多的干扰，如自然干扰（宇宙、天电干扰）、人为干扰（工业、家用电器干扰）以及设备内部产生的各种干扰等，这些干扰产生的频率和幅度的变化叠加在调幅波上，调幅收音机很难将这些干扰与有用信号分开。但在调频方式中，调频信号是等幅波，信息与幅度无关，而且在调频接收机中可通过一个限幅器将受干扰所引起的寄生调幅消除掉。另外，信号的信噪比越大，抗干扰能力就越强。而解调后获得的信号的信噪比与调制指数有关，调制指数越大，信噪比越大。由于调频指数 M_f 远大于调幅指数 M_a，因此调频波信噪比高，调频广播中干扰噪声小。

2. 调频波比调幅波频带宽

频带宽度与调制指数有关，即调制指数大，频带宽。调频指数 M_f 常取大于 1，而调幅指数 M_a 是小于 1 的，所以调频波的频带宽度比调幅波的频带宽度大得多。调频系统（包括发射机和接收机）的频带越宽，信号失真越小，所以调频广播的音质好。

3. 调频制功率利用率大于调幅制

发射机发射总功率中，边频功率为传送调制信号的有效功率，而边频功率与调制指数有关，调制指数大，边频功率就大。由于调频指数 M_f 大于调幅指数 M_a，所以调频制的功率利用率比调幅制高。

二、调频的实现方法

实现调频有直接调频和间接调频两种基本方法，这里仅介绍直接调频方法。

直接调频是由调制信号直接控制载波振荡器中振荡回路的参数，从而使振荡频率随调制信号的大小而变化。例如在 LC 正弦波振荡器中，它的振荡频率主要由振荡回路电感 L 与电容 C 的数值来决定。因而，把一个可变电抗器件（受控的可变电容或电感）接入 LC 回路，并用低频调制信号去控制改变电抗器件的电抗值，即可产生振荡频率随调制信号变化的调频波。图 3—3—4 所示为可变电抗器件实现直接调频的示意图。

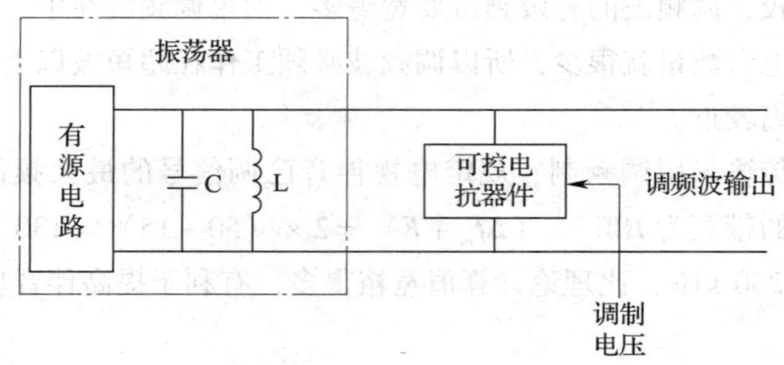

图 3—3—4　可变电抗器件实现直接调频示意图

从原理上讲，只要是能方便、及时地改变电容量或电感量的可控电抗器件，都可以接入载波振荡器的振荡回路，实现直接调频。如电容式话筒、晶体管、变容二极管、反向偏置的半导体 PN 结等，都可以作为电压控制可变电容器件。具有铁氧体磁芯的电感线圈可以作为电流控制可变电感器件，其方法是在磁芯上缠绕一个附加线圈，当这个线圈中的电流改变时，它所产生的磁场随之改变，引起磁芯的磁导率改变（当工作在磁饱和状态时)，因而使主线圈的电感量改变，于是振荡频率随之产生变化。

直接调频的优点是振荡器和调制器合二为一，电路简单；在实现线性调频的要求下，可以获得相对较大的频偏。直接调频的主要缺点是频率稳定度不高。直接调频常用于对频率稳定度要求不高的场合。对于频率稳定度要求较高的场合，需要采用间接调频，但是可能得到的最大频偏较小，电路也较为复杂。

三、常用的调频电路

1．电容式话筒调频电路

电容式话筒作为可控电容器件用来实现调频，是直接调频法中最简单的一种方法。图 3—3—5 所示是电容式话筒调频电路。图中，电容式话筒直接并联在振荡器的谐振回路上。

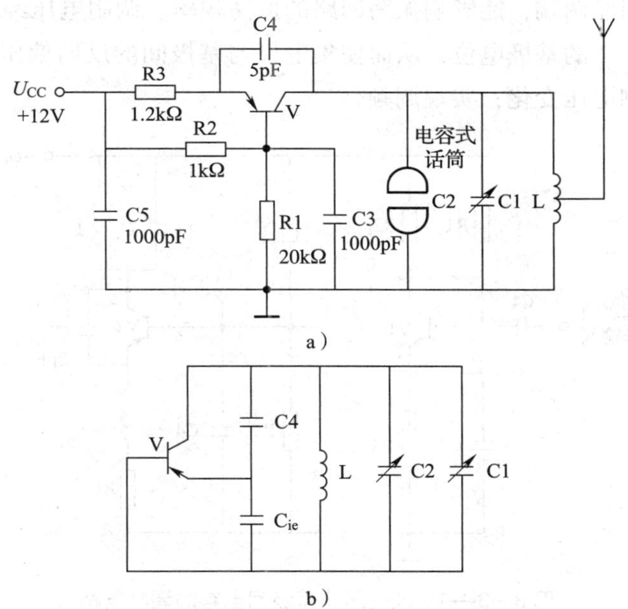

图 3—3—5　电容式话筒调频电路

a）原理图　b）简化等效电路

当对着话筒讲话时，在声波的作用下，话筒的金属膜片振动，引起膜片与另一个电极之间的电容量变化，使振荡器的振荡频率随声频信号（即调制信号）作相应地改变，即可实现调频。

振荡器接成共基极电路，C3 和 C5 是高频信号的旁路电容，C4 是正反馈电容。振荡器的中心频率可由微调电容 C1 来调整。由等效电路可见，这是电容三点式振荡电路。晶体管 V 的极间电容 C_{ie} 也是回路的参数。

该电路的主振频率在 20 MHz 左右。由于没有音频放大器所造成的非线性失真，易于获得较好的音质。该电路只有一级振荡器，输出功率小，频率稳定度差，主要用来制作体积很小的无线话筒，不能用于远距离通信。

2. 改变晶体管极间电容的调频电路

加在半导体 PN 结上的反向电压发生变化时，将会引起结电容的变化，这就是 PN 结的变容效应。在晶体管电路中，晶体管的集电结就是一个加上反向电压的 PN 结，利用晶体管集电结的变容效应可以实现调频。

图 3—3—6 所示是一个利用晶体管集电结的变容效应来实现直接调频的实用电路。图中由晶体管 V1 组成的电路是调制电压放大器，由晶体管 V2 组成的电路是调频振荡器。对于高频来说，此振荡器电路是共基极电路。振荡器的正反馈是通过跨接在集电极与发射极之间的电容 C5 来完成的。集电极和基极间的 PN 结处于反向偏压状态，结电容 C_{CB}相当于并联在 LC 谐振回路两端，能影响振荡回路的振荡频率。调制电压经 V1 放大后加至 V2 的基极，用以改变 V2 的基极电位，从而使集电极与基极间的反向偏压发生变化，导致极间电容 C_{CB}依照调制电压变化，实现调频。

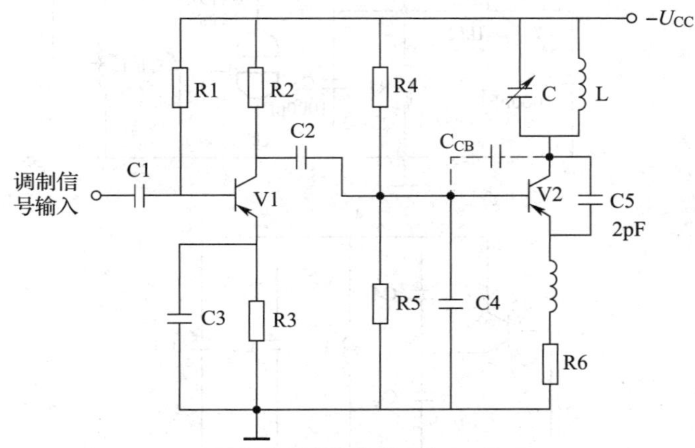

图 3—3—6 改变晶体管级间电容的调频电路

因为晶体管 V2 的极间电容 C_{CB}只有在振荡频率比较高时才有较明显的变化，所以这种调频方法一般适用于几十兆赫以上的工作频率范围。

3. 变容二极管直接调频电路

变容二极管直接调频电路具有简单而性能好的优点，是广泛采用的一种调频电路。

变容二极管是根据半导体 PN 结的结电容能随反向电压变化而制成的一种半导体二极管，它是一种电压控制可变电抗器件。图 3—3—7a 表示了变容二极管结电容 C_j 随反向电压 u_R 变化的关系曲线。

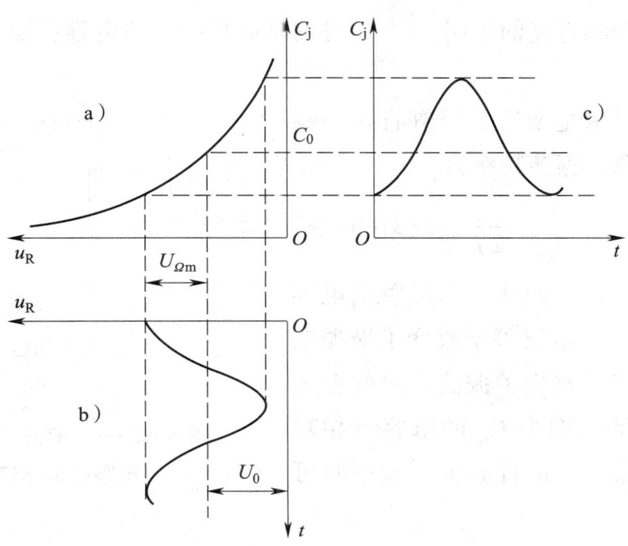

图 3—3—7　结电容在反向电压 u_R 控制下随时间变化

a）结电容 C_j-u_R 曲线　b）反向电压 u_R　c）结电容 C_j-t 曲线

加到变容二极管上的反向电压 u_R，包括直流偏压 U_0 和调制信号电压 $u_\Omega=U_{\Omega m}\cos\Omega t$（这里假定调制信号为单音频余弦信号），如图 3—3—7b 所示，即

$$u_R=U_0+u_\Omega=U_0+U_{\Omega m}\cos\Omega t \qquad (3—3—7)$$

结电容在反向电压 u_R 的控制下随时间发生变化，如图 3—3—7c 所示。

变容二极管加上反向偏压时，呈现一个较大的结电容，该结电容的大小能灵敏地随反向偏压变化而变化。利用变容二极管的这种特性，把它接在振荡器的振荡回路中，回路的电容量就会明显地随调制电压而变化，从而改变了振荡回路的振荡频率，实现了调频。

在如图 3—3—8 所示变容二极管直接调频电路中，虚线左边是典型的 LC 正弦波振荡器（变压器反馈式调集振荡器），右边是变容二极管电路。加到变容二极管 VD 上的反向偏压为

$$u_R=U_{CC}-U+u_\Omega=U_0+u_\Omega \qquad (3—3—8)$$

式中，$U_0=U_{CC}-U$ 是变容二极管上的反向直流偏压。当然，这里也可假定调制信号电压 u_Ω 极性与图中相反，则上式中的 u_Ω 就应该取负号。同时，为了简化以下的分析，没有考虑加在变容二极管上的回路高频电压。

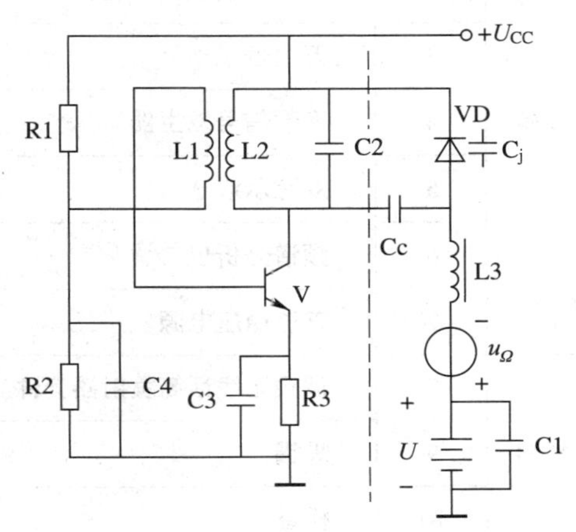

图 3—3—8　变容二极管直接调频电路

图 3—3—8 中，C_j 是变容二极管的结电容；C_C 是变容二极管与 L2、C2 回路之间的耦合电容，同时起到隔直流的作用；C1 是对调制信号的旁路电容；L3 是高频扼流圈，但让调制信号通过。

如图 3—3—9 所示是变容二极管直接调频电路的振荡回路简图，振荡频率为

$$f_c = \frac{1}{2\pi\sqrt{L_2(C_2 + C_j)}} \quad (3—3—9)$$

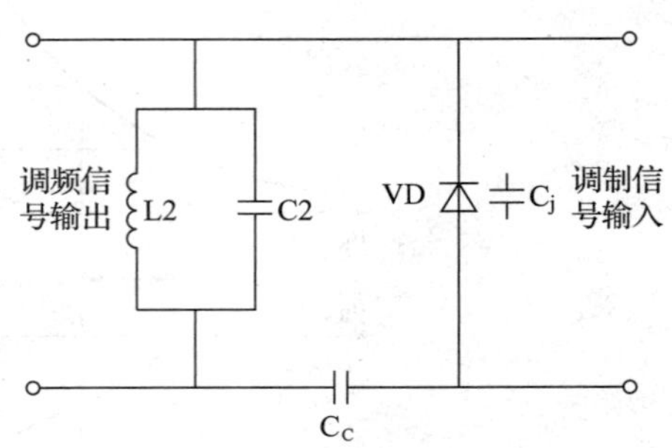

图 3—3—9　变容二极管直接调频电路的振荡回路简图

因调制信号的变化将使变容二极管结电容 C_j 的电容量发生改变，这就等于改变了谐振电路的总电容量，也就是改变了振荡回路的振荡频率，从而实现调频。图中 C_C 的电容量相对于 C2 和 C_j 来说比较大，故计算振荡频率时可忽略不计。

任务实施

一、实训器材

实施本任务所使用的实训设备及材料可参考表 3—3—1。

表 3—3—1　　实训设备及材料参考表

类别	序号	名称	型号与规格	数量	单位
设备	1	计算机	装有 Multisim 12 仿真软件	1	台
	2	无线电基础一体化实训箱	HD－WXD－Ⅰ型	1	只
	3	万用表	MF47 型	1	块
	4	高频信号发生器	普源 RIGOL DG1022 型	1	台
	5	双踪示波器	普源 RIGOL DS1102U 型	1	台
	6	频谱分析仪	普源 RIGOL DSA705 型	1	台
	7	直流稳压电源	3～15 V 输出	1	台
材料	8	调频无线话筒发射器套件	WXD3－3 型	1	套
	9	焊锡	—	1	卷
	10	松香	—	1	盒

二、调频电路仿真

1．绘制电路

打开 Multisim12 仿真软件，新建电路文件，在电路工作区绘制如图 3—3—10 所示变容二极管直接调频仿真电路。图中，变容二极管 VD 的放置方法如下：点击元器件工具栏中的放置二极管（Place Diode），选择 VARACTOR 中的 BBY31。双踪示波器 XSC1 用来显示输入调制信号和输出调频信号的波形。频率计数器 XFC1 用来显示输出调频信号频率的变化。

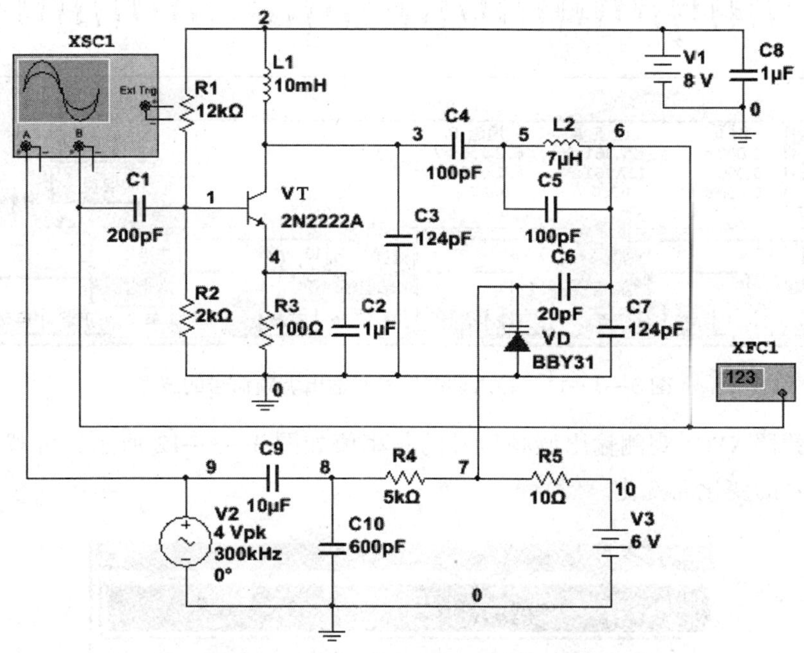

图 3—3—10　变容二极管直接调频仿真电路

图 3—3—10 中，晶体管 VT 及其相关元器件构成电容三点式 LC 正弦波振荡器，V1 为直流电源，V2 为调制信号源（为了示波器显示方便，频率取值较大），V3 为变容二极管 VD 的直流偏置电源。直接调频是用调制信号直接控制振荡器的振荡频率，使其不失真地反映调制信号的变化规律，从而产生调频信号。变容二极管的结电容随反向电压而变化，是一种电压控制的可变电抗器件。把变容二极管接在 LC 正弦波振荡器的 LC 振荡回路中，用低频调制信号去控制变容二极管的结电容大小，既改变了 LC 振荡回路中的电容值，也改变了振荡频率，即产生了振荡频率随调制信号变化的调频波。

2．观测输入调制信号和输出调频信号的波形

示波器观测到的输入调制信号和输出调频信号的波形如图 3—3—11 所示。

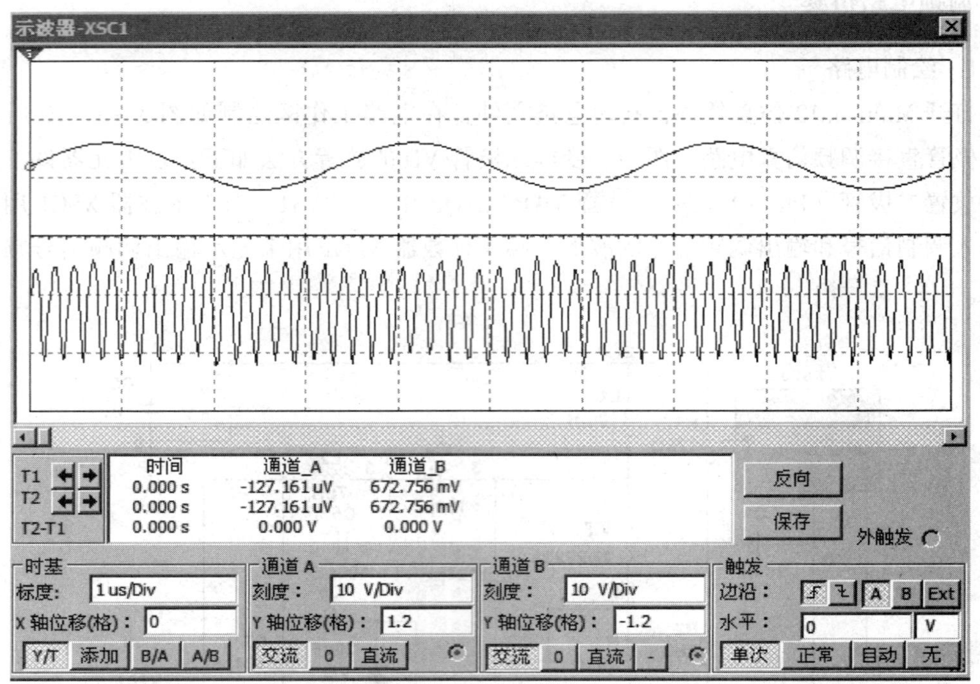

图 3—3—11 输入调制信号和输出调频信号的波形

频率计数器 XFC1 观测输出调频信号的频率值如图 3—3—12 所示，可观测到其频率随着调制信号的变化而变化。

图 3—3—12 频率计数器观测到输出调频信号的频率值

三、调频电路安装与调试

图 3—3—13 所示为调频无线话筒发射器电路原理图，其组成框图参考图 3—3—1。

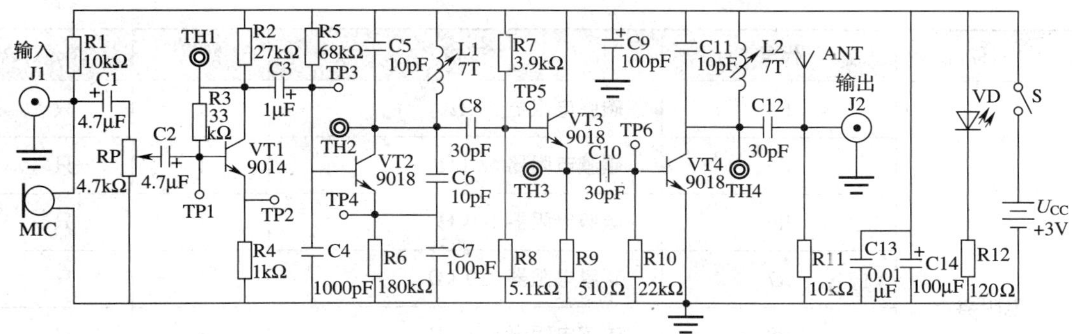

图 3—3—13　调频无线话筒发射器电路原理图

驻极体话筒 MIC 采集声音信号，电阻 R1 提供一定的直流偏压。R1 的阻值越大，话筒采集声音的灵敏度越低；R1 的电阻越小，话筒的灵敏度越高。话筒采集到的声音信号通过电容 C1、电位器 RP 和电容 C2 耦合后送到晶体管 VT1 对所采集到的音频信号进行放大。其中 R3 是负反馈电阻，作用是稳定晶体管 VT1 的工作状态。

高频振荡电路和频率调制电路由晶体管 VT2 等组成，其功能是产生高频载波并进行频率调制。L1 和 C5 构成 LC 谐振回路，具有选频作用。经 C3 耦合来的音频信号加在 VT2 基极上，通过基极上变化的电压改变晶体管 VT2 的 b－e 结电容，从而实现对载波的调制。调频信号由 VT2 集电极输出经 C8 耦合到下一级进行放大。

在频率调制电路和高频功率放大电路中间加一个缓冲放大器可以减少两级信号之间的相互干扰，增强电路的抗干扰能力。缓冲放大器常采用射极跟随电路，其特点是输入阻抗高，输出阻抗低，电压放大倍数接近 1。缓冲放大器主要由晶体管 VT3 等组成，它将振荡级与功放级隔离，减小了功放级对振荡级的影响。因为功放级输出信号较大，当其工作状态发生变化时（如谐振阻抗变化），会影响高频振荡器的频率稳定度，使波形产生失真或减小高频振荡器的输出电压。

高频功率放大电路主要由晶体管 VT4 等组成。高频信号由 C10 耦合经自偏压电阻 R10 加到 VT4 上放大，电路工作在丙类状态。L2 和 C11 组成选频电路，使其谐振在前一级的工作频率上。C12 为输出电容，输出调频信号。

调频无线话筒发射器元器件清单见表 3—3—2。

表 3—3—2　　　　调频无线话筒发射器元器件清单

名称	代号	规格	数量	单位
电阻器	R1、R11	碳膜电阻器 10 kΩ	2	只
	R2	碳膜电阻器 27 kΩ	1	只
	R3	碳膜电阻器 33 kΩ	1	只

续表

名称	代号	规格	数量	单位
电阻器	R4	碳膜电阻器 1 kΩ	1	只
	R5	碳膜电阻器 68 kΩ	1	只
	R6	碳膜电阻器 180 Ω	1	只
	R7	碳膜电阻器 3.9 kΩ	1	只
	R8	碳膜电阻器 5.1 kΩ	1	只
	R9	碳膜电阻器 510 Ω	1	只
	R10	碳膜电阻器 22 kΩ	1	只
	R12	碳膜电阻器 120 Ω	1	只
电位器	RP	玻璃釉电位器 4.7 kΩ	1	只
二极管	VD	发光二极管 3 mm 红光	1	只
晶体管	VT1	S9014，$\beta \geqslant 100$	1	只
	VT2、VT3、VT4	S9018，$\beta \geqslant 100$，$f_T \geqslant 700$ MHz	3	只
电容器	C1、C2	极性电解电容器 4.7 μF	2	只
	C3	极性电解电容器 1 μF	1	只
	C4	瓷片电容器 1 000 pF	1	只
	C5、C6、C11	瓷片电容器 10 pF	3	只
	C7	瓷片电容器 100 pF	1	只
	C8、C10、C12	瓷片电容器 30 pF	3	只
	C9、C14	极性电解电容器 100 μF	2	只
	C13	瓷片电容器 0.01 μF	1	只
电感	L1、L2	自制	2	只
话筒	MIC	驻极体式话筒	1	只
天线	ANT	自制	1	只
开关	S	—	1	只

1．元器件识别与检测

按照元器件清单，核对元器件的数量和规格，然后进行元器件的识别和检测，确认元器件质量完好。

其中电感线圈 L1、L2 采用直径 1 mm 的聚氨酯铜线漆包线，在直径为 5 mm 左右的骨架上绕制 7 圈，然后抽去骨架，成为空心线圈。天线 ANT 采用直径 1 mm 的聚氨酯铜线漆包线在直径为 8 mm 左右的骨架上绕制 18 圈，然后抽去骨架，成为空心线圈，并适当拉长即可。

2．元器件安装

按照如图 3—3—14 所示调频无线话筒发射器印制电路板装配图进行元器件安装。

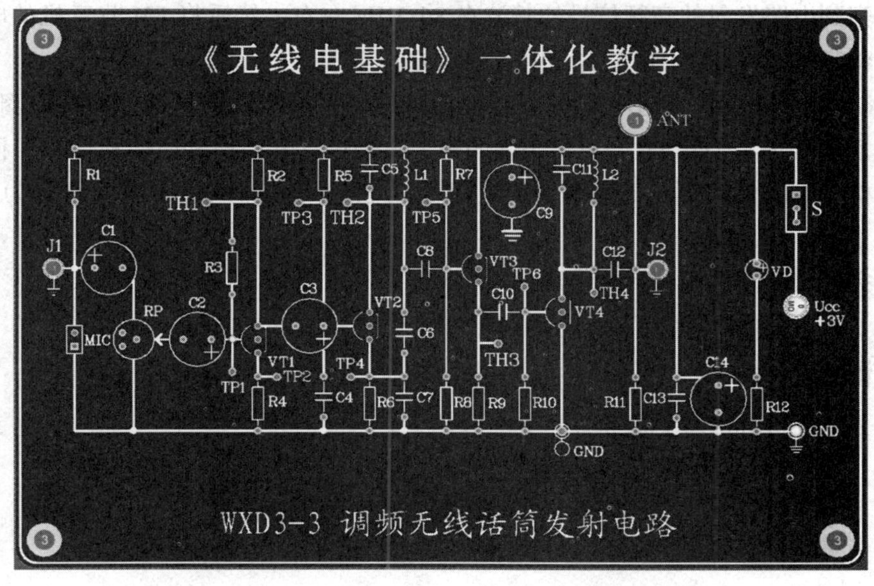

图 3—3—14　调频无线话筒发射器印制电路板装配图

3．电路调试

（1）通电前检查

按照电路原理图或印制电路板装配图检查元器件有无接错或漏接等现象，电源线、接地线是否接好，然后用万用表测量电源端 +3 V 和接地端之间是否短路。

（2）通电

接入电路所要求的 +3 V 直流电源，合上开关 S，发光二极管 VD 点亮，表明印制电路板通电。观察电路中各元器件有无异常现象，如出现异常，应立即断电，排除故障后再重新通电。

（3）测试静态工作点

用万用表测试各级晶体管的静态工作点，并填入表 3—3—3 中。

表 3—3—3　　各级晶体管的静态工作点

晶体管	VT1	VT2	VT3	VT4
U_{BQ}（V）				
U_{CQ}（V）				
U_{EQ}（V）				
I_{EQ}（A）				

（4）输出的调整

1）通过话筒或者高频信号发生器输入音频调制信号。用频谱分析仪测量电路的发射频率，观察到电路发射的高频信号的基波在 86 MHz 左右，然后将 FM 收音机的电源和音量打开，将频率调在 86 MHz 左右无电台的地方。

2）将调频无线话筒发射电路板对准收音机，用无感螺钉旋具调节振荡线圈 L1 的稀疏（线圈匝间距离），直到收音机传出啸叫声，再慢慢移开话筒和收音机距离，同时适当调节收音机（或者话筒板）的音量、调频旋钮，直到声音最清晰、距离又最远为止。

（5）断电

调试完毕，关断电源，拆除电源线。

任务评价

本任务的评价标准参见表 3—1—5。

任务 4　鉴频器的安装和调试

学习目标

1. 掌握鉴频的实现方法和鉴频特性。
2. 了解斜率鉴频器、相位鉴频器、比例鉴频器的工作原理。
3. 熟悉鉴频器在收音机电路中的应用。
4. 能仿真测试鉴频器，能完成鉴频器的安装和调试。

任务描述

调幅收音机只能接收调幅信号，不能接收调频信号。这是因为调频波的振幅不随音频信号而改变，利用振幅检波器对调频信号进行检波，无法检出所需要的音频信号。为了接收调频信号，必须利用调频收音机。

图 3—4—1 所示为超外差式调频收音机电路组成框图，它主要由接收天线、输入电路、高频放大器、变频器、中频放大器、限幅器、鉴频器、自动频率控制（AFC）电路、前置放大器、低频功率放大器和扬声器等组成。由图可知，调频收音机与调幅收音机组成的主要区别在于：前者用限幅器和鉴频器代替了后者的检波器，而其他部分则基本没有区别。另外，调频信号的频谱较宽，为了减小失真，中频放大器要采用宽频带中放，通常中放有 2 ~ 3 级以获得足够的放大量。

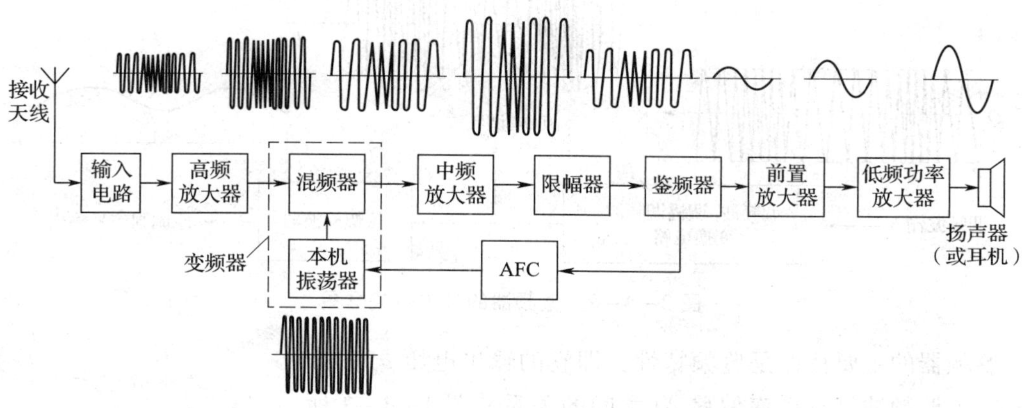

图 3—4—1　超外差式调频收音机电路组成框图

超外差式调频收音机可以接收到 88 ~ 108 MHz 频段范围内的调频信号，并将其变成固定的中频（10.7 MHz）信号。调频收音机工作时，天线将接收到的许多电台发射出来的高频调频信号经输入回路选频后送到高频放大器进行放大，然后将放大后的信号与本机振荡同步产生的高频等幅信号同时送到混频器进行混频，并经调谐回路选出 10.7 MHz 的差频（即中频）信号，再送到中频放大器放大，得到中频调频信号。接下来的主要工作就是从中频调频信号中检出原始的音频信号，这项工作主要是由鉴频器来完成的。

本任务的内容是认识鉴频器的组成及工作原理，并完成鉴频器的安装和调试。

相关知识

鉴频是调频的相反过程，即接收机从调频波信号中取出调制信号的过程。实现鉴频的电路称为鉴频器。鉴频器是调频收音机、电视接收机等接收设备必不可少的电路。

一、鉴频器的基本工作原理

调频波是一个等幅高频振荡信号，调制信号的变化规律反映在高频振荡信号的瞬时频率变化上，而不像调幅波那样，调制信号变化的规律反映在高频振荡信号的振幅（包络）变化上。如果采用调幅波的解调方法对调频波进行解调，所得到的只不过是与调频波振幅成比例的直流电压，而不能解调出原调制信号。那么，调频波应该怎样解调呢？

通常的方法是首先将调频波的频率变化变换成相应的振幅变化，即把等幅调频波变换为相应的调幅调频波，然后再用振幅检波器对该种调幅波进行检波，取出原调制信号。因此，完成鉴频工作的鉴频器通常应该由两个部分组成：一部分是将调频波转变为调幅调频波的电路，另一部分是振幅检波器。鉴频器的基本组成框图如图 3—4—2 所示。

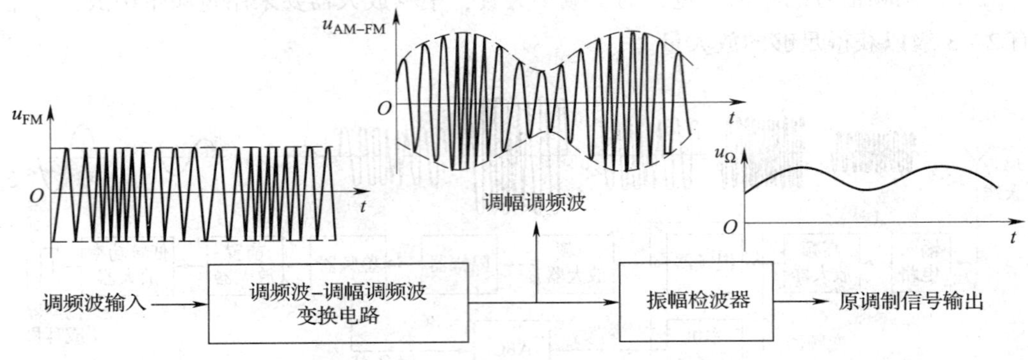

图 3—4—2　鉴频器的基本组成框图

鉴频器的主要特性是鉴频特性，即它的输出电压 u_o 的大小与输入调频波瞬时频率偏移 Δf 之间的关系。图 3—4—3 所示为典型的鉴频特性曲线，它是在输入调频波的幅度保持不变，仅仅改变它的瞬时频率时，测量鉴频器输出信号电压幅度而得到的。由于鉴频特性曲线像英文字母“S”，所以常称为 S 曲线。图中横坐标代表输入调频波频率偏移 Δf，纵坐标代表输出电压 u_o 的大小。当频偏 $\Delta f=0$（即输入调频波瞬时频率等于载波频率）时，对应的输出电压为零。当频偏 Δf 为正值和负值时分别得到正值和负值的输出电压，从而还原了原来的调制信号。

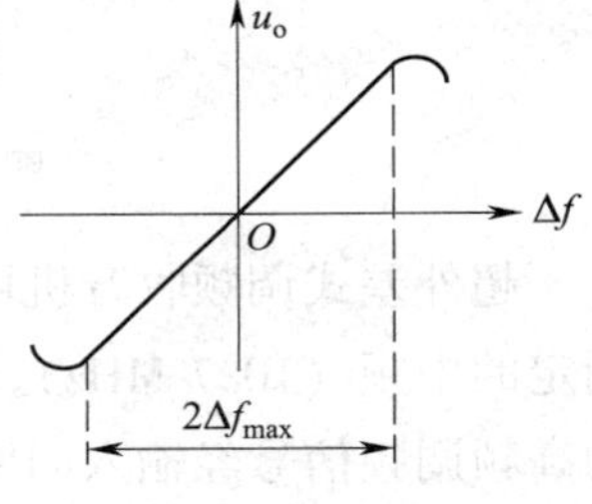

图 3—4—3　鉴频特性曲线

鉴频器的主要性能指标有鉴频灵敏度、线性范围和非线性失真等。鉴频灵敏度是指在调频波的中心频率 f_0 附近，单位频偏所产生的输出电压的大小。用 S_D 表示鉴频灵敏度，即 $S_D=\Delta u_o/\Delta f$。一般希望 S_D 值越大（即 S 曲线越陡直）越好，同样的频偏情况下 S_D 值越大输出电压就越大，即鉴频灵敏度越高。假设输入的是单音频调制信号的调频波，则不失真的解调输出电压 $u_o(t)=S_D\Delta f_m\cos\Omega t$。鉴频器的线性范围是指鉴频特性曲线近似于直线的频率范围，如图 3—4—3 中的 $2\Delta f_{max}$ 所示，它表明鉴频器不失真解调时所允许的最大频率变化范围。为了减小非线性失真，要求鉴频特性曲线的线性范围 $2\Delta f_{max}$ 大于输入调频波最大频偏的 2 倍（即 $2\Delta f_{max}>2\Delta f_m$），并留有一定余量。在线性范围内鉴频特性曲线只是近似线性，实际上仍存在着非线性失真。希望非线性失真越小越好。

鉴频器的种类较多，常见的有斜率鉴频器、相位鉴频器和比例鉴频器等。

二、斜率鉴频器

LC 并联谐振电路在谐振时，即外加信号 i_s 的频率等于谐振电路的谐振频率 f_0 时，谐振电路两端的电压 u 最大。当外加信号 i_s 的频率偏离 f_0 时，谐振电路两端的电压 u 减小。利用 LC 并联谐振曲线的近似直线部分（如图 3—4—4 中的 AB 段或 BC 段），可以将频率的变化转换为振幅的变化。斜率鉴频器是利用 LC 并联谐振曲线的倾斜部分，将输入振幅一定的等幅调频波转换为输出振幅随调制信号变化的调幅调频波，进而实现频率检波。又由于它是利用 LC 并联谐振电路的幅频特性来完成调频波—调幅调频波的变换，所以斜率鉴频器也称为振幅鉴频器。

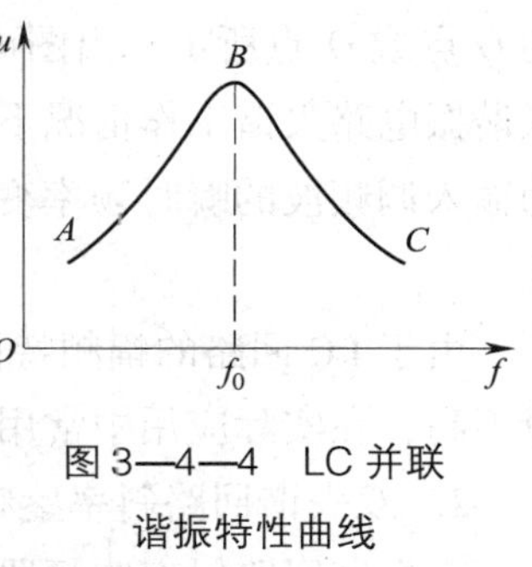

图 3—4—4　LC 并联谐振特性曲线

1. 单失谐回路斜率鉴频器

单失谐回路斜率鉴频器电路如图 3—4—5a 所示，它由失谐的单调谐回路与二极管振幅检波器组成。从电路形式上看，它与二极管检波器没有太大差别，不同之处仅在于调谐

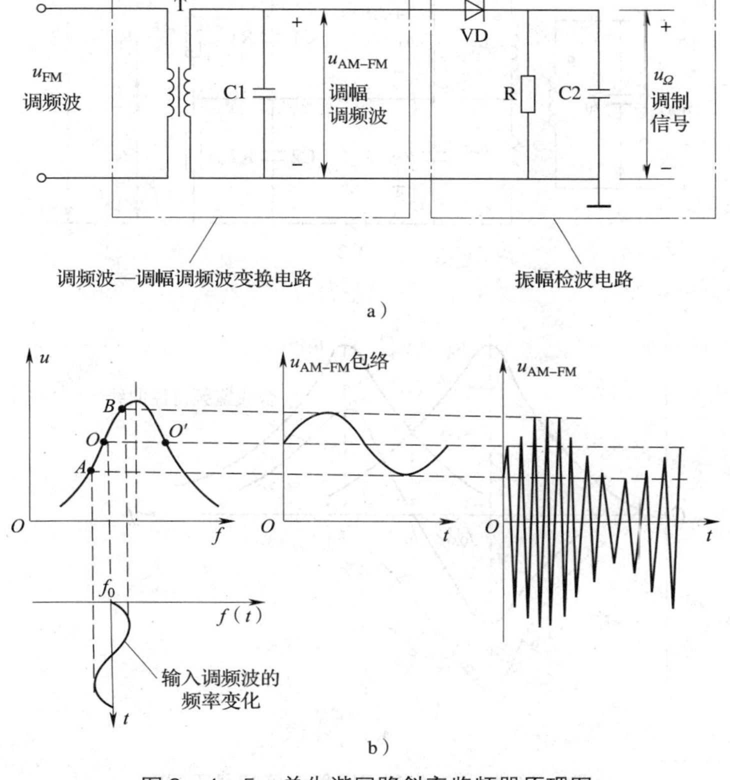

图 3—4—5　单失谐回路斜率鉴频器原理图

a）电路图　b）波形图

回路的谐振频率不是调频波的中心频率，而是大于或小于调频波的中心频率。通常使调频信号的中心频率 f_0 位于谐振回路幅频特性曲线倾斜部分直线段的中心，如图 3—4—5b 中的 O 点或 O' 点所示。由图可见，当输入为调频波时，由于其瞬时频率是变化的，在 LC 并联谐振电路失谐工作情况下，等幅的调频波通过调谐回路后，回路两端电压的大小必然会随输入调频波的瞬时频率变化而变化，从而实现了将调频波变换成调幅调频波的波形变换。

由于 LC 回路的幅频特性曲线两侧的线性范围不够宽，波形变换中非线性失真大，质量不高，在实际应用中常用两个 LC 回路构成双失谐回路斜率鉴频器。

2. 双失谐回路斜率鉴频器

双失谐回路斜率鉴频器电路如图 3—4—6a 所示，它由完全一样的两个单失谐回路斜率鉴频器电路组成，鉴频输出取它们的差值。两个回路的幅频特性完全相同，唯谐振频率有差异，一个谐振于 f_{01}，另一个谐振于 f_{02}，与调频波中心频率 f_0 的关系是 $f_{01}>f_0>f_{02}$，且 $f_{01}-f_0=f_0-f_{02}$，这个差值必须大于调频信号的最大频偏，以避免鉴频失真。

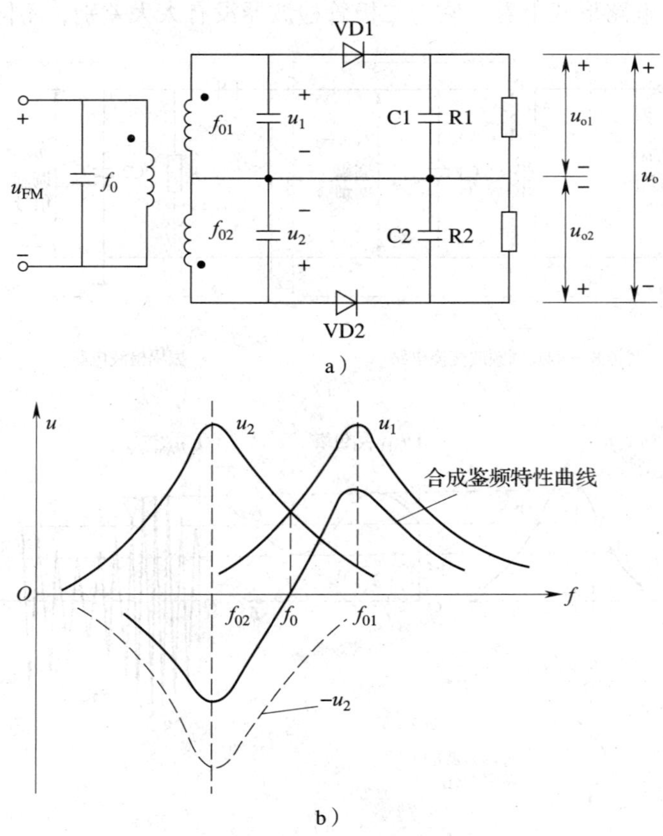

图 3—4—6 双失谐回路斜率鉴频器原理图

a）电路图 b）鉴频特性曲线

双失谐回路斜率鉴频器的鉴频特性曲线如图 3—4—6b 所示。显然，这种鉴频器的非线性失真减小，线性范围增大，可以达到几兆赫，输出电压也比单失谐鉴频器大得多。但这种鉴频器有 3 个回路互相耦合，而且工作在 3 个频率上，调整起来不太方便。

三、相位鉴频器

相位鉴频器又称为双调谐鉴频器，它是利用双耦合谐振电路的一次侧回路和二次侧回路电压的相位差随频率变化的原理，把等幅调频波转变为幅度随瞬时频率变化的调幅调频波，再经振幅检波器恢复原调制信号的一种鉴频电路。相位频鉴器的基本电路如图 3—4—7 所示，它由调频波—调幅调频波变换电路和振幅检波器两部分组成。

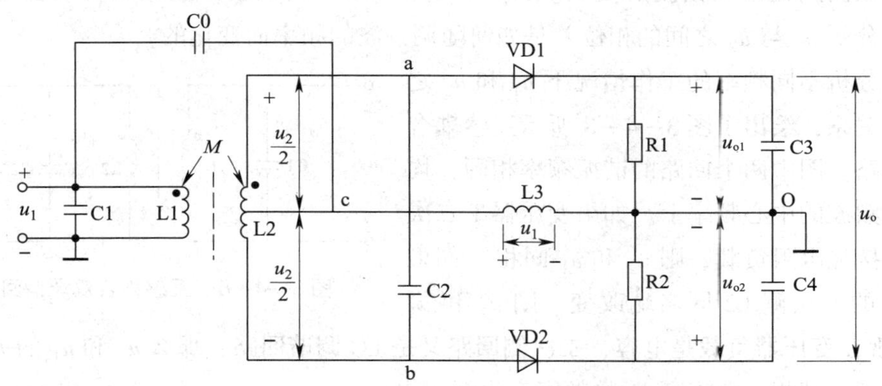

图 3—4—7 相位鉴频器基本电路图

调频波—调幅调频波变换电路由双耦合谐振回路组成，其一次侧谐振回路 L1C1 和二次侧谐振回路 L2C2 都调谐于输入调频波的中心频率 f_0 上。为了实现调频波—调幅调频波变换，一次侧回路和二次侧回路之间采用了两种耦合方式：一种是互感耦合，即由 u_1 通过互感 M 在二次侧产生 u_2，L2 由中心抽头分成两部分，每部分电压各是 $u_2/2$；另一种是电容耦合，即通过耦合电容 C0 将 u_1 耦合到高频扼流圈 L3 上。因为 L3 的感抗比 C0 的容抗大得多，电容 C0 上的电压降可以忽略，这样就可以认为 u_1 全加在 L3 上，L3 不仅使二次侧中心抽头对地得到一个一次侧调频波电压，同时还作为振幅检波器的直流通路。

振幅检波器有两个：二极管 VD1、电阻 R1、电容 C3 构成上面一个振幅检波器；二极管 VD2、电阻 R2、电容 C4 构成下面一个振幅检波器。两个振幅检波器的电路参数相同，检波负载 $R_1 = R_2$，$C_3 = C_4$。相位鉴频器的输出电压是这两个振幅检波器输出电压之差。

如果没有高频耦合电容 C0 和高频扼流圈 L3 引入一次侧电压，那么不论输入信号的频率如何变化，经互感耦合加在两个检波器上的电压总是大小相等，方向相反。由于检波器的对称性，检波后的电压互相抵消，输出电压 u_o 永远等于 0。现在接入 C0 和 L3 后，把一次侧电压也引入到检波器的输入端，这样根据图 3—4—7 所示变压器同名端和某时刻

电压极性，加到两个振幅检波器的输入信号分别为

$$u_{VD1}=u_{ac}+u_{co}=\frac{u_2}{2}+u_1 \quad (3—4—1)$$

$$u_{VD2}=u_{bc}+u_{co}=-\frac{u_2}{2}+u_1 \quad (3—4—2)$$

这样，每个检波器上均加有两个电压，即 $u_2/2$ 和 u_1。其中一个检波器的输入是它们之和，另一个则是它们之差。值得注意的是，只要处在耦合回路的通频带范围之内，当调频波的瞬时频率变化时，无论是 u_1 还是 u_2，它们的振幅都是保持恒定的。但是，它们之间的相位关系会随频率变化而发生变化，其合成的 u_{VD1} 和 u_{VD2} 的幅度也随之改变，从而实现了由调频波到调幅调频波的变换。u_{VD1} 和 u_{VD2} 为调幅调频波，经振幅检波器可实现鉴频。下面分析 u_1 与 u_2 之间的相位差是如何随调频波的频率而变化的。

为了分析不同频率的工作情况下 u_1 和 u_2 之间的相位关系，绘出了图 3—4—8 所示互感耦合双调谐回路。图中两个回路的谐振频率相同，均调谐在调频波的中心频率上。如果变压器 T 二次侧开路或接纯电阻负载，则 u_2 和 u_1 同相（如果变压器 T 的二次侧 L2 同名端改变，则 u_2 和 u_1 反相）。现在变压器负载是电容，二次侧回路又是 LC 调谐回路，那么 u_2 和 u_1 的关系就不再是同相了，其相位差将随 u_1 的频率变化而变化。

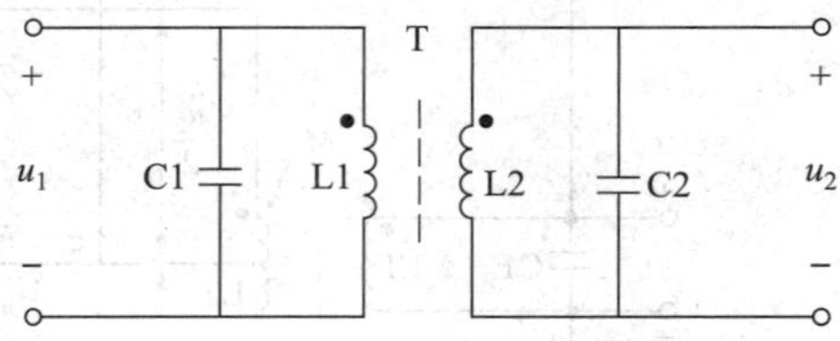

图 3—4—8　互感耦合双调谐回路

通过理论计算可以证明，当输入调频波的瞬时频率 f 等于回路的谐振频率 f_0（即 $f=f_0$）时，u_2 滞后 $u_1$90°；当 $f<f_0$ 时，u_2 滞后 u_1 的角度小于 90°；当 $f>f_0$ 时，u_2 滞后 u_1 的角度大于 90°。正是由于这种相位关系与信号频率有关，才导致两个检波器输入电压的大小产生了差别。

根据上述不同频率下 u_1 与 u_2 相位关系的结论，当调频波的瞬时频率正好等于中心频率时，u_2 滞后 $u_1$90°，$-u_2$ 超前 $u_1$90°，此时 u_{VD1} 和 u_{VD2} 的振幅相等。u_{VD1} 和 u_{VD2} 分别由 VD1 和 VD2 检波后，在 R1 和 R2 上产生的电压降 u_{o1} 和 u_{o2} 大小相等但相位相反，所以鉴频器的输出电压 u_o 为 0。

当调频波的瞬时频率低于中心频率时，u_2 滞后 u_1 的角度小于 90°，$-u_2$ 超前 u_1 的角度大于 90°，此时 u_{VD1} 的振幅大于 u_{VD2} 的振幅，因此 u_{o1} 大于 u_{o2}，输出电压 u_o 为正值。调频波的瞬时频率比中心频率低得越多，鉴频器输出电压 u_o 的正值就越大。

相反，当调频波的瞬时频率高于中心频率时，u_2 滞后 u_1 的角度大于 90°，$-u_2$ 超前 u_1 的角度小于 90°，这时电压 u_{VD1} 的振幅小于 u_{VD2} 的振幅，所以 u_{o1} 小于 u_{o2}，输出电压 u_o 为负值。调频波的瞬时频率比中心频率高得越多，鉴频器的输出电压 u_o 的负值就越大。

如上所述，鉴频器输出电压 u_o 的变化反应了调频波瞬时频率偏移 Δf 的变化。而 Δf

与原调制信号成正比，因此鉴频器输出电压 u_o 与原调制信号成正比，亦即实现了调频波的解调。图 3—4—9 所示为相位鉴频器输出电压 u_o 与调频波瞬时频率偏移 Δf 之间的关系曲线，即反 S 形鉴频特性曲线，只要更换互感 M 的极性，即可得到如图 3—4—3 所示正过来的 S 形鉴频特性曲线。

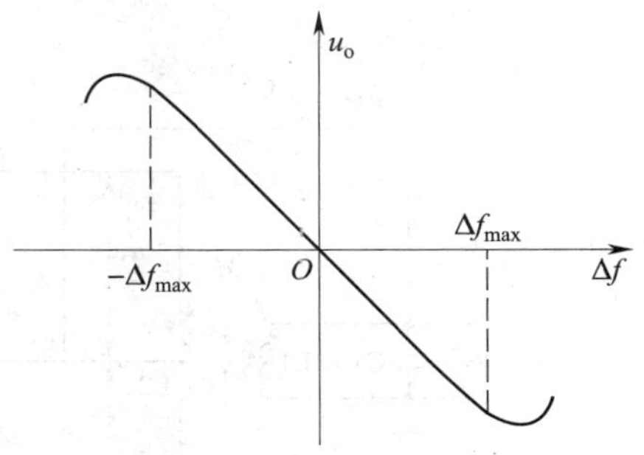

图 3—4—9　相位鉴频器的鉴频特性曲线

在 $\Delta f=0$（即调频波的瞬时频率等于中心频率，$f=f_0$）时，$u_o=0$。随着失谐加大，u_{VD1} 与 u_{VD2} 振幅差值增大，u_o 的绝对值也加大。当 $\Delta f<0$（即 $f<f_0$）时，u_o 为正；当 $\Delta f>0$（即 $f>f_0$）时，u_o 为负。在该曲线的中间部分，输出电压 u_o 与瞬时频率偏移 Δf 近似成线性关系。频偏越大，输出电压越大，但是当频偏超过一定限度（即 $|\Delta f|>\Delta f_{max}$）后，曲线呈弯曲状。这是因为失谐严重，电压 u_1 与 u_2 振幅都减小，总的输出电压 u_o 的绝对值就不再增大，反而减小。

综上所述，相位鉴频器的鉴频过程是利用回路失谐将调频波的频率变化转换为耦合谐振回路一次侧电压和二次侧电压之间相位关系的变化，再将这两个电压相位关系的变化转换为幅度的变化，即得到调幅调频波，最后由振幅检波器取出原调制信号，从而完成调频波的解调过程。

相位鉴频器的特点是线性特性好、输出电压大。但是，当输入信号振幅变化时（如有干扰信号时），鉴频器输出电压也会发生变化。因此，在相位鉴频器之前需要加一个限幅器，使输入调频波更接近等幅波。

四、比例鉴频器

由于斜率鉴频器和相位鉴频器电路本身没有克服噪声干扰的能力，在鉴频器的前边需加一级限幅器，以保证输入的调频波近似于等幅波。分立元件的调频收音机和电视接收机伴音电路为了降低成本、减小体积，广泛采用一种在相位鉴频器基础上改进而来的具有一定自限幅作用的比例鉴频器。

1. 鉴频原理

比例鉴频器的基本电路如图 3—4—10 所示，与相位鉴频器相比，两个调谐回路将调频波转变成为调幅调频波的过程相同，不同之处有：

（1）检波负载电阻、电容的中点断开了，将 R1、R2 的中点接地，输出电压 u_o 从 d 点至地之间取出，而不从 e、f 端取出。

（2）e、f 两端并接一个大容量电容 C5（一般为 10 μF），在检波过程中 e、f 两端电压基本上保持不变，因此对寄生调幅有一定的抑制作用。

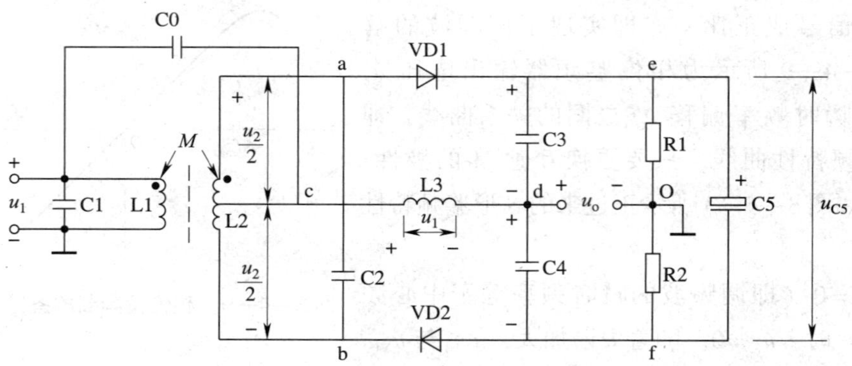

图 3—4—10　比例鉴频器电路图

（3）为了使二极管有直流通路，VD1 和 VD2 是反向连接的（接法与相位鉴频器不同），因此检波电流流过 R1 和 R2 两端，e、f 两端电压是同极性相加，而不是相减，即

$$u_{C5} = u_{C3} + u_{C4} = u_{R1} + u_{R2}$$

比例鉴频器的等效电路如图 3—4—11 所示，加在两个检波二极管 VD1 和 VD2 上的调频波电压分别为

$$u_{VD1} = \frac{u_2}{2} + u_1 \qquad (3—4—3)$$

$$u_{VD2} = \frac{u_2}{2} - u_1 \qquad (3—4—4)$$

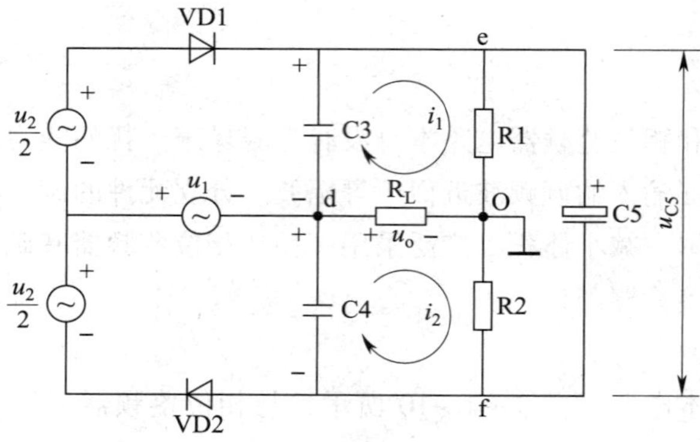

图 3—4—11　比例鉴频器等效电路图

当调幅波送入检波器以后，由于二极管 VD1 和 VD2 接法不同，造成电容 C3 和 C4 两端的电压极性如图 3—4—11 中所示，都是上正下负，且 VD1、VD2 同时导通或同时截止。VD1、VD2 同时导通时，C3、C4 上充得电压 u_{C3}、u_{C4}；VD1、VD2 同时截止时，C3、C4

同时在负载 R_L 上放电，分别产生极性相反的电压 u_{o1}、u_{o2}，在 d、o 两点之间取出鉴频器的解调输出电压为

$$u_o = u_{o2} - u_{o1} \tag{3—4—5}$$

现在讨论输出电压与频率变化的关系：当 $f=f_0$ 时，$u_{VD1}=u_{VD2}$，$u_{C3}=u_{C4}=u$、$i_1=i_2$，电流 i_1 与 i_2 以相反的方向流过负载电阻 R_L，此时 R_L 上没有电压，故输出电压 $u_o=0$，R1 与 R2 上的电压也都为 u，电容 C5 被充电至 $u_{C5}=2u$。当 $f<f_0$ 时，$u_{VD1}>u_{VD2}$、$u_{C3}>u_{C4}$、$i_1>i_2$，此时输出电压 u_o 为负值。当 $f>f_0$ 时，$u_{VD1}<u_{VD2}$、$u_{C3}<u_{C4}$、$i_1<i_2$，此时输出电压 u_o 为正值。因此鉴频器的输出电压随调频波的频率变化而变化，达到了鉴频的目的。比例鉴频器的鉴频特性曲线同图 3—4—3。

理论分析证明，鉴频器输出电压的振幅并不取决于两个振幅检波器输入电压振幅本身的大小，而只取决于它们的比例或比值，比例鉴频器这一名称正是由此而来。

2. 自限幅原理

比例鉴频器输出电压的振幅只取决于两个振幅检波器输入电压振幅的比例或比值。当比例鉴频器输入的调频波有噪声干扰等使调频波幅度发生变化时，两个振幅检波器输入电压的振幅同时增大或减小，但是它们的比值可以维持不变，因而比例鉴频器输出电压 u_o 与输入调频波的振幅变化无关，这就是比例鉴频器本身所具有的限幅作用。同时，由于电容 C5 的电容较大（其电容约为 10 μF）也起着限幅作用。假如输入调频波的幅度由于干扰而发生变化，将引起对电容 C5 的充放电过程（电容 C5 充电、放电路径见图 3—4—12）。由于时间常数（R1＋R2）C5 较大（通常为 0.1～0.2 s），放电时间较长，所以电容 C5 上的电压 u_{C5} 基本上保持稳定不变，进而对调频波的幅度也起到稳定作用。

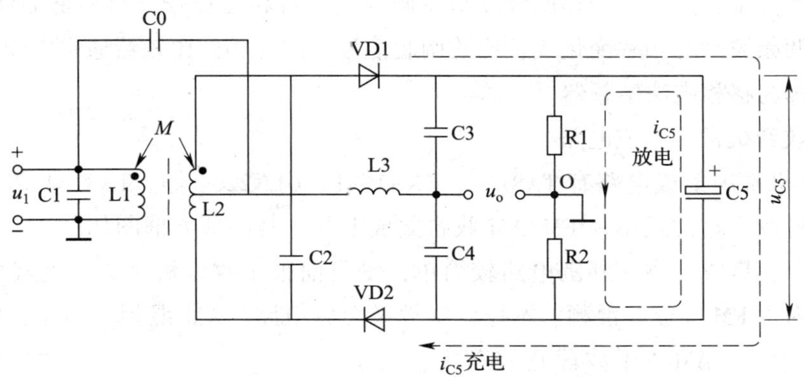

图 3—4—12　比例鉴频器电容 C5 限幅充电、放电示意图

在电路参数相同情况下，比例鉴频器的输出电压仅为相位鉴频器的 1/2，即比例鉴频器的灵敏度较低，也可以说比例鉴频器的限幅作用是以降低输出电压为代价的。另一方

面，比例鉴频器的激励放大器只需要较小的输入电压就能正常工作，而相位鉴频器需要加 1～2 级限幅及推动级，输入电压要达到较大的数值才能工作，这就要求增加限幅器前面放大器的级数。总的来看，在接收机具有相同灵敏度的情况下，采用比例鉴频器要比相位鉴频器经济一些，但是比例鉴频器的设计和调整相对困难一些，因此在要求较高的场合，仍然采用相位鉴频器。

五、鉴频器在 FM 收音机中的应用

鉴频器是超外差式 FM 收音机不可或缺的重要部件。分立元件调频收音机普遍采用比例鉴频器；集成电路调频收音机则多采用乘积型相位鉴频器，这是因为其电路易于集成化，成本低，调试简单，适合于大量生产。

1. 乘积型相位鉴频器

乘积型相位鉴频器是先将调频波经过一个线性移相网络变换成调相调频波，使相位的变化与原调频波瞬时频率的变化成正比（即相位变化反映调制信号的变化规律），然后再与原调频波一起加到一个相位检波器（即鉴相器）解调出调制信号，因此实现鉴频的核心部件是鉴相器。鉴相器分为叠加型和乘积型两种。将两个输入信号叠加后加到包络检波器而构成的鉴相器称为叠加型鉴相器。为了扩展线性鉴相范围，叠加型鉴相器一般都采用两个包络检波器组成的平衡电路（图 3—4—7 所示电路即属于使用叠加型鉴相器构成的所谓叠加型相位鉴频器）。利用模拟乘法器的相乘原理可实现乘积型鉴相。采用线性移相网络、模拟乘法器和低通滤波器可以构成乘积型相位鉴频器，如图 3—4—13 所示。

调频信号先经过线性移相网络变成调相调频波，其相位的变化正好与调频波瞬时频率的变化呈线性关系，然后将调相调频波与原调频波进行相位比较，再经低通滤波器滤波，就得到与原调频波瞬时频率变化成正比的调制信号。因为相位比较器通常由模拟乘法器组成，所以也称为移相乘法鉴频器。

2. FM 收音机常用集成电路

FM 收音机常用集成电路有 TA8164、CXA1691、ULN2204 等。TA8164 芯片是东芝公司生产的塑封双列直插式单片 FM/AM 收音集成电路，其内部方框图如图 3—4—14 所示。该芯片功耗小，集成度高，外围电路较简单，是目前很多收音机制造厂商经常选用的芯片。该芯片内含 FM 高放、混频、本振、中放及鉴频电路，AM 混频、本振、中放及检波电路，以及 AGC、AM/FM 波段选择等电路。该芯片在供电电压为 1.8～7 V 时均能稳定地工作。

TA8164 芯片的引脚功能与基本数据测试表见表 3—4—1。

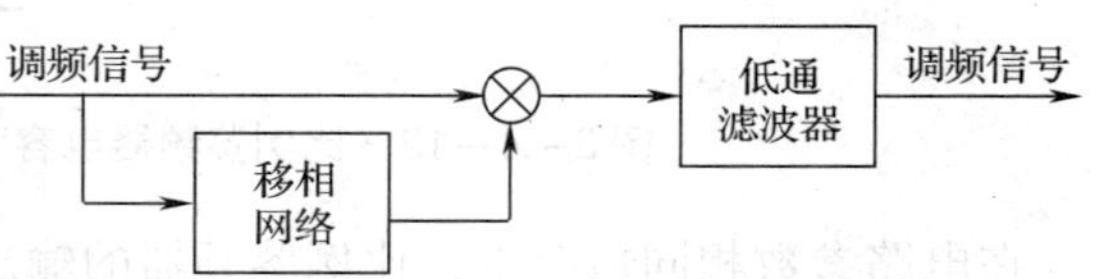

图 3—4—13　乘积型相位鉴频器组成框图

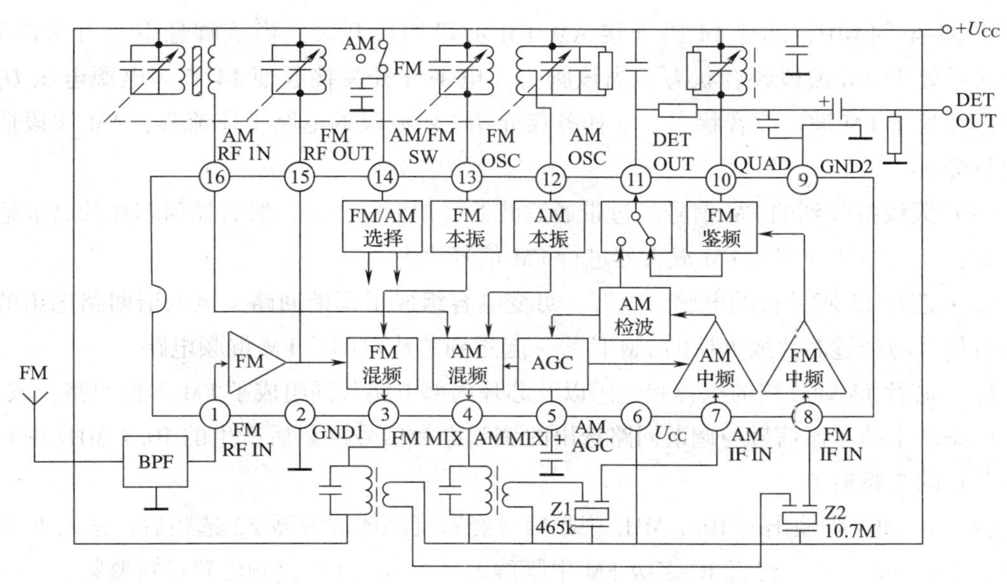

图 3—4—14 TA8164 芯片内部方框图

表 3—4—1 TA8164 芯片的引脚功能与基本数据测试表

引脚号	符号	引脚功能	无信号直流电压（V）	
			AM	FM
1	FM RF IN	调频高频输入	0	0.7
2	GND1	地	0	0
3	FM MIX	FM 中频输出	3.0	3.0
4	AM MIX	AM 中频输出	3.0	3.0
5	AM AGC	调幅增益	0	0
6	U_{CC}	电源输入	3.0	3.0
7	AM IF IN	调幅中频输入	3.0	3.0
8	FM IF IN	调频中频输入	3.0	3.0
9	GND2	接地端	0	0
10	QUAD	调频鉴频输出	3.0	3.0
11	DET OUT	检波输出	1.4	1.4
12	AM OSC	调幅本振	3.0	3.0
13	FM OSC	调频本振	3.0	3.0
14	AM/FM/SW	调幅、调频工作模式转换控制端	—	3.0
15	FM RF OUT	调频高频输出	3.0	3.0
16	AM RF IN	调幅高频输入	3.0	3.0

图3—4—14中，芯片14脚外接AM/FM波段切换开关，当该脚悬空（开关断开）时，芯片处于AM波段收音状态；当该脚为高电平（开关接通使14脚为电源电压U_{CC}）时，芯片处于FM波段收音状态。本任务仅介绍FM波段的电路工作流程，AM波段请读者自行分析。

（1）天线接收到的FM信号经过带通滤波器（BPF）滤波，然后加到芯片的高放输入端1脚，经过芯片内部的FM放大器进行FM信号放大。

（2）芯片15脚外接的电感、电容、可变电容组成了调谐回路，该调谐回路选出的调频电台信号与经过芯片放大后的FM信号一起送到芯片内部的FM混频电路。

（3）芯片13脚外接的电容和电感以及芯片内部电路共同组成了FM本振回路，该FM本振回路产生的本振信号与调谐回路选出的调频电台信号混频后产生的10.7 MHz中频信号由芯片的3脚输出。

（4）IC的3脚输出的10.7 MHz中频信号经石英晶体滤波器Z2选频后，送入IC的8脚进行FM中频放大，经过IC多级FM中频放大后再送入FM鉴频电路进行鉴频。

（5）鉴频输出的音频信号经内部AM/FM电子开关切换后，从IC的11脚输出音频信号至后级电路。

调节芯片10脚外接的鉴频线圈的磁芯，可改变鉴频特性曲线。

任务实施

一、实训器材

实施本任务所使用的实训设备及材料可参考表3—4—2。

表3—4—2　　实训设备及材料参考表

类别	序号	名称	型号与规格	数量	单位
设备	1	计算机	装有Multisim12仿真软件	1	台
	2	无线电基础一体化实训箱	HD－WXD－Ⅰ型	1	只
	3	数字万用表	VC9808型	1	块
	4	高频信号发生器	普源RIGOL DG1022型	1	台
	5	双踪示波器	普源RIGOL DS1102U型	1	台
	6	频率特性测试仪	BT－3GⅢ型	1	台
	7	直流稳压电源	3～15 V输出	1	台
材料	8	乘积型相位鉴频器套件	WXD3－4型	1	套
	9	焊锡	—	1	卷
	10	松香	—	1	盒

图 3—4—15 所示 BT－3GⅢ型频率特性测试仪为卧式便携通用扫频仪，它利用矩形内刻度示波管作为显示器，直接显示被测设备的频率特性曲线，其扫频范围为 1～300 MHz/1～450 MHz/1～650 MHz。

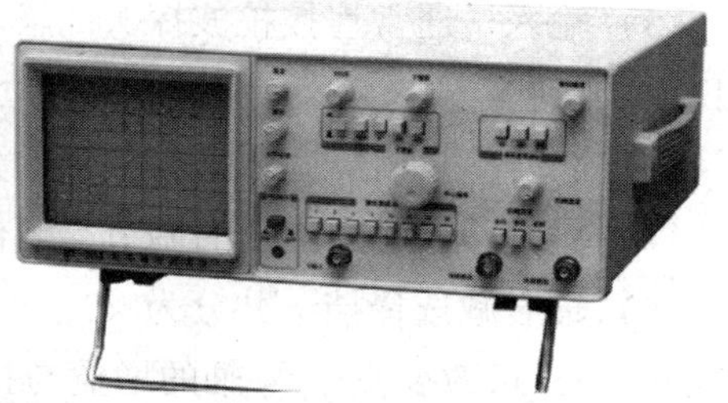

图 3—4—15 BT－3GⅢ型频率特性测试仪（实物）

1. 仪器面板和功能

BT－3GⅢ型频率特性测试仪面板结构如图 3—4—16 所示。

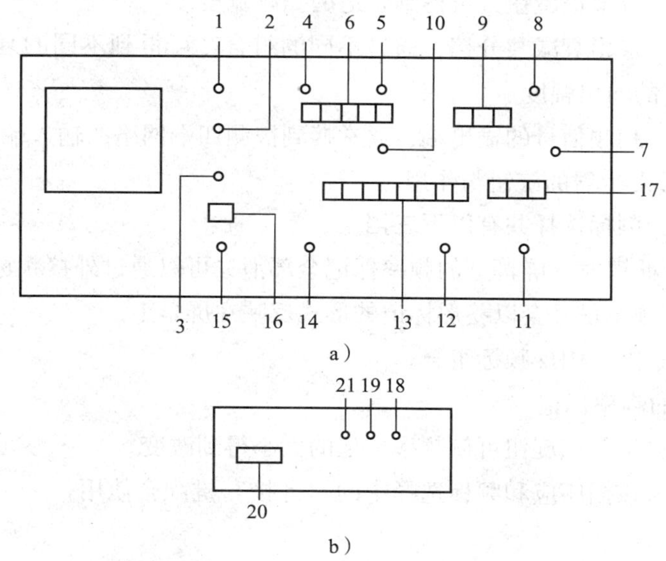

图 3—4—16 BT－3GⅢ型频率特性测试仪面板结构

a）前面板 b）后面板

1—亮度 2—聚焦 3—水平校准 4—Y 位移 5—Y 增益 6—＋/－，AC/DC，Y 衰减 7—扫频宽度 8—频标幅度 9—频标选择（50 MHz、10 MHz、1 MHz 复合、外接） 10—中心频率 11—外接频标 12—扫频输出 13—输出衰减（1、2、3、4、10、20、30dB） 14—Y 输入 15—电源指示灯 16—电源开关 17—扫频方式选择开关（全扫、窄扫、点频） 18—X 位移调节 19—X 幅度调节 20—220 V 电源插座（内带熔断丝） 21—自效－检测开关

（1）显示器的旋钮与作用

1）亮度 用来调节扫描线的亮度，顺时针调整，亮度最大，反之则扫描线最暗。

2）聚焦 调整该旋钮可使扫频线光滑清晰。

3）水平校准 当扫描线不能和水平刻度线重合时可以加以调整。

4）电源开关 电源开关为红色按键，按下则为开，指示灯亮；按键弹出即为关，指示灯熄灭。

5）输入　通常连接检波探头的输出端。对于含有内检波的四端网络，该网络的输入可直接加到 Y 输入。

6）Y 增益　用于调节输入信号的大小，以使得被测信号能直观地显示在屏幕上。

7）Y 位移　通过旋钮的调节，可使整个扫描曲线上下移动。

8）轴衰减选择挡　共分为 ×1、×10、×100 三挡，应和 Y 增益配合使用，通过不同挡的选择，可改变整个 Y 轴的增益与扫描曲线的高度。

（2）扫频信号源的旋钮与作用

1）中心频率　调节该旋钮，可使需要的中心频率置于屏幕的中心位置。

2）扫频宽度　调节该旋钮，可得到合适的扫频宽度。

3）输出衰减　输出衰减共分挡，通过不同的组合，可得到不同的衰减量，它的设置可以改变扫频信号的输出幅度。

4）扫频输出　扫频信号的输出端，通常接到被测四端网络的输入端。

（3）频标信号发生器的旋钮与作用

1）频标选择　频标选择共有以下三挡。

外接：当按下此键时，屏幕上的频率标记全部消失可以通过外接频标插座输入一个选定的频率信号，该频率信号会以菱形标记的形式反映在屏幕上。

10/1：10 MHz 和 1 MHz 频标组合。

50：50 MHz 的频率标记。

2）频标幅度　调节该旋钮可使频率标记的大小得到改变。

3）外接频标　该插座应和频标选择中的“外接”键配合使用。

2. 使用方法

（1）使用前的准备工作

1）将检波探头推入自校准插座，并将自校准插头连接扫频输出插座，检波输出插头连接 Y 输入，如图 3—4—17 所示。

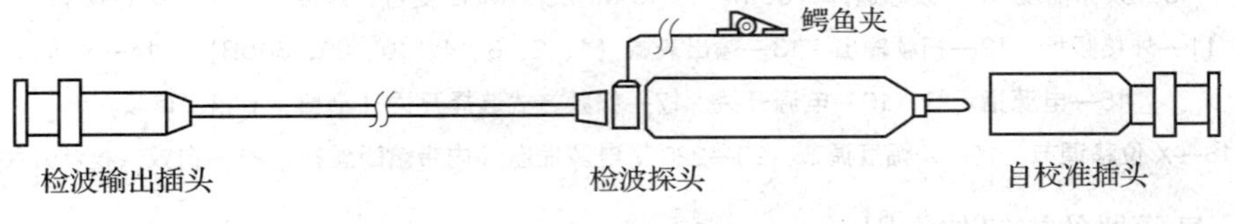

图 3—4—17　检波探头的连接

2）将 +/－极性开关置于 +，AC/DC 置于 DC，Y 衰减置于 ×1 挡。

3）频标选择旋钮置于 10/1 MHz。

4）输出衰减旋钮置 0dB（输出衰减按键全部弹出）。

5）接通电源，屏幕上将出现近似矩形的扫描曲线。分别调节亮度、聚焦、水平校准、Y 位移、Y 增益，使扫描曲线处于最佳状态。

（2）频标识别

1）将频标选择旋钮置于10/1 位置，中心频率置于起始处，此时屏幕中出现不同于菱形频标的特殊标识，称作零拍。

2）顺时针转动中心频率旋钮，会发现零拍及右面的大小频标逐渐左移。其中幅度大的为 10 MHz 频标，幅度小的为 1 MHz 频标，如图 3—4—18 所示。

3）将频标选择旋钮置于 50 位置，在零拍右面的第一个频标为 50 MHz，第二个频标为 100 MHz，其余依此类推。

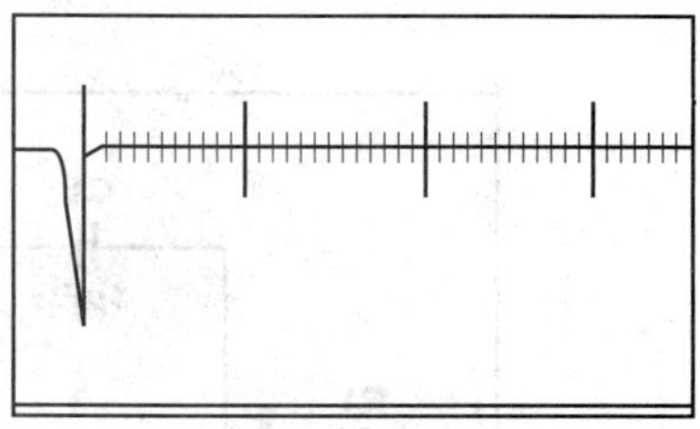

图 3—4—18　10/1 MHz 组合频率标识

（3）扫频宽度

不同的四端网络有着不同的频带，预置扫频宽度太窄，被测曲线在水平方向会很小；预置扫频宽度太宽，被测曲线在水平方向会很大。因此调节扫频宽度旋钮会得到合适的扫频宽度。

（4）中心频率读取

不同的四端网络除了有不同的频带之外，还有不同的中心频率. 预置中心频率过高，被测曲线会在右面；预置中心频率过低，被测曲线会在左面。调节中心频率旋钮，使得中心频率在屏幕中央，就可以对称地观察被测曲线。

3. 使用注意事项

（1）扫频仪与被测电路相连接时，必须考虑阻抗匹配问题。如被测电路的输入阻抗为 75 Ω，应采用终端开路的输出电缆线；如被测电路的输入阻抗很大，应采用终端接有 75 Ω 的输出电缆线，否则应采用阻抗匹配转换的措施。

（2）若被测电路内部带有检波器，不应再用检波探头电缆，而应直接用开路电缆与仪器相连。

（3）在显示幅频特性时，如发现图形有异常的曲折，则表示被测电路有寄生振荡，在测试前予以排除。

（4）测试时，输出电缆和检波探头的接地线应尽量短些，切忌在检波头上加接导线（也不应另外加接地线）。

二、鉴频器仿真

1. 电感耦合式相位鉴频器仿真

（1）绘制电路

打开 Multisim 12 仿真软件，新建电路文件，在电路工作区绘制如图 3—4—19 所示的电感耦合式相位鉴频器仿真电路。

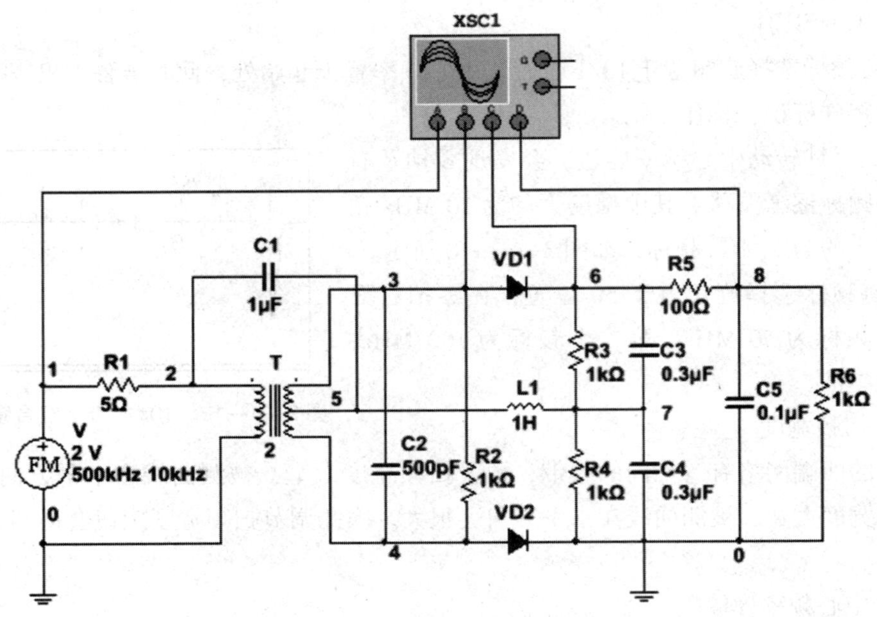

图 3—4—19　电感耦合式相位鉴频器仿真电路

调频信号源 V 的放置方法为：点击元器件（Components）工具栏中的放置源（Place Source）按钮 ，在弹出的“选择一个元器件（Select a Component）”窗口中，选择“Sources 组/ SIGNAL_VOLTAGE_ SOURCES 系列/FM_VOLTAGE”进行放置，并按照图中所示设置参数。

虚拟变压器 T 的放置方法为：点击元器件（Components）工具栏中的放置基本（Place Basic）按钮 ，在弹出的“选择一个元器件（Select a Component）”窗口中，选择“Basic 组/ BASIC_VIRTUAL 系列/TS_VIRTUAL”进行放置。虚拟二极管 VD1、VD2 放置方法为：点击元器件（Components）工具栏中的放置二极管（Place Diode）按钮 ，在弹出的“选择一个元器件（Select a Component）”窗口中，选择“Diodes 组/ DIODES_ VIRTUAL 系列/DIODE”进行放置。

4 通道示波器 XSC1 的放置方法为：点击仪器工具栏中的 4 通道示波器按钮 ，即可将其拖放到电路工作区需要的位置。4 通道示波器的 4 个通道分别接在调频（FM）信号输入端、互感耦合输出端、鉴频输出端和低通滤波器输出端。

（2）观测相位鉴频器输入输出波形

4 通道示波器显示的波形如图 3—4—20 所示。波形显示区从上到下依次显示的波形是：调频波信号、互感耦合输出信号、鉴频输出信号、低通滤波器输出信号。从图中可以看到，此电路比较好地实现了鉴频功能。

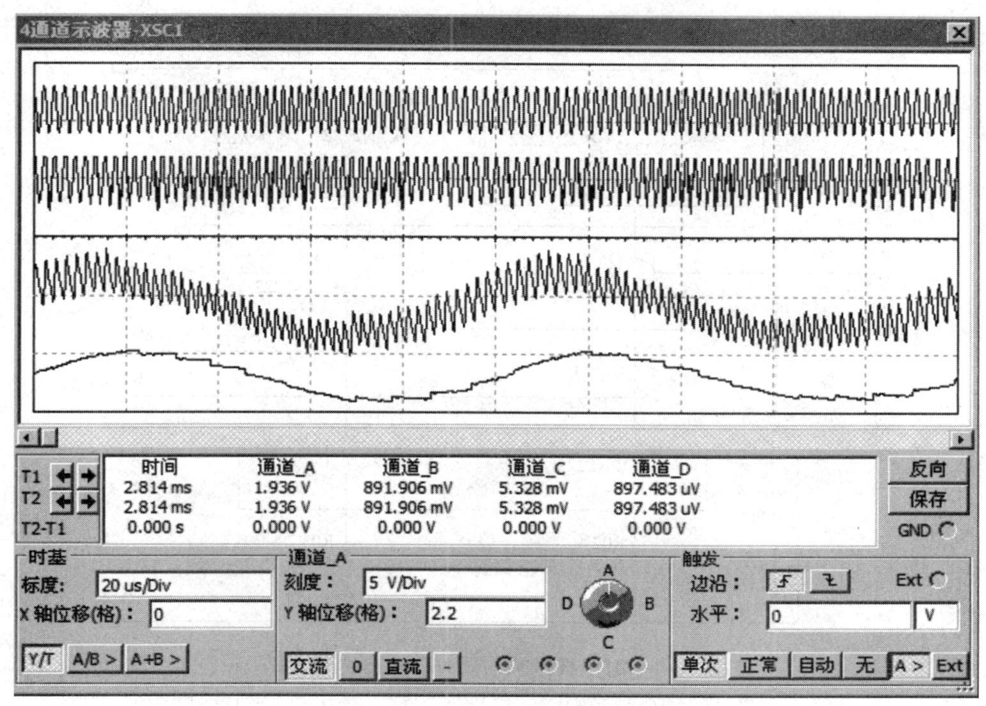

图 3—4—20　电感耦合式相位鉴频器仿真波形

2. 乘积型相位鉴频器仿真

模拟乘法器 MC1496 是对两个模拟信号（电压或电流）实现相乘功能的有源非线性器件，主要功能是实现两个互不相关信号的相乘，即输出信号与两输入信号相乘积成正比。它有两个输入端口，即 X、Y 输入端口。振幅调制、同步检波、混频、倍频、鉴频、鉴相等调制与解调过程，均可视为两个信号相乘或包含相乘的过程。采用模拟乘法器 MC1496 实现上述功能比采用分立器件如二极管和晶体管要简单得多，而且性能优越。所以，目前在无线电通信、广播电视等方面应用较多。

（1）绘制电路

1）绘制子电路　Multisim 12 仿真软件元器件数据库中没有模拟乘法器 MC1496 这个元器件，但可以在电路工作区创建 MC1496 的内部结构图，并设置相关选项，生成子电路后加入自定义数据库并保存。

打开 Multisim 12 仿真软件，新建电路文件，在电路工作区绘制如图 3—4—21 所示的模拟乘法器 MC1496 内部电路。其中输入/输出（I/O）信号端放置方法是：选择绘制（Place）菜单栏中的“连接器（Connectors）/HB/SC 连接器”命令，屏幕上出现输入/输出（I/O）信号端符号 □—，将其与子电路的输入/输出信号端进行连接。只有带有输入/输出端符号的子电路才能与外电路连接。

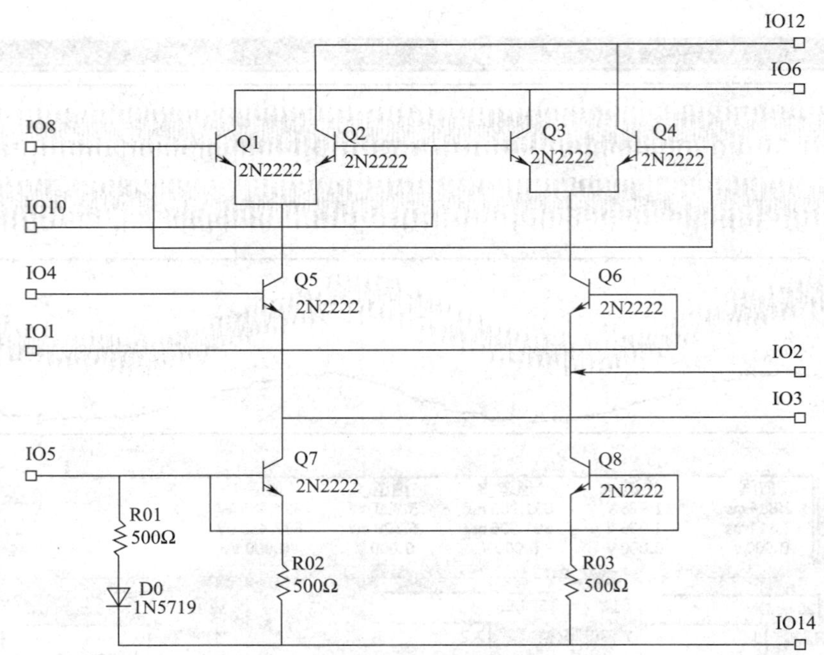

图 3—4—21　模拟乘法器 MC1496 内部电路

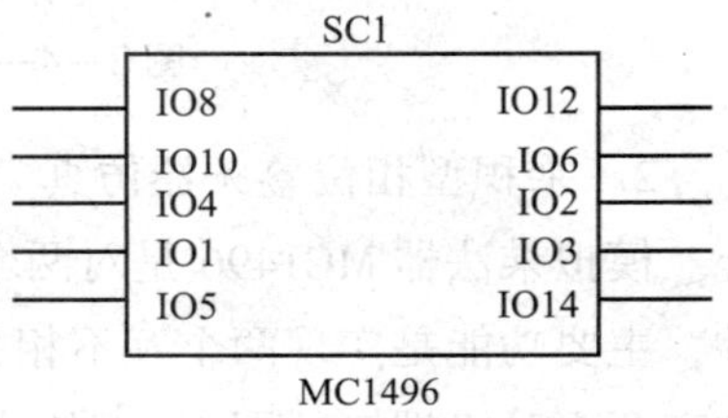

图 3—4—22　MC1496 子电路图标

全部选中 MC1496 内部电路，选择“绘制（Place）/用支电路替换（Replace Subcircuit）”命令，屏幕上出现支电路名称（Subcircuit Name）对话框，在对话框中输入 MC1496，单击“确认（OK）”按钮，出现子电路图标（图 3—4—22），并放置在电路工作区，完成子电路的创建。选择子电路复制到用户器件库并保存。双击子电路图标，在出现的对话框中单击“打开子电路图（Open Subsheet）”命令，屏幕显示子电路的电路图，可直接修改该电路图。

2）绘制乘积型相位鉴频器仿真电路　打开 Multisim 12 仿真软件，新建电路文件，在电路工作区绘制如图 3—4—23 所示的乘积型相位鉴频器仿真电路。

调频信号输入后，经 D1 和 D2 组成的双限幅器整形，除去寄生调幅，其中一路信号由 MC1496 的输入端 8、10 输入，另一路信号经 C2、C3、L、R5 组成的 LC 串并联移相网络，变为调相调频波，由 MC1496 的输入端 1、4 端输入，经过 MC1496 相乘后通过低通滤波器得到输出调制信号。

（2）观测乘积型相位鉴频器输入输出波形

示波器 XSC1 显示的输入调频波和调相调频波波形如图 3—4—24 所示。可以用频率计数器测试它们的频率。

示波器 XSC2 显示的输出调制信号波形如图 3—4—25 所示。

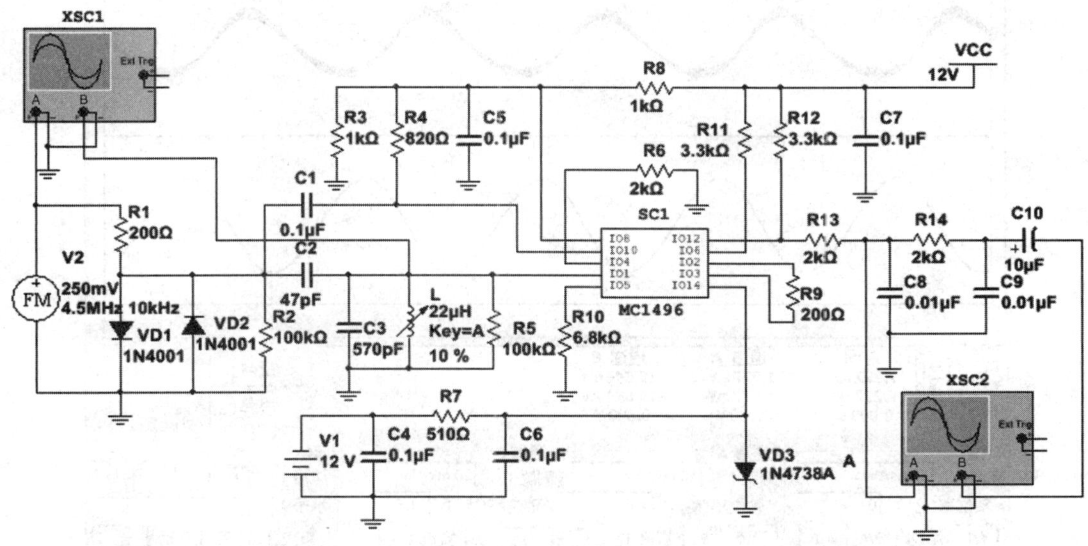

图 3—4—23　乘积型相位鉴频器仿真电路

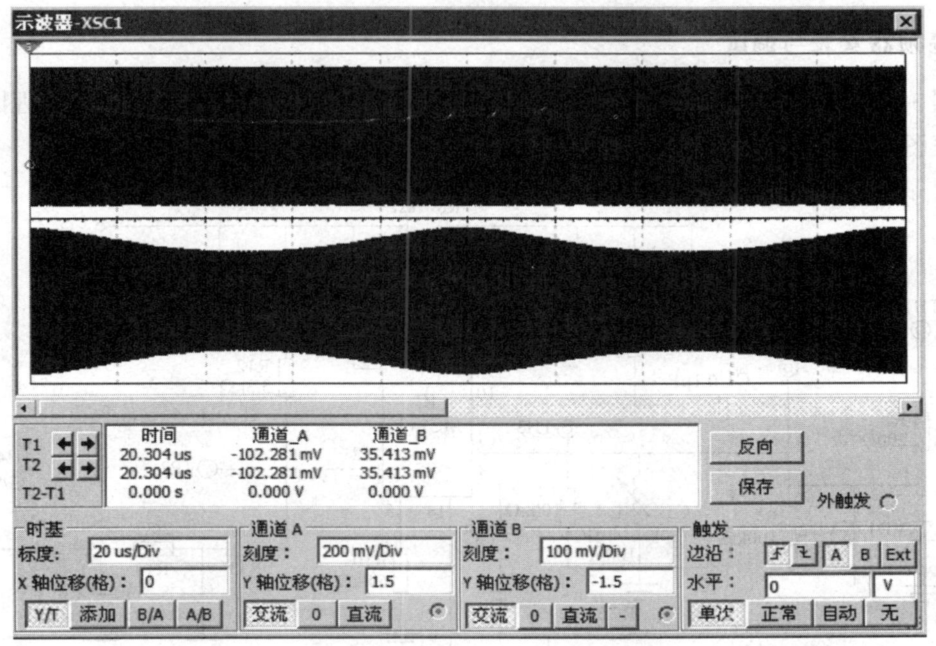

图 3—4—24　示波器 XSC1 显示的输入调频波和调相调频波波形

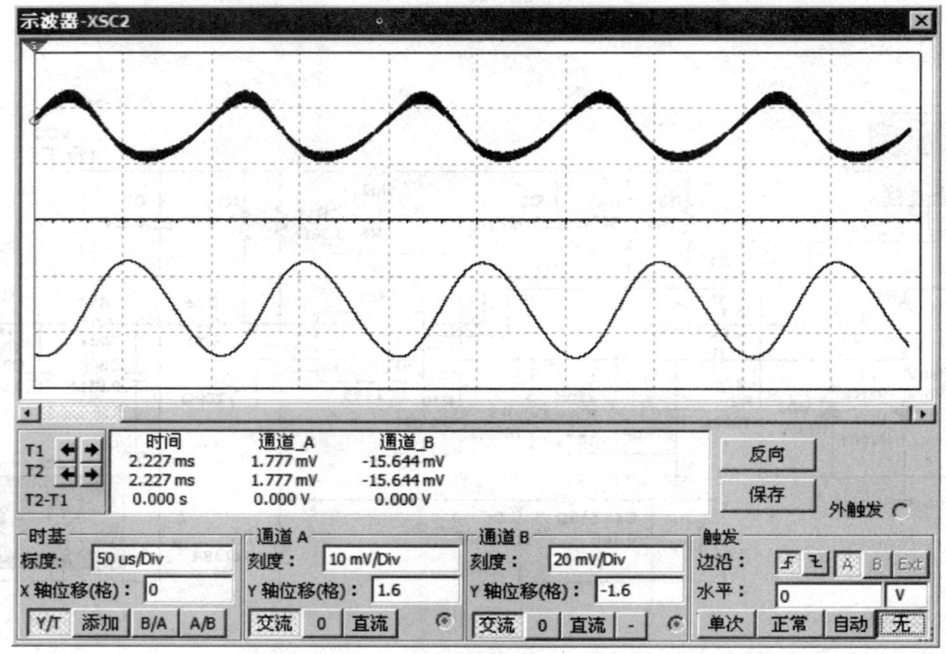

图 3—4—25 示波器 XSC2 显示的输出调制信号波形

三、鉴频器安装与调试

图 3—4—26 所示为由模拟乘法器 MC1496 构成的乘积型相位鉴频器电路原理图，其组成框图如图 3—4—13 所示。

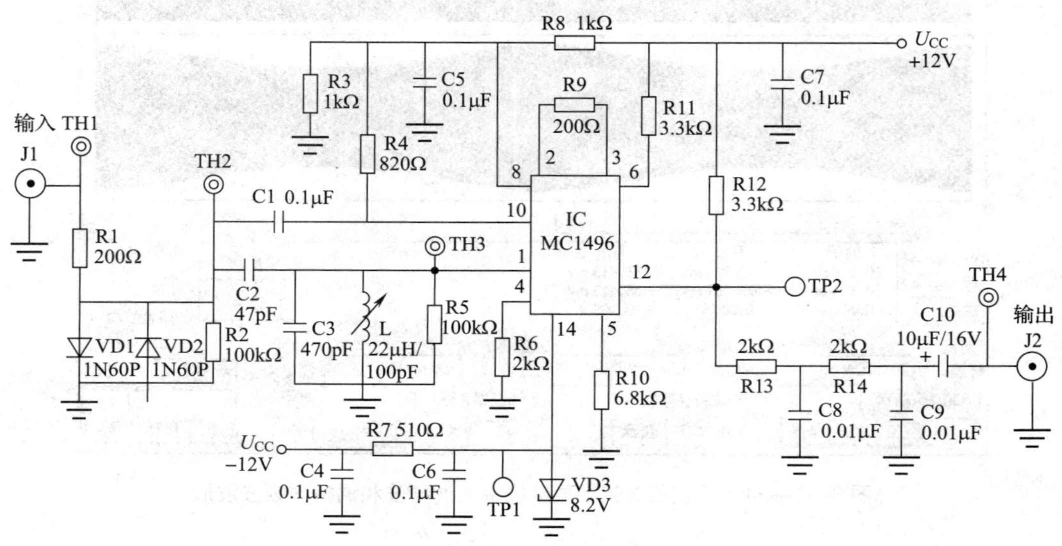

图 3—4—26 乘积型相位鉴频器电路原理图

该乘积型相位鉴频器由移相网络、模拟乘法器和低通滤波器三部分组成。其中，C2与并联谐振回路L1C3共同组成线性移相（在频偏范围内，相位随频偏呈线性变化）网络，将调频波瞬时频率的变化转变成瞬时相位的变化。模拟乘法器MC1496的作用是将调频波与调相调频波相乘，输出调频波的解调信号。低通滤波器由R12、C8、R13、C9组成，可以从模拟乘法器MC1496的输出信号里选出音频信号。由于加到模拟乘法器的FM信号和由它生成的参考信号是同频正交的（相位相差90°），因而也称为正交鉴频器。

电路的工作原理为：中频调频信号通过电缆输入，经VD1和VD2组成的双限幅器整形，除去寄生调幅；然后分成两路信号，其中一路信号由输入端8、10输入MC1496，另一路信号经C2、C3、L、R5组成的移相网络变为调相调频波，由输入端1、4端输入MC1496；经过MC1496将调频波与调频调相波相乘，输出调频波的解调信号，最后经低通滤波器滤波选出音频信号。

乘积型相位鉴频器元器件清单见表3—4—3。

表3—4—3　　乘积型相位鉴频器元器件清单

名称	代号	规格	数量	单位
电阻器	R1、R9	碳膜电阻器200 Ω	2	只
	R2、R5	碳膜电阻器100 kΩ	2	只
	R3、R8	碳膜电阻器1 kΩ	2	只
	R4	碳膜电阻器820 Ω	1	只
	R6、R13、R14	碳膜电阻器2 kΩ	3	只
	R7	碳膜电阻器510 Ω	1	只
	R10	碳膜电阻器6.8 kΩ	1	只
	R11、R12	碳膜电阻器3.3 kΩ	2	只
电容器	C1、C4、C5、C6、C7	瓷片电容器0.1 μF	5	只
	C2	瓷片电容器47 pF	1	只
	C3	瓷片电容器470 pF	1	只
	C8、C9	瓷片电容器0.01 μF	2	只
	C10	极性电解电容器10 μF/16 V	1	只
电感器	L	中周TF2（22 μH/100 pF绿）	1	只
二极管	VD1、VD2	限幅二极管1N60P	2	只
	VD3	稳压二极管1N4738A（8.2 V）	1	只
集成电路	IC	模拟乘法器MC1496（含底座）	1	只

1. 电路安装

按照如图3—4—27所示乘积型相位鉴频器印制电路板装配图进行元器件安装。

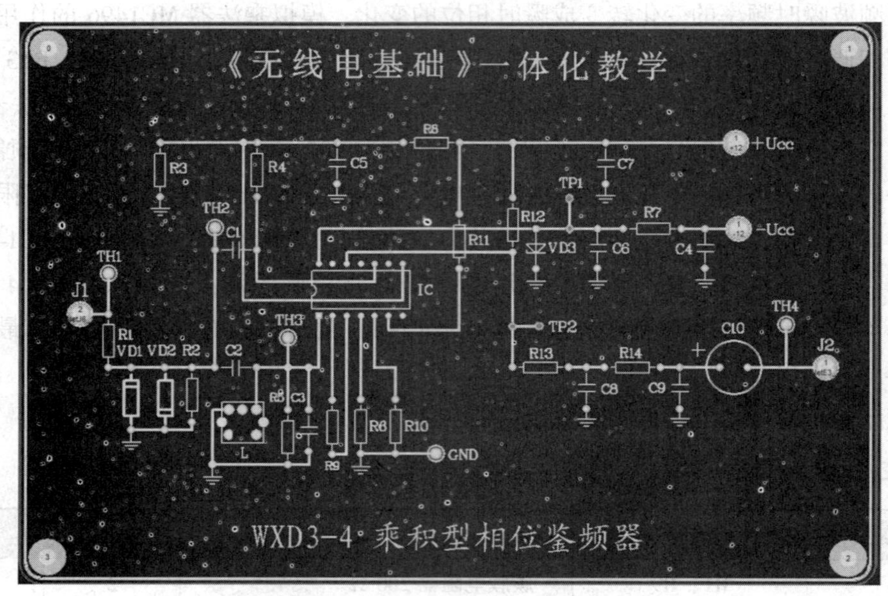

图3—4—27　乘积型相位鉴频器印制电路板装配图

2. 电路调试

（1）通电前检查

按照电路原理图或印制电路板装配图检查元器件有无接错或漏接等现象，电源线、接地线是否连接良好，然后用万用表测量直流电源端和接地端之间是否短路。

（2）通电

接入电路所要求的直流电源，观察电路中各元器件有无异常现象。如出现异常，应立即断电，排除故障后再重新通电。

（3）测试输出信号

通过高频信号发生器，将一调频信号（峰峰值 U_{p-p} 为500 mV左右、中心频率 f_0 为4.5 MHz、低频调制信号频率 F 为1 kHz）从J1端口输入，按下“FM”开关，将“FM频偏”旋钮旋到最大，调节并联谐振回路电感L（使其谐振 $f_0=4.5$ MHz），使输出端J2获得的低频调制信号 u_o 的波形失真最小，幅度最大。

（4）测量鉴频特性曲线

测量鉴频特性曲线（S 曲线）的常用方法有逐点描迹法和扫频测量法。

1）逐点描迹法　用高频信号发生器产生的调频信号 u_{FM}（中心频率 $f_0=4.5$ MHz，幅度 $U_{p-p}=400$ mV）作为鉴频器的输入信号；鉴频器的输出端接数字万用表（置于“直流电压”挡），测量输出电压 u_o 值（调谐并联谐振回路，使其谐振）；改变高频信号发生器的输出频率（维持幅度不变），记录对应的输出电压值，并填入表3—4—4，最后根据表中测量值描绘 S 曲线。

表3—4—4　　测量鉴频特性曲线记录表

f_0(MHz)	4.5	4.6	4.7	4.8	4.9	5.0	5.1	5.2	5.3	5.4	5.5
u_o(mV)											

2）扫频测量法　将扫频仪（如 BT－3GⅢ型）的输出信号作为鉴频器的输入信号，扫频仪的检波探头电缆换成夹子电缆线连接到鉴频器的输出端，先调节扫频仪的中心频率使 f_0 = 5 MHz（并联谐振回路谐振），然后调节扫频仪的“频率偏移”“输出衰减”和“Y 轴增益”等旋钮，使扫频仪上直接显示出鉴频特性曲线，利用“频标”可绘出 S 曲线。调节图3—4—25中谐振回路的电感L，可改变 S 曲线的斜率和对称性。

（5）断电

调试完毕，关断电源，拆除电源线。

任务评价

本任务的评价标准参见表3—1—5。

课题四　收音机的安装与调试

收音机是无线电技术发展的产物。收音机作为一种无线电广播接收设备，经历了近百年的发展。从最早的矿石收音机，到电子管收音机、晶体管收音机、集成电路收音机，再到现在的 DSP（数字信号处理）收音机，可以说收音机的发展经久不衰。

收音机的种类多，分类方式也多。收音机按照体积大小，可分为袖珍型、便携式和台式收音机；按照广播制式，可分为调幅（简称 AM）、调频（简称 FM）和调频调幅（简称 FM/AM）收音机；按照波段数，可分为单波段、两波段和多波段收音机；按照所使用的元件，可分为分立元件和集成电路收音机；按照信号处理方式，可分为模拟式和数字式收音机。图 4—1—1 所示为目前常见的收音机实物图。

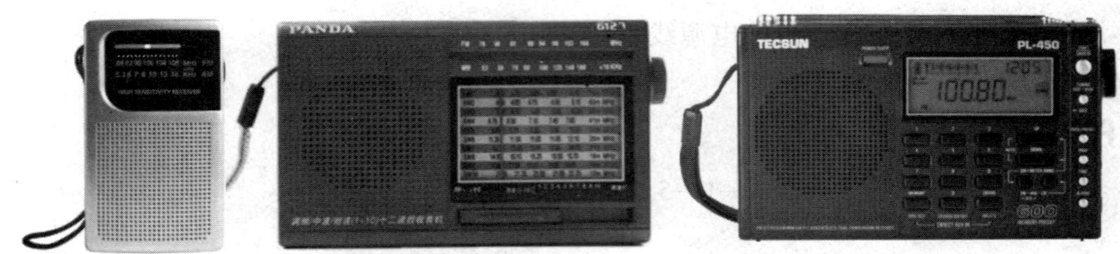

图 4—1—1　目前常见的收音机实物图

任务 1　调幅收音机的安装与调试

学习目标

1. 了解无线电广播的分类。
2. 熟悉无线电广播发射机和接收机的组成。
3. 掌握调幅收音机电路的组成和工作原理。
4. 掌握调幅收音机的装调步骤和方法，能完成调幅收音机的安装和调试。

任务描述

调幅收音机是指能接收调幅信号并能解调还原出音频信号的收音机。调幅收音机按照所用无线电波段，可分为长波、中波和短波收音机。按照所用元件，可分为分立元件和集成电路收音机。HX108－2 型七管调幅收音机是中波全分立元件收音机，其内部结构如图 4—1—2 所示。

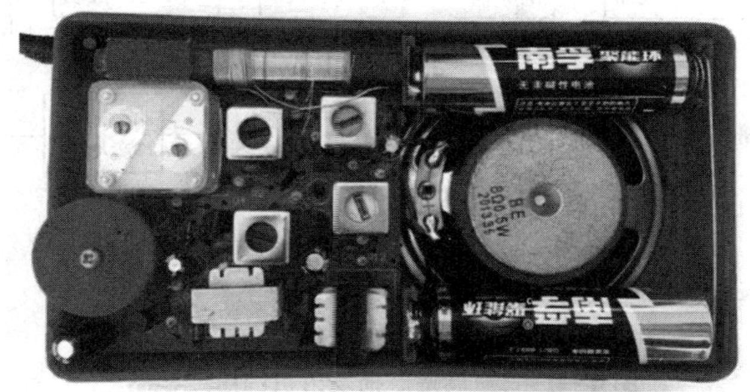

图 4—1—2　HX108－2 型七管调幅收音机的内部结构（实物）

本任务是学习调幅收音机电路的组成及工作原理，完成调幅收音机的安装和调试。

相关知识

一、无线电广播的分类

无线电广播是一种以无线电波为广播节目传输载体的广播方式，是普及、提高科学文化知识，丰富人们精神生活的现代化宣传工具。

1．按照播送内容形式分类

按照播送内容形式，无线电广播分为声音广播和电视广播。只播送声音的，称为声音广播（通常生活中所说的广播即指声音广播）；播送图像和声音的，称为电视广播，简称电视。

2．按照调制方式分类

按照调制方式，无线电广播分为调幅广播和调频广播。调幅广播是以无线电调幅波为广播节目传输载体的广播方式；调频广播是以无线电调频波为广播节目传输载体的广播方式。

3．按照所用无线电波段分类

按照所用无线电波段，无线电广播分为长波广播、中波广播、短波广播和超短波广播等。

二、无线电广播发射机和接收机

1．无线电广播发射机

无线电广播发射机是用于发射无线电广播信号的设备，它将声电变换器（话筒）输出的音频电信号变为强度足够的高频电振荡，通过天线变成电磁波发射出去。图 4—1—3 所示为调幅广播发射机的组成框图。

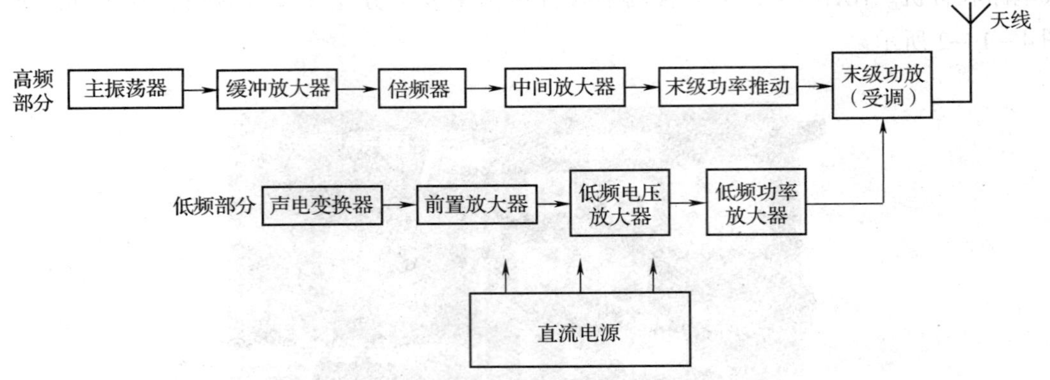

图 4—1—3　调幅广播发射机的组成框图

无线电广播发射机通常由高频、低频、天线和电源四个部分组成。

高频部分包括主振荡器、缓冲放大器、倍频器、中间放大器、末级功率推动和末级（受调）功放。主振荡器的作用是产生频率稳定的高频振荡信号，现多采用石英晶体振荡器。缓冲放大器用来减轻后级对主振荡器的影响。因石英晶体产生的振荡频率不够高，用倍频器来提高频率。倍频后还需多级放大，以达到推动末级功放的电平。末级功放则将输出功率提高到所需的发射功率，并受低频功率电平的调制。低频部分包括声电变换器（话筒）、前置放大器、低频电压放大器和低频功率放大器。低频部分用于实现声电变换，并将音频信号逐级放大到调制所需要的功率，以便对末级功放进行调制。天线是把调制器送来的高频已调波信号通过天线以电磁波形式辐射出去。电源用于给高、低频电路提供直流电能。

2. 无线电广播接收机

无线电广播接收机是用于接收无线电广播信号的设备，它先通过天线接收电磁波并变换成高频振荡信号，然后把高频振荡信号变换成低频电信号，再由电声变换器（扬声器）还原出原来的声音。在课题三任务 2 中介绍了超外差式调幅广播接收机的组成（见图 3—2—1）。该电路中，从天线接收到的高频已调波信号经输入电路选频后，与本机振荡器产生的高频振荡信号一起加入混频器变频，得到中频信号，然后经中频放大器放大，检波器检波，得到音频电信号，再经过前置放大器和低频功率放大器放大后送给扬声器（或耳机）发声。

中频信号的频率是本机高频振荡信号频率与天线接收到的电台信号（高频已调波信号）频率之差，中频信号是通过混频器的输出选频回路选出来的，而且其频率是固定的。例如，我国中、短波调幅接收机的中频是 465 kHz，即要求本振频率始终比电台信号频率高 465 kHz，此中频 465 kHz 属于超音频，这也是超外差式接收机名称的来由。由于超外差式接收机的中频是固定不变的，不随外来高频信号频率的改变而变化，不管是频段的高端还是低端，经混频后获得的中频都是一样的。这样，在某一频段内高端和低端电台信号的中频放大倍数都是相同的，整个频段的接收效果是均衡的。中频放大器的工作频率较低，且固定不变，其性能可以做得很好。而且还可以设有几级中频放大，每级都有选频回路，这样放大倍数很高，整机灵敏度就高，选择性也好。正是由于这些优点，现在常用的收音机、电视接收机和移动电话等都采用超外差式接收方式。

混频器是超外差式接收机的核心部分。混频器和本机振荡器往往共用一个电子器件，合并为一个电路，这时就称为变频器。另外在某些高档接收机中，往往会在输入电路和混频器之间加一级高频小信号放大器（或称为低噪声放大器），以提高接收信号的信噪比，提高接收机的灵敏度。

三、HX108－2 型七管调幅收音机电路分析

HX108－2 型七管调幅收音机电路原理图如图 4—1—4 所示。

HX108－2 型七管调幅收音机属于全分立元件袖珍型晶体管收音机，一共使用了 7 只晶体管。该收音机采用全硅管标准二级中放电路，用两只二极管正向压降稳压电路，稳定从变频、中频到低放的工作电压，不会因为电池电压降低而影响接收灵敏度，使收音机仍能正常工作。

HX108－2 型七管调幅收音机的主要性能如下：

频率范围：525～1 605 kHz；

中频频率：465 kHz；

灵敏度：≤2 mV/m，$S/N=20$ dB；

扬声器：ϕ57 mm，8 Ω；

输出功率：50 mW；

电源：3 V（两节 5 号电池）；

体积：122 mm×66 mm×26 mm。

1．电路组成

HX108－2 型七管调幅收音机主要由输入电路、变频电路、中频放大电路、检波电路、AGC 电路、低频前置放大电路、低频功率放大电路和扬声器（或耳机）等组成，其组成框图如图 4—1—5 所示。晶体管 VT1 为变频管，VT2、VT3 为中放管，VT4 为检波管，VT5 为低频前置放大管，VT6、VT7 为低频功放管。

2．电路工作原理

HX108－2 型七管调幅收音机的主要工作特点是采用了“变频”措施。输入电路从天线接收到的电台信号中选出某高频调幅信号后，送入变频级，将高频调幅信号的载频降低成一个固定的中频（对各电台信号均相同），然后经中频放大、检波、低放等一系列处理，最后推动扬声器发出声音。

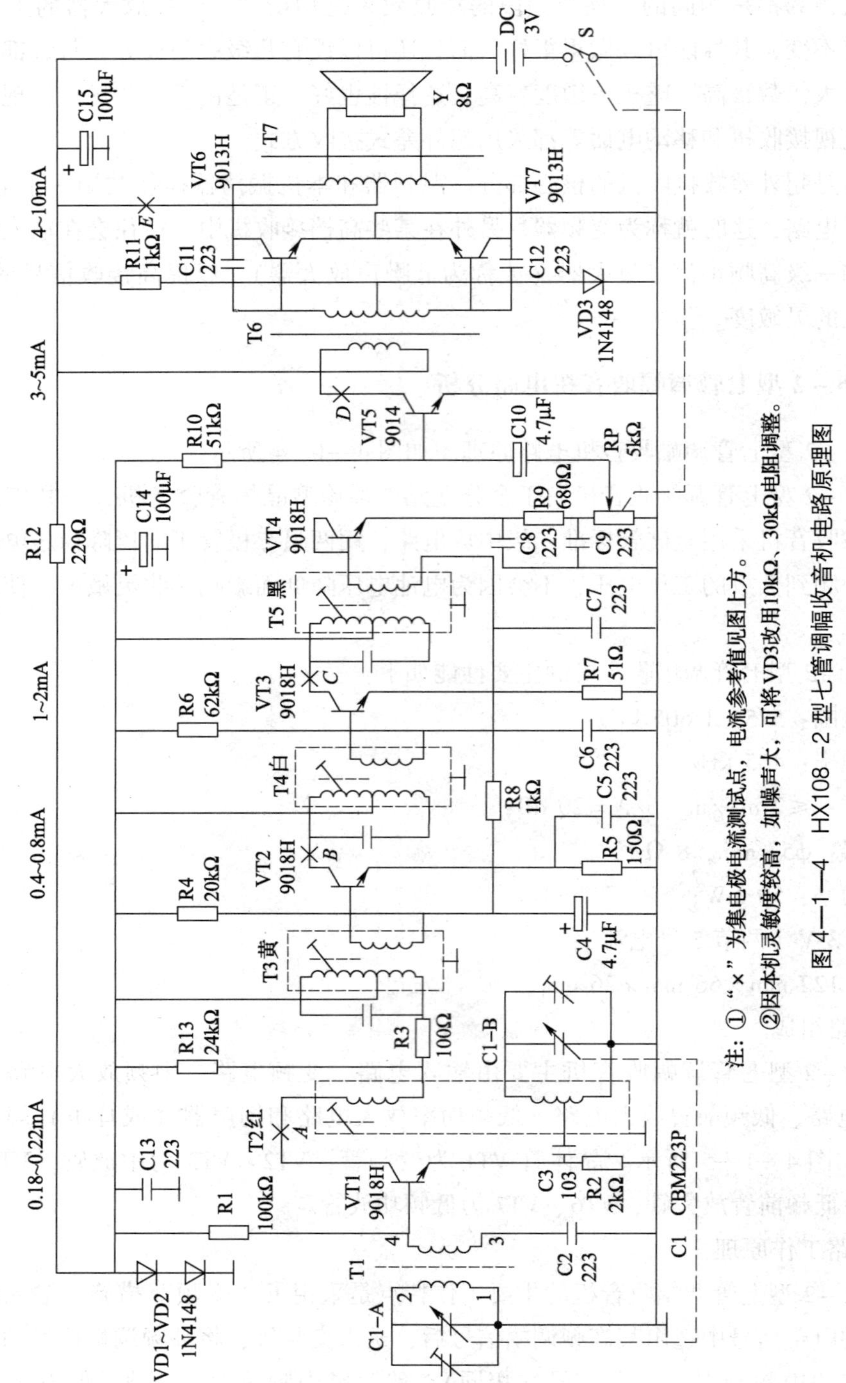

注：①"×"为集电极电流测试点，电流参考值见图上方。

②因本机灵敏度较高，如噪声大，可将VD3改用10kΩ、30kΩ电阻调整。

图4—1—4　HX108－2型七管调幅收音机电路原理图

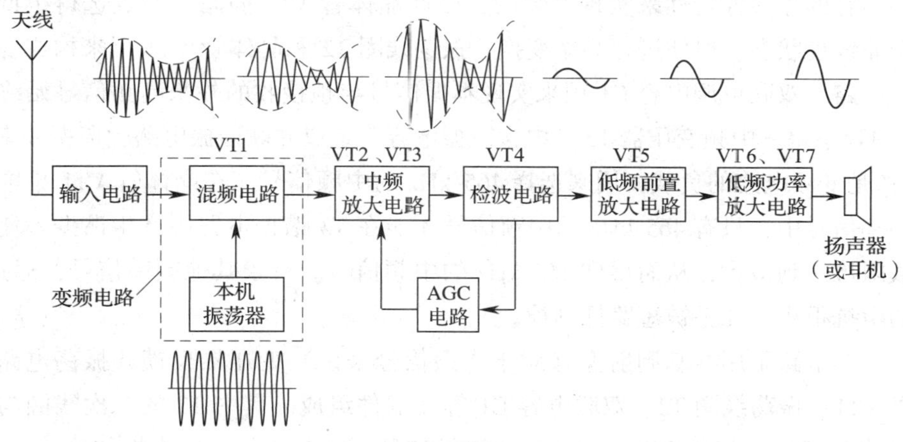

图 4—1—5 HX108－2 型七管调幅收音机电路组成框图

（1）输入电路

输入电路又称输入调谐回路，作用是从接收天线接收到的许多高频信号中选择出所需要的电台信号并送到变频级。输入电路是收音机的大门，它的灵敏度和选择性对整机的灵敏度和选择性都有重要影响。

本收音机的输入电路由磁性天线 T1 的一次线圈、双联可变电容器（简称双联）C1－A及微调电容组成，是一个串联调谐回路。磁性天线是由磁棒、一次线圈和二次线圈组成的，磁性天线的磁棒具有汇聚无线电波的作用。广播电台发射出的高频调幅波，穿过磁棒，在磁性天线 T1 的一次线圈中感应出与高频调幅波相应的电信号。调节双联 C1－A 可调整调谐回路的固有频率，使其与某一广播电台高频载波的频率相同，即发生谐振。这样，该广播电台发射出的信号在 T1 的一次线圈上产生的感应电动势最强，其他电台的信号相对减弱而被抑制，于是就选择出了该广播电台信号。T1 的一次、二次线圈缠绕在同一根磁棒上，由于互感的作用，T1 的二次线圈也感应出该电台信号并输送到变频级。

（2）变频电路

变频电路的作用是将输入电路选出的电台信号（载波频率为 f_c 的高频调幅波）与本机振荡器产生的高频振荡信号（频率为 f_L）进行混频，得到一个固定频率（465 kHz）的中频调幅信号，并且保留调幅波的包络不变。f_c 与 f_L 在混频过程中，除了产生原信号频率外，还有二次谐波（$2f_c$、$2f_L$）及两个频率的和频分量（f_L+f_c）和差频分量（f_L-f_c）。其中差频分量（f_L-f_c）是所需要的中频信号，可以用谐振回路选择出来，而将其他不需要的信号滤除掉。

本收音机的变频电路采用自激式变频电路，主要由晶体管 VT1、振荡线圈 T2、双联电容 C1、中频变压器 T3 等元器件组成。晶体管 VT1 既是变频管，又是振荡管。变频电路是利用晶体管的非线性特性来实现变频的，因此晶体管 VT1 静态工作点选得很低，让发射结处于非线性状态，以便进行频率变换。振荡线圈 T2 和晶体管 VT1 用来构成变压器反馈式振荡电路。双联可调电容 C1 用来实现本振信号与预接收的外来高频信号始终保持为 465 kHz 的频率差。中频变压器 T3（内含谐振电容，组成并联谐振电路，谐振频率固定为 465 kHz）是变频电路的负载，用来选择 465 kHz 的中频信号。在晶体管 VT1 集电极输出的多种频率信号中，只有 465 kHz 的中频信号才能在 T3 谐振电路中产生谐振，使变频电路的负载阻抗达到最大，从而得到 465 kHz 的中频信号。对于其他频率信号，通过 T3 谐振电路的阻抗很小，几乎被短路抑制掉。

本机振荡电路采用共基调射型（对于本振信号来说）变压器反馈式振荡电路，主要由晶体管 VT1、振荡线圈 T2、双联电容 C1 等元器件组成。其中 T2 的二次线圈与双联电容 C1 – B 及微调电容组成振荡回路，选出本振信号。经 VT1 放大的本振信号，通过 T2 的一次侧耦合到二次侧，再经过电容 C3 反馈到 VT1 的发射极，形成正反馈，实现自激振荡，得到稳幅的本振信号。电阻 R1 和 R2 是晶体管 VT1 的偏置电阻，电阻 R3 用来进一步提高抗干扰性能，电阻 R13 用以限制混频后中频信号的振幅。

变频电路工作过程是：输入电路选出的电台信号，通过 T1 的二次线圈送到晶体管 VT1 的基极，本机振荡信号通过电容 C3 送到晶体管 VT1 的发射极，两种频率的信号在晶体管 VT1 中进行混频。在晶体管 VT1 集电极输出得到多种频率的信号，其中 465 kHz 的差频信号（中频信号）经过中频变压器 T3 选择出来，并通过 T3 的二次线圈耦合到中放级，而其他频率信号全部被滤掉。

（3）中频放大电路

中频放大电路的作用是将变频级送来的中频信号进行放大。中频放大电路一般采用变压器耦合的多级放大电路。中频放大电路是超外差式收音机的重要组成部分，直接影响着收音机的主要性能指标。质量好的中频放大电路应该有较高的增益和足够好的通频带和阻带，以保证整机良好的灵敏度、选择性和频率响应特性。

本收音机的中频放大电路主要是由晶体管 VT2、VT3 组成的两级小信号调谐放大电路。R4、R8、VT4（发射结电阻）、R9、RP 组成第一中放的分压式偏置电路。R5 为射极电阻，起稳定第一中放静态工作点的作用。中频变压器 T4（内含谐振电容，组成并联谐振电路，谐振频率固定为 465 kHz）为第一中放的负载，用来选择 465 kHz 的中频信号。R6 为第二中放的固定偏置电阻，R7 为射极电阻，中频变压器 T5（内含谐振电容，组成并联谐振电路，谐振频率固定为 465 kHz）为第二中放的负载，用来选择 465 kHz 的中频信号。第一中放的放大倍数较低，第二中放的放大倍数较高。

（4）检波电路

检波电路的作用是从中频调幅信号中取出音频信号，常利用二极管来实现。

本收音机的检波电路主要是由晶体管 VT4（基极和集电极短接，相当于一只二极管）

以及 π 形低通滤波电路（由 C8、R9、C9 组成）、音量电位器 RP 等组成的二极管峰值包络检波电路。由于检波管 VT4 发射结的单向导电性，中频调幅信号通过检波管后将得到包含有多种频率成分的脉动电压，然后经过滤波电路滤除不要的成分，取出音频信号和直流分量。音频信号和直流分量降落在音量电位器 RP 上，经电容 C10 隔直得到音频信号并耦合到音频放大电路；而直流分量与信号强弱成正比，将它作为 AGC 电压反馈至第一中放管 VT2 的基极实现基极电流自动增益控制。

（5）AGC 电路

收音机中设计 AGC 电路的目的是：当接收到的信号较弱时，使收音机具有较高的中频增益；而当接收到的信号较强时，又能使收音机的中频增益自动降低，从而保证中频放大电路中频增益的稳定。这样既可避免接收弱信号电台时音量过小（或接收不到），也可避免接收强信号电台时音量过大（或使低频放大电路由于输入信号过大而产生阻塞失真）。调幅收音机自动增益控制特性一般是指音频输出电平改变 10dB 所对应的射频输入信号电平变化的范围。

本收音机中，R8 是 AGC 电路的反馈电阻，C4 是 AGC 电路的滤波电容。检波后得到的直流分量作为 AGC 电压，被送到受控的第一级中频放大管 VT2 的基极。

当收音机没有接收到电台的信号时，受控管 VT2 的集电极电流 I_{C2} 为 0.2 ~ 0.4 mA，第一级中放管具有最高的 β 值，中放电路处于最高增益状态，但检波器没有信号输出。

当收音机接收到较弱信号电台的广播时，中放电路输出信号的电压幅度较小，检波后产生的 AGC 电压也较小。当负极性的 AGC 电压（如果直流分量从 RP 两端取出，则 AGC 电压将为正，即为正极性的 AGC 电压）经 R8 送至 VT2 管的基极时，将使 VT2 的基极电压略有下降，基极电流略有减小。由于 AGC 电压也较小，所以 I_{C2} 将在 0.4 mA 的基础上略有减小，使第一级中放管仍具有较高的 β 值，第一级中放电路处于增益较高的状态，检波电路输出的音频信号电压幅度仍能达到额定值，不会有明显的减小。

当收音机接收较强信号电台的广播时，中放电路输出信号的幅度较大，检波后产生的 AGC 电压也较大。当负极性的 AGC 电压经 R8 送至 VT2 的基极时，将使 VT2 的基极电压下降、基极电流减小。由于 AGC 电压较大，I_{C2} 将在 0.4 mA 的基础上大幅度下降，使第一级中放管 β 值减小，第一级中放电路的增益随之减小，检波电路输出的音频信号电压幅度基本维持在额定值，不至于有明显的增大。

（6）低频前置放大电路

低频前置放大电路由 VT5、固定偏置电阻 R10 和输入变压器 T6 一次线圈组成。检波器输出音频信号经过音量电位器 RP 和隔直电容 C10 耦合到 VT5 的基极，实现音频电压放大。本级电压放大倍数较大，以利于推动扬声器。

（7）低频功率放大电路

低频功率放大电路是由功放管 VT6、VT7 和输入、输出变压器（T6、T7）组成的变压器耦合式乙类推挽功率放大电路，它的任务是将前置放大后的音频信号进行功率放大，以推动扬声器发出声音。其中 R11、VD3 是用来给功放管 VT6、VT7 提供合适的偏置电压，消除交越失真。

（8）电源退耦电路

3 V 直流电压经过由 R12、VD1、VD2 组成的简单稳压电路稳压后（稳定电压约为 1.35 V），给前面各级电路供电，目的是用来提高各级电路静态工作点的稳定性。由 R12、C14、C15 组成电源退耦电路，目的是防止高低频信号通过电源产生交连，发出自激啸叫声。

简单地说，HX108－2 型七管调幅收音机的工作程序为：磁性天线感应到高频调幅信号，送到输入调谐回路中。转动双联可变电容 C1，将谐振回路谐振在要接收的信号频率上，然后将通过 T1 感应出的高频信号加到变频管 VT1 的基极。振荡线圈 T2 组成本机振荡电路所产生的本机振荡信号通过 C3 注入 VT1 的发射极。本机振荡信号频率设计比电台发射的载频信号频率高 465 kHz，两种不同频率的高频信号在 VT1 中混频后产生若干新的频率，再经过中周 T3 选频电路选出差频部分（即 465 kHz 的中频信号）。中频信号经过 T3 的二次线圈耦合到 VT2，进行第一级中频放大。放大后的中频信号由中周 T4 选频并耦合到 VT3，进行第二级中频放大，放大后的中频信号由中周 T5 选频并耦合到检波管 VT4 进行检波。检波出的残余中频信号在通过低通滤波器滤掉残余中频后，音频电流在电位器 RP 上产生压降并通过 C10 耦合到 VT5 组成的低频前置放大器，放大后的音频信号经过输入变压器 T6 耦合到由 VT6、VT7 组成的功放电路实现功率放大，最后通过输出变压器 T7 耦合到扬声器，推动扬声器发出声音。

3. 电路信号流程

电台信号→天线输入回路（C1－A、T1 一次线圈等构成）选频→T1 耦合→自激式变频电路（VT1、T2、C1－B、T3 等组成）变频兼振荡→本振电路（VT1、T2、C1－B 等组成）产生的本振信号与电台信号在 VT1 中进行混频→第 1 中周 T3 调谐回路选频获得固定中频信号（465 kHz）→T3 耦合→第 1 中放电路（VT2 等组成）放大→较大幅度的中频信号→第 2 中周 T4 调谐回路选频获得中频信号→T4 耦合→第 2 中放电路（VT3 等组成）放大→更大幅度的中频信号→第 3 中周 T5 调谐回路选频获得中频信号→T5 耦合→检波管（VT4）检波→π 形低通滤波电路（由 C8、R9、C9 组成）滤波→获得音频信号→音量电位器 RP 控制幅度大小→低频前置放大电路（VT5 等组成）→输入变压器 T6 耦合→低频功放电路（VT6、VT7 等组成）→输出变压器 T7 耦合→扬声器 Y。

任务实施

一、实训器材

实施本任务所使用的实训设备及材料可参考表 4—1—1。

表 4—1—1 实训设备及材料参考表

类别	序号	名称	型号与规格	数量	单位
设备	1	无线电基础一体化实训箱	HD－WXD－Ⅰ型	1	只
	2	指针式万用表	MF47 型	1	块
	3	数字式万用表	VC9808 型	1	块
	4	超高频毫伏表	DA22A 型	1	块
	5	双踪示波器	普源 RIGOL DS1102U 型	1	台
	6	高频信号发生器	普源 RIGOL DG1022 型	1	台
材料	7	七管调幅收音机套件	HX108－2 型	1	套
	8	环形天线	—	1	只
	9	焊锡	—	1	卷
	10	松香	—	1	盒

二、收音机安装

1. 元器件识别与检测

按照元器件清单（表 4—1—2），核对元器件的数量、型号、规格，然后进行元器件的识别和检测，确认元器件质量完好。对于性能差或已损坏的元器件要予以更换。

表 4—1—2 HX108－2 型七管调幅收音机元器件清单

代号	名称	规格	代号	名称	规格
R1	P 型碳膜电阻器	100 kΩ，1/8 W	R11	P 型碳膜电阻器	1 kΩ，1/8 W
R2	P 型碳膜电阻器	2 kΩ，1/8 W	R12	P 型碳膜电阻器	220 Ω，1/8 W
R3	P 型碳膜电阻器	100Ω，1/8 W	R13	P 型碳膜电阻器	24 kΩ，1/8 W
R4	P 型碳膜电阻器	20 kΩ，1/8 W	RP	音量电位器	5 kΩ，1/4 W
R5	P 型碳膜电阻器	150Ω，1/8 W	C1	双联可变电容器	CBM223P
R6	P 型碳膜电阻器	62 kΩ，1/8 W	C2	瓷片电容器	223（0.022 μF）
R7	P 型碳膜电阻器	51 Ω，1/8 W	C3	瓷片电容器	103（0.01 μF）
R8	P 型碳膜电阻器	1 kΩ，1/8 W	C4	电解电容器	4.7 μF/50V
R9	P 型碳膜电阻器	680 Ω，1/8 W	C5	瓷片电容器	223（0.022 μF）
R10	P 型碳膜电阻器	51 kΩ，1/8 W	C6	瓷片电容器	223（0.022 μF）

续表

代号	名称	规格	代号	名称	规格
C7	瓷片电容器	223（0.022 μF）	T6	输入变压器（蓝绿）	—
C8	瓷片电容器	223（0.022 μF）	T7	输出变压器（黄）	—
C9	瓷片电容器	223（0.022 μF）	VD1	二极管	1N4148
C10	极性电解电容器	4.7 μF/50 V	VD2	二极管	1N4148
C11	瓷片电容器	223（0.022 μF）	VD3	二极管	1N4148
C12	瓷片电容器	223（0.022 μF）	VT1	晶体管	9 018H
C13	瓷片电容器	223（0.022 μF）	VT2	晶体管	9 018H
C14	电解电容器	100 μF/10 V	VT3	晶体管	9 018H
C15	极性电解电容器	100 μF/10 V	VT4	晶体管	9 018H
T1	天线线圈 + 磁棒	—	VT5	晶体管	9 014C
T2	AM 振荡线圈（红）	—	VT6	晶体管	9 013H
T3	中周（黄）	465 kHz	VT7	晶体管	9 013H
T4	中周（白）	465 kHz	Y	扬声器	0.5 W/8 Ω
T5	中周（黑）	465 kHz			

结构件					
序号	名称规格	数量	序号	名称规格	数量
1	前框	1	9	负极簧	2
2	后盖	1	10	拎带	1
3	周率板	1	11	沉头螺钉 M2.5×5	3
4	调谐拨盘	1	12	自攻螺钉 M2.5×5	1
5	电位器拨盘	1	13	电位器螺钉 M1.7×4	1
6	磁棒支架	1	14	正极导线（红）9 cm	1
7	印制板	1	15	负极导线（黑）10 cm	1
8	正极片	2	16	扬声器导线 10 cm	2

（1）电阻器、电位器、电容器、二极管、晶体管

本收音机使用的电阻为P型普通碳膜电阻，都采用四环色标法标注电阻参数（电阻值和允许偏差），电位器为带开关的音量电位器（5 kΩ，三引脚）。电容器为瓷片电容器、电解电容器和双联可变电容器三种，二极管为1N4148型玻璃封装小型高速开关二极管，晶体管为9013H、9014C、9018H等型号。

扫描二维码，复习相关元器件的识别检测方法等相关知识。

扫描二维码，可查阅半导体分立器件型号命名方法。

（2）磁性天线

在半导体收音机中，为提高输入回路的选择性和灵敏度，都采用磁性天线。磁性天线由磁棒、一次线圈和二次线圈组成，工作频率比较高，因此是一种高频变压器。

本收音机的磁性天线（T1）如图4—1—6所示，将万用表拨在R×1挡，检测天线磁棒上的多匝线圈（1—2）和少匝线圈（3—4），其阻值分别约为6欧姆和0.6欧姆。如果磁棒断裂，线圈阻值不符（有短路或断路现象）等，需要更换磁性天线。

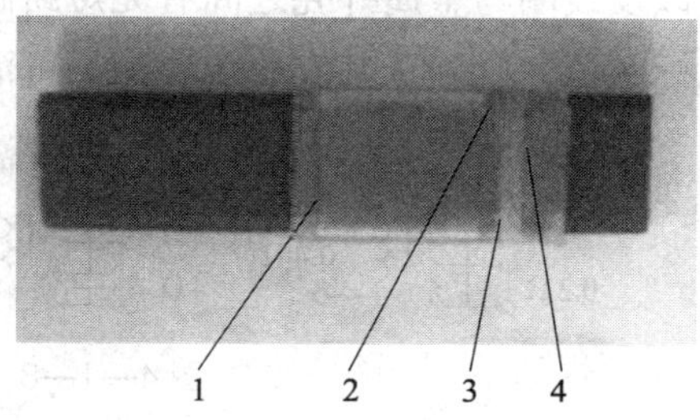

图4—1—6 磁性天线（实物）

（3）振荡线圈和中频变压器

振荡线圈实际上是一种高频变压器，是超外差式收音机中不可缺少的元件。在超外差式收音机中需要产生一个比外来信号高465 kHz的高频等幅信号，该任务是由振荡线圈与电容组成的振荡回路完成的。振荡线圈的整个结构装在金属屏蔽罩内，下面有引出脚，上面有调节孔，磁帽和磁芯都是由铁氧体制成的。线圈绕在磁芯上，再把磁帽罩在磁芯上，磁帽上有螺纹，可在尼龙支架上旋上旋下，从而调节了线圈的电感。

中频变压器又称中周，是超外差式晶体管收音机中特有的一种具有固定谐振回路的变压器，它对收音机的灵敏度、选择性和音质好坏都有较大的影响。中周一般与电容器搭配，组成调谐回路，起选频和耦合作用。中周的外形和结构与振荡线圈相似。晶体管收音机中通常采用两级中频放大器，所以需用3只中周进行前后级信号的选频和耦合，在使用中不能随意调换它们在电路中的位置。

图4—1—7所示为本收音机的振荡线圈T2（红）和中周T3（黄）、T4（白）及T5（黑）。

可用万用表电阻挡检测振荡线圈和中周，质量不好的需要更换。

a）

b）

图 4—1—7　振荡线圈和中周（实物）

a）振荡线圈　b）中周

振荡线圈和中周阻值的参考值如图 4—1—8 所示。若被测线圈阻值为 0，说明线圈有短路故障。注意操作时一定要将万用表调零，反复测试几次。若被测线圈阻值为∞，说明线圈或引出脚与线圈接点处发生了断路故障。另外，还应该测量变压器一次、二次线圈之间以及线圈与金属外壳之间有无短路碰线等现象。检查完毕，还应核对它们的型号及磁帽色标颜色，以确认其安装位置，不可混淆。

T2（红）　4Ω　0.3Ω　0.4Ω
T3（黄）　2Ω　4Ω　0.3Ω
T4（白）　1.8Ω　3.8Ω　0.4Ω
T5（黑）　2Ω　4.5Ω　1Ω

图 4—1—8　振荡线圈和中周电阻参考值

（4）输入和输出变压器

输入和输出变压器的作用是耦合和阻抗变换。本收音机的输入变压器（T6）和输出变压器（T7）外形如图 4—1—9 所示。

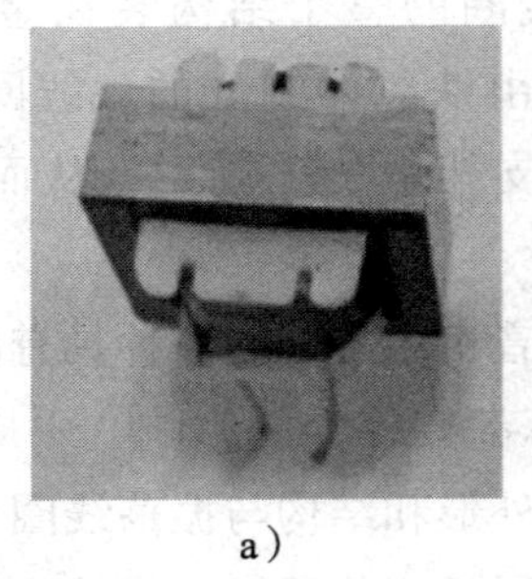
a）

b）

图 4—1—9　输入和输出变压器（实物）

a）输入变压器　b）输出变压器

可用万用表电阻挡检测输入和输出变压器，质量不合格的需要更换。

输入和输出变压器线圈电阻值的参考值如图 4—1—10 所示。若被测变压器的线圈阻值为 0，说明内部线圈有短路故障。注意操作时一定要将万用表调零，反复测试几次。若被测变压器的线圈阻值为“∞”，说明线圈或引出脚与线圈接点处发生了断路故障。另外，还应该测量变压器一次、二次线圈之间有无短路碰线等现象。检查完毕，还应核对它们的型号，以确认其安装位置，不可混淆。

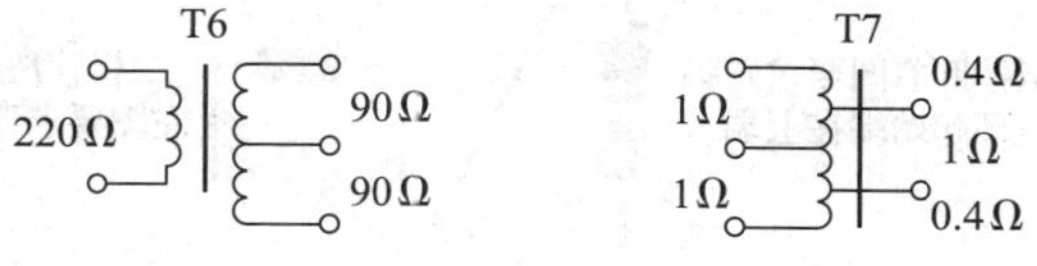

T6　220Ω　90Ω　90Ω

T7　1Ω　1Ω　0.4Ω　1Ω　0.4Ω

图 4—1—10　输入和输出变压器线圈电阻参考值

（5）扬声器

扬声器又称“喇叭”，是一种电声换能器件。万用表拨在 R×1 挡，测量扬声器两引脚之间的直流电阻值，正常时应该比铭牌标称阻抗略小，约 7 Ω；同时扬声器发出嗒嗒响声，否则已经损坏，需要更换。

（6）印制电路板

印制电路板（简称 PCB）是电子元器件的支撑体，是电子元器件电气连接的载体。图 4—1—11 所示为 HX108 –2 型七管调幅收音机印制电路板的焊接面。检查印制电路板上的铜箔有无毛刺、缺损、碰线（未腐蚀掉的残余铜箔）等情况。若有未腐蚀掉的残余铜箔，可用小刀将其刮去；若有断裂处应当用细铜线焊接连通；若底线的铜箔太细，也可用细铜线焊接加粗。

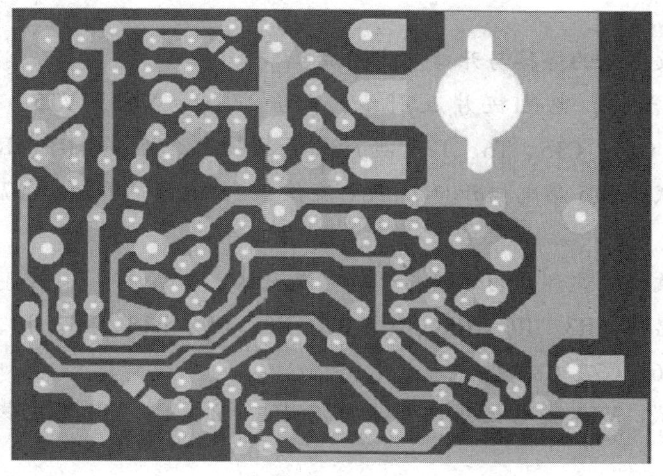

图 4—1—11　HX108 –2 型七管调幅收音机印制电路板

2．元器件安装

（1）清洁元器件引脚

将所有元器件引脚上的漆膜、氧化膜清除干净，然后进行搪锡。

(2) 元器件引线成型处理

根据图 4—1—12 所示的要求，将电阻、二极管弯脚成型。

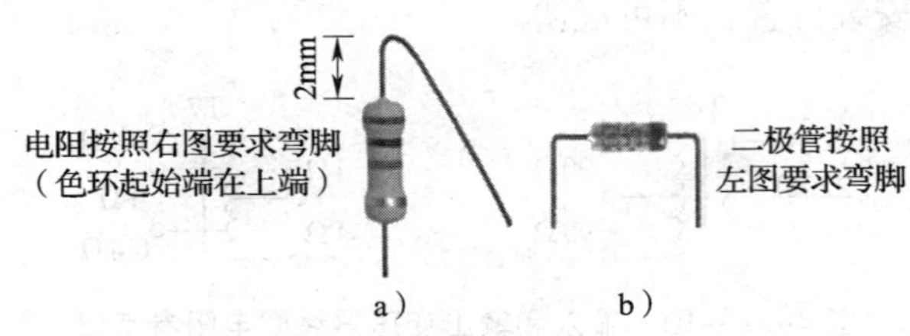

图 4—1—12　电阻、二极管弯脚成型示例

a) 电阻　b) 二极管

(3) 元器件插装焊接

一般应该遵循先小后大，先轻后重，先低后高的原则进行元器件的插装焊接。本收音机元器件插装焊接参考顺序为：①电阻器、二极管；②瓷片电容器；③晶体管；④电解电容器；⑤振荡线圈（红）、中周（黄、白、黑）；⑥输入变压器（蓝绿）、输出变压器（黄）；⑦双联可变电容器、AM 磁性天线、音量电位器；⑧电池极片、扬声器及耳机插孔引线。

操作提示

实际装配中，也可以按照以下步骤进行分步插装焊接，并进行开口电流（参考值见图 4—1—4）测试。

第 1 步：低放部分的焊接与开口电流测试

插装焊接元器件：电池极片及引线、VD1、VD2、VD3、VT5、VT6、VT7、C10、C11、C12、C13、C14、C15、T6、T7、扬声器 Y 及引线、电位器 RP、R10、R11、R12。

开口电流测试：VT5 集电极开口 D 点电流值 3 ~ 5 mA，VT6 和 VT7 集电极开口 E 点电流值 4 ~ 10 mA。

第 2 步：中放、检波部分的焊接与开口电流测试

插装焊接元器件：R3、R4、R5、R6、R7、R8、R9、R13、T3、T4、T5、VT2、VT3、VT4、C4、C5、C6、C7、C8、C9。

开口电流测试：VT3 集电极开口 C 点电流值 1 ~ 2 mA；VT2 集电极开口 B 点电流值 0. 4 ~ 0. 8 mA。

第 3 步：变频部分的焊接与开口电流测试

插装焊接元器件：T1、T2、VT1、C1、C2、C3、R1、R2。

开口电流测试：VT1 集电极开口 A 点电流值 0. 18 ~ 0. 22 mA。

注意，各步插装焊接完成后要通电测试开口电流。如果开口电流不正常，则要检查相应部分电路，直至排除故障后才能继续下一步插装焊接。

HX108－2 型七管调幅收音机印制电路板装配图如图 4—1—13 所示。

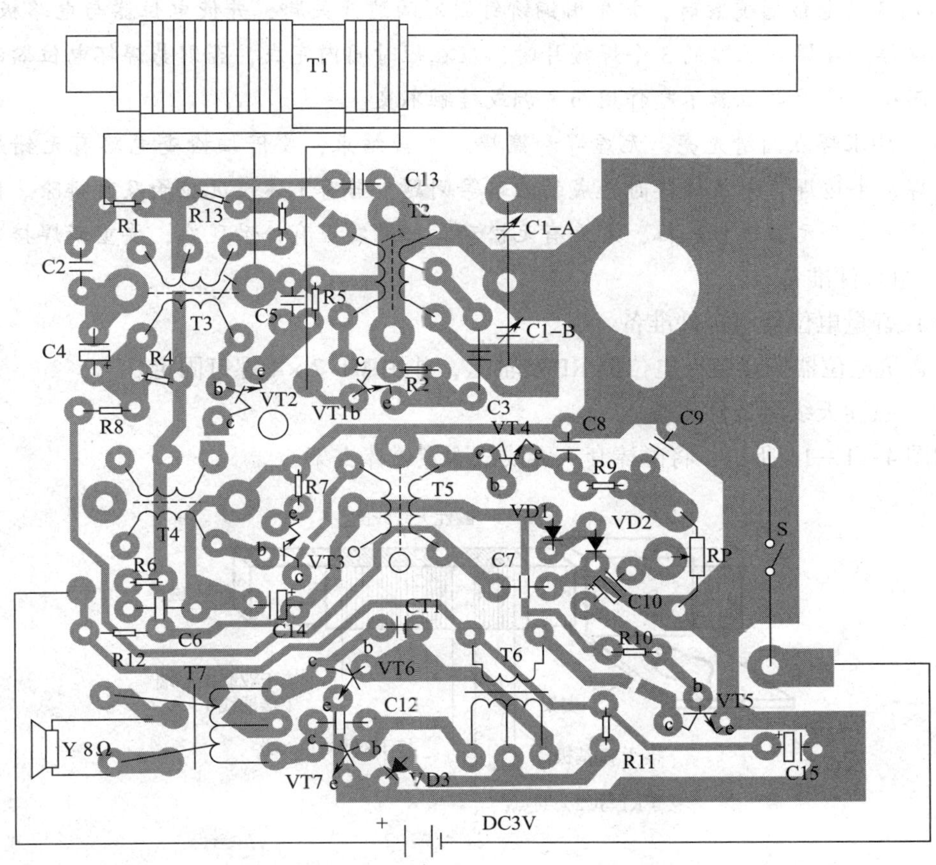

图 4—1—13　HX108－2 型七管调幅收音机印制电路板装配图

操作提示

(1) 二极管采用卧式安装，并注意二极管的极性。

(2) 电阻、电容器、晶体管等采用立式安装，并注意引线不能太长，否则会降低元器件的稳定性，而且容易短路，也会因分布参数而影响整机效果；但也不能过短，以免焊接时因过热损坏元器件。一般要求距离电路板面 2 mm，并且要注意电解电容器、晶体管的极性，不能插错。

(3) 注意振荡线圈（T2，红色）和中周 T3（黄色）、T4（白色）、T5（黑色）不能混淆，而且 3 个中周的位置顺序不能颠倒。

(4) 振荡线圈（T2，红色）外壳应弯脚与铜箔焊接牢固，多余引脚剪掉，以防调谐盘卡盘。中周外壳均应焊接接地牢固，特别是中周 T3（黄色）外壳两脚一定要焊接牢固，以免收音机装配成功后产生“啸叫”现象。

（5）输入变压器（T6，绿蓝色）和输出变压器（T7，黄色）位置不能调换。

（6）音量电位器安装时，首先用铜铆钉固定两边开关脚，并使电位器与电路板平行，然后再焊接。在焊电位器的3个焊接片时，应在短时间内完成，否则易焊坏电位器的动触片，从而造成音量电位器不起作用而失调或接触不良。

（7）要求焊点圆滑光亮，无虚焊和漏焊。焊接结束，要仔细检查电路有无错焊、漏焊、虚焊、半边焊，以及焊接时造成的短路等问题，若有上述情况应予及时排除。检查时可用镊子将每个元器件拉一拉，看看有无松动，如果发现有松动现象，要重新焊接。

3. 组合件准备

（1）音量电位器组合件准备

将音量电位器拨盘装在电位器RP转轴上，并用M1.7×4螺钉固定。

（2）磁性天线组合件准备

如图4—1—14所示，将磁棒套入天线线圈及磁棒支架。

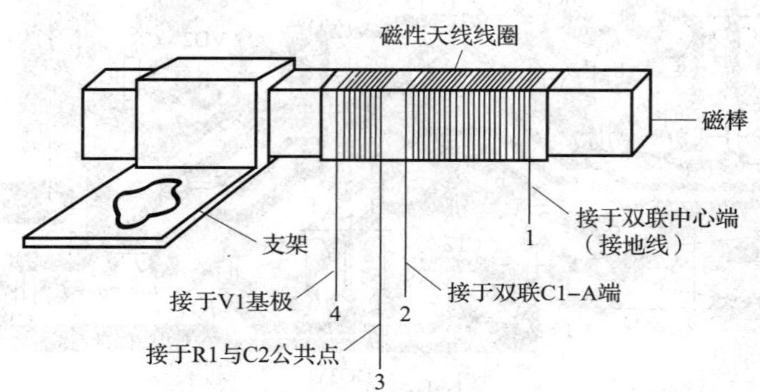

图4—1—14　磁棒套入天线线圈及磁棒支架示意图

4. 大件安装

（1）双联可变电容器安装

将双联可变电容器C1安装在印制电路板正面（元件面），将天线组合件上的支架放在印制电路板反面（焊接面）的双联上，然后用2只M2.5×5螺钉固定，并将双联引脚超出电路板部分，弯脚后焊牢。

（2）磁性天线组合件安装

天线线圈的1端焊接于双联中点端（地线），2端焊接于双联C1－A端，3端焊接于R1与C2公共点，4端焊接于VT1基极上，参见图4—1—14。

操作提示

为了避免静态工作点调试时引入接收信号，1、2端可暂时不焊接，待静态工作点调好后再对1、2端进行焊接。

（3）调谐盘安装

将调谐盘装在双联轴上，如图4—1—15所示，用M2.5×5螺钉固定，注意调谐盘方向。

（4）音量电位器组合件安装

将音量电位器组合件焊接在印制电路板指定位置。

安装完毕后的收音机印制电路板实物图如图4—1—16所示。

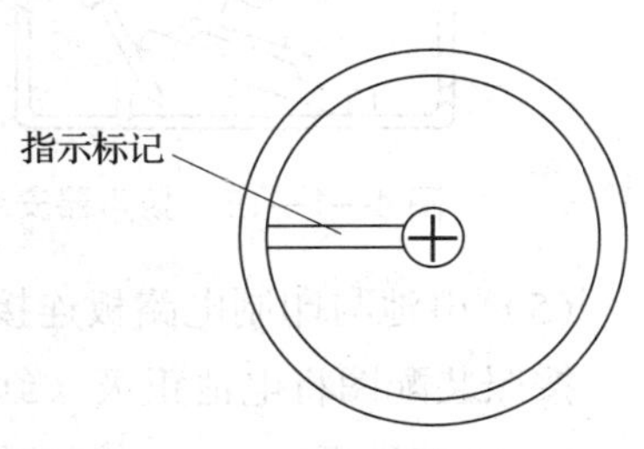

图4—1—15　调谐盘安装示意图

5. 前框配件安装

（1）周率板安装

将周率板（图4—1—17）反面双面胶保护纸去掉，然后贴于前框正面指定位置。注意要贴装到位，并撕去周率板正面保护膜。

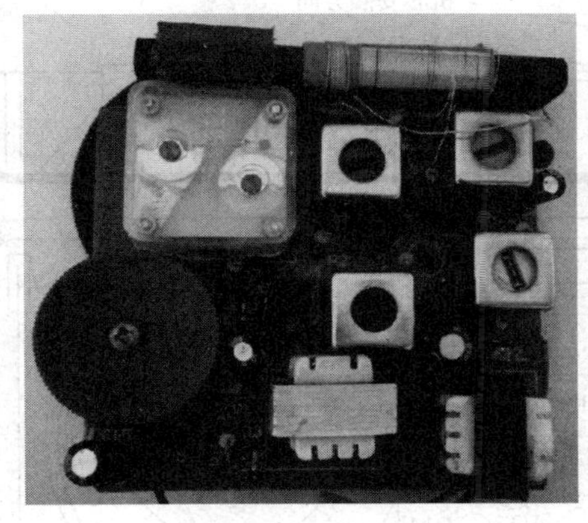

图4—1—16　安装完毕后的HX108 -2型七管调幅收音机印制电路板实物图

图4—1—17　周率板

（2）扬声器安装

如图4—1—18所示，将扬声器Y安装于前框中。借助一字螺钉旋具，先将扬声器圆弧一侧放入带钩中，再利用突出的扬声器定位圆弧的内侧为支点，将其导入带钩，压脚固定。是否用电烙铁热铆三只固定脚，视情况而定。

（3）电池极片弹簧安装

将电池正极片、负极弹簧安装在如图4—1—19所示位置上，焊好连接点及黑色、红色引线。然后将拎带套在前框内。

（4）扬声器与印制电路板连接线焊接

按照装配图将扬声器两根引线分别焊接在印制电路板指定位置。

用两根导线分别把扬声器与印制电路板焊接上。

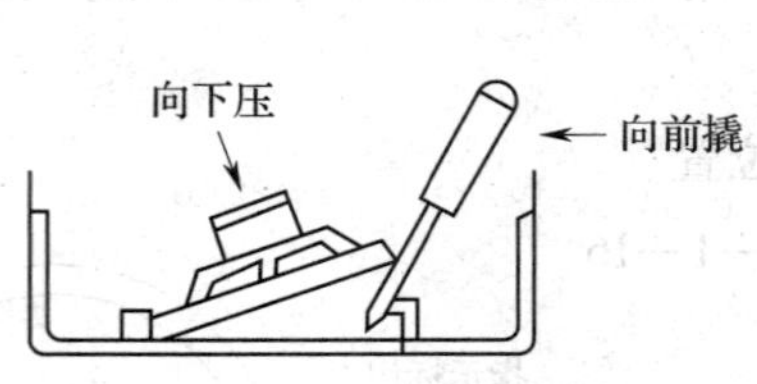

图 4—1—18　扬声器安装示意图

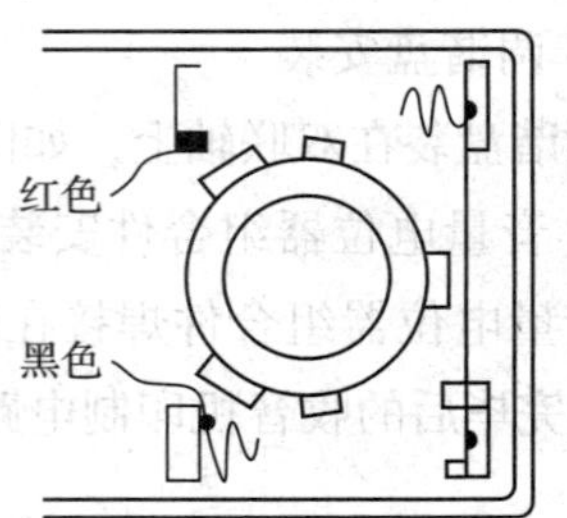

图 4—1—19　电池极片弹簧安装示意图

（5）电池与印制电路板连接线焊接

按照装配图将电池正极（红）和负极（黑）引线分别焊接在印制电路板指定位置。

6. 机芯进壳

如图 4—1—20 所示，将组装完毕的机芯装入前框，注意一定要安装到位。

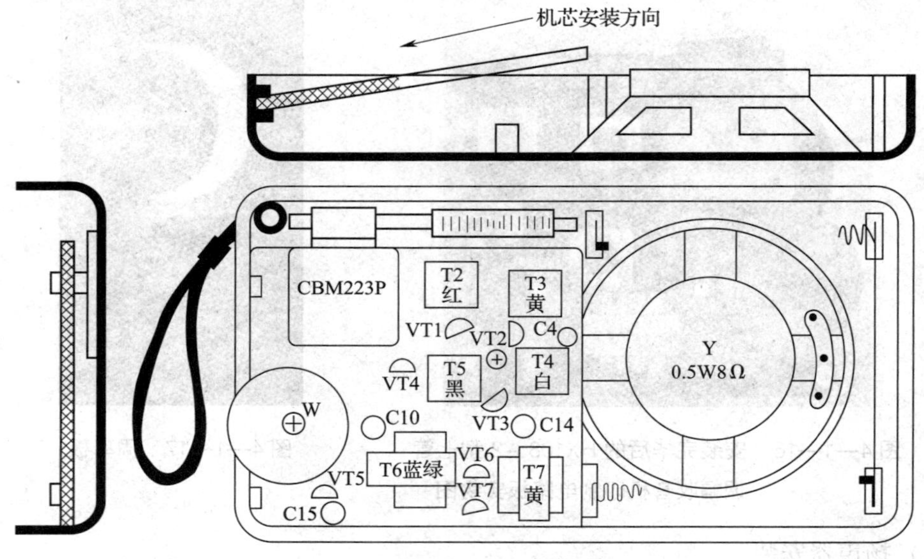

图 4—1—20　机芯装入前框示意图

安装完毕后的收音机内部结构实物图参见图 4—1—2。

三、收音机静态调试

晶体管等有源器件都必须在一定的静态工作点上工作，才能表现出更好的动态特性。因此在动态调试之前，必须对电路的静态工作点进行测量与调整，即测量其直流工作电流和电压是否符合原设计要求，这样可以降低动态调试的故障率，提高调试效率。

HX108－2 型调幅收音机中共有 5 个单元电路能够做静态工作测试，分别为：由 VT1 构成的变频电路、由 VT2 构成的第一中放电路、由 VT3 构成的第二中放电路、由 VT5 构成的前置低放电路、由 VT6 和 VT7 构成的功放电路。

1．调试前准备

（1）按照电路图或装配图检查印制电路板上元器件有无错装、漏装，焊接是否有虚焊、漏焊、桥接短路等，不符合要求的焊点要重新焊接。

（2）检查天线线圈及其他导线连接是否正确，双联可变电容器及音量电位器是否安装牢固、旋转灵活等。

（3）检查电路中连接电源的两端有无短路现象，在确保没有短路的情况下才可以接通电源。

2．供电电源测试

检测电源电路为功放电源、前置低放电路、中频放大电路、变频级电路的供电是否正常。

接通 3 V 直流电压源，合上收音机开关 S 后，用万用表直流电压挡测量电源电压，3 V 左右为正常。VD1、VD2 上高频部分的集电极电源电压应在 1.35 V 左右。

3．直流电流测试

一般采取从后级单元电路向前级单元电路逐级进行直流电流测试，即从功放级开始按照 *E*、*D*、*C*、*B*、*A* 的顺序分别测量各级静态工作点的开口电流。

操作提示

HX108－2 型调幅收音机中，5 个单元电路直流电流的测量处在制作 PCB 时已经断开，可方便地进行各级单元电路直流电流测量。在测量好各级静态工作点的开口电流后，并将该级集电极开口断点用导线或焊锡连通，再进入下一级静态工作点的测试。

（1）将万用表置于所需的直流电流（10 mA 或 1 mA）挡，且串联在断开的被测支路中。测量时要注意万用表表笔的极性，否则万用表的指针可能反偏。这里以测量第二中放级的直流电流为例，将万用表拨至直流电流 10 mA 挡，红、黑表笔分别接到如图 4—1—21 所示位置。

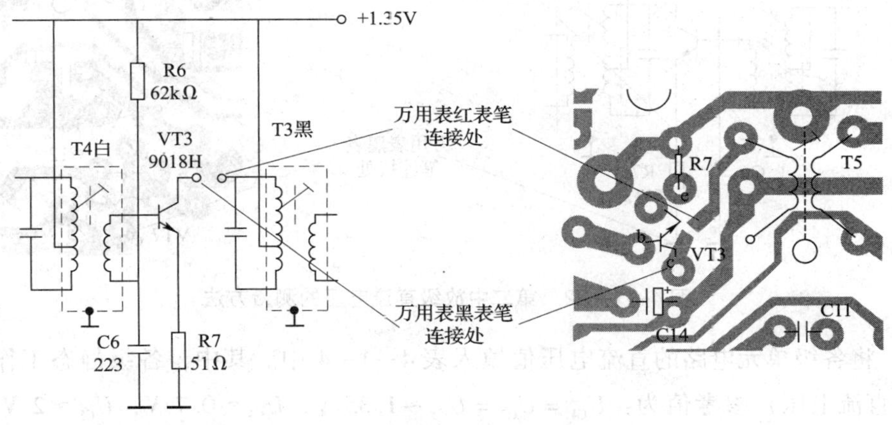

图 4—1—21　第二中放级直流电流的测量方法

（2）将所测直流电流值与参考值（表4—1—3）进行比较，相差较大时，可对相应的偏置电阻做一定的调整，并将调整后的各级单元电路直流电流测量值填入表4—1—3中。如果测试的直流电流在参考值范围内，则需要将印制电路板开口处连接起来。

表4—1—3　　HX108－2型调幅收音机单元电路直流电流值

电路单元	变频级（VT1）	一中放级（VT2）	二中放级（VT3）	前置低放级（VT1）	功放级（VT1）
调整偏置电阻	R1	R4	R6	R10	R11
参考值（mA）	0.18～0.22	0.4～0.8	1～2	3～5	4～10
测量值（mA）					

（3）静态工作电流调试好后，测量整机电流应小于25 mA。

4. 直流电压测试

（1）参考电路原理图（图4—1—4），接通3 V直流电压源，合上收音机开关S。

（2）将万用表置于所需的直流电压（2.5 V或1 V）挡，且并联在被测支路两端。测量时要注意万用表表笔的极性，否则万用表的指针可能反偏。这里以测量第二中放级的直流电压为例，将万用表拨至直流电压1 V挡，红、黑表笔分别接到如图4—1—22所示位置。

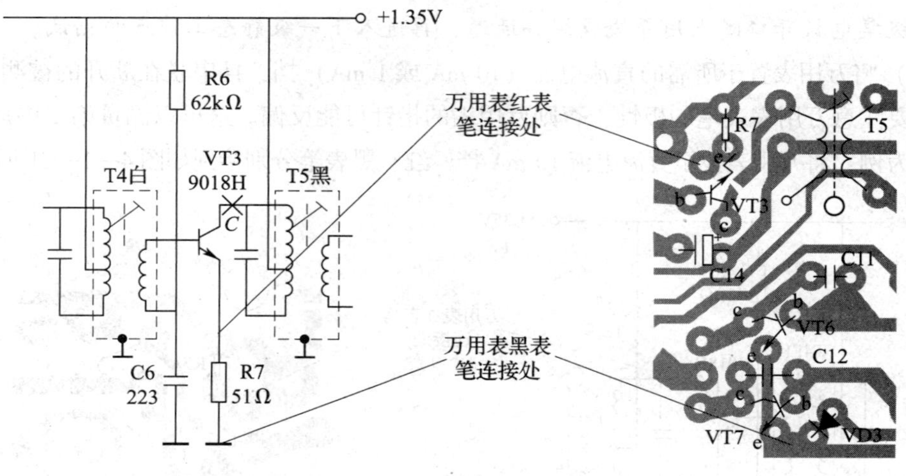

图4—1—22　第二中放级直流电压的测量方法

（3）将各级单元电路的直流电压值填入表4—1—4中。其中，各级静态工作点电压（集电极直流电压）参考值为：$U_{C1}=U_{C2}=U_{C3}\approx1.35$ V，$U_{C4}\approx0.7$ V，$U_{C5}\approx2$ V，$U_{C6}\approx U_{C7}\approx2.4$ V。

表 4—1—4　　HX108－2 型调幅收音机单元电路直流电压值

测量点	VT1			VT2			VT3			VT5			VT6			VT7		
	e	b	c	e	b	c	e	b	c	e	b	c	e	b	c	e	b	c
直流电压值（V）																		

（4）静态测试满足要求后，将磁性天线 T1 一次线圈接入电路，即可收台试听。

四、收音机动态调试

收音机经过通电试听，在 AM 波段能听到广播电台的声音后，即可进行动态调试工作。动态调试是保证收音机各项性能指标的重要步骤，其内容包括三个方面：中频调整、频率范围调整和统调。

动态调试仪器仪表连接示意图如图 4—1—23 所示。

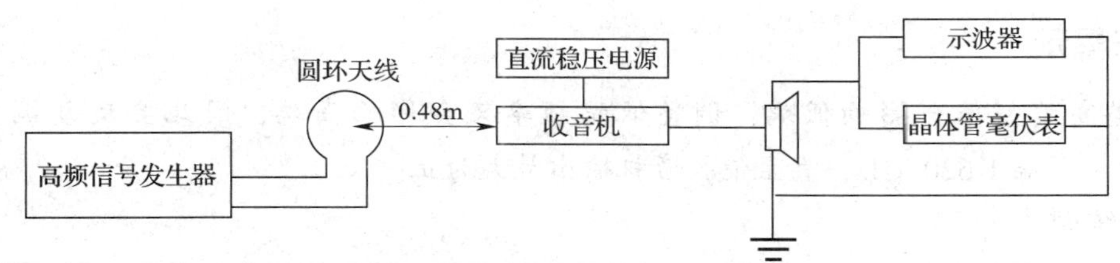

图 4—1—23　动态调试仪器仪表连接示意图

1. 中频调整

调整中频频率的目的是调整中频变压器的谐振频率，使它准确地谐振在 465 kHz 频率点上，使收音机达到最高灵敏度并有最好的选择性。

（1）将双联旋至最低频率点，高频信号发生器置于 465 kHz 频率处，输出场强为 10 mV/m，调制频率为 1 kHz，调幅度为 30%。

（2）将输出信号加至 R3 电阻的一端，收音机收到信号后，示波器上应有 1 kHz 调制信号波形。

（3）用无感应螺钉旋具依次调节黑、白、黄三个中周，且反复调节，使示波器输出波形幅值最大，晶体管毫伏表指示值最大，此时 465 kHz 中频即调好。

2. 频率范围调整

收音机面板上有频率刻度盘，收音机所能接收的信号频率范围应该与面板刻度盘上的频率标志相一致。所以，装配完毕的收音机要调整频率范围（又称调整频率覆盖、拉覆盖）或校准频率刻度（又称对刻度）。通常规定，AM 中波的频率范围在 525～1 605 kHz。在生产中为了满足规定的频率覆盖范围，在设计和调试时，比规定的要求都应略有余量。

（1）将高频信号发生器置于520 kHz，输出场强为5 mV/m，调制频率1 kHz，调幅度30%。

（2）将双联调至低端，用无感应螺钉旋具调节振荡线圈T2（红）磁芯，直至收到信号，即示波器上出现1 kHz调制信号波形。

（3）将双联旋至高端，高频信号发生器置于1 620 kHz，调节双联振荡微调电容C1－A（图4—1—24），直至收到信号，即示波器上出现1 kHz调制信号波形。

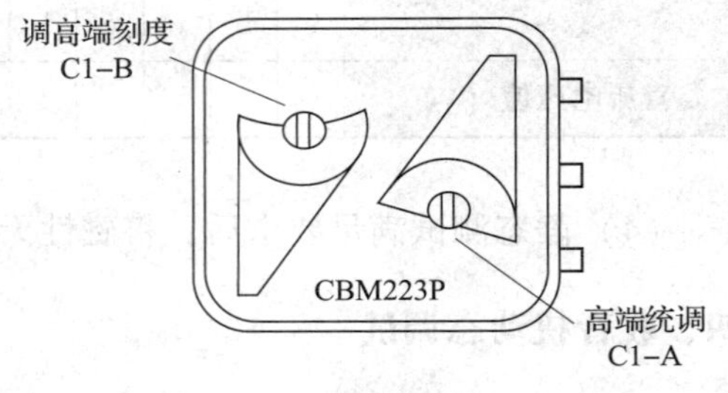

图4—1—24　双联微调电容分布

（4）重复步骤（2）和（3），即重复进行低端、高端调整，直至低端频率520 kHz和高端频率1 620 kHz均收到信号为止，至此频率覆盖调整结束。调整时可以在示波器上观察输出波形质量。

操作提示

调整高端频率会影响低端，调整低端频率又会影响高端，因此要反复调整低端520 kHz和高端1 620 kHz，直至使收音机输出最大为止。

3．统调

统调也称调灵敏度、调外差跟踪、调补偿。统调的目的是使接收灵敏度、整机灵敏度的均匀性以及选择性达到最佳程度。在AM中波段，通常取600 kHz、1 000 kHz、1 500 kHz三个统调点，所以有时也称三点统调。调整时，改变调谐回路电感以达到低频端的跟踪，改变调谐回路的微调电容以达到高频端的跟踪，那么中间频率的跟踪基本上也就达到了。

（1）将高频信号发生器置于600 kHz频率，输出场强为5 mV/m左右，调制频率1 kHz，调幅度30%。

（2）调节收音机调谐旋钮，收到600 kHz信号后，调节中波磁棒线圈位置，使输出最大。

（3）将高频信号发生器旋至1 500 kHz，调节收音机调谐旋钮，直至收到1 500 kHz信号后，调双联微调电容C1－B（图4—1—24），使输出为最大。

（4）重复步骤（2）和（3），即重复调整600 kHz、1 500 kHz频率点，直至两点测试到的输出波形幅值均为最大为止（毫伏表指示值最大），至此统调结束。调整时可以在示波器上观察输出波形质量。

在中频、频率覆盖、统调结束后，收音机即可收到高、中、低端频率电台，且频率与刻度基本相符。最后，装上两节5号电池，将后盖盖好，即可正常收听中波调幅广播。

五、收音机的故障检修

在收音机装配及调试的过程中，可能会出现各种各样的问题，这时就要根据电路原理图及装配图来检修故障。以下对收音机装配与调试过程中经常出现的问题及故障进行简单的分析。

1. 装调中易出现的问题

（1）变频部分

判断变频级是否起振，用 MF－47 型万用表直流 2.5 V 挡红表笔接 VT1 发射极，黑表笔接地，然后用手摸振荡线圈 T2，万用表指针应向左摆动，说明电路工作正常，否则说明电路中有故障。变频级工作电流不宜太大，否则噪声大。红色振荡红圈外壳两脚均应折弯焊牢，以防调谐盘卡盘。

（2）中频部分

中频变压器（中周）序号位置容易弄错，结果是灵敏度和选择性降低，有时会自激。

（3）低频部分

输入变压器、输出变压器位置错误，虽然工作电流正常，但音量很低，VT6、VT7 集电极（C）和发射极（E）焊错，工作电流小，音量极低。

2. 常见故障分析

（1）工作电压不正常

在正常情况下，VD1、VD2 两二极管电压串联钳位的电压在（1.3 ±0.1）V，此电压大于 1.4 V 或小于 1.2 V 时，此机均不能正常工作。大于 1.4 V 时二极管 1N4148 极性可能接反或已损坏，检查二极管。如果小于 1.3 V 或无电压应检查以下各项：电源 3 V 有无接上；R12 电阻（220 Ω）是否正确或接好；中周（特别是黄中周 T3 和白中周 T4）二次线圈与其外壳是否短路。

（2）变频级无工作电流

检查以下各项是否存在故障：天线线圈 T1 二次线圈未接好；晶体管 VT1 已坏或未按要求接好；振荡线圈 T2 的二次线圈不通，电阻 R3（100 Ω）虚焊或错焊接了大阻值电阻；电阻 R1 和 R2 接错或虚焊。

（3）一中放无工作电流

检查以下各项是否存在故障：晶体管 VT2 损坏，或引脚（E、B、C）焊错；R4 电阻未接好；黄中周 T3 二次线圈开路；C4 电解电容（4.7 μF）短路；R5 电阻（150 Ω）开路或虚焊。

（4）一中放工作电流大（为 1.5 ~2 mA，标准为 0.4 ~0.8 mA）

检查以下各项是否存在故障：电阻 R8 未接好或连接 R8 的铜箔有断裂现象；黑中周 T5 的二次线圈断路或未接好；检波管 VT4 损坏，或管脚插错；电容 C5 短路或电阻 R5

（150 Ω）错焊成 51 Ω；电位器 RP 损坏，测量不出阻值，R9 电阻未接好。

（5）二中放无工作电流

检查以下各项是否存在故障：黑中周 T5 一次线圈开路；黄中周 T3 二次线圈开路；晶体管 VT3 坏或引脚接错；电阻 R7（51 Ω）虚焊；电阻 R6（62 kΩ）虚焊。

（6）推动级无工作电流

检查以下各项之一是否存在故障：输入变压器 T6 一次线圈开路；晶体管 VT5 坏或引脚焊错；电阻 R10（51 kΩ）虚焊。

（7）功放级（VT6、VT7 管）无电流

检查以下各项之一是否存在故障：输入变压器 T6 二次线圈不通；输出变压器（自耦变压器）T7 不通；晶体管 VT6、VT7 损坏或引脚焊错；电阻 R11（1 kΩ）虚焊。

（8）功放级电流太大（大于 20 mA）

检查以下各项是否存在故障：二极管 VD3 损坏，或极性接反，或管脚未焊好；电阻 R11（1 kΩ）焊错，用了阻值小的电阻。（9）整机无声

检查以下各项是否存在故障：检查是否安装了电源或连接是否良好；检查二极管 VD1 与 VD2 串联的两端电压是否为 1. 3 V ±0. 1 V；检查各级电路开口电流是否在正常范围内，如果哪一级开口电流不正常，那么故障就在这一级电路，则重点检查这一级电路；用万用表 R ×1 挡检查扬声器，应有 8 Ω 左右的电阻。表笔接触扬声器引出接头时应有“喀嚓”声，若无阻值或无“喀嚓”声，说明扬声器已损坏（测量时，应将扬声器至电路板的引线焊下，不可连机测量）；黄中周 T3 外壳未焊好；音量电位器 RP 未打开。

以上是对几种常见的故障现象进行简单的分析，具体各故障分析的原理及故障点的确定与排除方法不再赘述。

任务评价

本任务的评价标准参见表 4—1—5。

表 4—1—5　　评价标准

序号	项目	配分	评分标准	扣分
1	识别与检测元器件	10	（1）不能识别元器件，每只扣 1 分 （2）不会检测元器件，每只扣 1 分 （3）仪表使用错误，每次扣 1 分	
2	插装元器件	10	（1）二极管不采用卧式插装，每只扣 1 分 （2）电阻、电容器、晶体管等不采用立式插装，每只扣 1 分 （3）元器件引脚成型不符合工艺要求，每只扣 1 分 （4）元器件插装位置、极性错误，元器件漏装，每只扣 1 分	

续表

序号	项目	配分	评分标准	扣分
3	焊接元器件	10	（1）焊点不光滑、不清洁、有毛刺、焊料过多或过少，每处扣 1 分 （2）有裂焊、漏焊、虚焊、搭焊、溅锡等现象，每处扣 1 分 （3）损坏焊盘、铜箔及元器件，每处扣 2 分 （4）焊接后元器件引线裸露长度不符合标准，每处扣 1 分 （5）线路板不清洁，装配不美观，扣 2 分 （6）使用电烙铁错误，每次扣 1 分	
4	大件及前框配件安装	10	（1）导线连接错误，每处扣2 分 （2）调谐拨盘和音量拨盘安装不紧固，调节有摩擦现象，每处扣 1 分 （3）磁性天线安装不平整、不牢固，每处扣 1 分 （4）电路板、电池极片弹簧、扬声器、外壳等安装不紧固，外壳有划伤、烫伤，每处扣 1 分	
5	静态调试	20	（1）测量步骤错误，每处扣1 分 （2）测量结果错误，每处扣1 分 （3）仪表使用错误，每次扣1 分	
6	中频调整	10	（1）调整步骤错误，每处扣1 分 （2）中频频率偏差大于 5 kHz，扣 2 分 （3）仪器仪表使用错误，每次扣 1 分	
7	频率范围调整	10	（1）调整步骤错误，每处扣1 分 （2）频率范围调整不符合要求，每处扣 2 分 （3）仪器仪表使用错误，每次扣 1 分	
8	统调	10	（1）调整步骤错误，每处扣 1 分 （2）统调不符合要求，每处扣 2 分 （3）仪器仪表使用错误，每次扣 1 分	
9	安全与文明生产	10	违反安全与文明生产规程，酌情扣 1 ~ 10 分	
10	工时		每超时 10 min 扣 5 分	

开始时间		结束时间		成绩	
学生姓名		教师签名		年 月 日	

任务 2　FM/AM 收音机的安装与调试

学习目标

1. 了解调频广播的特点。
2. 熟悉调频收音机与调幅收音机的区别。
3. 掌握 FM/AM 收音机电路的组成及信号处理过程。
4. 掌握 FM/AM 收音机的装调步骤和方法，能完成 FM/AM 收音机的安装和调试。

任务描述

随着人们物质文化生活水平的日益提高，人们的消费需求也日趋个性化、多样化，功能较为单一的产品已经不再能满足人们的消费需求。单片集成电路 FM/AM 收音机，以其低成本、高音质、方便携带等优点，深受广大消费者的喜爱。单片 FM/AM 收音机的品牌纷繁众多，外形也千差万别，但其工作原理基本相同，内部组成也大致相近，图 4—2—1 所示为 HX203 型 FM/AM 收音机的内部结构图。

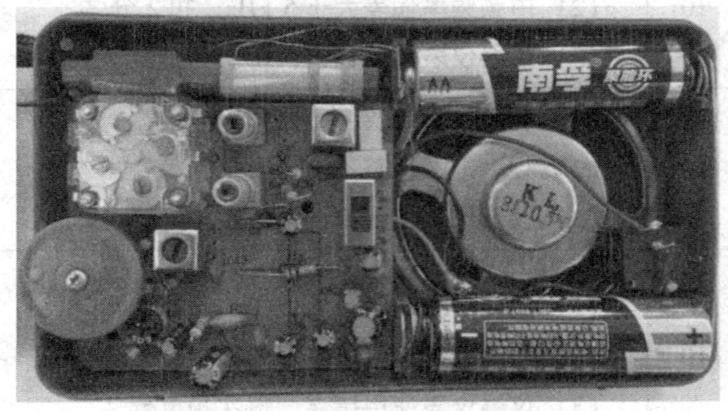

图 4—2—1　HX203 型 FM/AM 收音机的内部结构图（实物）

本任务的内容是学习 FM/AM 收音机电路的组成及工作原理，完成 FM/AM 收音机的安装和调试。

相关知识

一、调频广播的特点

调频广播是以无线电调频波为传输广播节目载体的广播方式。调频广播的主要特点如下。

1. 抗干扰能力强、信噪比高

调频广播为视距广播，因此各电台间相互干扰大大减少。一般工业、家用电器等外界及本机内部干扰都以振幅调制方式出现，所以这种干扰对调幅收音机来说很难克服；而调频收音机中因为有限幅器，能够切除这种幅度干扰，使得调频收音机的信噪比较高，不易出现噪声。

2. 频带宽、音质好

调幅广播电台的频道间隔规定为 9 kHz，考虑到相邻频道的选择性，调幅收音机的中频通频带不能做得太宽，因此音频信号最高放音频率只能到 4 ~ 6 kHz，难以实现高质量的放音。而调频广播由于使用超高频频段，频道间隔为 200 kHz，调频收音机的通频带可做到 180 ~ 250 kHz，因此放音频率范围可达 20 Hz ~ 15 kHz，这就可以实现高质量的声音广播。

3. 可用的频道数目多

超短波频率高、方向性强，只能直线传播。超短波的有效发射半径为几十千米至一百多千米，因而本地调频电台不会干扰其他地方电台，同时受别的电台干扰也小。这样能增加可用的频道数目，有效地解决广播电台拥挤、频道不够分配的矛盾。

二、调频收音机与调幅收音机的区别

图 4—2—2 所示为调幅收音机和调频收音机的电路组成框图。由图中可知，除了接收的无线电波频率不同和调频收音机增加了限幅电路、去加重电路之外，其余电路的功能两者基本是一样的。那么调频收音机限幅电路和去加重电路究竟起什么作用呢？

1. 限幅电路

限幅电路的作用是抑制高频寄生调幅和干扰信号对调频信号的干扰，提高电路的抗干扰能力和信噪比。图 4—2—3 示出了调频信号受干扰和限幅前后的波形变化过程。

当调频信号受干扰时，干扰信号将叠加在传送信号中，使调频信号波幅发生变化。而调频限幅电路的作用是把调频波超过限幅电压值的外来干扰及固有寄生调幅抑制掉。由于经限幅后得到的仍然是等幅调频信号且调频信号的频率变化规律在限幅前后没有改变，所以信号仍保留受干扰前的信息，经鉴频器后将使信号得到完整的还原。

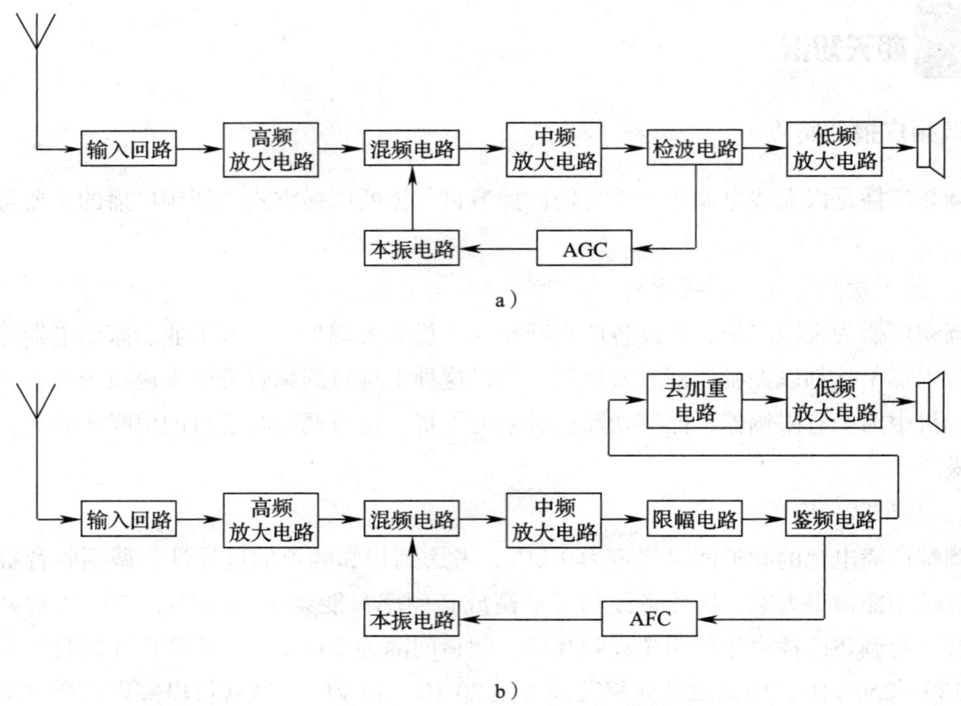

图 4—2—2　调幅收音机和调频收音机的组成框图

a）调幅收音机　b）调频收音机

常用的限幅电路是利用二极管导通的钳位作用和三极管的饱和与截止特性来实现限幅的，并把限幅电路设置在中频放大电路之后，也有的把限幅电路设计在鉴频电路中。

2．去加重电路

去加重电路是针对调频广播发射机的预加重电路而设计的，去加重是预加重的逆过程。

调频广播的频率越高，抗干扰能力就越差。为了避免调频广播高频段存在很大的噪声，在调频广播发射时，有意识地将音频信号的高频成分进行提升（称为预加重），在接收信号时再对高音部分加以衰减（称为去加重）。这样既可以保证被传输信号不失真，又可以减少噪声，改善信噪比。完成去加重功能的电路称为去加重电路。预加重电路多采用高通滤波器的形式，其电路和频率响应曲线如图 4—2—4a 所示。

为了与发射时的预加重相对应，在调频接收机鉴频电路的输出端，必须将发射时有意提升的音频高频成分相应地衰减，以恢复原来的音频信号的频率特性。与此同时，连同电路的噪声一起加以降低，这就是去加重。去加重电路多采用低通滤波器的形式，其电路和频率响应曲线如图 4—2—4b 所示。预加重与去加重的共同配合，提高了调频广播的信噪比。为了真实地重现原音频调制信号的频率特性，我国国家标准《米波调频广播技术规范》（GB/T 4311—2000）规定预加重和去加重电路的时间常数应为 $RC=50\ \mu s$。

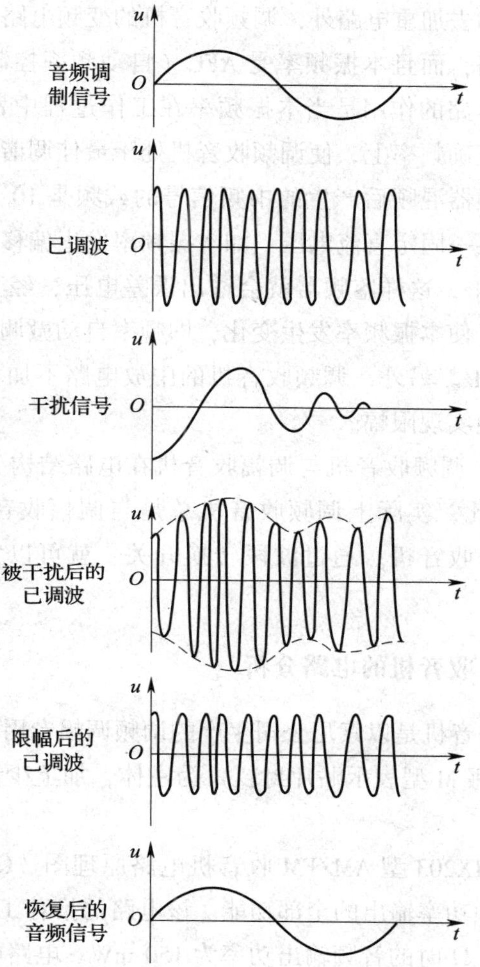

图 4—2—3 调频信号受干扰和限幅前后的波形变化过程

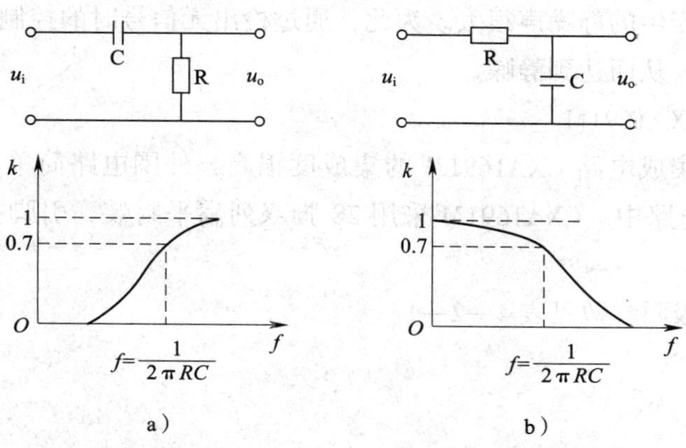

图 4—2—4 预加重、去加重电路及频率响应曲线

a）预加重 b）去加重

除了增加限幅电路和去加重电路外，调频收音机的变频电路采用高频性能较好的电容三点式振荡器作本振电路，而且本振频率受 AFC（自动频率控制）电路控制，实现本振频率的自动调整。AFC 电路的作用是当本振频率在工作过程中发生漂移时，能自动地控制本振频率回到原来的正确频率上，使调频收音机处于最佳调谐状态。其工作原理是：当本振频率准确时，经混频器混频后产生的中频信号的载频是 10.7 MHz，鉴频器输出电压中的直流分量为 0 或是某一固定直流电压；如本振频率发生偏移，经混频后输出的中频信号频率就会偏离 10.7 MHz，这样鉴频器就会输出误差电压，经直流放大器放大后作为控制电压去控制本振频率，使本振频率发生变化，即频率自动微调，最终使混频器输出的中频信号频率接近 10.7 MHz。另外，调频收音机的中放电路不加自动增益控制，使中放电路保持较大的增益，以便实现限幅。

由图 4—2—2 可知，调频收音机与调幅收音机在电路结构上有许多相同之处，有些电路完全可以共用。因此，实际上调频收音机总是与调幅收音机组合在一起，构成调频调幅（简称 FM/AM）收音机。通过波段转换开关，就可以实现 FM 或 AM 的波段选择。

三、HX203 型 AM/FM 收音机的电路分析

HX203 型 AM/FM 收音机是以索尼公司生产的调频调幅专用集成电路 CXA1691M（国产型号为 CD1691M，后缀 M 型表示贴片封装）为主体，加上少量外围元件构成的微型低压收音机。

图 4—2—5 所示为 HX203 型 AM/FM 收音机电路原理图。CXA1691M 包含了 FM/AM 收音机从天线输入至音频功率输出的全部功能。该电路的推荐工作电源电压范围为 2.0 ~ 7.5 V。$U_{CC}=3V$、$R_L=8\ \Omega$ 时的音频输出功率为 150 mW。电路内除设有调谐指示 LED 驱动器、电子音量控制器之外，还设有 FM 静噪功能。因在调谐波段未收到电台信号时，内部增益处于失控而产生的静噪声很大。为此，通过检出无信号时的控制电平，使音频放大器处于微放大状态，从而达到静噪。

1. 集成电路 CXA1691M

调频调幅专用集成电路 CXA1691M 的集成度很高，外围电路简单，因此被广泛应用于 AM/FM 收音机电路中。CXA1691M 采用 28 脚双列扁平封装，引脚排列及内部结构如图 4—2—6 所示。

CXA1691M 的极限参数见表 4—2—1。

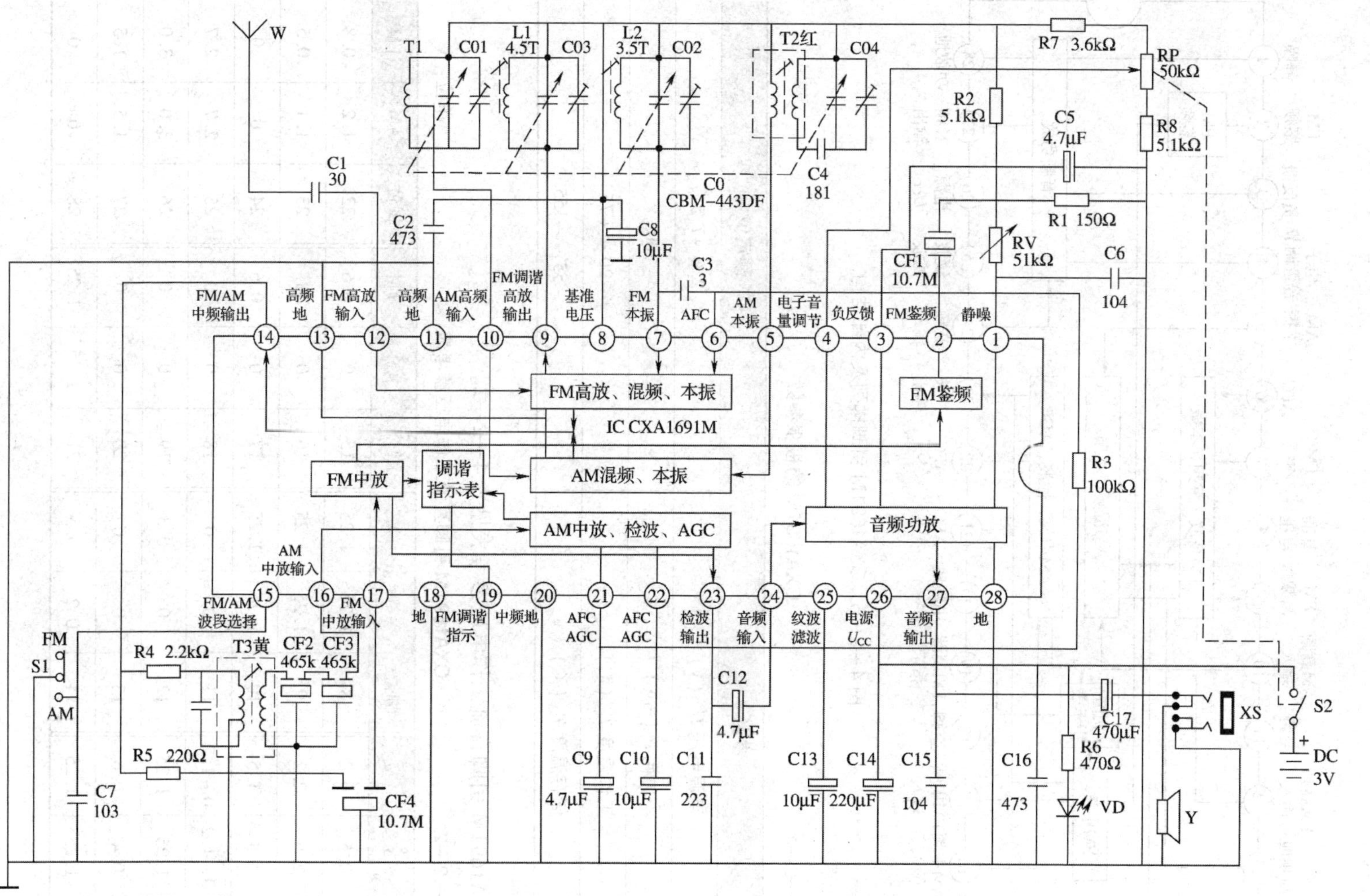

图 4—2—5　HX203 型 AM/FM 收音机电路原理图

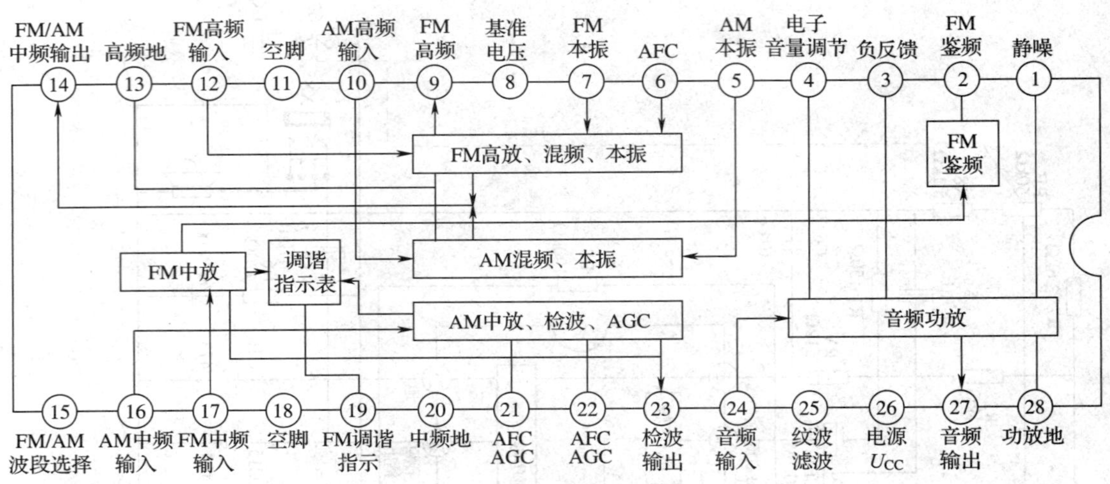

图 4—2—6　CXA1691M 引脚排列及内部结构

表 4—2—1　　CXA1691M 的极限参数

参数	额定值
电源电压 U_{CC} (V)	2.0 ~ 7.5
功耗 P_o (mW)	700
工作温度 T_{opr} (℃)	−20 ~ +75
储存温度 T_{stg} (℃)	−55 ~ +155

CXA1691M 引脚直流工作电压参考表见表 4—2—2。

表 4—2—2　　CXA1691M 引脚直流工作电压参考表　　单位：V

脚位	AM	FM	脚位	AM	FM	脚位	AM	FM	脚位	AM	FM
1	0.5	0.2	8	1.25	1.25	15	0	0.6	22	1.2	0.8
2	2.6	2.2	9	1.25	1.25	16	0	0	23	1.1	0.5
3	1.4	1.5	10	1.25	1.25	17	0	0.6	24	0	0
4	0 ~ 1.2	0 ~ 1.2	11	0	0	18	0	0	25	2.7	2.7
5	1.25	1.25	12	0	0.3	19	0	0	26	3.0	3.0
6	0.4	0.6	13	0	0	20	0	0	27	1.5	1.5
7	1.25	1.25	14	0.2	0.5	21	1.35	1.25	28	0	0

CXA1691M 的电参数见表 4—2—3。

表 4—2—3　　CXA1691M 的电参数（$U_{CC}=6$ V，$T=25$℃，$f=1$ kHz）

参数	测试条件	最小值	典型值	最大值
AM 静态电流 I_Q（mA）	$U_{in}=0$（AM）	—	3.5	10.0
FM 静态电流 I_Q（mA）	$U_{in}=0$（FM）	—	7.0	14.0
FM 高放电压增益 G_{u1}（dB）	$U_{in1}=40$ dBμV，100 MHz	32	39	46
FM 检波输出电平 U_{D1}（Vrms）	$U_{in3}=4$ dBμV 10.7 MHz（1 kHz，22.5 kHz，DEV）	39	77.5	155
FM－IF 限幅电平 U_{D2}（dBμV）	$U_{in3}=90$ dBμV（－3 dB 点） 1 kHz，22.5 kHz，DEV	—	24	32
FM 检波输出失真 THD_1（%）	$U_{in3}=90$ dBμV 10.7 MHz（1 kHz，75 kHz，DEV）	—	0.3	2.0
FM 调谐表电流 I_{B1}（mA）	$U_{in}=60$ dBμV，10.7 MHz	1.8	3.5	7.0
AM 高放电压增益 G_{u2}（dB）	$U_{in2}=60$ dBμV，1 660 kHz	15	22	29
AM－IF 电压增益 G_{u3}（dBμV）	U_{in3} 为 455 kHz（1 kHz，MOD＝30%） 输出－34 dBm 时的电平	14	20	27
AM 检波输出电平 U_{D3}（Vrms）	$U_{in3}=85$ dBμV 455 kHz（1 kHz，MOD＝30%）	39	77.5	155
AM 调谐表头电流 I_{B2}（mA）	$U_{in}=85$ dBμV 455 kHz（1 kHz，30% MOD）	1.3	3.0	7.0
AM 检波输出失真 THD_2（%）	$U_{in2}=95$ dBμV，1 600 kHz （1 kHz，30% MOD），$U_{CC}=7.8$ V	—	0.6	2.0
音频电压增益 G_{u4}（dB）	$U_{in3}=60$ dBμV，10.7 MHz， $U_{in4}=-30$ dBm，1 kHz	27	31.5	36
音频失真 THD（%）	$P_o=50$ mW， $U_{in3}=60$ dBμV，10.7 MHz， $U_{in4}=20$ dBm，1 kHz	—	0.3	2.5
静噪电平 U_{D4}（dB）	$P_o=50$ mW，$U_{in3}=$ OFF， $U_{in4}=-20$ dBm，1 kHz	8	15	22

2. 电路组成

HX203 型 AM/FM 收音机主要由大规模集成电路 CXA1691M 组成。由于集成电路内部不便制作电感、电容、大电阻以及可调元件，故外围元件多以电感、电容和电阻及可调元件为主，组成各种控制、谐振、供电、滤波、耦合等电路。图 4—2—7 所示为 HX203 型 AM/FM 收音机电路组成方框图。

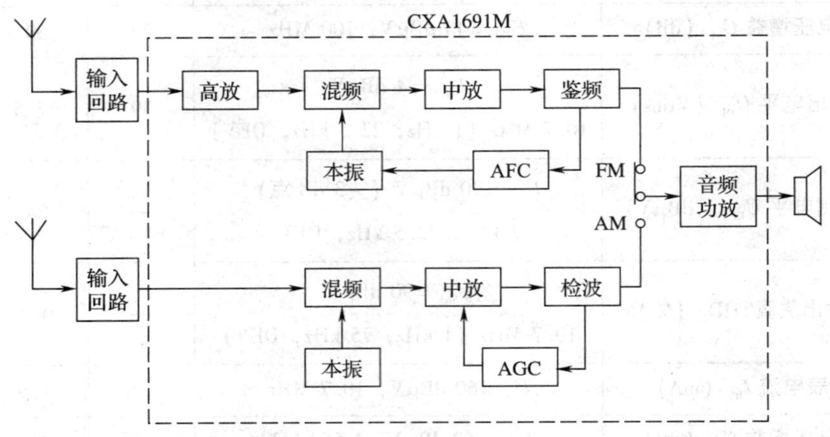

图 4—2—7　HX203 型 AM/FM 收音机电路组成方框图

(1) 天线接收和高放部分

调频部分由拉杆天线 W 接收调频电磁波，由 C1 耦合进入 12 脚，在 IC 内部进行 FM 高放和变频。CXA1691M 内部设有 FM 调谐高放电路，目的是提高灵敏度。调幅部分由磁性天线 T1 接收调幅电磁波，经 10 脚进入 IC 内部，进行变频。

(2) 输入调谐（即选台）与变频部分

由于同一时间内广播电台很多，收音机天线接收到的不仅仅是一个电台的信号，而是多个电台的信号。由于各个电台发射的载波频率均不相同，收音机的输入回路通过调谐，改变自身的振荡频率，当振荡频率与某电台的载波频率相同时，即可选中该电台的无线信号，从而完成选台。由于采用的是超外差式接收，选出的电台信号并不立即送到检波级，而是要进行频率的变换（即变频，目的是让收音机整个频段内的电台信号都变换为固定的中频信号，这样能保证各电台信号的放大量基本一致，整个频段的电台信号接收效果均衡）。利用本机振荡器产生的信号与外来的高频信号进行混频，选出差频，即获得固定的中频信号（AM 中频为 465 kHz，FM 中频为 10.7 MHz）。

该部分电路有 4 个 LC 调谐回路，带箭头用虚线连在一起的是四联可变电容器（简称四联）C0。其中，C0 与磁性天线 T1 线圈并联的是高频调幅波段的输入回路（调幅选台回路）；C0 与 T2 相连的是调幅波段本机振荡电路，C4（180 pF）是垫振电容，把本振频率垫高，使本振电路频率比输入回路频率高 465 kHz；C0 与 L1 并联的是高频调频波段的输入回路（调频选台回路）；C0 与 L2 并联的为调频波段本振回路。与四联可变电容器并联的 C01 ~ C04 分别是与它们适配的微调电容，用作统调。以上元件与 IC 内部有关电路一起构成调谐和本机振荡电路，变频功能基本由 IC 内部完成。

（3）中频放大与检波部分

这部分电路的作用是将选台、变频后得到的中频已调波信号（中频调幅信号为 465 kHz，中频调频信号为 10.7 MHz）送入中频放大电路进行中频放大，然后再进行解调，取出低频调制信号（即音频信号）。

中频放大电路的特征是具有中频变压器（中周）调谐电路或中频陶瓷滤波器。中频调幅信号和中频调频信号的放大以及它们的检波都在 IC 内部进行。IC 的第 23、24 脚之间的电容 C12 是将检波后得到的音频信号耦合到音频功率放大器输入端的耦合电容（通交隔直，让交流的音频信号通过，直流分量被隔离），IC 的第 2 脚外接的 CF1 是 FM 鉴频滤波器。

（4）低频前置放大与功率放大部分

该部分电路的作用是将解调后得到的音频信号经低频前置放大与功率放大后送到扬声器或耳机，完成电声转换。电路中 IC 第 1、3、4、24 ~ 28 脚内部都是低频放大电路。1 脚为静噪滤波，接有电容 C6；3 脚所接电容 C5 为功率放大电路的负反馈电容；4 脚为直流音量控制端（改变引脚电位来改变内部差动放大器的放大倍数），外接音量控制电位器中心抽头。IC 的 25 脚接的 C13 是功率放大电路的自举电容，以提高 OTL 功放电路的输出动态范围。IC 的 26 脚为功放电路供电端，外接 C14 和 C16 分别为电源的低频滤波和高频滤波电容。音频信号经 IC 的 24 脚输入到 IC 中进行低频前置放大与功率放大，放大后的音频信号从 27 脚输出，经 C17 耦合送到扬声器或耳机发声。C15 是高频滤波电容，防止高频成分送入扬声器。

（5）AGC 和 AFC 控制电路

AGC 电路由 IC 内部电路和接于第 21、22 脚的电容 C9、C10 组成，增益控制范围可达 45 dB 以上。AFC 电路由 IC 的第21、22 脚所连内部电路和 C3、C9、R3 及 IC 第 6 脚所连内部电路组成，它能使 FM 波段接收频率稳定。

（6）FM/AM 波段开关控制电路

单刀双掷开关 S1 是 FM/AM 波段选择开关，与 IC 第 15 脚内部的电子开关（IC 内部结构图 4—2—5 中未画出）配合完成 FM/AM 波段转换控制。

（7）电源及其他电路部分

本机的电源部分包括有两节 1.5 V 电池，26 脚外围的低频滤波电容 C14 和电源高频滤波电容 C16，8 脚外围的低频去耦滤波电容 C2 和电源高频滤波电容 C8，以及由音量电位器开关 S1、R7 和 LED 构成的电源指示电路。此外，为了防止各部分电路的相互干扰，IC 内部各部分的电路都单独接地，并通过多个引脚与外电路的地相接，如 13 脚是高频电路地，20 脚是中频电路地，28 脚是低频功放电路地。

3. 电路工作原理

（1）调幅（AM）部分

中波调幅广播信号由磁性天线线圈 T1、四联可变电容 C0 及微调电容 C01 组成的调谐回路选择，送入 IC 第 10 脚。本振信号由振荡线圈 T2、四联可变电容 C0、四联微调电容 C04 及 IC 第 5 脚的内部电路组成的本机振荡器产生，并与由 IC 第 10 脚送入的中波调幅广播信号在 IC 内部进行混频。混频后产生的多种频率信号由 IC 第 14 脚输出，经过中频变压器 T3（包含内部的谐振电容）组成的中频选频网络及 465 kHz 陶瓷滤波器 CF2、CF3 双重选频，得到 465 kHz 中频调幅信号，送到 IC 第 16 脚，进入 IC 内部 AM 中频放大器进行中频放大。放大后的中频信号在 IC 内部检波器中进行检波，检出的音频信号由 IC 的第 23 脚输出，经耦合电容 C12 送入 IC 第 24 脚，在 IC 内部进行低频前置放大和功率放大。放大后的音频信号由 IC 第 27 脚输出，推动扬声器发声。

（2）调频（FM）部分

由拉杆天线 W 接收到的调频广播信号，经电容 C1 耦合，使调频波段以内的信号顺利通过并送到第 12 脚在 IC 内部进行高频放大。放大后的高频调频信号由接在 IC 第 9 脚的调谐线圈 L1、四联可变电容 C0 及微调电容 C03 组成的调谐回路进行选频。本振信号由振荡线圈 L2、四联可变电容 C0、四联微调电容 C02 及 IC 第 7 脚相连的内部电路组成的本机振荡器产生。本振信号在 IC 内部与高频调频信号混频后，得到多种频率信号由 IC 的第 14 脚输出，经电阻 R5 和 10.7 MHz 陶瓷滤波器 CF4 选频，得到 10.7 MHz 中频调频信号，送到 IC 第 17 脚，进入 IC 内部 FM 中频放大器进行中频放大。放大后的中频调频信号在 IC 内部进入 FM 鉴频器，IC 的第 2 脚外接 10.7 MHz 鉴频滤波器 CF1。鉴频后得到的音频信号由 IC 第 23 脚输出，经耦合电容 C12 送入 IC 第 24 脚，在 IC 内部进行低频前置放大和功率放大。放大后的音频信号由 IC 第 27 脚输出，推动扬声器发声。

（3）FM/AM 波段转换电路

FM/AM 波段开关 S1 与 IC 第 15 脚内部的电子开关配合完成波段转换。当波段开关 S1 拨到“AM”时，IC 第 15 脚因为接地所以为低电平，IC 处于 AM 工作状态；当波段开关 S1 拨到“FM”时，IC 第 15 脚因为与地之间串接电容 C7 而变为高电平，IC 处于 FM 工作状态。

（4）音量控制电路

由音量电位器 RP 调节 IC 第 4 脚的直流电势高低来控制收音机的音量大小。音量电位器 RP 向上调节，IC 第 4 脚的直流电势变高，收音机音量变大；反之，收音机音量变小。

任务实施

一、实训器材

实施本任务所使用的实训设备及材料可参考表 4—2—4。

表 4—2—4 实训设备及材料参考表

类别	序号	名称	型号与规格	数量	单位
设备	1	无线电基础一体化实训箱	HD－WXD－Ⅰ型	1	只
	2	指针式万用表	MF47 型	1	块
	3	数字式万用表	VC9808 型	1	块
	4	超高频毫伏表	DA22A 型	1	块
	5	数字频率计	固纬 GFC8131H 型	1	台
	6	双踪示波器	普源 RIGOL DS1102U 型	1	台
	7	高频信号发生器	普源 RIGOL DG1022 型	1	台
	8	直流稳压电源	3 V（300 mA）	1	台
材料	9	AM/FM 收音机套件	HX203 型	1	套
	10	圆环天线	—	1	副
	11	高频蜡	—	1	盒
	12	干电池	5 号，1.5 V	2	节
	13	焊锡	—	1	卷
	14	松香	—	1	盒

二、收音机安装

1. 元器件识别与检测

按照元器件清单（表 4—2—5），核对元器件的数量、型号、规格，然后进行元器件的识别和检测，确认元器件质量完好。对于性能差或已损坏的元器件要予以更换。

表 4—2—5 HX203 型 AM/FM 收音机元器件清单

元器件					
代号	名称	规格	代号	名称	规格
R1	P 型碳膜电阻	150 Ω	R5	P 型碳膜电阻	220 Ω
R2	P 型碳膜电阻	5.1 kΩ	R6	P 型碳膜电阻	470 Ω
R3	P 型碳膜电阻	100 kΩ	R7	P 型碳膜电阻	3.6 kΩ
R4	P 型碳膜电阻	2.2 kΩ	R8	P 型碳膜电阻	5.1 kΩ

续表

元器件					
代号	名称	规格	代号	名称	规格
RP（S2）	带开关的音量电位器	51 kΩ	C16	瓷片电容器	473（0.047 μF）
RV	可调电阻器	51 kΩ	C17	极性电解电容器	470 μF/10 V
C0	四联可变电容器	CBM－443DF	L1	FM 天线线圈	4.5 T
C1	瓷片电容器	30 pF	L2	FM 本振线圈	3.5 T
C2	瓷片电容器	473（0.047 μF）	W	FM 拉杆天线	—
C3	瓷片电容器	3 pF	T1	AM 磁性天线（线圈＋磁棒）	磁棒 B5×13×55
C4	瓷片电容器	181（180 pF）			
C5	极性电解电容器	4.7 μF/50 V	T2	AM 振荡变压器	红
C6	瓷片电容器	104（0.1 μF）	T3	AM 中周	黄
C7	瓷片电容器	103（0.01 μF）	VD	发光二极管	—
C8	极性电解电容器	10 μF/25 V	CF1	鉴频器	10.7MHz，二脚
C9	极性电解电容器	4.7 μF/50 V	CF2	滤波器	465 kHz，三脚
C10	极性电解电容器	10 μF/25 V	CF3	滤波器	465 kHz，三脚
C11	瓷片电容器	223（0.022 μF）	CF4	滤波器	10.7 MHz，三脚
C12	极性电解电容器	4.7 μF/50 V	IC	集成电路	CXA1691 M
C13	极性电解电容器	10 μF/25 V	S1	波段开关	2P
C14	极性电解电容器	220 μF/10 V	XS	耳机插孔	ϕ3.5
C15	独石电容器	104（0.1 μF）	Y	扬声器	YD57　0.5 W/8 Ω
结构件					
序号	名称规格	数量	序号	名称规格	数量
1	前框	1 只	7	磁棒支架	1 个
2	后盖	1 只	8	印制电路板	1 块
3	金属网罩	1 只	9	焊片	1 个
4	周率板	1 块	10	电池正极片	1 只
5	调谐拨盘	1 只	11	电池负极簧	2 只
6	音量拨盘	1 只	12	拎带	1 条

续表

结构件					
序号	名称规格	数量	序号	名称规格	数量
13	沉头螺钉固定四联 M2.5×5	1 只	19	插孔—扬声器导线 5 cm	2 根
14	沉头螺钉固定调谐拨轮 M2.5×4	1 只	20	负极簧—插孔导线（黑）9 cm	1 根
15	沉头螺钉固定拉杆天线 M2.5×5	1 只	21	电路板—插孔导线 9 cm	1 根
16	自攻螺钉固定机芯 M2.5×6	1 只	22	电路板—电源负极导线（黑）7 cm	1 根
17	电位器螺钉 M1.7×4	1 只	23	拉杆天线导线 7 cm	1 根
18	电路板—电源正极导线（红）11 cm	1 根	24	单片 AM/FM 两波段收音机套件	1 套

（1）电阻器

本收音机使用的都是 P 型普通碳膜电阻器，都采用色环标示法标注电阻器参数（电阻值和允许偏差）。可以先根据色环读出电阻值，然后选择万用表电阻挡合适的量程，测出实际电阻值，再比较误差，误差值大的需要更换。注意测量中手指不要触碰被测电阻器的两根引出线，避免人体电阻对测量精度的影响。

（2）电位器

本收音机中有普通电位器（两脚）和带开关的音量电位器（三脚）两种，如图 4—2—8 所示。可用万用表电阻挡检测电位器的质量，质量不合格的需要更换。

普通电位器（两脚）

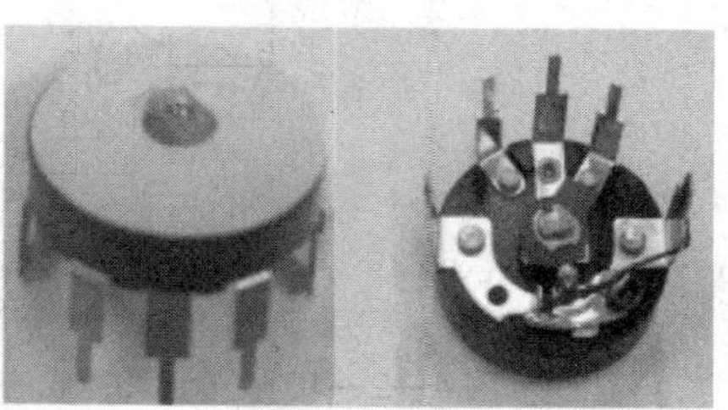

带开关的音量电位器（三脚）

图 4—2—8　电位器

（3）电容器

如图4—2—9所示，本收音机中主要有独石电容器、瓷片电容器、电解电容器、四联可变电容器四种。其中，独石电容器是一种多层陶瓷电容器。与瓷片电容器相比较，独石电容器电容更大一些（10 pF ~ 1 uF），电容稳定，绝缘性好等。本收音机电容器的电容采用了直标法（如电解电容器）和数学计数法（如独石电容器和瓷片电容器）。

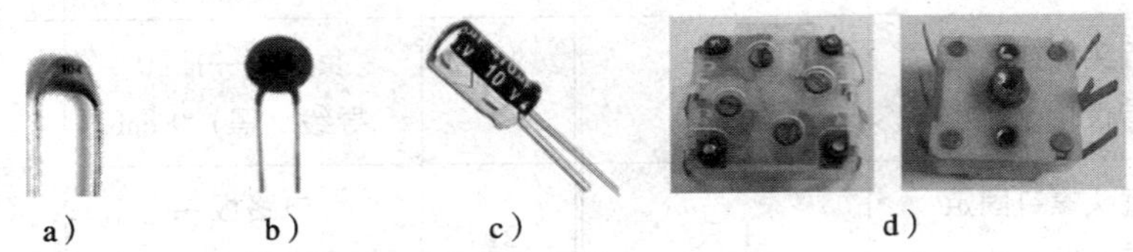

图4—2—9　本收音机中的几种电容器（实物）

a）独石电容器　b）瓷片电容器　c）电解电容器　d）四联可变电容器

可以用万用表对电容器进行简单检测，质量不好的需要更换。

1）瓷片电容器和独石电容器检测　本收音机使用3 pF（C3）、30 pF（C1）、180 pF（C4）、0.01 μF（C7）、0.022 μF（C11）、0.047 μF（C2、C16）、0.1 μF（C6）等瓷片电容器和独石电容器，由于电容太小，选用指针式万用表直接检测时，电容器正常则指针摆动不明显，但可以检测其是否有漏电、内部短路或击穿现象。

为了便于检测，还可以按照图4—2—10所示，使用几只β值大于100的晶体管9013组成复合管，利用复合管的电流放大作用，把被测电容器的充电电流予以放大，以增大万用表指针的摆动幅度。其中，检测C3（3 pF）和C1（30 pF）时需要接3只晶体管，检测C4（180 pF）时需要接2只晶体管，检测其余电容器时只需接1只晶体管。

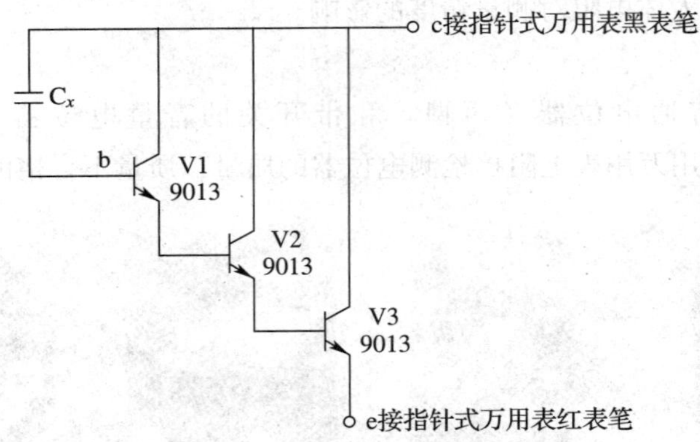

图4—2—10　复合管构成的小容量电容器测试电路原理图

2）电解电容器检测　检测电解电容器的性能时，要选择万用表合适的电阻挡。例如，低于10 μF的电解电容器可以选用R×10 k挡，10 ~ 100 μF范围内的电解电容器可以选用 R×1k 挡，100～1 000 μF 范围内的电解电容器可以选用 R×100 挡。

3）四联可变电容器检查　检测四联可变电容器时，用万用表 R×10 k 或 R×1 k 挡测量其动片、定片之间是否有短路和擦片情况。将万用表的一支表笔搭接在四联可变电容器的接地端，另一只表笔依次搭接在 4 个定片引出端，再缓慢转动四联可变电容器的转轴，观察表针是否有摆动。正常情况下，表针应始终停留在“∞”位置。

可以用数字式万用表、电容表以及专用的电容测量仪器等测量上述电容器电容大小。

（4）磁性天线

磁性天线如图 4—2—11 所示，将万用表拨在 R×1 挡，检测天线磁棒上的多匝线圈（2—3）和少匝线圈（1—2），其直流电阻值分别约为 5 Ω 和 1.6 Ω。如果磁棒断裂，线圈阻值不符（有短路或断路现象）等，需要更换磁性天线。

（5）AM 振荡线圈和中周

图 4—2—11 所示为本收音机 AM 振荡线圈（T2，红色）和 AM 中周（T3，黄色）。

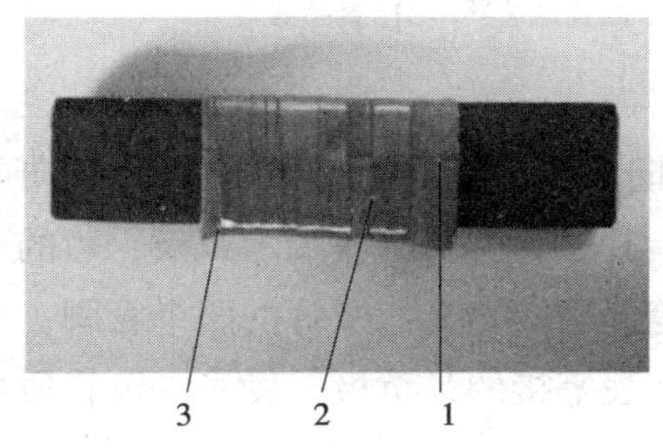

图 4—2—11　磁性天线（实物）

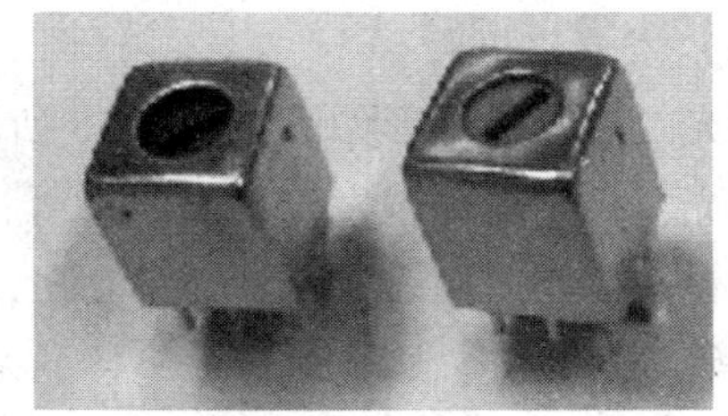

图 4—2—12　AM 振荡线圈和中周（实物）

可用万用表电阻挡检测 AM 振荡线圈和中周，质量不好的需要更换。

AM 振荡线圈和中周的一次、二次线圈各有一定的阻值（一般约为零点几欧姆到几欧姆之间），若被测线圈的阻值为 0，说明线圈有短路故障。注意操作时一定要将万用表调零，反复测试几次。若被测线圈阻值为∞，说明线圈或引出脚与线圈接点处发生了断路故障。另外，还应该测量变压器一次、二次线圈之间以及线圈与金属外壳之间有无短路碰线等现象。检查完毕，还应核对它们的型号及磁帽色标颜色，以确认其安装位置，不可混淆。

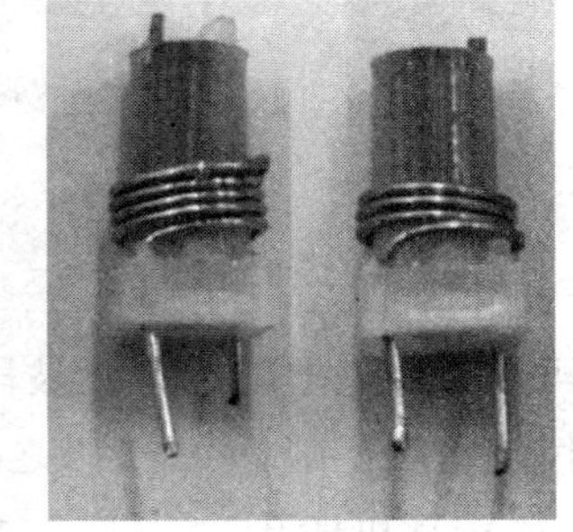

图 4—2—13　FM 天线线圈和本振线圈（实物）

（6）FM 天线线圈和本振线圈

图 4—2—13 所示为本收音机 FM 天线线圈（L1）和本振线圈（L2）。

由于 FM 天线线圈和本振线圈的导线直径比较粗，圈数很少，阻值很小，一般从外观查看有无短路或断路故障即可。如果需要测量电感，需要专门的电感测量仪器。检查完毕，还应核对它们的圈数，以确认其安装位置，不可混淆。

（7）陶瓷滤波器和鉴频器

陶瓷滤波器和鉴频器的外形如图 4—2—14 所示。无法用万用表测量陶瓷滤波器和鉴频器好坏，实际使用中若怀疑元件损坏，可采用替换法进行维修。

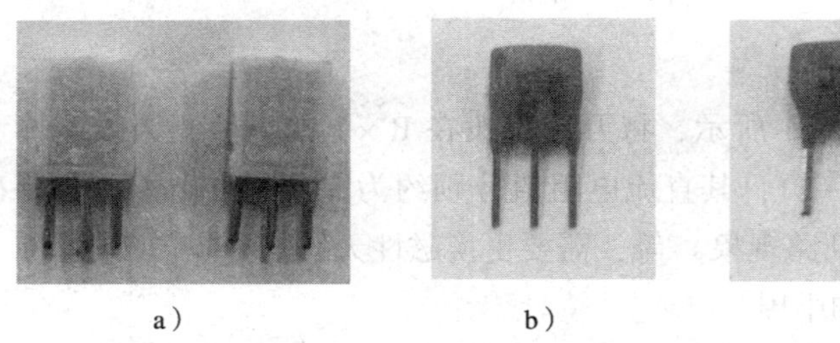

a）　　b）　　c）

图 4—2—14　陶瓷滤波器和鉴频器

a）465 kHz 陶瓷滤波器　b）10.7 MHz 陶瓷滤波器　c）鉴频器

（8）发光二极管

发光二极管的外形如图 4—2—15 所示。当正向电压为 1.5 ~ 3 V 时，只要正向电流通过，发光二极管就可以发光并用于指示。从外形上看，管脚长的一端为正极，短的一端为负极。也可以将万用表拨至 R × 10 k 挡，两个表笔分别接发光二极管的两个管脚，如果发光二极管导通发光，则此时黑表笔接的是正极，红表笔接的是负极。发光二极管质量不合格或损坏的，需要更换。

（9）波段开关

波段开关如图 4—2—16 所示。波段开关用来进行 FM、AM 波段选择转换。

图 4—2—15　发光二极管

图 4—2—16　波段开关

可用万用表电阻挡检测波段开关的质量，质量不合格的需要更换。图 4—2—16 中，手柄拨至右端，则 2、3 引脚之间应该接通；手柄拨至左端，则 1、2 引脚之间应该接通。

（10）耳机插孔

耳机插孔（3.5 mm）如图 4—2—17 所示。耳机插孔用来通过耳机插头连接耳机，进行音频输出。

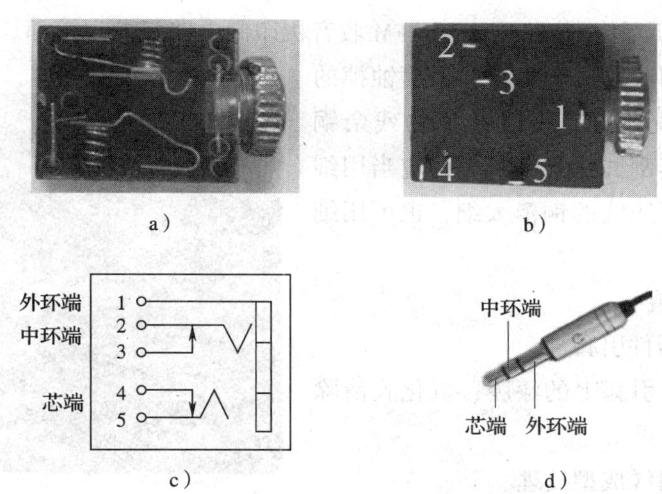

图 4—2—17　耳机插座及插头

a）耳机插座正面　b）耳机插座反面　c）耳机插座触点结构　d）耳机插头结构

耳机插孔 2—3 和 4—5 端是两个开关，当没有插头插入时，2—3、4—5 端是连通的；当有插头插入时，2—3、4—5 端断开。可用相配的耳机插头试插一下，透过正面透明塑料封盖即可观察触点接触情况。也可使用万用表电阻挡检测触点接触情况，质量不合格的需要更换。

（11）扬声器

万用表拨在 R×1 k 挡，测量扬声器两端阻值，应该为 8 Ω 左右，同时扬声器发出嗒嗒响声；否则已经损坏，需要更换。

（12）CXA1691M 芯片

CXA1691M 芯片如图 4—2—18 所示。检查集成电路的方法有电压法和电阻法两种。

1）电压法　将待查集成块插入样机，通电后测试各引出脚的对地电压，并与正常工作电压参考值进行比较，以确认其好坏。

图 4—2—18　CXA1691M 芯片

2）电阻法　电阻法有在路电阻和非在路电阻两种。其中，非在电路阻测量法更为简便易行。即单独测量集成块各引出脚对其“GND”端的 R + 与 R - 电阻值，与参考阻值比较（集成块非在路参考阻值可查阅集成电路应用手册，或以指导教师提供的质量可靠的集成电路实测结果作为参照），以验证其好坏。

识别管脚时，以芯片上圆点定位为 1 脚，逆时针旋转依次为管脚 2、3、4、……、28 脚。

（13）印制电路板

图 4—2—19 所示为 HX203 型 AM/FM 收音机印制电路板的焊接面。检查印制电路板上的铜箔有无毛刺、缺损、碰线（未腐蚀掉的残余铜箔）等情况。若有未腐蚀掉的残余铜箔，可用小刀将其刮去；若有断裂处应当用细铜线焊接连通；若底线的铜箔太细，也可用细铜线焊接加粗。

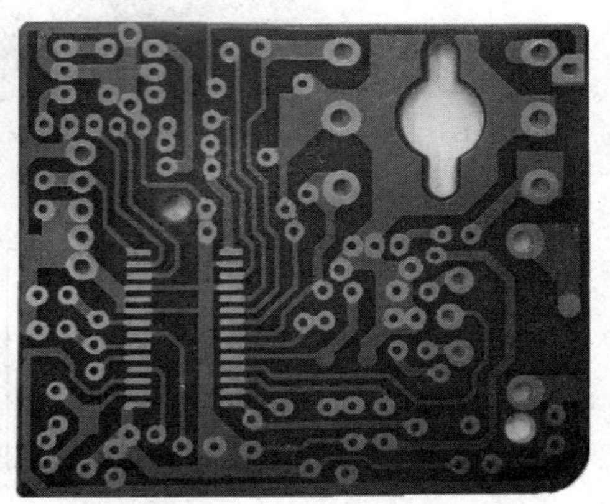

图 4—2—19 HX203 型 AM/FM 收音机印制电路板

2．元器件安装

（1）清洁元器件引脚

将所有元器件引脚上的漆膜、氧化膜清除干净，然后进行搪锡。

（2）元器件引线成型处理

根据图 4—2—20 所示的要求，将电阻、发光二极管弯脚成型。

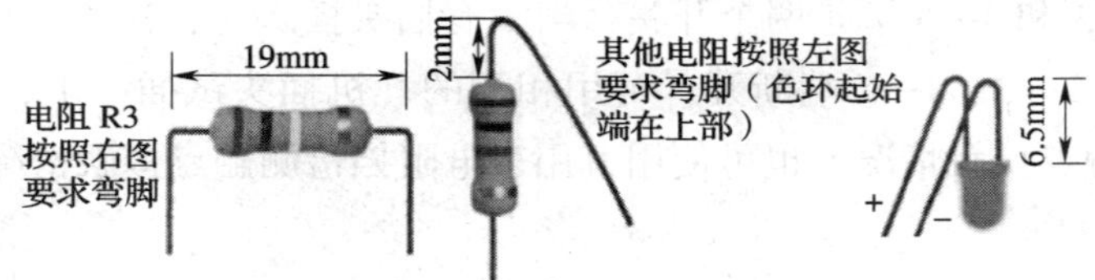

图 4—2—20 电阻、发光二极管弯脚成型示例

（3）元器件插装焊接

一般应该遵循先小后大，先轻后重，先低后高，先外围再集成电路的原则进行元器件的插装焊接。本收音机元器件插装焊接参考顺序为：①集成电路；②电阻、瓷片电容器、独石电容器；③电解电容器、陶瓷滤波器及鉴频器；④AM 振荡变压器、AM 中周、FM 天线线圈、FM 本振线圈；⑤四联可变电容器、AM 磁性天线、音量电位器、波段开关；⑥电池夹、扬声器及耳机插孔引线。

操作提示

实际装配中，也可以集成电路为中心，从 IC 的 1 ~ 28 脚外围电路元件依次一一清理的办法进行装配，这样便于熟悉电路和顺利装配。

HX203 型 AM/FM 收音机印制电路板装配图如图 4—2—21 所示。

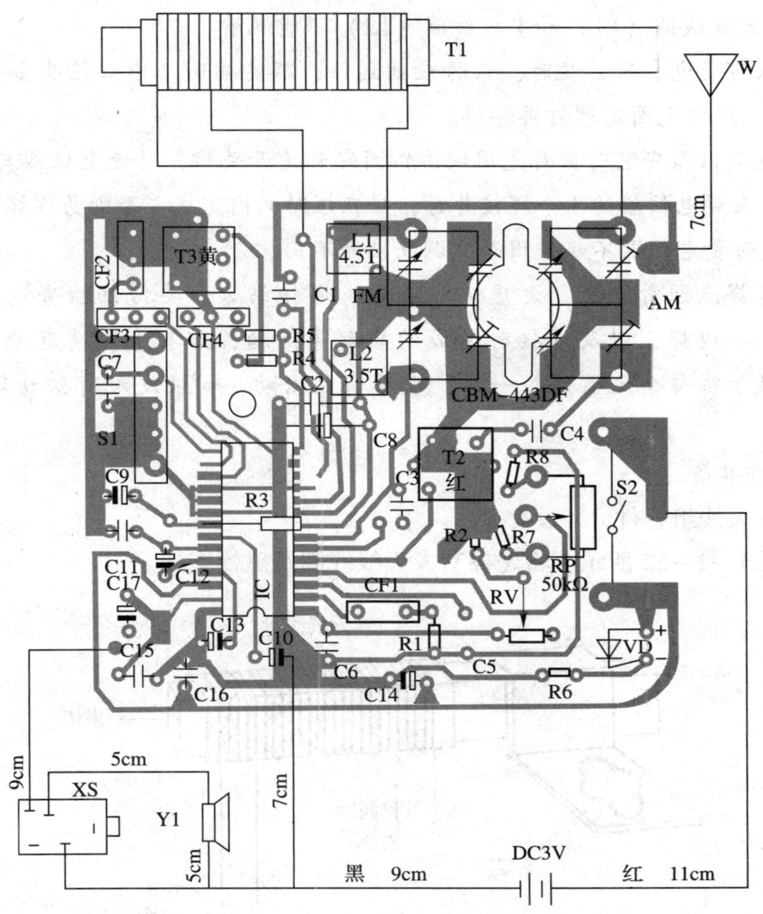

图 4—2—21　HX203 型 AM/FM 收音机印制电路板装配图

操作提示

（1）集成电路 CXA1691M 插装焊接时，首先要熟悉引线脚的排列顺序，并与电路板上的焊盘引脚对准，核对无误后，先焊接 1、15 脚用于固定 IC，然后再重复检查，确认正确后再焊接其余脚位。由于 IC 引线脚较密，焊接完毕后要仔细检查有无虚焊、连焊等现象，确保焊接质量，否则会有损坏 IC 的危险。

（2）电阻 R3 采用卧式安装，其余电阻都采用立式安装。

（3）瓷片电容器、电解电容器等元器件采用立式安装，引线不能太长，否则会降低元器件的稳定性，而且容易短路，也会因分布参数而影响整机效果；但也不能过短，以免焊接时因过热损坏元器件。一般要求距离电路板面 2 mm，并且要注意电解电容器的正负极性，不能插错。

（4）AM 振荡线圈（T2，红色）和 AM 中周（T3，黄色）不能混淆。

（5）FM 天线线圈（L1）和本振线圈（L2）不能混淆。

（6）四联可变电容器插装时，六脚应插到位，不要插反（中心抽头多一个引脚的一侧为调频联），应该先固定螺钉再焊接。

（7）音量电位器安装时，首先用铜铆钉固定两边开关脚，并使电位器与电路板平行，然后再焊接。在焊电位器的 3 个焊接片时，应在短时间内完成，否则易焊坏电位器的动触片，从而造成音量电位器不起作用而失调或接触不良。

（8）要求焊点圆滑光亮，无虚焊和漏焊。焊接结束，要仔细检查电路有无错焊、漏焊、虚焊、半边焊，以及焊接时造成的短路等问题，若有上述情况应予及时排除。检查时可用镊子将每个元器件拉一拉，查看有无松动，如果发现有松动现象，要重新焊接。

3. 组合件准备

（1）磁性天线组合件

按照如图 4—2—22 所示，将磁棒套入天线线圈及磁棒支架。

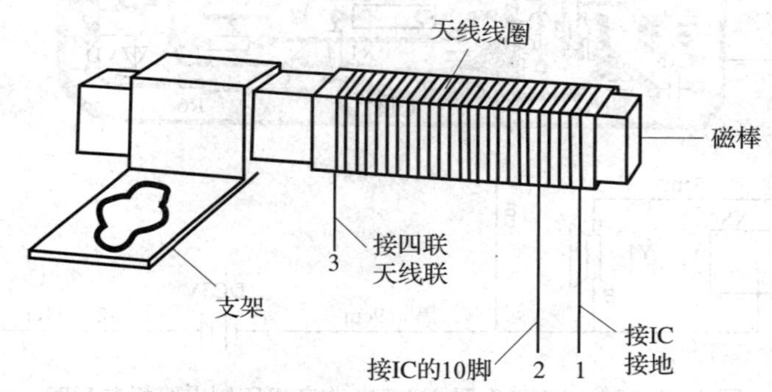

图 4—2—22　磁棒套入天线线圈及磁棒支架示意图

（2）音量电位器组合件

将音量电位器拨盘装在电位器 RP 转轴上，并用 M1.7×4 螺钉固定。

4. 大件安装

（1）四联可变电容器安装

将四联可变电容器安装在印制电路板正面，将天线组合件上的支架放在印制电路板与四联之间，然后用 2 只 M2.5×5 螺钉固定，并将四联引脚超出印制电路板部分弯脚后焊牢，安装时务必注意 AM、FM 联方向，如图 4—2—23 所示。

（2）天线组合件安装

焊接中波天线线圈时，线圈 3 端焊接于四联 AM 天线联，线圈 1 端焊接于四联中间接线点，线圈 2 端焊接于 IC 第 10 脚（AM 高频输入），如图 4—2—22 所示。

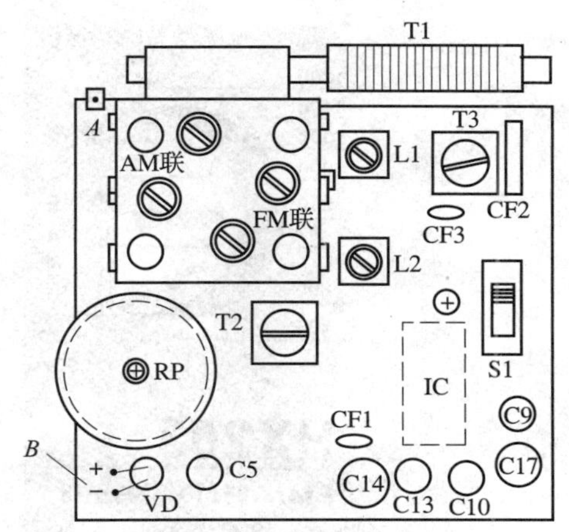

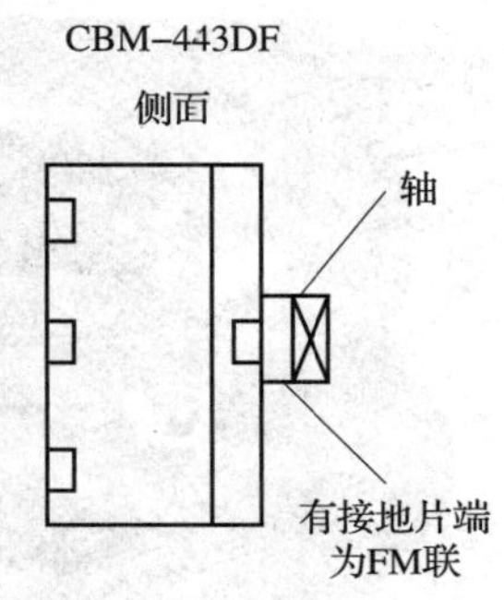

图 4—2—23　四联可变电容器安装示意图

(3) 拉杆天线压簧片安装

将拉杆天线压簧片插入四联左边 *A* 点孔内，并焊好。

(4) 调谐盘安装

用 M2.5×5 螺钉将调谐盘安装在四联轴上。注意调谐盘指示方向。

(5) 发光二极管安装

如图 4—2—23 中 *B* 点所示，将加工好的发光二极管从印制电路板正面插入孔内，待发光二极管的红色部分完全露出印制电路板后再进行焊接。

(6) 音量电位器组合件安装

将音量电位器组合件焊接在印制电路板指定位置。

(7) 波段开关安装

将波段开关焊接在印制电路板指定位置。

安装完毕后的收音机印制电路板如图 4—2—24 所示。

5. 前框准备

(1) 周率板安装

将周率板（图 4—2—25）反面双面胶保护纸去掉，然后贴于前框正面指定位置。注意要贴装到位，并撕去周率板正面保护膜。

(2) 扬声器安装

将扬声器安装于前框中。借助一字小螺丝刀，先将扬声器圆弧一侧放入带钩中，再利用突出的扬声器定位圆弧的内侧为支点，将其导入带钩，压脚固定。是否用电烙铁热铆三只固定脚，视情况而定。

(3) 耳机插孔固定

如图 4—2—26 所示，将 3.5 耳机插孔用螺母固定在机壳相应位置。

图 4—2—24　安装完毕后的 HX203 型收音机印制电路板实物图

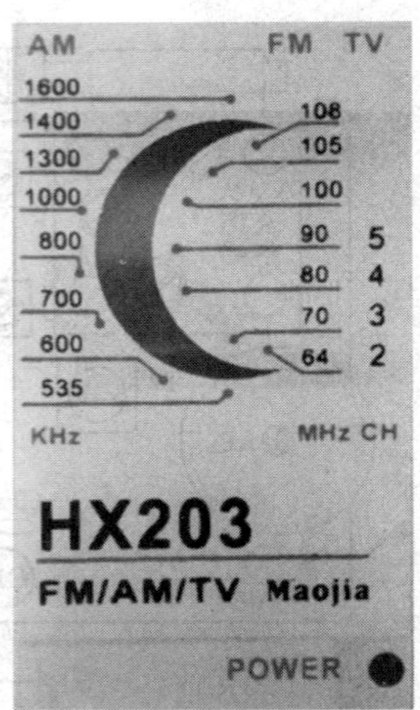

图 4—2—25　周率板

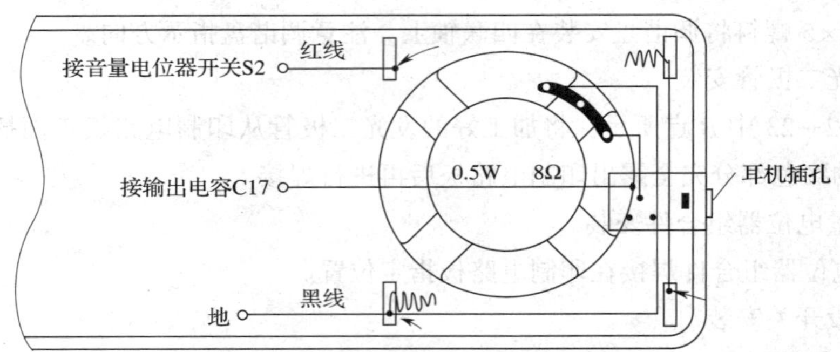

图 4—2—26　前框结构件安装示意图

（4）电池极片弹簧安装

安装电池正极片、负极弹簧安装，焊好图中箭头所指处的连接点及红色、黑色引线。然后将拎带套在前框内。

（5）扬声器与印制电路板连接线焊接

按照装配图，将扬声器两根引线分别焊接在印制电路板指定位置。

（6）电池与印制电路板连接线焊接

按照装配图，将电池正极（红）和负极（黑）引线分别焊接在印制电路板指定位置。

6．后盖准备

将拉杆天线用 M2.5×5 螺钉固定于后盖上，如图 4—2—27 所示。

7. 试听

将电路板与前框相应的连接线放好，接上 3 V 电源，正常情况下应能收听到本地 AM/FM 电台。

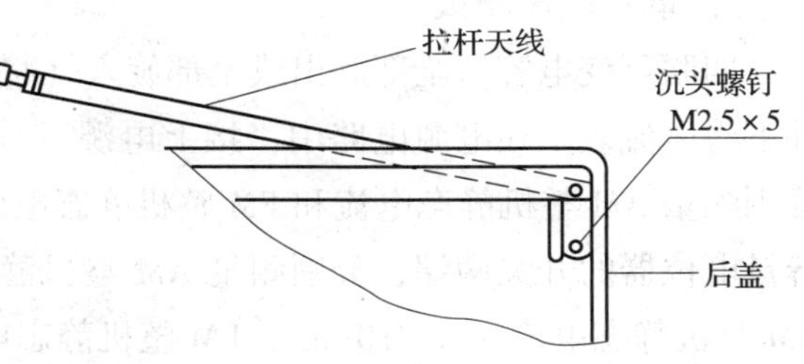

图 4—2—27　拉杆天线固定于后盖上

8. 机芯进壳

（1）如图 4—2—28 所示，将组装完毕的机芯装入前框，注意一定要安装到位。

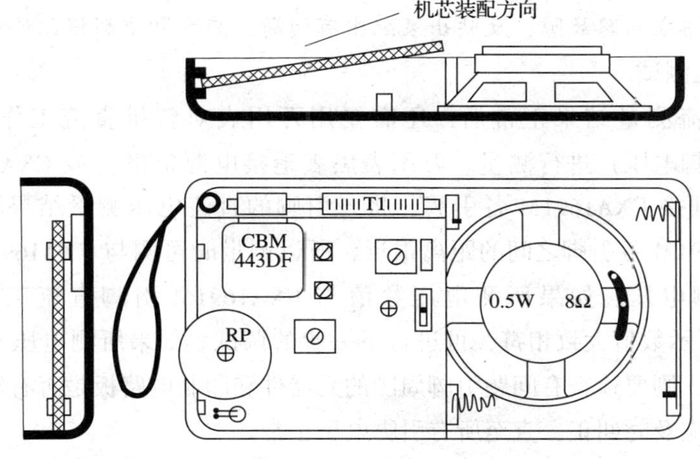

图 4—2—28　组装完毕的机芯装入前框示意图

（2）用自攻螺钉 M2.5 ×6 将电路板固定于机壳。整机安装完毕后的收音机内部结构实物图如图 4—2—1 所示。

三、收音机静态调试

晶体管、集成电路等有源器件都必须在一定的静态工作点上工作，才能表现出更好的动态特性。所以在动态调试之前必须对电路的静态工作点进行测量与调整，即测量其直流工作电压和电流是否符合原设计要求，这样可以降低动态调试的故障率，提高调试效率。

1. 调试前准备

（1）按照电路图或装配图，检查印制电路板上元器件有无错装、漏装，焊接是否有虚焊、漏焊、桥接短路等，不符合要求的焊点要重新焊接。

（2）检查天线线圈及其他导线连接是否正确，四联可变电容器及音量电位器是否安装牢固、旋转灵活等。

2．静态电流测试

四联可变电容器全部旋出或全部旋入（将频率盘拨到无台区），确保在无外来信号条件下将电流表串在电源电路中，接上电源（注意正、负极性），闭合收音机的音量开关，分别测量 AM 整机静态电流和 FM 整机静态电流。或断开收音机的开关，将电流表跨接在音量电位器的开关两端，分别测量 AM 整机静态电流和 FM 整机静态电流。正常情况下，AM 整机静态电流为 6 ~ 10 mA，FM 整机静态电流为 7 ~ 14 mA，发光二极管正常发光。

操作提示

静态电流测试工作非常重要，如果测得整机电流过大或过小，甚至无电流，则说明收音机电路存在短路或断路故障，反映出装配中有问题，应立即重新仔细检查，排除故障。

3．静态电压测试

整机静态电流测量结果正常后，还需要用万用表对整机直流工作电压（主要是 CXA1691M 各引脚电压）进行测量。万用表黑表笔接电源负极（或 CXA1691M 的 28 引脚），红表笔分别接 CXA1691M 各引脚，将各引脚的直流电压测量结果填入表 4—2—6 中。由于 CXA1691M 各引脚之间的距离很近，所以测量时可测与 CXA1691M 各引脚相连的外围件的引脚电压。如果所测电压数值与 CXA1691M 引脚直流工作电压参考值（表 4—2—2）所示数值大致相符，可进行下一步的调试。如果所测电压与表 4—2—2 所列数据相距太大，则要检查有问题引脚周围的元器件和印制电路板是否有短接或断开的地方，发现问题后应及时纠正，直至所有引脚电压正常。

表 4—2—6　　CXA1691M 各引脚的直流工作电压　　单位：V

引脚	1	2	3	4	5	6	7	8	9	10	11	12	13	14
FM														
AM														
引脚	15	16	17	18	19	20	21	22	23	24	25	26	27	28
FM														
AM														

经初测静态电流、电压均在正常范围内，便可进行试听。接通电源，闭合收音机开关，慢慢转动调谐盘，应能听到广播声，否则应重复整机及电源的各项检查内容，查找故障并修复，注意在此过程中不要调中周及微调电容。

4．静态测试时的常见故障及排除方法

（1）无声

首先检查 IC 是否焊好，有无漏焊、搭焊，IC 的方向有无焊错，IC 引脚电容是否接好，电解电容正负极性有无焊反。IC 从 1～28 脚的引脚所接元器件是否正确，按原理图检查一遍，插孔是否接对。

（2）自激啸叫声

检查电容有无虚焊。

（3）发光二极管不亮

检查发光二极管有无焊反或者损坏。

（4）机振

音量开大时，扬声器中发出“呜呜”声，用耳机试听则没有，原因为 L1、L2 磁芯松动，随着扬声器音量开大时而产生共振。解决方法：用蜡封固磁芯，即可排除。

（5）AM/FM 开关失灵

检查开关是否良好，C7（103）是否完好或焊牢，IC 的 15 脚是否与开关、C7 连接可靠或存在虚焊。

（6）AM 无声

检查天线线圈三根引出线是否有断线，与电路相关焊点连接是否正确，检查振荡线圈 T2（红）是否存在开路。用数字万用表测量其正常值 1—3 脚为 2.8 Ω 左右，4—6 脚为 0.4 Ω 左右。如偏差太大，则必须更换。也可以用示波器（20 M）测量振荡波形以检查 AM 是否振荡。

（7）FM 无声

检查线圈 L1、L2 是否焊接可靠；二端鉴频器（CF1）是否焊接不良；电阻是否焊接正确；三端滤波器（CF4）是否存在假焊。

四、收音机动态调试

收音机经过通电试听，在 FM/AM 两个波段均能听到广播电台的声音后，即可进行动态调试工作。动态调试是保证收音机各项性能指标的重要步骤，动态调试内容包括 3 个方面：中频调整、频率范围调整及统调。

AM 调试仪器仪表连接示意图如图 4—1—23 所示。

FM 调试仪器仪表连接示意图如图 4—2—29 所示。

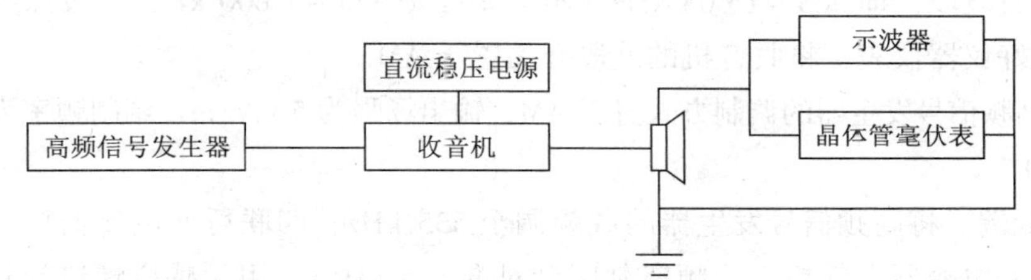

图 4—2—29 FM 调试仪器仪表连接示意图

1. 中频调整

（1）AM 中频调整

AM 中频调整的目的是将 AM 中频调谐回路的谐振频率调整到固定的中频频率 465 kHz。连接好仪器仪表后，将收音机的波段开关置于 AM。由于本机使用了 CF2、CF3 双重 465 kHz 陶瓷滤波器，所以只需调整中周 T3（黄）。

1）将高频信号发生器的调制方式置于 AM，载频调到 465 kHz，输出场强调到 10 mV/m，调制频率调到 1 000 Hz，调幅度为 30%。

2）将如图 4—2—30 所示四联微调电容器旋到低端。闭合收音机音量开关，将音量电位器置于适中位置，示波器应该能收到音频输出信号，显示 1 000 Hz 的正弦波波形，晶体管毫伏表有音频输出电压指示，扬声器有 1 000 Hz 的音频声。

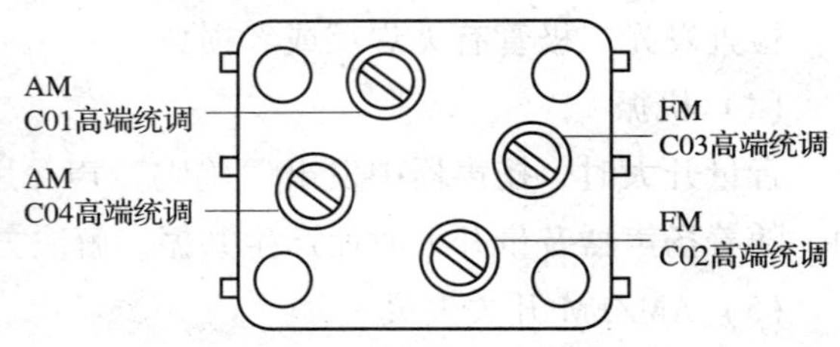

图 4—2—30 四联微调电容分布

3）用无感螺丝批调节中周 T3（黄），使收音机输出最大（示波器显示，晶体管毫伏表指示最大，扬声器声音最响，噪声最小），465 kHz 中频即调试好。

（2）FM 中频调整

FM 中频调整的目的是将 FM 中频调谐回路的谐振频率调整到固定的中频频率 10.7 MHz。因为本机使用了 10.7 MHz 陶瓷滤波器 CF4 和鉴频器 CF1，因此 FM 波段中频频率无须调整。

2. 频率范围调整

装配完毕的收音机需调整频率范围，使收音机所能接收的信号频率范围与面板刻度盘上的频率标志相一致。通常规定，AM 中波的频率范围在 525 ~ 1 605 kHz，FM 波段的频率范围在 88 ~ 108 MHz。在生产中为了满足规定的频率覆盖范围，在设计和调试时，均应比规定的要求略有余量。另外，本机还能接收电视 2 ~ 5 频道的伴音信号，所以 FM 广播的低频频率可达 64 MHz。

（1）AM 频率范围调整

AM 频率范围调整的目的是使四联电容从全部旋入至全部旋出所能接收的频率范围恰好为整个中波波段，即 525 ~ 1 605 kHz（本机刻度是 535 ~ 1 600 kHz）。按照图 4—1—23 所示，连接好仪器仪表，将收音机的波段开关置于 AM。

1）将高频信号发生器的调制方式置于 AM，输出场强为 5 mV/m，调制频率为 1 000 Hz，调幅度为 30%。

2）调低端。将高频信号发生器的载频调至 535 kHz，四联可变电容器旋至频率最低端（四联可变电容器全部旋入，频率刻度盘对准 535 kHz），用无感应螺钉旋具调节振荡线圈 T2（红），使收音机输出最大，发声最响。

3）调高端。将高频信号发生器的载频调至 1 600 kHz，四联可变电容器旋至最高端（四联可变电容器全部旋出，频率刻度盘对准 1 600 kHz），用无感应螺钉旋具调节四联的 AM 振荡联微调电容 C04，使收音机输出最大，发声最响。

4）重复步骤 2 和步骤 3，反复调整低端 535 kHz 和高端 1 600 kHz，直至使收音机输出最大为止。

操作提示

调整高端频率会影响低端，调整低端频率又会影响高端，因此上述 2、3 两步要反复进行两次。

（2）FM 频率范围调整

FM 频率范围调整的目的是使四联从全部旋入至全部旋出所能接收的频率范围恰好为 88～108 MHz（本机刻度是 64～108 MHz）。按图 4—2—29 所示，连接好调试仪器仪表，信号由拉杆天线端输入，收音机波段开关置于 FM。

1）将高频信号发生器的调制方式置于 FM，频偏调至 22.5 kHz，输出幅度为 40 μV 左右。

2）调低端。将高频信号发生器的载频调至 64 MHz，四联可变电容器旋至频率最低端（四联可变电容器全部旋入），用无感应螺钉旋具调节 L2 磁芯电感，收到信号后再继续调节 L2 磁芯电感，使输出为最大，发声最响。

3）调高端。将高频信号发生器的载频调至 108 MHz，四联可变电容器旋至最高端（四联可变电容器全部旋出），用无感应螺钉旋具调节四联的 FM 振荡联微调电容 C02，收到信号后再继续调节 C02，使收音机输出最大，发声最响。

4）重复步骤 2 和步骤 3，反复调整高端 108 MHz 和低端 64 MHz，直至使收音机输出最大为止。

3. 统调

统调的目的是使接收灵敏度、整机灵敏度的均匀性以及选择性达到最佳程度。调整时，改变调谐回路电感以达到低频端的跟踪，改变调谐回路的微调电容以达到高频端的跟踪，如此中间频率的跟踪基本上也已达到。

（1）AM 统调

AM 统调的目的是使 AM 本机振荡频率始终比 AM 输入回路的谐振频率高出一个固定的中频频率 465 kHz。按照图 4—1—23 所示，连接好仪器仪表，将收音机的波段开关置于 AM。

1）将高频信号发生器的调制方式置于 AM，输出场强为 5 mV/m，调制频率为 1 000 Hz，调幅度为 30%。

2）调低端。将高频信号发生器的载频调至 600 kHz，音量电位器位置适中，调节收音机调谐旋钮，使刻度指针调到600 kHz，收到信号后（示波器显示1 000 Hz的正弦波，扬声器有1 000 Hz的音频声），调节中波天线线圈T1在磁棒上的位置，使输出最大。

3）调高端。将高频信号发生器的载频调至1 500 kHz，调节收音机调谐旋钮，使刻度指针调到1 500 kHz，收到信号后，用无感应螺钉旋具调节四联的AM输入联微调电容C01，使输出为最大。

4）反复调节600 kHz和1 500 kHz，直到两点输出均为最大，用蜡将线圈封固。

5）调中间端。1 000 kHz为测试点，此频率的同步要靠四联本身的同步保证。

（2）FM统调

FM统调的目的是使FM本机振荡频率始终比输入回路的谐振频率高出一个固定的中频频率10.7 MHz。按图4—2—29所示，连接好调试仪器仪表，信号由拉杆天线端输入，收音机波段开关置于FM。

1）将高频信号发生器的调制方式置于FM，频偏调至22.5 kHz，输出幅度为40 μV左右。

2）调低端。将高频信号发生器的载频调至80 MHz，调节收音机调谐旋钮，使刻度指针对准80 MHz，收到信号后用无感应螺钉旋具调节L1磁芯电感，使收音机输出最大。

3）调高端。将高频信号发生器的载频调至108 MHz，调节收音机调谐旋钮，使刻度指针对准108 MHz，收到信号后用无感应螺钉旋具调节四联的FM联微调电容C03，使收音机输出最大。

4）反复调节80 MHz和108 MHz，直到两点输出均为最大。

5）整机调整结束后，用高频蜡将磁性天线及L1、L2封固，以保持调试后的良好状态；然后将拉杆天线引线接上。

最后，装上两节5号电池，盖上后盖，使拉杆天线与压簧片接触良好，即可正常收听FM/AM广播。

任务评价

本任务的评价标准参见表4—1—5。

知识拓展

双声道立体声调频收音机播放立体声广播时，可以通过两个声道发出不同的声音信号，形成立体声效果，为用户提供了更高质量的收听体验。扫描二维码，了解单声道和双声道立体声调频收音机的区别。